JN240711

［詳解］AWS Infrastructure as Code

使って比べる
Terraform & AWS CDK

原 旅人 ［著］

エンジニア選書

技術評論社

はじめに

本書のタイトルにある Infrastructure as Code（IaC）とは、コンピューティングインフラのデプロイ、管理、運用を、手動による操作ではなく、コードによって行う手法です。本書は、Amazon Web Services（AWS）のリソースをターゲットとした IaC をテーマにしています。

AWS の IaC には、Terraform、AWS CloudFormation、AWS CDK がよく使われています。これらのツールの基本的な使い方や違いなどを横断的に取り上げていることが、本書の大きな特色です。

あるプロジェクトや事業会社で複数の IaC ツールを混在させて使うことはあまりないでしょう。しかし、担当プロジェクトや所属する会社が変わると、使われている IaC ツールも変わることがよくあり、筆者もそのような経験をした1人です。

Terraform、AWS CloudFormation、AWS CDK は、「宣言的」に記述すること、すなわち求めるリソースの設定（状態）をコードで表現するという点は共通しています。しかし、コードの書き方、コマンドの使い方には違いがあり、それぞれのツールの使い方を習得する必要があります。それに加え、Terraform と CloudFormation 系（AWS CloudFormation と AWS CDK）では、コードからリソースの変更計画を作成するプロセスにも相違点があります。そのため、一方のツールでは期待されることが他方ではそうなっていない、ということがあります。

これらのツールを横断的に取り上げる構成は、各ツールの処理プロセスを比較しながら、それぞれの特徴を読者のみなさんが理解しやすくなることをねらっています。そして、想定する読者ごとに次のことを目的としています。

- これから AWS の IaC を始めようと考えている方には、IaC のコンセプト、利点、流れを理解していただくとともに、各ツールの特色をふまえて、担当しているプロジェクトやシステムに適した IaC ツールを見極めるための情報を提供すること
- すでにこれらの IaC ツールのいずれかの利用経験がある方には、利用経験のあるツールの復習、利用経験がないツールの使い方を理解していただくとともに、利用する IaC ツールが変わってもそれらの特徴をおさえながら IaC を活用できるようにするための知見を提供すること

AWS サービスやツールは進化を続けており、最新の事情をキャッチアップして、それを本書に盛り込もうとできる限りのことはしました。しかし、カバーできていない点があること、また、本書執筆時点では状況が変わっていることがあり得ることについてはご了承いただきつつ、公式ドキュメントなどを参照して、ぜひキャッチアップをしてください。

本書で用いたツールのバージョン

本書の内容は、執筆をした2024年4月〜10月ごろのツールの機能に基づいています。本書で用いた主なツールの具体的なバージョンは次のとおりです。

- Terraform：1.9.8
- Terraform AWS Provider：5.72.1
- AWS CDK：2.162.1
- Python：3.12

○ 本文で用いているAWSアカウントID

本文では、AWSアカウントIDは架空のものを使っています。文中のコードを利用される際には、ご利用のAWSアカウントIDに置き換えてください。

謝辞

本書の執筆にあたり、多くの方にご支援いただきました。

本書は、以前に在籍した株式会社ログラスや、現在在籍しているテックタッチ株式会社での筆者の業務経験をベースにしています。両社での業務を通じて、多くの知識や経験が得られました。

『実践 Terraform AWS におけるシステム設計とベストプラクティス』（インプレス R&D）や『GitHub CI/CD 実践ガイド』（技術評論社）などの著書があり、IaC や CI/CD に豊富な知見を持つ野村友規さんに原稿のレビューをしていただき、数多くのアドバイスをいただきました。

筆者の前著『コンセプトから理解する Rust』に引き続き、筆者に本書の執筆の機会をくださった技術評論社の中田瑛人さんには、今回も企画、編集、校正、諸々の調整などまで、幅広くご支援いただきました。

本書の制作にあたっては、原稿の執筆から組版までのプロセスをすべて GitHub 上で完結させることを目指しました。そのため、執筆には LaTeX を活用し、執筆した内容がそのまま組版に反映される仕組みを採用しました。LaTeX での組版をご担当いただいた Green Cherry の山本宗宏さんには、高品質な組版を実現していただいただけでなく、組版や印刷に関する幅広い知見をご提供いただきました。

また、業務時間外の休日、夜間・早朝での執筆には、家族（妻・香代、長女・明日香、長男・健人）の協力が不可欠でした。

皆様に深く感謝申し上げます。

目　次

はじめに ……………………………………………………………………… iii
本書で用いたツールのバージョン …………………………………… iv
謝辞 ……………………………………………………………………………… v

>> 序章

第 1 章　クラウドとInfrastructure as Code　　1

1.1　クラウドとその利点……………………………………………… 2
1.2　AWSサービスとリソース ……………………………………… 3
　　1.2.1　リソースの属性 ………………………………………… 3
　　1.2.2　アクションによるリソースの操作や参照 …………… 3
1.3　Infrastructure as Code (IaC)……………………………… 5
　　1.3.1　Web画面からリソースを構築するときの問題点……… 5
　　1.3.2　IaCとそのコンセプト ………………………………… 6
1.4　AWSのIaCのためのツール ……………………………………… 8
　　1.4.1　Terraform ……………………………………………… 8
　　1.4.2　AWS CloudFormation……………………………… 10
　　1.4.3　AWS CDK ……………………………………………… 11
1.5　CloudTrailを活用したアクションの実行ログの追跡 … 13
　　1.5.1　IaCを活用するときのアクション実行ログの必要性 … 13
　　1.5.2　CloudTrail …………………………………………… 14
　　1.5.3　CloudTrailのイベントの表示……………………… 14
　　1.5.4　CloudTrailイベントの効率的な検索方法 ………… 15
1.6　本書の構成…………………………………………………… 16

第 2 章　IaC環境の構築　　21

2.1　AWS CLIのインストール ……………………………………… 22
2.2　AWS IAM Identity Centerとその設定 …………………… 22

　　2.2.1　IaC の利用で必要となる管理者権限を持つユーザーの
　　　　　作成 ·· 22
　　2.2.2　IAM Identity Center のアクセスポータル ·············· 23
　　2.2.3　IAM Identity Center の構成要素 ······················ 24
　　2.2.4　IAM Identity Center の設定手順 ······················ 25
　　2.2.5　IAM Identity Center が使えない場合 ·················· 37
　2.3　Terraform のインストール ····························· 38
　　2.3.1　tenv のインストール ······························· 38
　　2.3.2　tenv による Terraform のインストール ················ 38
　2.4　CDK のインストールとブートストラップ ················ 39
　　2.4.1　CDK のインストール ······························· 39
　　2.4.2　ブートストラップの実行 ··························· 40
　2.5　開発環境・ツール ··································· 40
　　2.5.1　エディタ ······································· 40
　　2.5.2　その他のツール ································· 41
　2.6　まとめ·· 42

>> 導入編

第 **3** 章

［体験］IaC によるリソースのデプロイ　43

　3.1　題材 ·· 44
　3.2　AWS マネジメントコンソールによるリソースのデプロイ · 45
　3.3　Terraform によるリソースのデプロイ ·················· 46
　　3.3.1　Terraform のコンフィグファイルを作成する ············ 47
　　3.3.2　terraform init でルートモジュールを初期化する ······ 47
　　3.3.3　terraform plan で実行計画を確認する ··················· 48
　　3.3.4　terraform apply でリソースをデプロイする ············ 50
　　3.3.5　tfstate ファイル ································· 52
　3.4　CloudFormation によるリソースのデプロイ ················ 53
　　3.4.1　SQS キューを記述するテンプレートを作成する ········· 53
　　3.4.2　テンプレートからスタックを作成して SQS キューをデ
　　　　　プロイする ··· 53
　3.5　CDK によるリソースのデプロイ ····················· 57
　　3.5.1　CDK プロジェクトを作成する ······················ 57
　　3.5.2　SQS キューのリソースをコードに記述する ············· 57

	3.5.3	cdk synth コマンドで CloudFormation のテンプレートを確認する	58
	3.5.4	cdk deploy コマンドでリソースをデプロイする	59
3.6	リソースの属性を変更する		62
	3.6.1	Terraform	62
	3.6.2	CloudFormation	65
	3.6.3	CDK	68
3.7	IaC で構築したリソースの削除		71
	3.7.1	Terraform	71
	3.7.2	CloudFormation	71
	3.7.3	CDK	71
3.8	まとめ		72

第4章 Terraform 詳細解説　73

4.1	Terraform によるリソースのデプロイの基本的な流れ		74
4.2	Terraform のコンフィグファイルの記述		74
	4.2.1	ブロック	74
	4.2.2	引数などに使われる値の型	76
	4.2.3	コメントアウト	76
	4.2.4	resource ブロックとそのリファレンス	77
	4.2.5	data ブロックとそのリファレンス	81
4.3	Terraform のコードの構成単位		83
	4.3.1	ルートモジュールと子モジュール	84
4.4	ルートモジュールの記述		85
	4.4.1	Terraform のバージョン指定と使用するプロバイダの情報の設定	85
	4.4.2	プロバイダの設定	87
	4.4.3	tfstate ファイルの格納先（バックエンド）の設定	90
4.5	子モジュールの記述		92
	4.5.1	入力パラメータの記述	92
	4.5.2	子モジュールの出力の記述	95
	4.5.3	子モジュールのその他の記述	95
4.6	子モジュールとその呼び出し		96
	4.6.1	題材	96
	4.6.2	子モジュールのファイルの記述	98
	4.6.3	子モジュールを呼び出すルートモジュールの記述	99
	4.6.4	子モジュールの中で複数のプロバイダ設定を使いたい場合	102

4.7 コンフィグファイルの記述に便利なその他の機能 ········· 105
　　4.7.1 localsブロック ······························· 105
　　4.7.2 繰り返し処理の記述 ·························· 106
4.8 Terraformのモジュールの配置 ······················ 112
　　4.8.1 モジュール配置が満たす要件 ················· 112
　　4.8.2 要件を満たすモジュール配置の1つの例 ············· 113
　　4.8.3 モジュール内でのファイルの構成 ··········· 115
　　4.8.4 モジュール内の初期ファイルを作成するスクリプト ··· 118
4.9 Terraformのコマンド ······························ 122
　　4.9.1 terraform init ························· 122
　　4.9.2 terraform plan ························· 123
　　4.9.3 terraform apply ······················ 123
　　4.9.4 Terraformのコマンド実行に必要な許可ポリシー ····· 124
4.10 利用するTerraformやプロバイダのバージョン更新 ······· 125
　　4.10.1 利用するTerraformのバージョンの更新 ············· 125
　　4.10.2 プロバイダのバージョンアップ ················· 127
　　4.10.3 バージョンを更新したときの動作確認 ············· 128
　　4.10.4 CIによるバージョンアップの自動化 ············· 128
4.11 まとめ ·· 129

第 5 章 AWS CDK詳細解説 131

5.1 CDKによるリソースのデプロイの基本的な流れ ········· 132
5.2 CDK最初の一歩：CDKプロジェクトの作成 ················· 132
5.3 初期のディレクトリ構成 ···························· 133
5.4 Node.jsアプリとしてのCDK ························· 134
5.5 リソースの記述とデプロイ ························· 135
　　5.5.1 スタックを記述するファイルの初期状態 ············· 135
　　5.5.2 リソースのコンストラクタの呼び出しによるリソース
　　　　　 の記述 ··································· 136
　　5.5.3 スタックのコンストラクタの呼び出し ············· 140
　　5.5.4 cdk synth：生成されるCloudFormationのテンプレー
　　　　　 トの確認 ································· 141
　　5.5.5 CloudFormationのテンプレート ·············· 142
　　5.5.6 cdk diff：差分の表示 ······················ 145
　　5.5.7 cdk deploy：リソースのデプロイ ············· 145
　　5.5.8 CDKコマンドの実行に必要な許可ポリシー ··········· 146
5.6 CDKのコンストラクタとツリー構造 ················· 147
　　5.6.1 コンストラクタツリー ······················ 147

	5.6.2	コンストラクタの引数	148
	5.6.3	L1コンストラクタとL2コンストラクタ	150
	5.6.4	コンストラクタツリーの把握	152

5.7 スタックのコンストラクタ ··············· 155
	5.7.1	複数のスタックの作成	155
	5.7.2	デプロイ先のAWSアカウントIDとリージョンの指定	159
	5.7.3	スタックの分割の際に考慮すること	161

5.8 複数の環境へのデプロイ ··············· 162
	5.8.1	題材	162
	5.8.2	環境に依存するパラメータのコードへの記述	163
	5.8.3	環境とスタック	164
	5.8.4	Stageコンストラクタ	168

5.9 cdk.context.json ··············· 171

5.10 タグ ··············· 172
	5.10.1	タグの付与とコンストラクタツリー	172
	5.10.2	スタック全体に一律にタグを付与する	173
	5.10.3	複数スタックに一律にタグを付与する	174

5.11 エスケープハッチとrawオーバーライド ··············· 175

5.12 スタック間の参照 ··············· 176
	5.12.1	CloudFormationのテンプレートにおけるエクスポートの記述	176
	5.12.2	CDKにおけるエクスポート	177
	5.12.3	CfnOutputのコンストラクタを使う方法	177
	5.12.4	スタックのクラスのインスタンス変数を用いる方法	180
	5.12.5	スタック間の依存関係とデプロイされるスタック	184
	5.12.6	エクスポート・インポートを使うときの留意点	184

5.13 CDKのスナップショットテスト ··············· 185
	5.13.1	CDKのテストとスナップショットテストのメリット	185
	5.13.2	スナップショットテストの作成	187
	5.13.3	スナップショットテストの実行	189
	5.13.4	CDKのコードのリソースの記述を変更したとき	191
	5.13.5	環境やスタックが複数ある場合	195

5.14 ブートストラップの役割 ··············· 199
	5.14.1	ブートストラップによって作成されるスタック	199
	5.14.2	ブートストラップによって作成されるIAMロール	199
	5.14.3	CDKを実行するための最小の許可ポリシー	200

5.15 CloudFormationのスタックの操作に失敗したとき ··············· 202
	5.15.1	スタックの削除の中でリソースの削除に失敗したとき	202
	5.15.2	スタックの更新の中でリソースの削除に失敗したとき	204
	5.15.3	スタックの更新に失敗してロールバックにも失敗した場合	205

5.16 まとめ ··············· 206

>> 実践編

| 第 6 章 | **VPCのIaCによる記述** | 207 |

6.1	VPCを構成するリソース	208
6.2	構築するVPCの仕様	208
	6.2.1　VPCの名前とCIDRブロック	208
	6.2.2　VPCに配置するサブネット	209
	6.2.3　NATゲートウェイの配置	210
	6.2.4　その他	210
6.3	TerraformによるVPCの記述	211
	6.3.1　Terraform Registry	211
	6.3.2　Terraform Registryに公開されているドキュメントの読み方	211
	6.3.3　VPCモジュールを呼び出す子モジュールの作成	212
	6.3.4　ルートモジュールからの呼び出し	216
6.4	CDKによるVPCの記述	217
	6.4.1　Vpcコンストラクタのデフォルト設定で構築されるリソース	217
	6.4.2　スタックのコンストラクタの記述	218
	6.4.3　環境に依存するパラメータの記述	220
	6.4.4　スタックのコンストラクタの呼び出し	221
	6.4.5　作成されるサブネットとそのカスタマイズ	222
6.5	まとめ	227

| 第 7 章 | **ECSサービスのIaCによる記述** | 229 |

7.1	構築するECSサービスの仕様	230
	7.1.1　ECSとは	230
	7.1.2　構築するECSサービスの仕様	230
	7.1.3　ECSサービスの構築手順	232
7.2	デプロイするアプリの仕様とコード	233
	7.2.1　APIサーバアプリの仕様	233
	7.2.2　APIサーバアプリのコード	234
	7.2.3　APIサーバアプリのコンテナイメージを作成	235

| 7.2.4 | ローカルでのAPIサーバの挙動の確認 ················· | 236 |

7.3 Terraformによるリソースの記述 ················· 237

7.3.1	ECRのリポジトリとSSMパラメータストアの記述 ····	237
7.3.2	ECS関連リソースの記述 ···················	239
7.3.3	リソースのデプロイ ·····················	249
7.3.4	リソースの削除 ·······················	253
7.3.5	Terraform Registryのモジュールの利用 ·········	253

7.4 CDKによるリソースの記述 ················· 253

7.4.1	ECRリポジトリとSecrets Managerの記述 ·········	254
7.4.2	ECS関連リソースの記述 ···················	255
7.4.3	リソースのデプロイ ·····················	261
7.4.4	コンストラクタツリー ····················	263
7.4.5	リソースの削除 ·······················	265
7.4.6	IAMロールやセキュリティグループのカスタマイズ ···	266
7.4.7	自動的に作成されるECSタスクロールへの許可アクションの追加 ·························	268

7.5 まとめ ·························· 270

第8章 Terraform & AWS CDK 注意すべき相違点 271

8.1 手動で変更されたリソースの差分検出 ················· 272

8.1.1	SQSキューの作成 ······················	272
8.1.2	Terraformのコンフィグに記述がある属性を手動で変更 ···························	273
8.1.3	CDKのコードに記述がある属性を手動で変更 ········	275
8.1.4	Terraformのコンフィグに記述がない属性の値を手動で変更 ··························	279
8.1.5	CDKのコードに記述がない属性の値を手動で変更 ····	281

8.2 実行計画（差分）作成プロセス ················· 282

8.2.1	題材 ····························	282
8.2.2	Terraformの場合 ······················	282
8.2.3	CloudFormation（CDK）の場合 ·············	286

8.3 差分表示のプロセス ················· 289

8.3.1	Terraformにおける実行計画の確認 ···············	289
8.3.2	cdk diffによる差分の出力 ·················	289
8.3.3	変更セットでリソースの操作計画を確認する ·······	296

8.4 既存のリソースの参照 ················· 299

| 8.4.1 | Terraformにおける既存のリソースの参照 ·········· | 299 |
| 8.4.2 | CDKにおける既存のリソースの参照 ············· | 300 |

8.5 IaCの管理下からリソースを除外する ················· 306

8.5.1 題材 ·· 306
8.5.2 リソースの一部をIaCの管理から除外：Terraform ···· 309
8.5.3 リソースの一部をIaCの管理から除外：CDK ········· 312
8.6 リソースの置換と処理順序 ···························· 316
8.6.1 リソースの置換の発生 ···························· 316
8.6.2 リソースの置換に伴うリソースの削除と新規作成の処理順序 ········ 316
8.7 まとめ ·· 319

第 9 章　既存リソースのインポート　321

9.1 既存のリソースのインポートの必要性 ···················· 322
9.2 題材 ··· 322
9.3 Terraformにおけるインポート ······················ 323
9.3.1 インポートの流れ ···························· 323
9.3.2 terraform import コマンドによるインポート ········· 323
9.3.3 import ブロックによるインポート ················ 329
9.3.4 インポートしたリソースの複数の環境へのデプロイ ··· 334
9.4 CDKにおけるインポート ·························· 337
9.4.1 IaC ジェネレーターによる既存リソースのテンプレートの作成 ········ 337
9.4.2 cdk migrate による既存リソースのスタックへのインポート ········ 339
9.4.3 既存のリソースをインポートする手順のまとめ ······· 344
9.5 CloudFormation からCDKへの移行 ················· 346
9.6 まとめ ·· 349

>> 発展編

第 10 章　Lambda関数のデプロイ　351

10.1 Lambda関数のデプロイ ························· 352
10.1.1 Lambda関数とは ····························· 352
10.1.2 Lambda関数のデプロイに必要な2つのプロセス ······ 352

    10.1.3　Lambda 関数のデプロイの戦略 ························ 354
    10.1.4　Lambda 関数をデプロイするトリガー ················ 355
    10.1.5　ZIP ファイルのアセットが満たす要件 ················ 355

10.2　題材·· 357
    10.2.1　本章で用いる Lambda 関数のコード ················ 357

10.3　アセット分離戦略におけるアセット ·························· 359
    10.3.1　アセットの配置 ······························ 359

10.4　Terraform を用いたアセット分離戦略による Lambda 関数のデプロイ ·· 362
    10.4.1　子モジュールへのリソースの記述 ··············· 363
    10.4.2　ルートモジュールの作成とリソースのデプロイ ······· 365
    10.4.3　Lambda 関数のコードを更新したときのデプロイ ····· 366

10.5　CDK を用いたアセット分離戦略による Lambda 関数のデプロイ ·· 369
    10.5.1　CDK プロジェクトの作成と AWS SDK パッケージのインストール ·· 370
    10.5.2　AWS SDK を用いた SSM パラメータストアの値の取得 370
    10.5.3　リソースのスタックへの記述 ··················· 371
    10.5.4　環境に依存するパラメータの記述 ··············· 373
    10.5.5　SSM パラメータストアの値の取得とスタックの呼び出し ·· 373
    10.5.6　Lambda 関数のデプロイ ······················ 374

10.6　アセット統合戦略による Lambda 関数のデプロイ ········ 375

10.7　CDK を用いたアセット統合戦略による Lambda 関数のデプロイ ·· 376
    10.7.1　code に指定するインスタンスを作成する静的メソッドの選択 ·· 376
    10.7.2　ビルドをするための Dockerfile の作成 ················ 377
    10.7.3　スタックへのリソースの記述 ··················· 378
    10.7.4　環境に依存するパラメータの記述 ··············· 379
    10.7.5　スタックコンストラクタの呼び出し ··············· 380
    10.7.6　CDK の合成処理を実行したときの挙動 ··············· 381
    10.7.7　cdk deploy を実行したときのアセットの扱い ··········· 381
    10.7.8　Node.js をランライムに使う Lambda 関数のデプロイ · 382

10.8　Terraform を用いたアセット統合戦略による Lambda 関数のデプロイ ·· 383
    10.8.1　ビルドの実行とアセットの作成 ··············· 383
    10.8.2　子モジュールの作成と設定 ··················· 386
    10.8.3　リソースの記述 ····························· 387
    10.8.4　ルートモジュールの作成 ······················ 391

10.9　まとめ ··· 391

第11章 IaCにおけるLambda関数の活用　　393

11.1 CloudFormation（CDK）でLambda関数を活用する仕組み‥‥‥‥‥‥‥‥‥‥‥‥‥‥‥‥‥‥‥‥‥‥ 394
　11.1.1 カスタムリソースの使用例 ‥‥‥‥‥‥‥‥‥‥‥‥ 394
11.2 CloudFormationのカスタムリソースの記述方法 ‥‥‥‥ 395
　11.2.1 CloudFormationのテンプレートによるカスタムリソースの記述 ‥‥‥‥‥‥‥‥‥‥‥‥‥‥‥‥‥‥‥‥ 395
　11.2.2 CDKのコードによるカスタムリソースの記述 ‥‥‥‥ 396
11.3 カスタムリソースの最初の実践：Lambdaに渡されるイベントの記録‥‥‥‥‥‥‥‥‥‥‥‥‥‥‥‥‥‥‥‥ 397
　11.3.1 カスタムリソースから起動されるLambda関数のコード ‥‥‥‥‥‥‥‥‥‥‥‥‥‥‥‥‥‥‥‥‥‥‥‥ 397
　11.3.2 カスタムリソースを記述するCDKのコード ‥‥‥‥‥ 399
　11.3.3 カスタムリソースの操作時にLambda関数に渡されるイベント ‥‥‥‥‥‥‥‥‥‥‥‥‥‥‥‥‥‥‥‥ 400
11.4 カスタムリソースの更新と物理ID ‥‥‥‥‥‥‥‥‥‥‥ 406
　11.4.1 カスタムリソースの更新と物理IDの変化に伴う処理 ‥ 407
　11.4.2 カスタムリソースの作成が失敗した場合 ‥‥‥‥‥‥ 407
　11.4.3 カスタムリソースの更新が失敗した場合 ‥‥‥‥‥‥ 408
11.5 イベントタイプによって挙動が異なるLambda関数の例 409
　11.5.1 仕様 ‥‥‥‥‥‥‥‥‥‥‥‥‥‥‥‥‥‥‥‥‥ 410
　11.5.2 Lambda関数の実装 ‥‥‥‥‥‥‥‥‥‥‥‥‥‥ 410
　11.5.3 カスタムリソースを記述するCDKのコード ‥‥‥‥‥ 414
　11.5.4 スタックの作成、更新、削除に伴うS3オブジェクトの挙動 ‥‥‥‥‥‥‥‥‥‥‥‥‥‥‥‥‥‥‥‥‥‥ 415
11.6 カスタムリソースプロバイダの活用‥‥‥‥‥‥‥‥‥‥ 416
　11.6.1 カスタムリソースプロバイダの実体 ‥‥‥‥‥‥‥‥ 417
　11.6.2 カスタムリソースプロバイダを使う場合のユーザーのLambda関数 ‥‥‥‥‥‥‥‥‥‥‥‥‥‥‥‥‥‥ 417
　11.6.3 カスタムリソースプロバイダを使う場合のCDKのコード ‥‥‥‥‥‥‥‥‥‥‥‥‥‥‥‥‥‥‥‥‥‥ 419
　11.6.4 カスタムリソースプロバイダを使う場合の制約事項‥‥ 421
11.7 TerraformにおけるLambda関数の活用‥‥‥‥‥‥‥‥ 422
　11.7.1 lambda_invocationの使い方 ‥‥‥‥‥‥‥‥‥ 423
　11.7.2 Lambda関数に入力されるイベント ‥‥‥‥‥‥‥‥ 425
　11.7.3 aws_lambda_invocationで実行するLambda関数の例 427
　11.7.4 Lambda関数がエラーになったとき ‥‥‥‥‥‥‥‥ 432
11.8 まとめ‥‥‥‥‥‥‥‥‥‥‥‥‥‥‥‥‥‥‥‥‥‥ 433

索引 ·· 435

あとがき ·· 445

著者プロフィール ·························· 447

コラム一覧

アクションの一覧の探し方 ·· 4

Terraform のライセンス ·· 9

CDK for Terraform ··· 12

Terraform のワークスペース ·· 115

CloudFormation 実行ロールのカスタマイズ ······························· 201

AWS Secrets Manager を使う ··· 239

L3 コンストラクタ ··· 265

tfstate ファイルの属性の値 ·· 286

変更されるのは変更セットの変更内容だけか？ ······························ 297

変更セットには「置換」と出ていないのに ····································· 298

リソースの名前と CDK のベストプラクティス ······························· 318

IaC ジェネレーター登場以前の cdk import を用いた方法の問題点 ······ 344

ZIP ファイルのオブジェクトキーを固定する方法 ··························· 367

StringParameter.valueFromLookup() ··· 375

CDK でアセットの作成をするときのスナップショットテスト ·········· 381

Terraform のログレベルの指定とデバッグへの活用 ······················· 389

カスタムリソースの出力 ··· 405

AwsCustomResource ··· 422

第 **1** 章

クラウドと
Infrastructure as Code

||||||||||||||||||||||||||

本章ではクラウドの利点やAWSにおけるリソースとその操作について簡単に振り返ったのち、Infrastructure as Code（IaC）の必要性、AWSのリソースのデプロイで使われるIaCツールの紹介をします。また、IaCのコードにおけるパラメータの記述やトラブルシューティングに役立てられる、CloudTrailの活用方法について解説します。
本章の最後には、本書の構成と、本書で解説しようとするそれぞれのIaCツールの特性の一覧を示します。

序章

1.1 クラウドとその利点

　ソフトウェアを開発して、そのソフトウェアを稼働させるためには、CPU・メモリ・ストレージなどの計算機リソースが必要になります。また、それら計算機相互で情報をやりとりするためには、複数の計算機をつなぐためのネットワークが必要になります。

　クラウドサービスが登場する前は、これらの計算機リソースやネットワークなどのハードウェアを自前で用意するのが当たり前でした。いわゆるオンプレミスと呼ばれるシステムです。これらのシステムを構築するためには、事前に必要なスペックを検討してそれに応じた機材を調達したり、障害が発生したときの予備を用意したりすることが必要でした。また、システムを構築したあとには、ソフトウェアの監視や管理とともに、ハードウェアの監視や管理も必要でした。

　近年、Amazon Web Services（AWS）、Google Cloud、Microsoft Azure などのクラウドサービスが広く使われるようになりました。これらのサービスでは、「計算機リソースを必要なだけ構築（デプロイ）して、使った分だけ支払う」というのが基本です。オンプレミスのシステムのように、機材の調達を必要とせず、少しの操作で必要なリソースをすぐに構築できます。また、クラウドサービスでは負荷（CPU、メモリ、ネットワーク通信量など）の変動に応じてサービスを提供する機材の数を自動的に変動させるオートスケーリングの機能が提供されており、そのときに必要なリソースを用意して、その使用料を支払えば良いようになっています。一方、オンプレミスのシステムでは、ピーク時に必要な性能によって必要な機材の数を見積もることが多く、平常時にはリソースがムダになってしまう場面が多く見られます。

　オンプレミスの場合でもクラウドサービスを利用する場合でも、（ハードウェアを誰が設置して管理するかという違いはあるものの）ハードウェアを使っていることには変わりありません。そのため、クラウドサービスを利用している場合でも、割り当てられているハードウェアが物理的に壊れてしまうことはあります。リソースが使用不能になった場合には、そのリソースを捨てて別の新しいリソースにすぐに乗り換えることが簡単にできるのもクラウドサービスのメリットです。つまり、可用性の確保がしやすいようになっています。

　加えて、基盤部分の管理、運用はクラウドサービス側が担ってくれるため、ユーザーはその基盤の上で自分のソフトウェアの開発や運用に集中できるようになりました。。

　クラウドサービスの登場によって、インフラの構築の過程だけでなく、ソフトウェアの開発、そして運用が大きく変化しつつあると筆者は考えています。

1.2 AWSサービスとリソース

1

AWSの各種サービスを利用するときには、さまざまな「リソース」を作成します。AWSが提供するEC2インスタンス、S3バケット、IAMロールやポリシー、SQSキュー、SNSトピックスなどはリソースの例です。AWSサービスを使うということは、リソースを作成して、そのリソースに仕事をしてもらうことと言って良いでしょう。

本書では、AWSが提供するサービス名にAmazonやAWSが付与されている場合、多くの場合、それを省略して表記します。たとえば、AWS CloudFormationはCloudFormation、AWS CDKはCDKと表記します。

1.2.1 リソースの属性

各リソースは、そのリソースの設定である属性を持っています。S3バケットであればバケットの名前、バケットポリシー、バージョニングの有無、暗号化の有無などといったさまざまな属性があります。AWS上にリソースを作成する際には、リソースの種類に応じた属性の値を指定することになります。また、リソースの設定変更は、属性の値を変更することに対応します。

1.2.2 アクションによるリソースの操作や参照

AWSのサービスを利用する際は、リソースの作成、参照、更新、削除の操作が頻繁に行われます。これらの操作によく使われるのが、Webブラウザから各種の操作ができるAWSマネジメントコンソールです。AWSマネジメントコンソールの裏側では、AWSの各種サービスのAPIエンドポイント[注1.1] と通信をして、目的の操作に応じた「アクション」を実行することでリソースに対する各種の操作をしています[注1.2]。このようなAPIエンドポイントは、サービスごと、リージョンごとに用意されています。

たとえば、東京リージョンにSQSキューを作成するときには、東京リージョンのSQSサービスのエンドポイント https://sqs.ap-northeast-1.amazonaws.com/ に、CreateQueue とい

注1.1 https://docs.aws.amazon.com/ja_jp/general/latest/gr/rande.html
注1.2 そのことは、ブラウザの開発者ツールを使ってブラウザの通信を見ることでもわかります。

うアクション[注1.3] を実行するようにリクエストを送っています。

リソースの属性などは、アクションに応じたリクエストパラメータを付与してAPIエンドポイントにリクエストしています[注1.4]。たとえば、SQSキューを作成する`CreateQueue`というアクションには、`QueueName`、`Attributes`などのリクエストパラメータがあります[注1.5]。

AWSマネジメントコンソール以外にも、AWS CLIのコマンドを実行する、AWS SDKの関数・メソッドを使うという方法でリソースの操作ができます。これらはいずれも、APIのエンドポイントを通じて、アクションを実行しています。

このあと説明するように、IaCツールによるリソースの操作も同様で、IaCツールはリソースの操作に対応するアクションをAPIエンドポイントにリクエストして、リソースの操作を行います（**図1.1**）。

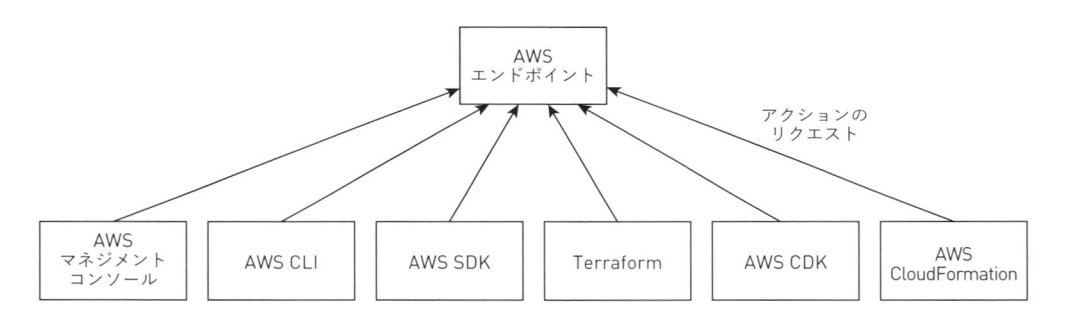

図1.1 AWSアクションのリクエスト

注1.3 https://docs.aws.amazon.com/AWSSimpleQueueService/latest/APIReference/API_CreateQueue.html

注1.4 リクエストパラメータの記述方法や実行するアクションの指定方法は AWS サービスによって異なり、パラメータの記述方法には、XML、`application/x-www-form-urlencoded`、JSON などが使われています。また、アクション名の指定方法には、ボディのパラメータに含めたり、`x-amz-target` のヘッダを使ったりするなどの方法がそれぞれサービスごとに定められています。

注1.5 https://docs.aws.amazon.com/AWSSimpleQueueService/latest/APIReference/API_CreateQueue.html#API_CreateQueue_RequestParameters

ルがついているページ注1.A をアクションの一覧表として、よく活用しています。各アクションのIAMポリシーを設定する際に、どのような条件キーが使えるかをまとめたのがこのリファレンスの本来の目的ですが、サービスごとにアクションが一覧になっており、アクションに対応するリファレンスへのリンクもついています。

　ただ、このページの左のメニューに一覧になっているサービス名は大量にあり、探したいサービスをすぐに見つけられないこともあるかもしれません。そのようなときには、Web検索エンジンでたとえば「AWS S3アクション」をキーワードとして検索すれば、サービス認証リファレンスのS3のページへのリンクを検索できます。

　AWS CLIでのコマンド（aws s3などの一部を除く）、AWS SDKの関数・メソッドは、ほとんどの場合、これらのアクションと1:1に対応しています。ですので、アクションの名前がわかれば、それに対応するAWS CLIのコマンドやAWS SDKの関数・メソッドを容易に特定できます。また、AWS CLIでのコマンドのオプション、AWS SDKの関数・メソッドのパラメータも、アクションに対応するAPIのリクエストパラメータとほぼ一致します。

注1.A https://docs.aws.amazon.com/ja_jp/service-authorization/latest/reference/reference_policies_actions-resources-contextkeys.html

1.3 Infrastructure as Code (IaC)

1.3.1　Web画面からリソースを構築するときの問題点

　リソースの操作がWeb画面からできるAWSマネジメントコンソールは、試しにリソースを作ってみたり、各リソースにどのような設定があるのかを視覚的に把握したりするのには非常に便利です。しかし、いくつかの点で不便なこともあります。

● リソースの属性の俯瞰がしにくい
　リソースの設定が複数の画面に散在していることがあり、このような場合には、そのリソースの設定の全貌をWeb画面からは把握しにくいことがあります。また、ある設定の画面があることを知らずに、その設定については関心を払っていなかった、ということは筆者の経験で

もあります注1.6。

○ 複数の環境に同じリソースがデプロイされていることの保証がしにくい

　一般にソフトウェアの開発・テスト・運用を行う際には、開発環境・ステージング環境・本番環境などと複数の環境を用意することが多いでしょう。このような複数の環境に同じ属性を持つリソースを構築したいときには、各環境に対してまったく同じ操作をWeb画面で行うことになります。そのためには、操作の記録や操作手順の作成が必要になりますが、手間と時間がかかる作業であり、間違いも起こりやすい作業でもあります。

1.3.2 ┊ IaCとそのコンセプト

　これらの課題を解決し得るプラクティスが本書の主題であるInfrastructure as Code（IaC）です。IaCとは、クラウドインフラのリソースをコードによって記述しようとするものです。

○ 宣言的なコードの記述

　本書では、AWSのIaCを実践するためのツールとして、TerraformとCloudFormation・CDKを取り上げます。これらのツールに共通しているのは、クラウドインフラのリソースの属性を宣言的にコードで記述し、コードで記述したリソースの状態と差分がなくなるように実際のクラウドインフラのリソースをIaCツールが操作する、ということです。

　「宣言的」というのは最終的に求める状態を記述するもので、それを実現するための具体的な過程については関知しません。IaCに即して言えば、クラウド上のリソースそれぞれについて求める状態（リソースの属性の値など）をコードで記述し、その設定を実現するための実行計画の作成とその実行はユーザーが関知することなくIaCツールに任せます。つまり、必要なリソースの状態をコードに記述すれば、IaCツールがそれを実現してくれます。

　図1.2は宣言的であるということの意味を示す模式図です。コードでは○と△がある状態を求めている一方（左図）、実際の状態は○と◇がある状態になっています（右図）。このようなコードと実際の状態の差分を抽出して、何らかの方法によってその差分を解消するように操作を行うことで、その差分をなくして実際の状態をコードに記述された状態にする、ということが宣言的ということです。

注1.6　後述のように、IaCによってリソースの属性をコード上に可視化することができますが、その他に、AWSであれば、AWS CLIにリソースの属性の一覧を出力するコマンドが実装されているリソースが多いので、AWS CLIを使うことで画面の欠点を補うことができます。

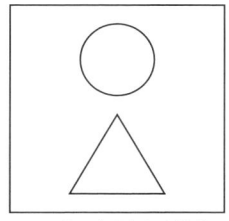 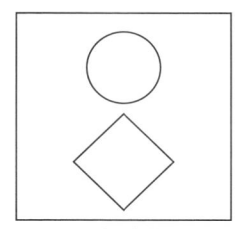

コードで宣言された状態　　　　　　　　現在の状態

コードで宣言された状態にするために
◇を△に変更する何らかの操作を実行する

図1.2　宣言的であるということ

● リソースの属性一覧の可視化

　IaCのコードには、リソースの属性の値（省略することによってデフォルト値を使う、ということも含めて）が記述されています。このコードと差分が生じないようにリソースの構築・変更が行われることから、そのコードに書いてある属性の値が、実際のリソースの属性の値になっています。このようにして、コード上にリソースの属性の値が1ヵ所に集約された一覧として可視化されることになります。

● 複数環境に同じ属性のリソースの構築を保証

　サービス開発・運用においては、実運用する本番環境のほかに、開発環境、ステージング環境を設けているのが一般的です。（意図的に環境間で設定を変更する場合を除き）これらの複数の環境には同じ設定のリソースが構築されているべきです。本番環境へのリリース前の検証を行う開発環境やステージング環境のインフラリソースの設定が本番環境と同じ（または同じになる予定）になっているからこそ、これらの検証環境で意味のある検証ができます。

　IaCツールを使うと、コードに宣言された状態と差分がなくなるようにリソースの構築・変更が行われるので、どの環境でリソースを構築しても、コードで宣言された状態が同じである限りは、同じ属性のリソースが構築されることが保証されます。このことによって、環境の差異を気にすることなく、開発や検証作業ができるようになります。

1.4 ┃ AWSのIaCのためのツール

本書では、AWSリソースのIaCのためのツールとして、次のものを取り上げます。

- Terraform
- AWS CloudFormationおよびAWS CDK

1.4.1 ┊ Terraform

Terraformは、HashiCorpという企業によって開発がされているIaCのためのツールです[注1.7]（2023年8月に実施されたライセンスの変更についてはコラムを参照）。

リソースはHCL（HashiCorp Configuration Language）と呼ばれる独自の構文で記述されます。プログラミング言語によるコードとは見た目は違いますが、構文は簡単ですぐに習得可能です。

Terraformの公式ドキュメントでは、リソースを記述するファイルのことを "configuration" と呼んでいます。日本語に訳すと「設定」になりますが、「設定」という言葉をそのまま使うと何の設定かが明確ではなく混乱する場合もあるので、本書ではTerraformのコードを「コンフィグ」、コードを記述したファイルのことを「コンフィグファイル」と呼ぶことにします。

1つ以上のコンフィグファイルが配置されたルートモジュールと呼ばれるディレクトリでterraformコマンドを実行することで、リソースの作成・更新・削除・参照の操作を行います。Terraformの処理の流れの概略を示したのが、**図1.3**です。

Terraformは「プロバイダ」と呼ばれるプラグインを組み合わせることで機能し、Terraform本体（Terraformコア）はプロバイダに共通の処理（ファイルの解釈、リソースの状態管理、リソース間の依存関係の把握、リソース操作の実行計画の作成と実行など）を行う機能を提供しています。本書ではAWSプロバイダを取り上げますが、その他にもGoogle Cloud、Azureといったクラウドプロバイダ、GitHub、Datadog、SendGrid、Auth0をはじめとした数多くの製品に対応したプロバイダが公開されています[注1.8]。どのプロバイダを使っても、共通の操

注1.7　https://www.terraform.io/
注1.8　https://registry.terraform.io/browse/providers

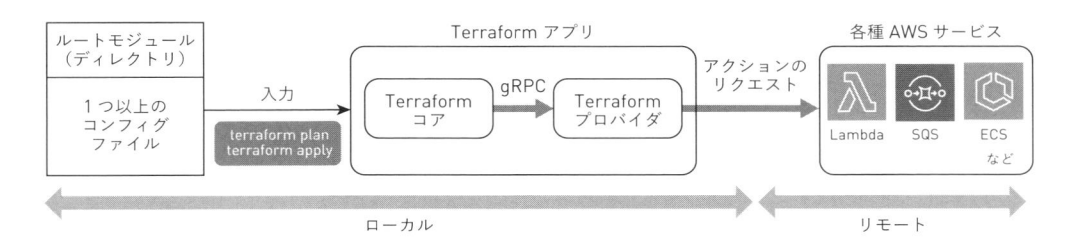

図1.3　Terraform の処理の流れの概略

作、管理手法でリソースの設定をコード化できることが、Terraform を使う大きなメリットの1つです。

　Terraform では、terraform コマンドを実行するローカルマシンでアクションのリクエストが行われます。

　Terraform のコンフィグファイルでは、デプロイするリソースをすべて記述する必要があります。たとえば、**第 6 章**で解説する VPC（Virtual Private Cloud）では非常にたくさんのリソースのデプロイを必要とし、Terraform で VPC を記述する場合には、これらのリソースを網羅して記述するのが基本です。一方、複数のリソースをまとめた「モジュール」を使うことで、過去の資産やコミュニティによる成果物を活用して記述量を減らすことができます。

　また、プログラミング言語ほどの高機能ではないものの、条件分岐、繰り返しなどの記述ができるようになっています（**4.7.2 項**参照）。しかし、条件分岐や繰り返しなどの記述は可読性が高いものではないため、これらの利用は最低限として、DRY（Do not Repeat Yourself）な記述にこだわらないほうが良いと筆者は考えています。

COLUMN

Terraformのライセンス

　Terraform のライセンスは、ver. 1.6 以前までは MPL 2.0（Mozilla Public License 2.0）でしたが、それ以降のバージョンでは BSL 1.1（Business Source License 1.1）に変更されました[注1.A]。このライセンスの変更によって、HashiCorp と競合するサービスの提供を行う組織での無償利用ができなくなりました。多くのユーザーはこの影響を受けませんので、本書では Terraform を紹介しています。

　一方、このようなライセンスの変更による今後の継続的な利用に危惧を感じた一部のユーザーによって、OpenTofu プロジェクト[注1.B]が作られました。このプロジェクトでは、MPL

2.0のライセンスが適用されていたバージョンのTerraformをフォークし、利用に制限がない
ツールを開発しています。

注1.A　https://www.globenewswire.com/news-release/2023/08/10/2723189/0/en/HashiCorp-adopts-the-Busines
s-Source-License-for-future-releases-of-its-products.html
注1.B　https://opentofu.org/

1.4.2 ┊ AWS CloudFormation

　CloudFormationはAWSが提供するIaCのためのサービスです。「テンプレート」に実現し
たいリソースの状態（属性の値）を宣言的に記述し、そのテンプレートから「スタックの作成」
という操作をすることで、テンプレートに記述したリソースの状態を実現します。

　CloudFormationの処理の流れの概略は**図 1.4**のようになります。CloudFormationのサー
ビスがAWSのAPIエンドポイントにリソースの操作のためのアクションをリクエストしてお
り、ほとんどがリモート（AWS）上での処理になっています。

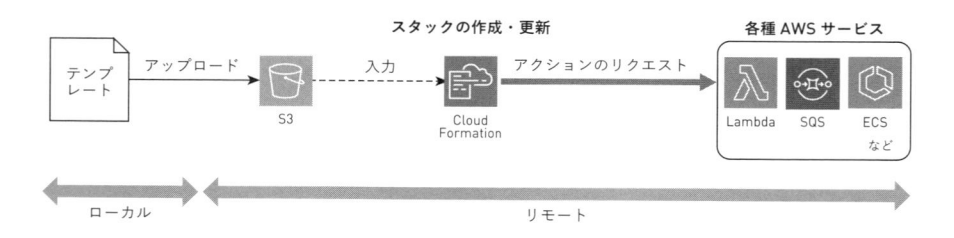

図1.4　CloudFormation の処理の流れの概略

　テンプレートはJSONまたはYAMLで記述できますが、可読性の観点から本書ではYAMLで
記述します。

　同じテンプレートファイルを使えば、同じ属性を持つリソースの構築が可能であるため、
サードパーティーのベンダーが自社製品のセットアップをするテンプレートを公開して、ユー
ザーはそのテンプレートからスタックを作成することによって、その製品をインストールする
ということも行われています。

　YAMLはドキュメントフォーマットであってプログラミング言語ではないため、組み込み関
数（**5.5.5 項**参照）を駆使することで条件分岐などの記述はできるものの、テンプレートが複
雑になり可読性が悪くなりがちです。また、複数のリソースを1つにまとめたセットを再利用

するという使い方はできるものの（ネストされたスタック）、スタックが複数に分かれ状態が把握しにくくなると筆者は感じています。

　また、CloudFormationのテンプレートには、Terraformと同様、デプロイするリソースをすべて記述する必要があります。一方、このあとに紹介するAWS CDKでは、リソースを抽象化し、より少ないコードの記述でCloudFormationのテンプレートを生成できます。

1.4.3 ⋮ AWS CDK

　CloudFormationの仕組みを活用しながら、次の機能を提供するのが、AWS CDK（Cloud Development Kit）です。

- プログラミング言語を使って求めるリソースの状態を宣言的に記述し、そのコードからCloudFormationのテンプレートを生成すること
- Lambda関数などのアセット（コードをZIPファイルにアーカイブしたものなど）を作成すること
- 生成したテンプレートやアセットを使って、CloudFormationのスタックの操作（作成、更新、削除）をすること

　CDKの処理の流れとCloudFormationとの関係を示した概略図が**図1.5**です。

　CDKではこれらのプロセスをCDK Tool Kitのコマンド（cdkコマンド）を使って実行します。

　cdkコマンドを実行するローカルの環境では、「合成」（synthesis）と呼ばれる処理が実行されます。合成の処理では、プログラミング言語で書かれたコードからCloudFormationのテンプレートやLambda関数のZIPアーカイブなどのアセットを生成します。生成されたテンプレートやアセットは、S3バケットなどのリモートストレージにアップロードされます。そのあとの処理は、CloudFormationのスタックの仕組みを使って、リソースの構築が行われます。

　CDKのコードを記述できるプログラミング言語として、TypeScript、JavaScript、Python、Java、C#、Goの環境が用意されています。本書ではTypeScriptのコード例を取り上げますが、他の言語でもコードの記述の考え方は大きく変わりません。他のプログラミング言語をお使いの場合には、その言語向けのリファレンスを参照しながら、読み替えてください。

　プログラミング言語を用いることで、条件分岐などをプログラミング言語の機能で記述することができ、条件によっては必要のないリソースをテンプレートに出力しないなど、テンプレートそのものもわかりやすくなります。また、複数のリソースを1つにまとめたセットを作

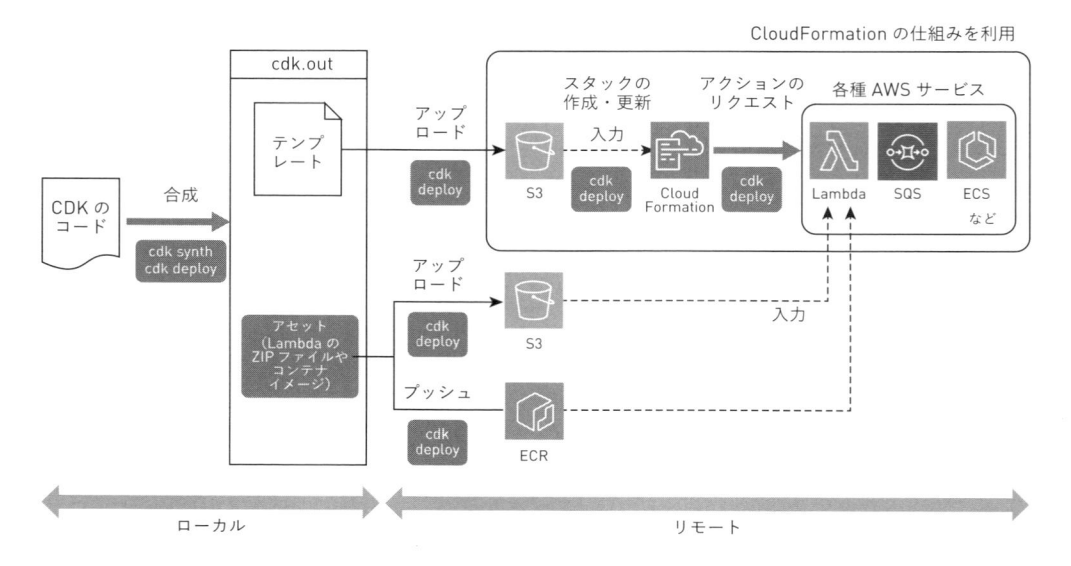

図1.5　CDKの処理の流れの概略

成して、それを再利用するということも容易になります。とくに、抽象化されたリソースの
セット（L2コンストラクタ）を用いた簡潔なコードの記述によって、必要なリソースをテンプ
レートに出力してくれるところは、そのAWSサービスに精通していなくてもすぐにそのサー
ビスを利用可能にする強力なツールになっています。

　CDKには、Lambda関数をデプロイするときに必要となるアセット（Lambda関数のコード
をZIPファイルやコンテナイメージにアーカイブしたもの）を作成する機能が備わっているこ
とも特徴の1つです。アセットは、Lambda関数を作成するというリソースの操作を実行する
ためにあらかじめ作っておく必要があるものです。IaCを宣言的なコードの状態を実現するた
めにリソースの操作を行うものとすると、アセットの作成はその範疇とは言いがたいところで
す。しかし、CDKは守備範囲を広げて、アセットの作成に関する機能も提供しています。

COLUMN

CDK for Terraform

　TerraformではHCLという言語でリソースを記述しますが、CDKとCloudFormationのテン
プレートの関係のように、プログラミング言語によって記述されたコードからTerraformの
コンフィグファイルを生成し、そのコンフィグファイルとTerraformの仕組みを使ってリソー

スの構築するCDK for Terraform（CDKTF）というツールが開発されています注1.A。CDKの
コンストラクタの考え方（**5.5節**で解説）を使いながら、CDK同様にプログラミング言語の
機能を活かした可読性の高いコードを書くことができます。

　本書では紙面の都合もあり割愛しましたが、筆者のブログ注1.Bで取り上げたこともあります
ので、興味がある方は参照してください。

注1.A　https://developer.hashicorp.com/terraform/cdktf
注1.B　https://zenn.dev/loglass/articles/653570cc996c43

1.5 CloudTrailを活用した アクションの実行ログの追跡

1.5.1　IaCを活用するときのアクション実行ログの必要性

　すでに説明したように、IaCでは求めるリソースの設定を宣言的に記述し、その宣言した設
定になるようにリソースの操作が行われるのでした。その「リソースの操作」は、まさにア
クションの実行をリクエストすることであり、IaCツールはどのアクションをどのようなパラ
メータで実行するかを決めています。

　このように、そのIaCツールの具体的なアクションの実行にユーザーが関知しなくても良い
のが、宣言的なリソース記述の利点です。

　一方、IaCツールを使用する際にエラーが発生した場合、その原因を特定するためには、ツー
ルが実行している具体的なアクションに目を向ける必要があるかもしれません。まずは、ツー
ルが出力するエラーメッセージを詳細に確認することが重要で、これは他のツールでも同様で
す。しかし、エラーメッセージだけでは問題の原因が明確にならない場合、IaCによって実行
されたアクションやそのリクエストパラメータを詳しく追跡したくなるところです。

　多くのリソースで、アクションのリクエストパラメータの属性名と、IaCのコードでの属性
名はおおよそ一致します。そのため、実行されたアクションのリクエストパラメータを見るこ
とで、IaCのコードの属性に意図した値が与えられているかを確認できます。

　また、あるリソースのIaCでの記述方法がわからない場合、AWSマネジメントコンソールか

らそのリソースを試しに作成したときのアクション実行ログが、IaCのコードの記述に大いに
参考になることがあります。

1.5.2 ⋮ CloudTrail

　アクションが実行されたイベントを記録しているのが、CloudTrail というサービスです[注1.9]。
"trail" には「痕跡」という意味があります。

　このサービスは、AWSのリソース操作の監査ログを提供するのが本来の役割ですが、同時
に、リクエストされたアクションの実行結果（正常終了、エラー終了）やリクエストのパラ
メータの詳細を把握できるツールとしても使えます。

　CloudTrailが記録するイベントには「管理イベント」「データイベント」「インサイトイベン
ト」の3つがあります[注1.10]。IaCツールが実行するのはほとんどが管理イベントです。デフォ
ルトでAWSのサービス全体の管理イベントをログに記録するようになっており、そのイベン
ト記録は無料です。

1.5.3 ⋮ CloudTrail のイベントの表示

　AWSマネジメントコンソールから、CloudTrailの画面を開きます。そして、画面左側のメ
ニューから「イベント履歴」をクリックします。すると、**図1.6**のような画面が表示されます。

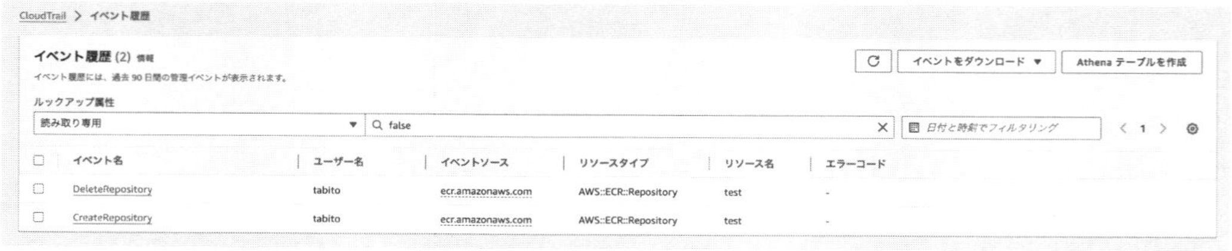

図1.6　CloudTrail によるイベントの表示例

　「イベント名」にはリクエストされて実行されたアクション名、「イベントソース」にはその
アクションのAWSサービス名が表示されています。

　イベント名のリンクをクリックすると、そのイベントの詳細が表示されます。その中でとく
に注目すべきなのが、イベントレコードの中にある requestParameters です。

注1.9　https://docs.aws.amazon.com/ja_jp/awscloudtrail/latest/userguide/cloudtrail-user-guide.html
注1.10　https://docs.aws.amazon.com/ja_jp/awscloudtrail/latest/userguide/cloudtrail-events.html

```
"eventSource": "ecr.amazonaws.com",
"eventName": "CreateRepository",
"awsRegion": "ap-southeast-2",
"sourceIPAddress": "106.72.56.0",
"userAgent": "Mozilla/5.0 (Macintosh; Intel Mac OS X 10_15_7) AppleWebKit/537.36 (KHTML, like Gecko) Chrome/125.0.0.0 Safari/537.36",
"requestParameters": {
    "repositoryName": "test",
    "imageTagMutability": "MUTABLE",
    "imageScanningConfiguration": {
        "scanOnPush": false
    },
    "encryptionConfiguration": {
        "encryptionType": "AES256"
    }
},
```

図1.7 CloudTrailのイベント詳細の表示例

図 1.7 は、**図 1.6** に表示されているイベント名から、`CreateRepository` をクリックしてイベント詳細を表示し、そのイベントレコードの中にある `requestParameters` の部分を取り出したものです。

このイベントは、AWSマネジメントコンソールからECRのリポジトリを作成したときのイベントです。このイベントの詳細を見ることで、AWSマネジメントコンソールからECRのリポジトリを作成したときに、どのようなリクエストパラメータが設定されて、アクションのリクエストがされているかを把握できます。

なお、アクション実行のイベントが発生してからCloudTrailに表示されるまでに数分くらいかかります。参照したいアクションのイベントが表示されない場合にはリロードのボタンを定期的に押して、最新情報に更新しながら表示されるのを待ちましょう。

▎1.5.4 ⋮ CloudTrailイベントの効率的な検索方法

イベント履歴の画面では、「ルックアップ属性」を指定することで、表示されるイベントを絞り込むことができます。イベント履歴の画面を開いた直後の初期画面では、ルックアップ属性として「読み取り専用」が選択され、値が`false`に設定されています。

アクションは大きくわけて、リソースの情報を読み取るだけの「読み取り専用」のアクションと、リソースの作成、更新、削除などの操作を行うそれ以外のアクションがあります。「読み取り専用」のアクションが実行されたイベントは大量になることが多く、それを除外して表示するのが初期画面のルックアップ属性の設定です。しかしながら、その絞り込みをしたとしてもイベントの数は依然として大量であり、さらに絞り込みをしたい場面は多くあります。ところが、AWSマネジメントコンソールでのイベントの絞り込みでは1つの条件しか設定できず、さらなる絞り込みは困難です。

もし、実行したアクションの名前が特定できていれば、ルックアップ属性に「イベント名」

を指定して、値にそのアクションの名前を指定することによって、そのアクションの実行ログのみに絞り込むことができます。一方で、アクション名が明確にわからない場合や、目的のサービス名はわかっているけれどどのようなアクションが実行されているかも含めて知りたい、という場合も多いでしょう。そのようなときには、ルックアップ属性に「イベントソース」を指定して、サービスの種類によって絞り込むのがたいへん便利です。たとえば、SQSサービスのアクションのみに絞り込みたい場合には、ルックアップ属性に「イベントソース」を指定して、その値に sqs.amazonaws.com を指定します。

　AWSマネジメントコンソール上で絞り込みがうまくできずに目的のイベントを見つけられないときには、CSVファイルでイベントログをダウンロードして、それをスプレッドシートに読み込んで検索することや、Athena から SQL を使って検索することもできます。詳細は AWS のドキュメントを参照いただき、必要な場合には、これらの利用も検討してみてください。

1.6 ｜ 本書の構成

　本書は「序章」「導入編」「実践編」「応用編」の4つのパートに分かれています。

　「序章」である本章では、IaCの必要性、本書で取り上げるIaCのツールの概略を解説しました。続く第2章では、AWSのアカウント設定やツールのインストールについて、簡単に解説しています。

　「導入編」の第3章では、Terraform、CloudFormation、CDKを簡単な題材で使ってみて、IaCの操作の流れを体験します。なお、この章ではコードの書き方には深入りせず、コードの書き方やそれぞれのツールの使い方の詳細は第4章（Terraform）、第5章（CDK）で説明します。

　「実践編」の第6章と第7章では、それぞれのツールにおけるコードの実践的な記述例を紹介します。題材としてはAWSリソースの中で使われることが多いVPC（第6章）とECSサービス（第7章）を取り上げます。これらのリソースはあくまでも説明のための題材であり、他のリソースを記述するときに役立つことも取り上げています。第8章では、いくつかの操作を取り上げて、TerraformとCDKで比較をします。この章の内容は、IaCの運用に大きな影響を与える可能性があるTerraformとCDKの挙動の違いを取り上げています。第9章では、IaCで管理されていないリソースをIaCの管理下に入れるためのインポートの操作について、TerraformおよびCDKそれぞれについて説明します。

　「応用編」の第10章ではLambda関数のデプロイを取り上げます。Lambda関数のデプロイの際には、IaCのコードによるリソースの記述とともに、Lambda関数のコードなどをZIPファイルにアーカイブしたアセットの作成や、アップロードが必要になります。アセットの扱いを含めたIaCツールでのLambda関数のデプロイについて解説します。第11章ではIaCでのLambda関数の活用について取り上げます。CloudFormation（CDKを含む）にはカスタムリソースという仕組みがあり、リソースの作成と連動してLambda関数を実行して、AWS上のリソースやデータを操作できます。これを使えるようになることで、IaCの活用の幅が広がります。カスタムリソースの使い方とともに、Terraformで同等のことを実現する方法について説明します。

　各章のトビラには、その章の内容や目的などを記述しています。

　表1.1には、本書で取り上げる3つのIaCツールの特徴と比較、そのことを解説している章を示しました。この中で、網掛けにしてある項目は、ツールの違いが際立っている（利用にあたって注意が必要なところ）と筆者が考えていることです。

表1.1　本書で取り上げるツールの特徴と比較

	CloudFormation	AWS CDK	Terreform	本書でおもに解説している章
開発元	AWS	AWS	HashiCorp	第1章
ツールのターゲット	AWS専用	AWS専用	プロバイダによるプラグイン方式でさまざまなシステムなどに対応。AWSの場合はAWSプロバイダを使う	第1章
記述フォーマット・言語	YAML/JSON	TypeScript、Pythonなど	HCL	第1章 第3〜5章
リソースをデプロイする単位	スタック	スタック（1つのCDKプロジェクトに複数のスタックを記述することが可能）	ルートモジュール	第1章 第3〜5章

表1.1　本書で取り上げるツールの特徴と比較（続き）

	CloudFormation	AWS CDK	Terreform	本書でおもに解説している章
リソースのコードでの記述	Resources セクションにデプロイしたいリソースのタイプと属性などを記述	リソースに対応するクラスのコンストラクタ（複数のリソースをグループにしたものも含む）をツリー構造に配置。コンストラクタの引数にリソースの属性を記述	resource ブロックにリソースの種類と引数（属性）を記述	第3〜7章
リソースの記述の抽象化	なし（個々のリソースを記述する必要あり）	あり（L2 コンストラクタによって複数のリソースのセットを記述。一部のリソースは自動的に追加される）	標準ではなし（個々のリソースを記述する必要あり。モジュールによって複数のリソースのセットを記述可能）	第3〜7章
既存リソースの情報の取得・利用	他のスタックからエクスポートされたリソースの属性を使用可能。それ以外には既存のリソースの情報を取得する仕組みがない	他のスタックからエクスポートされたリソースの属性を使用可能。また一部のリソースについては fromLookup を名前に含むメソッドを使って AWS アクションを通じた情報の取得が可能（ただし対応しているのはごく一部のリソースのみ）。AWS SDK を組み合わせることで既存のリソースの情報取得が可能	ほとんどのリソースで AWS アクションを通じた情報取得をするデータソースを利用可能	第4〜8章
差分検出（実行計画確認）方法・コマンド	AWS マネジメントコンソールなどによる、スタック作成・更新時の変更セットの確認	`cdk diff`	`terraform plan`	第3〜5章
デプロイ方法・コマンド	AWS マネジメントコンソールなどによる、スタック作成・更新時の変更セットの実行	`cdk deploy`	`terraform apply`	第3〜5章
IaC 管理対象のリソースのリスト	CloudFormation のスタックの情報として AWS の基盤内部に保持		tfstate ファイルに保持（ローカルやS3に格納）	第3〜5章 第8章

表1.1　本書で取り上げるツールの特徴と比較（続き）

	CloudFormation	AWS CDK	Terreform	本書でおもに解説している章
差分検出の際の比較対象	新しいテンプレートと前回のスタック作成・更新の際に登録されたテンプレート。最新のリソースの状態は関知しない。		手元のコンフィグファイルと、最新のリソースの状況それぞれをモデル化したもの	第8章
差分検出の際に比較対象となる属性	テンプレートに記述がある属性のみ	CDKのコードから生成したテンプレートに記述がある属性のみ	リソースのモデルに定義された属性（コンフィグファイルへの記述の有無は問わない。モデルはほとんどのリソースの属性を網羅）	第8章
ドリフトの検出	AWSマネジメントコンソールなどから実行できる		`terraform plan`の実行によって検出できる	第8章
ドリフトの検出対象の属性	テンプレートに記述がある属性のみ（一部リソースは未対応）	CDKのコードから生成したテンプレートに記述がある属性のみ（一部リソースは未対応）	リソースのモデルに定義された属性（コンフィグファイルへの記述の有無は問わない。モデルはほとんどのリソースの属性を網羅）	第8章
実行計画と実際のリソース変更の一致	変更セットに出力される変更計画が実行される	ほとんどの場合は、`cdk diff`の表示内容とリソースの変更内容は一致する。しかし、`cdk diff`に表示はされるがリソース変更がない場合、`cdk diff`には表示はされないが`cdk deploy`によってリソースが変更される場合がある（最終的な実行計画は変更セットを確認したほうが良い）	`terraform plan`で出力される実行計画と`terraform apply`の実行時に参照される実行計画は一致	第8章

表1.1　本書で取り上げるツールの特徴と比較（続き）

	CloudFormation	AWS CDK	Terreform	本書でおもに解説している章
IaC 管理下からリソースを外す	DeletionPolicy を Retain にしてスタックを更新してから、そのリソースをテンプレートから削除して、再度スタックの更新をする		terraform state rm コマンドを実行、または removed ブロックを含むコンフィグファイルを terraform apply することで tfstate ファイルからそのリソースの記述を削除する。AWS アクションの実行はない	第8章
既存リソースのインポート	IaC ジェネレータによるテンプレートの作成とインポートの操作	IaC ジェネレータによるテンプレートの作成、cdk migrate によるテンプレートの CDK コードへの変換、インポート	terraform import コマンドを実行、または import ブロックを含むコンフィグファイルを terraform apply する。リソースの変更をする AWS アクションの実行はない	第9章
Lambda 関数のアセットの作成機能	aws cloudformation package で指定したディレクトリを zip でアーカイブしてアセットを作成する機能がある	指定したディレクトリの zip でのアーカイブ、コンテナを用いたビルドなどのアセット作成機能がある	標準ではアセット作成機能はない	第10章
リソースの作成・更新・削除時の Lambda 関数の実行	カスタムリソースによって実装可能	カスタムリソースによって実装可能	aws_lambda_invocation によって実装可能	第11章

　いずれの IaC ツールも機能は豊富で、限られた紙面の中で、網羅的な解説はできません。たとえば、cdk や terraform などのコマンドのオプションを、すべて解説することはしていません。本書の記述を1つのきっかけとして、関連する項目について Web にあるドキュメントを調べてみてください。本書で紹介した一部の項目については、脚注にドキュメントなどへのリンクを記載しています。必要に応じて、参照してください。

第 **2** 章

IaC環境の構築

|||||||||||||||||||||||||||||

本章では、このあとの実習で必要な設定やツールについて解説します。次章に進む前に、設定やツールのインストールを済ませてください。紙面の関係で詳細な説明は割愛し、設定やツールの情報へのリンクを脚注に付けています。

序章

2.1 ┆ AWS CLIのインストール

　AWS CLIは、コマンドラインからAWSのリソースを操作するためのツールです。AWSのドキュメント[注2.1] を参照して、インストールしてください。

　2.2.4項で説明するAWS Identity Centerを通じた認証情報の取得に、AWS CLIが必要になります。また、AWSリソースの操作や情報取得にも使える場面があります。

2.2 ┆ AWS IAM Identity Centerとその設定

　以下の記述では、AWSアカウントはすでに開設されていることを前提とします。

▌2.2.1 ┆ IaCの利用で必要となる管理者権限を持つユーザーの作成

　AWSサービスを利用するためには、サービスにログインできるユーザーが必要です。以前はそのためのユーザーとしてIAMユーザーを作成して、そのIAMユーザーの認証情報（アクセスキーとシークレットキー）を使ってAWSサービスを利用するのが一般的でした。

　現在ではIAM Identity Center というSSO（Single Sign On）のためのサービスが利用できるようになっています[注2.2]。これからAWSを使い始める人を対象とするAWS公式ドキュメント「AWS環境のセットアップ チュートリアル」[注2.3] でも、rootユーザー以外のユーザーとして、IAMユーザーではなく、IAM Identity Centerのユーザーを作成する手順が紹介されています。

　IAM Identity Centerは、ユーザーの認証機能を持つとともに、認可機能、すなわち登録されたユーザーが利用可能なAWSアカウント（AWS Organizationsの管理下にあるもの、アカ

注2.1　https://docs.aws.amazon.com/ja_jp/cli/latest/userguide/getting-started-install.html
注2.2　このサービスは、以前、AWS Single Sign-On（AWS SSO）と呼ばれていたため、設定項目の属性に sso という文字が含まれているものが多くあります。
注2.3　https://aws.amazon.com/jp/getting-started/guides/setup-environment/

ウントが1つでも利用可能）と、そのAWSアカウントで許可されているアクションの管理機能を提供しています。従来は、各AWSアカウントにIAMユーザーを作成して個別に認証情報を発行し、さらに許可設定を行っていましたが、このサービスを使うことによって認証情報や許可設定をAWSアカウントごとに管理する必要がなくなり、管理コストの削減やセキュリティの向上が図れます。

2.2.2 ⋮ IAM Identity Centerのアクセスポータル

　IAM Identity Centerを利用するときの入り口になるのが、アクセスポータルと呼ばれる画面です（**図2.1**）。AWSマネジメントコンソールを利用しようとするユーザーは、アクセスポータルのログイン画面からIAM Identity Centerのユーザー名、パスワード、および多段階認証（MFA: Multi-Factor Authentication）の情報を入力して、IAM Identity Centerから認証を受けます。認証に成功すると、**図2.1**のような画面が表示されます。

　この画面例では、このユーザーに`iacbook`、`iacbook-dev`という2つのAWSアカウントが割り当てられています（つまり、それらのAWSアカウントのリソースへのアクセスが許可されているということ）。そして、それぞれのAWSアカウントに対して、`AdministratorAccess`と`ReadOnlyAccess`の許可セットが利用可能になっています。ここで、「許可セット」とはIAMポリシーと同じように実行を許可するアクションを記述したもので、IAM Identity Centerで作成・管理されているものです。

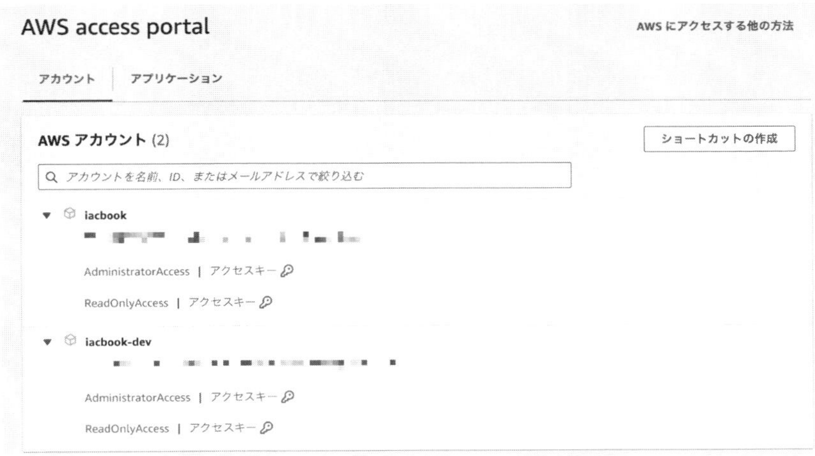

図2.1　IAM Identity Centerのアクセスポータルの画面例

　AWSマネジメントコンソールを使いたいAWSアカウントの許可セット名をクリックすると、そのAWSアカウントのAWSマネジメントコンソールにログインできます。このとき、AWSマネジメントコンソールを通じて実行できるアクションは、選択した許可セットで許可されているアクションになります。

　このAWSマネジメントコンソールへのログインプロセスの中で、IAM Identity Centerのユーザーには一時的な認証情報（アクセスキー、シークレットキー、およびセッショントークン）が発行され、その認証情報を使ってAWSマネジメントコンソールへのログインや、各種アクションの実行をしています[注2.4]。永続的なIAMユーザーの認証情報（アクセスキーとシークレットキー）と異なり、IAM Identity Centerのユーザーが使う認証情報には有効期間があり、万一その認証情報が漏洩したとしても、その影響を短時間に抑えられます[注2.5]。

　今後はAWSのリソースにアクセスするためのユーザーは、IAMユーザーではなく、IAM Identity Centerのユーザーを使うことを強く推奨します。

　もし、どうしてもIAM Identity Centerの利用ができない場合には、`AdministratorAccess`のIAMポリシーがアタッチされたIAMユーザーを作成してください（**2.2.5項**参照）。

2.2.3 ⋮ IAM Identity Centerの構成要素

IAM Identity Centerの基本的な構成要素は、次の3つです。

- ユーザー
- 許可セット
- AWSアカウント（AWS Organizations配下のもの）

　AWSマネジメントコンソールのIAM Identity Centerの画面では、ユーザーと許可セットの作成をするとともに、ユーザーをAWSアカウントに割り当てます。AWSアカウントに割り当てられたユーザーに許可セットを割り当てることで、そのAWSアカウントのリソースに対して実行が許可されるアクションを指定します。

　AWSアカウントごとに、同じユーザーに割り当てる許可セットを変えることができるため、たとえば、1人のユーザーについて、あるAWSアカウントでは管理者権限を与え、別のAWS

注2.4　AWSアカウントとそのAWSアカウントでの許可セットが割り当てられたIAM Identity Centerのユーザーには、そのAWSアカウントの（許可セットに記述されたポリシーがアタッチされた）IAMロールの引き受けが許可されます。そして、IAM Identity Centerのユーザーは、そのIAMロールを一時的な認証情報によって引き受けています。

注2.5　IAM Identity Centerを使う場合も、アクセスポータルにログインするための認証情報（ユーザー名、パスワード、MFA情報）を厳重に管理する必要があることは言うまでもありません。

アカウントでは読み取り専用権限を与えるという制御ができます。

2.2.4 ⋮ IAM Identity Centerの設定手順

AWSの「AWS環境のセットアップチュートリアル」のドキュメントには、画面キャプチャーとともに、設定方法が詳しく解説されています。

ここでは、実際の運用に即した順序で、IaCの利用で必要となる管理者権限を持つユーザーを作るまでの流れを解説します[注2.6]。

● rootユーザーでのAWSマネジメントコンソールへのログイン

AWSアカウント開設時に作成されたrootユーザーで、AWSマネジメントコンソールへログインします。

rootユーザーの利用は、初期の設定などの特別な場合を除いては避けるべきものです。IAM Identity Centerの設定が終われば、rootユーザーではなく、管理者権限を持つIAM Identity CenterのユーザーでAWSの利用ができるようになります。

● AWS Organizationsの有効化

AWSマネジメントコンソールからAWS Organizationsの画面を開き、AWS Organizationsを有効化します。「組織を作成する」というボタンがあるので、それをクリックすれば完了です（**図2.2**）。

図2.2　AWS Organizationsの有効化

注2.6　ここではIaCの利用で必要となる管理者権限を持つユーザーを作る初期設定として、AWSマネジメントコンソールで設定する方法を紹介しています。一方、IAM Identity Centerのユーザーや許可セットの作成、ユーザーのAWSアカウントへの割り当てなどの操作はIaCでも可能です。IaCの利用に慣れたら、ここで作成したIAM Identity Center関連のリソースをIaCにインポートし（**第9章**参照）、その後の追加・変更・削除はIaCから行うのが良いと考えています。

○ IAM Identity Center の有効化

　AWSマネジメントコンソールからIAM Identity Centerの画面を開き、IAM Identity Center
を有効化します。この有効化ができるリージョンは1つのみです。AWSマネジメントコン
ソールのリージョンが東京になっていることを確認したうえで、「有効にする」というボタン
をクリックします。これで、有効化は完了です（**図2.3**）。

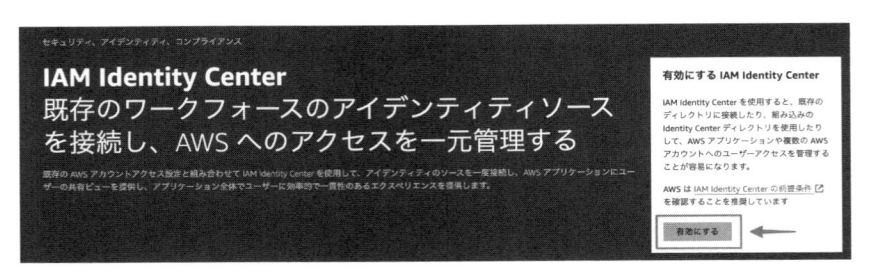

図2.3　IAM Identity Center の有効化

○ 許可セットの作成

　「AWS環境のセットアップチュートリアル」のドキュメントでは、許可セットよりも先に
ユーザーを作成しています。しかし、実際の運用では、ユーザーに与える許可のパターンをい
くつか作成しておき、ユーザーを作る際には、あらかじめ作成した許可セットの中から割り当
てるものを選択するという流れが一般的でしょう。そこで、ここでは、ユーザーを作成する前
に、許可セットを作成します。

　最初に、管理者アクセスポリシーがアタッチされた許可セットを作成します。**1.2.2項**で
説明したように、AWSのリソースの各種操作は、AWS APIのエンドポイントを通じたアク
ションによって実行されます。IaCでは幅広いアクションを実行する必要があるため、すべて
のアクションに対する許可が付与された管理者アクセスポリシー（AdministratorAccess[注2.7]）
がアタッチされたIAMエンティティ（ユーザーなど）を使って実行することが一般的です。

　AWSマネジメントコンソールのIAM Identity Centerの画面にある左のメニューから「許可
セット」をクリックし、表示された画面の右上にある「許可セットの作成」をクリックします。
表示された「許可セットタイプを選択」の画面（**図2.4**）で、「許可セットのタイプ」として
「事前定義された許可セット」を選択し、その下に表示される「事前定義された許可セットの
ポリシー」から「AdministratorAccess」を選択します。

注2.7　https://docs.aws.amazon.com/ja_jp/aws-managed-policy/latest/reference/AdministratorAccess.html

許可セットタイプを選択

許可セットには、ユーザーが AWS アカウントにアクセスするための許可を決定するポリシーが含まれています。AWS アカウントの許可セットにユーザーまたはグループを割り当てると、IAM Identity Center はアカウントで IAM ロールを作成し、許可セットで指定されたポリシーをそのロールにアタッチします。許可セットのタイプを指定するオプションを選択します。 詳細はこちら 🗗

許可セットのタイプ

タイプ

⦿ **事前定義された許可セット**
AWS 定義のテンプレートを選択して、事前定義された許可セットを作成します。このテンプレートでは、1 つの AWS マネージドポリシーを選択できます。例えば、一般的なジョブ機能 (Billing など) についての許可を付与するポリシーや、AWS のサービスおよびリソースに対する特定のレベルのアクセス (ViewOnlyAccess など) を付与するポリシーを選択できます。許可セットは、ニーズの変化に合わせて更新できます。

○ **カスタム許可セット**
AWS マネージドポリシーを選択し、インラインポリシーを作成して、カスタム許可セットを作成します (推奨)。また、カスタマーマネージドポリシーをアタッチして、許可の境界を設定することもできます (高度)。

事前定義された許可セットのポリシー

AWS マネージドポリシーを選択

⦿ AdministratorAccess
Provides full access to AWS services and resources.

○ Billing
Grants permissions for billing and cost management. This includes viewing account usage and viewing and modifying budgets and payment methods.

○ DatabaseAdministrator
Grants full access permissions to AWS services and actions required to set up and configure AWS database services.

○ DataScientist
Grants permissions to AWS data analytics services.

○ NetworkAdministrator
Grants full access permissions to AWS services and actions required to set up and configure AWS network resources.

○ PowerUserAccess
Provides full access to AWS services and resources, but does not allow management of Users and groups.

○ ReadOnlyAccess
Provides read-only access to AWS services and resources.

○ SecurityAudit
The security audit template grants access to read security configuration metadata. It is useful for software that audits the configuration of an AWS account.

○ SupportUser
This policy grants permissions to troubleshoot and resolve issues in an AWS account. This policy also enables the user to contact AWS support to create and manage cases.

○ SystemAdministrator
Grants full access permissions necessary for resources required for application and development operations.

○ ViewOnlyAccess
This policy grants permissions to view resources and basic metadata across all AWS services.

キャンセル　次へ

図2.4　IAM Identity Center の許可セットの作成（許可セットのタイプを選択）

27

　右下の「次へ」のボタンをクリックして表示される次の「許可セットの詳細を指定」（**図2.5**）の画面では、「許可セット名」に適当な名前（ここでは AdministratorAccess とします）を入力します。また、「セッション期間」には、ログインが有効となる時間を設定します。IAM Identity Centerのアクセスポータル（**図2.1**）からこの許可セットを指定してログインしたあと、この時間が経過すると再度のログインが必要になります。管理者権限のような強い権限の許可セットでは、短い時間に設定することがセキュリティ上望ましいですが、一方、頻繁にログインが必要となると不便です。セキュリティ要件や運用の便宜をふまえて、適切な時間を設定してください。その設定が終わったら、右下の「次へ」をクリックします。

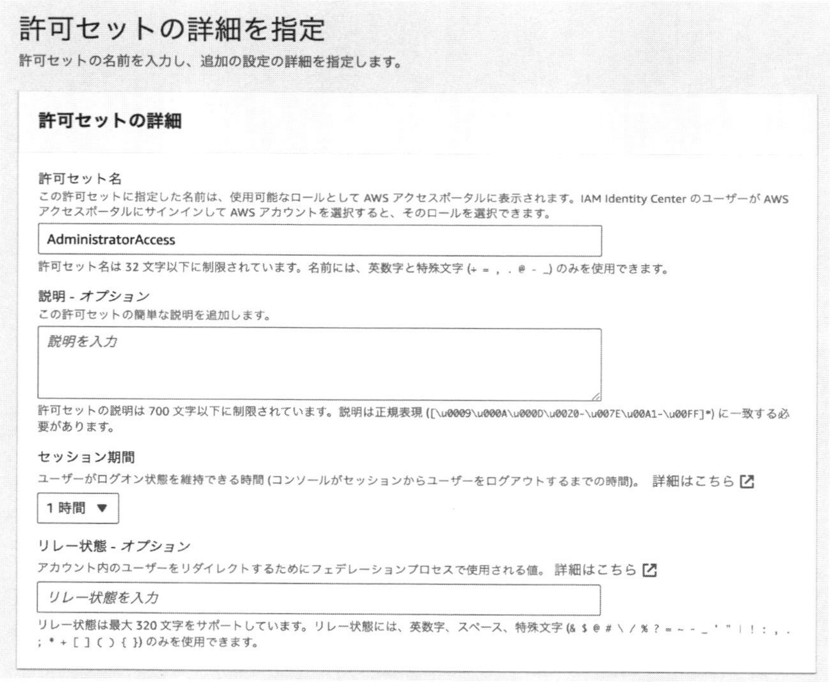

図2.5　IAM Identity Center の許可セットの作成（許可セットの詳細）

　最後の「確認して作成」の画面で設定内容を確認して、右下の「作成」をクリックします。
　同様の操作で、許可セットのポリシーに ReadOnlyAccess を指定した読み取り専用の権限を持つ許可セットも作成しておきましょう。以下では、その許可セット名を ReadOnlyAccess とします。

○ IAM Identity Center のユーザー作成

　AWSマネジメントコンソールのIAM Identity Centerの画面にある左のメニューから「ユーザー」をクリックします。そして表示された画面の右上にある「ユーザーを追加」をクリックします。

　すると、「ユーザーの詳細を指定」の画面（**図2.6**）が現れます。ここでは、iacbook-userという名前のユーザーを作成します。ユーザーの情報を入力して、右下にある「次へ」のボタンをクリックします。なお、「パスワード」については「パスワードの設定手順が記載されたEメールをこのユーザーに送信します」を選択しておくと、ユーザーが作成されたときにユーザーのメールアドレスにパスワード設定のためのメールが送られます。

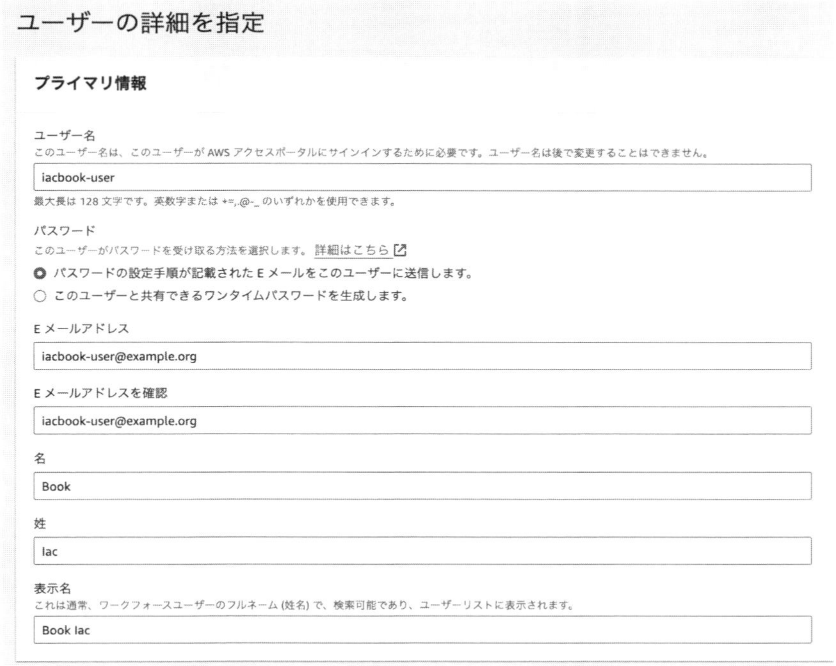

図2.6　IAM Identity Center のユーザーの作成（ユーザーの詳細を指定）

　次に「ユーザーをグループに追加 - 任意」の画面が出ますが、初期状態ではグループが作成されていないので、そのままにして「次へ」をクリックします。

　最後の「ユーザーの確認と追加」の画面でユーザーの入力内容が正しいことを確認して、「ユーザーの作成」をクリックします。

● ユーザーのAWSアカウントとそのAWSアカウントでの許可セットの割り当て

　AWSマネジメントコンソールのIAM Identity Centerの画面の左のメニューから「アカウント」をクリックし、ユーザーに利用を許可したいAWSアカウントにチェックを入れます（**図2.7**）。ここでは、iacbookという名前のAWSアカウントに対して設定をします。そして、右上の「ユーザーまたはグループを割り当て」をクリックします。

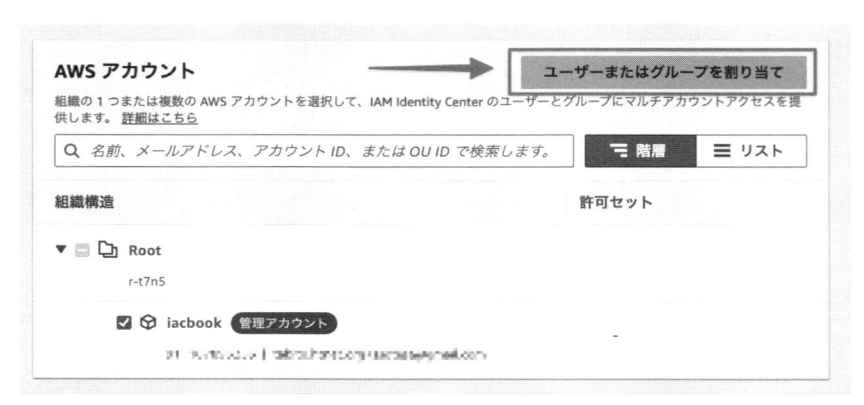

図2.7　IAM Identity Centerの設定対象のAWSアカウントを選択

　表示された「ユーザーとグループを「iacbook」に割り当て」の画面（**図2.8**）で、「ユーザー」のタブをクリックして、IAM Identity Centerに登録されているユーザーの一覧を表示させます。そして、このAWSアカウントの利用を許可したいユーザー（ここではiacbook-user）にチェックを入れ、右下の「次へ」をクリックします。

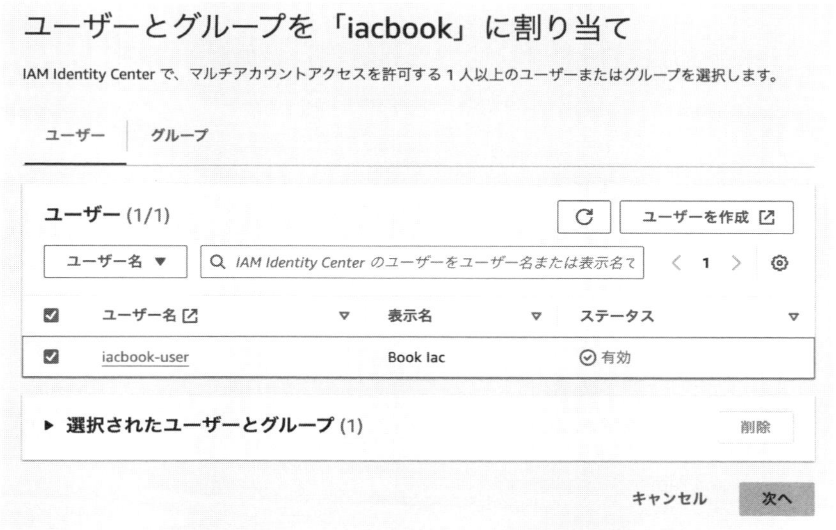

図2.8　IAM Identity Center の設定対象ユーザーを選択

　次に表示される「許可セットを「iacbook」に割り当て」の画面（**図2.9**）には、作成済み
の許可セットの一覧が表示されます。その中から、このユーザーにこのAWSアカウントで割
り当てたい許可セットにチェックを入れます。ここでは、管理者の許可セットとして作成した
`AdministratorAccess` と、読み取り専用の許可セットとして作成した `ReadOnlyAccess` にチェッ
クを入れて、「次へ」をクリックします。

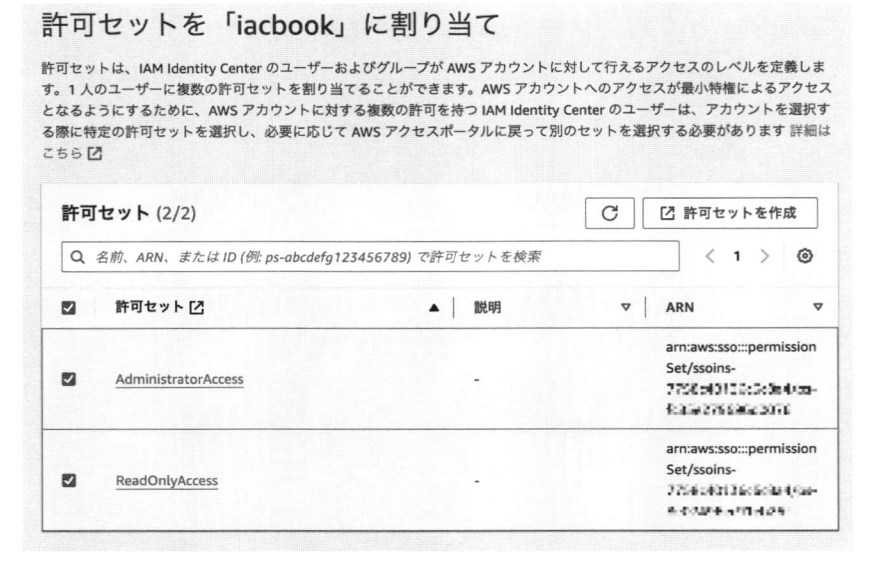

図2.9　IAM Identity Centerでユーザーに割り当てる許可セットを選択

　最後の「「iacbook」への割り当てを確認して送信」の画面で設定内容を確認して、右下の「送信」をクリックします。

　なお、ここでは、ユーザーに直接許可セットを割り当てる方法を説明しました。別の方法として、まずグループを作成し、そのグループに対して許可セットをAWSアカウントごとに割り当てた後、ユーザーをそのグループに追加することで、ユーザーに許可を付与することもできます。

　ここまでで、rootユーザーによる操作は完了です。AWSマネジメントコンソールからログアウトして、rootユーザーの使用を終了します。

● ユーザーによるパスワードの設定とログインの確認

　IAM Identity Centerに登録したユーザーには、そのメールアドレスに招待メールが届きます（**図2.10**）。そのメールにある"Accept Invitation"ボタンをクリックして招待を受諾し、表示された画面でパスワードを設定します。

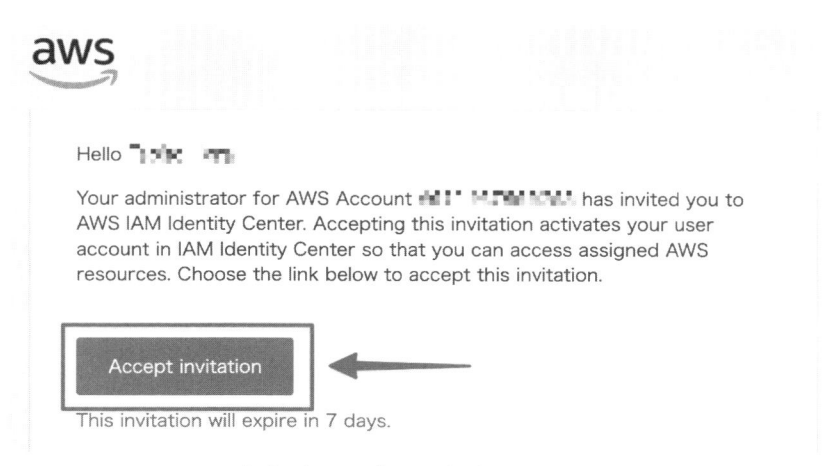

図2.10　IAM Identity Centerに作成したユーザーへの招待メール

　引き続き、MFAデバイスの登録が求められるので、画面の指示に従って設定します。詳細は
AWSのドキュメント[注2.8] を参照してください。

　その設定が完了すると、アクセスポータルへのログインが完了した状態になり、アクセス
ポータルの画面に遷移します（**図2.1**）。次回以降、AWSマネジメントコンソールにログイン
するときには、このアクセスポータルの画面にアクセスして、IAM Identity Centerのユーザー
としてログインします。そのため、アクセスポータルのページは、ブラウザにブックマーク
しておきましょう。なお、アクセスポータルのURLは、AWSマネジメントコンソールのIAM
Identity Centerダッシュボードの右側にある「設定の概要」にも表示されています。

● IAM Identity CenterのユーザーをAWS CLIで利用するための設定

　IAM Identity Centerのユーザーを使ってIaCツールによるリソースの操作を行うには、AWS
CLIを通じてそのユーザーの認証情報を取得できるようにする設定が必要です。

　この方法についても、AWSの「AWS環境のセットアップ」のモジュール3[注2.9] に詳細な方法
が記述されています。また、AWS CLIのドキュメント[注2.10]にも解説があります。

　AWS CLIでは、認証などの設定をプロファイルという単位で管理します。本書の以降の記述
では、管理者権限を行使できる`admin`というプロファイルがあることを前提にしています。プ
ロファイル`admin`の設定をするには、次のコマンドを実行することで、対話的に設定可能です。

注2.8　https://docs.aws.amazon.com/ja_jp/singlesignon/latest/userguide/mfa-configure.html
注2.9　https://aws.amazon.com/jp/getting-started/guides/setup-environment/module-three/
注2.10　https://docs.aws.amazon.com/ja_jp/cli/latest/userguide/cli-configure-sso.html#cli-configure-sso-configurel

```
> aws configure sso --profile admin
```

あるいは、${HOME}/.aws/config ファイルに、**リスト 2.1** のような内容を追記することでも設定可能です（ファイルが存在しない場合には作成してください）。

リスト 2.1　.aws/config の記述例

```
1  [sso-session my-sso]
2  sso_start_url = https://d-xxxxx.awsapps.com/start
3  sso_region = ap-northeast-1
4  sso_registration_scopes = sso:account:access
5
6  [profile admin]
7  sso_session = my-sso
8  sso_account_id = 123456789012
9  sso_role_name = AdministratorAccess
10 region = ap-northeast-1
11
12 [profile readonly]
13 sso_session = my-sso
14 sso_account_id = 123456789012
15 sso_role_name = ReadOnlyAccess
16 region = ap-northeast-1
```

1-4行目で my-sso という sso-session を記述し、そこで sso_start_url（AWSアクセスポータルのURL）、sso_region（IAM Identity Center を有効化したリージョン）を設定します。sso_start_url は、お使いの環境に合わせて指定してください。sso_registration_scopes はこの例の記述をそのまま使えます。この sso-session の定義は、複数のプロファイル（profile）から参照できます。

6-10行目で、admin というプロファイルを記述しています。sso_session には、1-4行目で定義した sso-session の名前 my-sso を指定します。sso_account_id と sso_role_name には、それぞれ、このプロファイルを使ったときにアクセスする AWS アカウントの ID と、許可セットの名前を指定します。admin のプロファイルを使うと、AWSアカウント **123456789012** に対して許可セット AdministratorAccess で許可されたアクションを実行できるようになります。region は、このプロファイルを使うときのデフォルトのリージョンを指定します。

同様に、12-16行目では、読み取り専用の許可セットを持つ readonly プロファイルを設定しています。admin との違いは、sso_role_name が ReadOnlyAccess になっていることです。プロファイル admin と readonly で、同じ sso-profile（my-sso）を指定しています。

このように、AWSアカウントと許可セットごとに、プロファイルを設定します。

○ AWSの一時的な認証情報を得るための認証トークンの取得

AWSのリソースを操作するコマンド（IaCの各種コマンドを含む）を実行するときには、事前に次のコマンドを実行して、AWSの一時的な認証情報を得るための認証トークンを取得しておきます[注2.11]。

```
> aws sso login --sso-session=my-sso
```

このコマンドの実行過程でブラウザが開き、IAM Identity Centerへのログインに必要な情報の入力（すでにログイン済みの場合には表示されません）、リソースへのアクセスの許可を求められます（**図2.11**）。許可を選択することで、sso_sessionにmy-ssoを指定しているプロファイルであるadminとreadonlyに対応するIAMロールを引き受けるための認証情報が取得できるようになります。

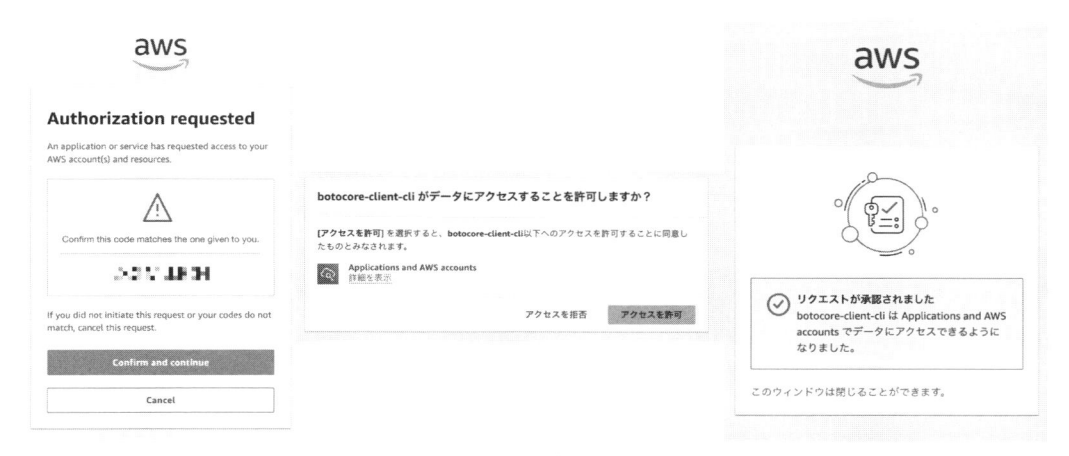

図2.11 `aws sso login`コマンドの実行によってブラウザに表示される画面

aws sso loginコマンドを実行することで、${HOME}/.aws/sso/cache以下に認証トークンを記述したファイル（名前はセッション名に基づく）が格納されます。

AWS CLIやIaCツールは、コマンドの実行時に指定したプロファイル名に対応するIAMロールを引き受けようとします。その際に、この認証トークンを使ってIAMロールを引き受けるための一時的な認証情報を取得します[注2.12]。

aws sso loginコマンドを実行する際に、--sso-sessionの代わりに、--profileを指定する

注2.11　https://docs.aws.amazon.com/ja_jp/cli/latest/userguide/cli-configure-sso.html#cli-configure-sso-login

35

ともできます。

```
> aws sso login --profile admin
```

このコマンドを実行することで、プロファイル`admin`の`sso-session`に指定されている`my-sso`を使っているプロファイルが使用可能になります。つまり、`admin`だけでなく、`readonly`のプロファイルも使用可能になります。

AWSリソースを操作するコマンドを実行する際にプロファイル名を指定する方法については、次項で説明します。

なお、`aws sso login`コマンドは、認証トークンが有効である間[注2.13]には繰り返し実行する必要はありません。プロファイル名を指定してAWSリソースを操作するコマンドを実行しようとしたときに、「認証トークンの有効期限が切れたためSSOの認証が必要」という主旨のメッセージが表示されたときには、再度`aws sso login`コマンドを実行して、認証トークンを取得しなおしてください。

● コマンド実行時のプロファイル名の指定

`aws sso login`コマンドで認証トークンが取得されていれば、コマンド実行時にプロファイル名を指定することで、そのプロファイルに指定したIAMロールを引き受けるための一時的な認証情報を取得できるのでした。

コマンド実行時にプロファイルを指定する一般的な方法として、環境変数`AWS_PROFILE`にプロファイルを設定する方法があります。たとえば、S3バケットの一覧を表示させたいときには、次のように環境変数`AWS_PROFILE`を指定して`aws s3 ls`コマンドを実行します。

```
> AWS_PROFILE=admin aws s3 ls
```

`AWS_PROFILE`に**リスト2.1**で設定した`admin`を指定することで、AWS CLIはIAMロール（AWSアカウント`123456789012`に対して`AdministratorAccess`に基づく権限を持つ）を引き受けるための一時的な認証情報を取得しようとします。逆に、プロファイルを指定しないと、引き受けるIAMロールが決まらないため、認証情報をリクエストできません。

注2.12　https://portal.sso.ap-northeast-1.amazonaws.com/federation/credentials?role_name=[ロール名]&account_id=[AWSアカウントID]（東京リージョンの場合）というエンドポイントを通じて、`GetRoleCredentials`というアクションを実行します。認証トークンは`x-amz-sso-bearer_token`というヘッダに付与します。ロール名は、コマンドを実行するときに指定されるプロファイル名から決定されます（各プロファイルの`sso_role_name`に対応）。レスポンスとして、指定したプロファイルに対応するIAMロールを引き受けるためのアクセスキー、シークレットキー、セッショントークン、有効期限などが返されます。

注2.13　認証トークンの有効期間はAWS Identity Centerで設定が可能です。

2

　Terraform、CDKなどのコマンドでも、認証トークンと指定されたプロファイルの情報を使って、IAMロールを引き受けるための一時的な認証情報を取得する実装がされています。コマンド実行の際にAWSアクションの実行が必要であるときには、プロファイルを指定してコマンドを実行します。

　なお、本書ではAWSアクションの実行が必要なコマンドには、AWS_PROFILEの指定を表示しています。

2.2.5 ⋮ IAM Identity Centerが使えない場合

　IAM Identity Centerが使えない場合には、IAMユーザーを作成して、そのIAMユーザーにAdministratorAccessのIAMポリシーをアタッチします。

● IAMユーザーの作成

　AWSマネジメントコンソールのIAMの画面内の「ユーザー」のメニューから、IAMユーザーの作成および認証情報（アクセスキー、シークレットキー）の作成ができます。なお、IaCで使うユーザーについては、AWSマネジメントコンソールへのアクセスは必要ありません。そのため、「AWSマネジメントコンソールへのユーザーアクセスを提供する」のオプションを無効にしておくのが良いでしょう。

　詳細は、AWSのドキュメント[注2.14]を参照してください。

● 認証情報のAWS CLIへの設定

　作成した認証情報をAWS CLIから使えるように、次のコマンドを実行して設定をします。

```
> aws configure --profile admin
```

　対話的に設定する中で、アクセスキーとシークレットキーを入力します。

● IAMユーザーを使う場合の注意事項

　認証情報（アクセスキーとシークレットキー）は、漏洩しないように厳重に管理してください。IAMユーザーを使用する場合には、定期的に認証情報のローテーションをすることが推奨されています。なお、認証情報のローテーションを実行したときには、aws configureコマンドの再実行によって、認証情報を設定しなおします。

注2.14　https://docs.aws.amazon.com/ja_jp/IAM/latest/UserGuide/id_users_create.html

2.3 ｜ Terraform のインストール

2.3.1 ⋮ tenv のインストール

　ここでは tenv と呼ばれるツール[注2.15] を導入し、このツールを通じて Terraform のインストールをします。

　tenv は Terraform のバージョンマネージャーツールで、tenv を使うことで複数のバージョンの Terraform をインストールしておくことができ、バージョンを切り替えながら利用できるようになります。その結果、Terraform の各ルートモジュールが要求する Terraform のバージョンを意識せずに使えるようになります。

　tenv は macOS であれば次のように Homebrew の brew コマンドでインストールできます。

```
> brew install cosign
> brew install tenv
```

　その他の OS でのインストール方法については、ツールのドキュメントを参照してください。

2.3.2 ⋮ tenv による Terraform のインストール

　tenv がインストールできたら、次のコマンドで Terraform をインストールします。

```
> tenv tf install [インストールしたいTerraformのバージョン]
```

　このコマンドの実行の際に Terraform のバージョンを指定しない場合には、最新版の Terraform がインストールされます。

　tenv を使うと複数のバージョンの Terraform がインストールされますが、インストールされたバージョンの一覧は次のコマンドで表示できます。

```
> tenv tf list
```

注2.15　https://github.com/tofuutils/tenv

2

● tenvが切り替えるTerraformのバージョンの決定

　tenv によって切り替えられる Terraform のバージョンは、 TFENV_TERRAFORM_VERSION という環境変数に設定されたバージョン、 その環境変数が設定されていない場合には.terraform-version というファイルの中に書かれたバージョンによって決定されます。 .terraform-version ファイルは、 terraform コマンドを実行したディレクトリから順々に上へと遡って探索され、最初に見つかったものが使われます。

　また、次のコマンドでデフォルトのバージョンを指定することが可能です。

```
> tenv tf use ［デフォルトにしたいTerraformのバージョン］
```

　環境変数TFENV_TERRAFORM_VERSIONや.terraform-versionファイルが設定されていない場合には、このコマンドで指定したデフォルトのバージョンが使われます。

　なお、 切り替え先のバージョンがtenvによってインストールされていない場合には、terraform コマンドの実行がエラーになり、 tenv tf install コマンドで当該のバージョンをインストールするように促されます。環境変数TENV_AUTO_INSTALLをtrueに設定しておくと、インストールされていないバージョンに切り替えようとしたときに、そのバージョンを自動的にインストールするようにできます。

2.4 CDKのインストールとブートストラップ

　CDKを使うためには、Node.jsやnpmがインストールされている必要があります。インストールされていない場合には、それぞれのドキュメントにしたがって、インストールをしてください。

2.4.1 CDKのインストール

　CDKのインストールには次のコマンドを実行します。

```
> npm install -g aws-cdk
```

これで、cdkのコマンドが使えるようになります。

2.4.2 ┊ ブートストラップの実行

　CDKを使うためには、アカウントごと、リージョンごとにブートストラップと呼ばれる操作を実行する必要があります[注2.16]。たとえば、AWSアカウントIDが123456789012の東京リージョン（ap-northeast-1）の環境に対してブートストラップを実行するには、次のコマンドを実行します。

```
> AWS_PROFILE=admin cdk bootstrap aws://123456789012/ap-northeast-1
```

　この操作は、アカウントごと、リージョンごとに1回実行すれば十分ですが、べき等の操作になっているので、何回実行しても問題はありません。
　ブートストラップの役割については、**5.14節**で簡単に説明します。

2.5 ┊ 開発環境・ツール

2.5.1 ┊ エディタ

　TerraformでもCDKでも、作成するコードはテキストファイルですので、テキストエディタがあればコードの作成はできます。その中で、最近のエディタには、拡張機能の導入によって、高度な補完機能やリアルタイムにエラーを報告する機能を追加できます。これらの機能は有効に活用したいところです。
　以下では、筆者が使ったことがあるエディタやその拡張機能について紹介しますが、ご自分がお使いのエディタに同様の拡張機能がないかを探してみてください。
　また、最近では、TerraformでもCDKでも、GitHub Copilotによるコードのサジェストの精度が高くなってきており、便利に使えるようになっています。

注2.16　https://docs.aws.amazon.com/ja_jp/cdk/v2/guide/bootstrapping-env.html

● Terraformのコンフィグファイルの編集

筆者がTerraformのコンフィグを編集するときには、MicrosoftのVisual Studio Code（VS Code）やJetBrainsのIntelliJ IDEA[注2.17]を使っています。それぞれのエディタにTerraform向けの拡張機能（プラグイン）が用意されていますので、インストールして活用しましょう。拡張機能によって、補完のサジェストやエラーのリアルタイム表示などの開発に便利な機能が使えます。

筆者が利用している限りでは、IntelliJ IDEAのほうがエラーをより多く検出してくれる印象がありますが、VS Codeでも実用上は問題なく使えています。

Terraformには`terraform fmt`というフォーマッタ（一定のルールでコンフィグファイルを整形してくれるツール）が用意されています。

```
> terraform fmt -recursive
```

上記コマンドを実行することで、コンフィグファイルを整形することができます。ファイルを保存するときにこのコマンドが自動的に実行されるようにエディタを設定しておくと便利です。IntelliJ IDEAを使う場合には、File Watchesというプラグイン[注2.18]をインストールして、そのプラグインの設定でファイル保存時にこのコマンドを実行するように設定できます。

● CDK（TypeScript）のコードの編集

CDKのコードは複数のプログラミング言語によって記述できますが、本書ではTypeScriptによって記述します。

CDKのコードは一般的なTypeScriptのコードと同じですので、TypeScriptのコードに対してよく使われるリンターやフォーマッタを使うことができます。

筆者はTypeScriptのコードの編集にはVS Codeを使っていますが、ESLintやPrettierの拡張機能を入れて使っています。

▌2.5.2 ⋮ その他のツール

● cfn-lint

本書ではCloudFormationのテンプレートを読むことはありますが、テンプレートを直接書くことは想定していません。もし、テンプレートを書く機会がある場合には、cfn-lint[注2.19]を

注2.17　Community Editionでも使えます。
注2.18　https://pleiades.io/help/idea/using-file-watchers.html

導入すると、テンプレートのエラーの指摘やより良い書き方の提案をしてくれます。VS Code
に同名の拡張機能があり、VS Codeから使うこともできます。

○ tfupdate

　本書ではTerraformのコンフィグファイルを書くにあたって、Terraform本体や、プロバイ
ダの要求バージョンを特定のものに固定することを推奨しています。

　Terraformやプロバイダに新しいバージョンがリリースされたときに、そのバージョン条件
を更新してくれるツールが**tfupdate**[注2.20] です。

　GitHub ActionsなどのCI（Continuous Integration：継続的インテグレーション）で**tfupdate**
を定期的に実行して、バージョンの修正のプルリクエストを自動的に作成するようにしておく
と、Terraformやプロバイダの新しいバージョンに追随できます。

　tfupdateの利用方法は、**4.10節**で解説しています。

○ hcledit

　hcledit[注2.21] は、Terraformのコンフィグファイルをコマンドラインから編集するツールで
す。CIなどのスクリプトから、Terraformのコードにちょっとした修正を加えたい場合に便利
に使えます。

2.6 まとめ

　本章では、このあとの章の解説で前提となるAWSアカウントの設定、ツールのインストー
ルについて、簡単に説明しました。また、コードを記述するエディタやいくつかの周辺ツール
を紹介しました。

注2.19　https://github.com/aws-cloudformation/cfn-lint
注2.20　https://github.com/minamijoyo/tfupdate
注2.21　https://github.com/minamijoyo/hcledit

第 **3** 章

［体験］IaCによる
リソースのデプロイ

||||||||||||||||||||||||||

本章では、AWSのリソースのデプロイやリソースの属性更新の一連
の流れを、Terraform、CloudFormation、CDKの各ツールで体験
してみます。
本章では、各ツールのコードの書き方は取り上げません（次章以降
において本章で使ったコードの解説をします）。コードの書き方は
気にせずに、IaCツールによってリソースを操作する流れの理解に
集中してください。

導入編

3.1 ┃ 題材

　この章では、SQS（Simple Queue Service）のキューを作成してみます。SQSはその名のとおり、キューイングシステムであり、アプリケーション間でのメッセージの送受信を媒介します。たとえば、本体アプリケーションから別のアプリケーションに必要なデータ（メッセージ）をキューに送信します。別のアプリケーションはそのキューからデータを取り出して、本体アプリケーションとは別にタスクを実行できます。

　本書では、SQSをリソースの例としてしばしば取り上げますが、そのサービス内容の知識はまったく必要ありません。キューのリソースとその属性の値にのみ注目しますので、SQSというサービスをよくご存じない方も、リソース例の1つとしてお読みください。また、キューの属性として「可視性タイムアウト」「最大メッセージサイズ」などを使いますが、これらもその意味を理解する必要はありません。なお、SQSはキューを作成しただけでは課金が発生しないので、課金のことを気にせずにIaCを試せます。

　デプロイするSQSキューの属性の値は**表3.1**のようにします。また、この表には、その属性の値をIaCのコードの中で設定しない場合のデフォルト値も示しました。

表3.1　IaC でデプロイする SQS キューの属性の値

属性	設定値	デフォルト値
キューの種類	標準	標準
可視性タイムアウト	30秒	30秒
最大メッセージサイズ	2KB（2,048バイト）	256KB（262,144バイト）
キューの名前	test-queue-[IaC ツールの識別子]	IaC ツールによる命名
タグ	Name:[キューの名前]	なし

3.2

AWSマネジメントコンソールによる
リソースのデプロイ

3

　最初にAWSマネジメントコンソールから**表3.1**のリソースを作ってみましょう。表中の「IaCツールの識別子」は"console"とします。

　AWSマネジメントコンソールからSimple Queue Serviceの画面を表示させ、右上の「キューを作成」ボタンをクリックします（**図3.1**）。

図3.1　AWSマネジメントコンソールのSQSの画面とキューの作成のボタン

　次に表示される「キューを作成」の画面（**図3.2**）で、**表3.1**に示したリソースの仕様に沿って、属性の設定をします。入力が完了したら、画面の一番下にある「キューを作成」のボタンをクリックします。これでSQSキューのリソースが作成されます。

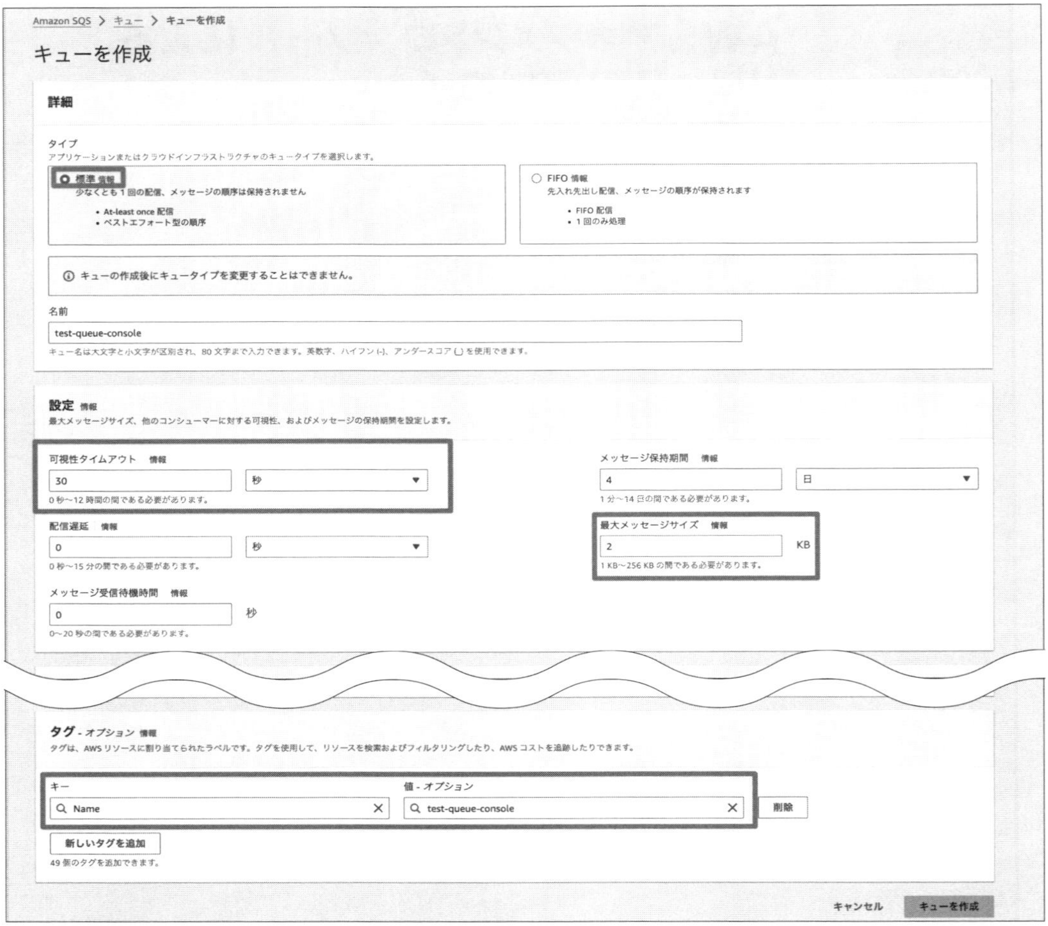

図3.2　AWS マネジメントコンソールからデプロイする SQS の属性を設定する

3.3 ┊ Terraformによるリソースのデプロイ

次に、IaC ツールによって、**表 3.1** のリソースをデプロイします。最初に Terraform を使い

ます。

操作の流れは、次のとおりです。

1. ルートモジュールのディレクトリを作成して、その中にTerraformのコンフィグファイルを作成
2. terraform initでルートモジュールを初期化
3. terraform planで実行計画を確認
4. terraform applyでリソースをデプロイ

3.3.1 ⋮ Terraformのコンフィグファイルを作成する

適当なディレクトリを作成して、次の内容のファイルをmain.tfとして保存しましょう。あとで説明しますが、このディレクトリはTerraformのルートモジュールと呼ばれます。

リスト 3.1 SQSキューを記述するTerraformのコンフィグファイル

```
1  resource "aws_sqs_queue" "my_queue" {
2    name            = "test-queue-tf"
3    max_message_size = 2048
4    tags = {
5      "name" = "test-queue-tf"
6    }
7  }
```

これはTerraformのコンフィグと呼ばれるものです。このコンフィグの記述方法については **4.2節** であらためて説明しますが、ここでは、キューの名前（name）、最大メッセージ長（max_message_size）、タグ（tags）を設定しているということが把握できれば十分です。

3.3.2 ⋮ terraform initでルートモジュールを初期化する

リスト 3.1 のコードを書いたファイルを配置したら、そのディレクトリで次のコマンドを実行します。

```
> terraform init
```

このコマンドは、そのルートディレクトリで初めてTerraformを使うときに実行するものです（**4.9.1項**参照）。このコマンドを実行すると次のような出力が表示され、初期化が成功し

たことが示されます注3.1。

リスト 3.2　**terraform init** の実行例

```
> terraform init

Initializing the backend...

Initializing provider plugins...
- Finding latest version of hashicorp/aws...
- Installing hashicorp/aws v5.72.1...
- Installed hashicorp/aws v5.72.1 (signed by HashiCorp)

Terraform has created a lock file .terraform.lock.hcl to record the provider
selections it made above. Include this file in your version control repository
so that Terraform can guarantee to make the same selections by default when
you run "terraform init" in the future.

Terraform has been successfully initialized!

You may now begin working with Terraform. Try running "terraform plan" to see
any changes that are required for your infrastructure. All Terraform commands
should now work.

If you ever set or change modules or backend configuration for Terraform,
rerun this command to reinitialize your working directory. If you forget, other
commands will detect it and remind you to do so if necessary.
```

3.3.3 ⋮ terraform planで実行計画を確認する

　次に実行するのがterraform plan コマンドです。このコマンドの実行によって、リソースの操作をするterraform apply（**3.3.4 項**参照）を実行したときに、操作対象となるリソースとその操作の内容を示した「実行計画」が表示されます。この実行計画を確認して、自分が意図したリソースの操作になっているかを確認します。なお、terraform planを実行しても、読み取り専用の権限で実行できるアクションがリクエストされるのみで、リソースに変更が加えられることはありません。そのため、リソースに変更が加えられることを心配せずに、安心して実行できます。

　それでは実行してみます。

注3.1　利用している Terraform や AWS プロバイダのバージョンによって、表示は異なることがあります。

リスト 3.3 **terraform plan** の実行例

```
> AWS_PROFILE=admin terraform plan

Terraform used the selected providers to generate the following execution plan. Resource actions are
indicated with the
following symbols:
  + create

Terraform will perform the following actions:

  # aws_sqs_queue.my_queue will be created
  + resource "aws_sqs_queue" "my_queue" {
      + arn                               = (known after apply)
      + content_based_deduplication       = false
      + deduplication_scope               = (known after apply)
      + delay_seconds                     = 0
      + fifo_queue                        = false
      + fifo_throughput_limit             = (known after apply)
      + id                                = (known after apply)
      + kms_data_key_reuse_period_seconds = (known after apply)
      + max_message_size                  = 2048
      + message_retention_seconds         = 345600
      + name                              = "test-queue-tf"
      + name_prefix                       = (known after apply)
      + policy                            = (known after apply)
      + receive_wait_time_seconds         = 0
      + redrive_allow_policy              = (known after apply)
      + redrive_policy                    = (known after apply)
      + sqs_managed_sse_enabled           = (known after apply)
      + tags                              = {
          + "name" = "test-queue-tf"
        }
      + tags_all                          = {
          + "name" = "test-queue-tf"
        }
      + url                               = (known after apply)
      + visibility_timeout_seconds        = 30
    }

Plan: 1 to add, 0 to change, 0 to destroy.

───────────────────────────────────────────────────────────────────────

───────────────────────────────

Note: You didn't use the -out option to save this plan, so Terraform can't guarantee to take exactly these
actions if
you run "terraform apply" now.
```

　この出力から次のことが読み取れます。

- aws_sqs_queue.my_queue のリソースが作成されること

  ・name は、test-queue-tf であること
  ・max_message_size は、2048 であること
  ・tags は、キー名が name で、値が test-queue-tf であること
  ・コードでは明示しなかった可視性タイムアウト visibility_timeout_seconds は 30 であること

- それ以外の変更（change）、削除（destroy）はないこと

このようにして、意図したリソースの操作が計画されていることを確認できました。

3.3.4 ┊ terraform applyでリソースをデプロイする

次にいよいよ、AWS上にSQSキューをデプロイしてみましょう。Terraformのコンフィグファイルで宣言されたリソースをAWS上に構築するときには、terraform apply コマンドを実行します。

リスト 3.4　terraform apply の実行例

```
> AWS_PROFILE=admin terraform apply

Terraform used the selected providers to generate the following execution plan. Resource actions are
indicated with the
following symbols:
  + create

Terraform will perform the following actions:

  # aws_sqs_queue.my_queue will be created
  + resource "aws_sqs_queue" "my_queue" {
      + arn                               = (known after apply)
      + content_based_deduplication       = false
      + deduplication_scope               = (known after apply)
      + delay_seconds                     = 0
      + fifo_queue                        = false
      + fifo_throughput_limit             = (known after apply)
      + id                                = (known after apply)
      + kms_data_key_reuse_period_seconds = (known after apply)
      + max_message_size                  = 2048
      + message_retention_seconds         = 345600
      + name                              = "test-queue-tf"
      + name_prefix                       = (known after apply)
      + policy                            = (known after apply)
```

```
      + receive_wait_time_seconds      = 0
      + redrive_allow_policy           = (known after apply)
      + redrive_policy                 = (known after apply)
      + sqs_managed_sse_enabled        = (known after apply)
      + tags                           = {
          + "name" = "test-queue-tf"
        }
      + tags_all                       = {
          + "name" = "test-queue-tf"
        }
      + url                            = (known after apply)
      + visibility_timeout_seconds     = 30
    }

Plan: 1 to add, 0 to change, 0 to destroy.

Do you want to perform these actions?
  Terraform will perform the actions described above.
  Only 'yes' will be accepted to approve.

  Enter a value: yes
```

terraform applyを実行すると、terraform planで出力された実行計画が表示されたあとに、実際に適用して良いかを尋ねるプロンプト（Enter a value:）が現れます。ここにyesと入力してEnterキーを押すことで、実際のリソースのデプロイが行われます。

yesを入力すると次のような出力が表示され、1つのリソースが追加されたことが報告されます。

```
aws_sqs_queue.my_queue: Creating...
aws_sqs_queue.my_queue: Still creating... [10s elapsed]
aws_sqs_queue.my_queue: Still creating... [20s elapsed]
aws_sqs_queue.my_queue: Creation complete after 25s [id=https://sqs.ap-northeast-1.amazonaws.com
/123456789012/test-queue-tf]

Apply complete! Resources: 1 added, 0 changed, 0 destroyed.
```

実際にリソースが構築されていることは、AWSマネジメントコンソールなどで確認できます。AWSマネジメントコンソールのSQSの画面の左側にあるメニューから「キュー」をクリックすると、キューの一覧が表示されます。その中にtest-queue-tfというキューが作成されています。そのtest-queue-tfをクリックすると、そのキューの詳細情報が表示されます。「詳細」の画面にある「さらに表示」をクリックすると、さまざまなパラメータの値が表示されますが、その中の「最大メッセージサイズ」がテンプレートで指定した2KBになっていることを確認できます（**図3.3**）。

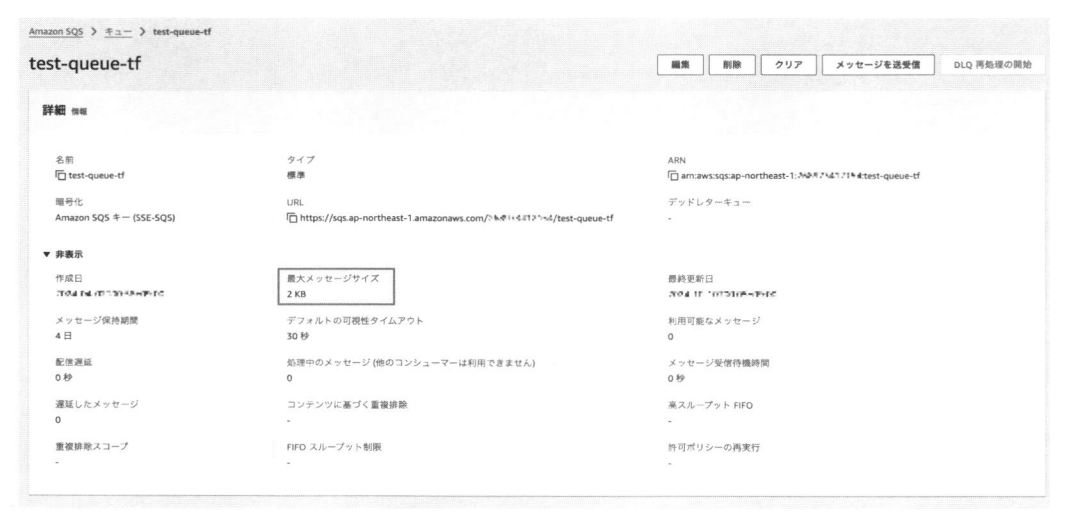

図3.3　リスト 3.1 を使ってデプロイされた SQS キューの属性を AWS マネジメントコンソールから確認する

表 3.1 の仕様の SQS が、Terraform でデプロイされたことが確認できました。

3.3.5 ⋮ tfstateファイル

`terraform apply` を実行すると、実行したディレクトリに `terraform.tfstate` というファイルが作成されます。このファイルは、コンフィグファイルに記述したリソースと、AWS にデプロイされたリソースを結び付ける非常に重要なファイルです。このファイルに記述されているリソースが、Terraform で管理されているリソースになります。

`tfstate` ファイルの出力について何も設定しないデフォルトの状態では、ローカルにこのファイルは出力されます。しかし、複数の開発者でリソースの管理をする場合には、それぞれの開発者から参照や更新ができるように、リモートストレージ（AWS では S3）に保存するのが一般的です。`tfstate` ファイルの出力の設定についてはのちほど説明しますが（**4.4.3 項**参照）、ここでは最初のチュートリアルとしてこのまま続けます。

3.4 CloudFormationによるリソースのデプロイ

続いて、CloudFormationを使って同様のSQSキューをデプロイしてみます。
操作の流れは、次のとおりです。

1. テンプレートを作成
2. AWSマネジメントコンソールからテンプレートをアップロードして、スタックを作成

3.4.1 SQSキューを記述するテンプレートを作成する

CloudFormationを使ってリソースをデプロイするためには、テンプレートにYAML形式で
リソースの情報を記述します。CloudFormationのテンプレートで題材のSQSキューを記述す
ると、**リスト3.5**のようになります。

リスト3.5 SQSキューを構築するためのCloudFormationのテンプレート

```
1  Resources:
2    MyQueue:
3      Type: AWS::SQS::Queue
4      Properties:
5        QueueName: test-queue-cfn
6        MaximumMessageSize: 2048
7        Tags:
8          - Key: Name
9            Value: test-queue-cfn
```

このテンプレートをsqs.yamlというファイル名で保存しておきましょう。

3.4.2 テンプレートからスタックを作成してSQSキューをデプロイする

作成したテンプレートに基づいて、SQSキューを作成してみます。

○ スタックとは

CloudFormationのテンプレートからリソースを作るためには、**リスト3.5**で記述したテン
プレートからCloudFormationの「スタック」を作成するという操作を実行します。スタック

とは、AWSリソースの集まりの1つの単位であり[注3.2]、リソースのまとまりを管理する1つの
プロジェクトと考えるとわかりやすいでしょう。

○ AWSマネジメントコンソールによるスタックの作成

　実際に**リスト3.5**のテンプレートから、AWSマネジメントコンソールを使ってスタックを
作成してみましょう。

　AWSマネジメントコンソールのCloudFormationの画面で、左側のメニューから「スタッ
ク」をクリックし、遷移した画面の右上にある「スタックの作成」から「新しいリソースを使
用（標準）」をクリックします（**図3.4**）。

図3.4　AWSマネジメントコンソールからのCloudFormationのスタックの作成

　次に遷移する「スタックの作成」の画面（**図3.5**）では、「前提条件 - テンプレートの準備」
で「既存のテンプレートを選択」を選択し、「テンプレートの指定」では「テンプレートファイ
ルのアップロード」を選択します。そして、「ファイルの選択」のボタンをクリックして現れる
ローカルのファイルの選択画面から、**リスト3.5**を記述したファイルsqs.yamlを選択します。

図3.5　CloudFormationのテンプレートをアップロードする

　次の「スタックの詳細を指定」の画面（**図3.6**）では「スタック名」を指定します。任意の名前で良いですが、わかりやすいものにしておきましょう。ここではsqs-testとしておき、右下の「次へ」をクリックします。

スタックの詳細を指定

スタック名を提供

スタック名
sqs-test

スタック名では、大文字および小文字 (A-Z〜a-z)、数字 (0-9)、ダッシュ (-) を使用することができます。

パラメータ
パラメータは、テンプレートで定義されます。また、パラメータを使用すると、スタックを作成または更新する際にカスタム値を入力できます。

パラメータなし
テンプレートで定義されているパラメータはありません

キャンセル　戻る　次へ

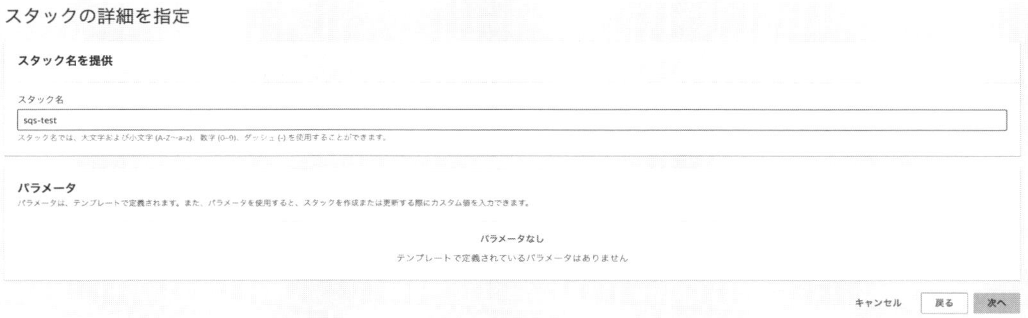

図3.6　スタックの名前を指定する

　次の「スタックオプション」の画面では、スタックの作成に失敗したときの挙動などが設定できますが、ここではデフォルトのままにして、右下の「次へ」をクリックします。
　そして、最後の確認画面の右下にある「送信」をクリックすることで、スタックの作成が始まります。

◯ スタックの画面に表示される情報

　AWSマネジメントコンソールの個々のスタックの画面では、次のような情報が表示されています。

- イベント：スタックやリソースの作成、更新、削除の開始、これらの処理の完了や失敗などのイベントが表示される（**図3.7**）。スタックの操作に失敗した場合には、失敗したイベントのエラーメッセージが表示される
- リソース：このスタックで管理しているAWSリソースの一覧が、テンプレートに書いた論理IDと実際のリソースの物理IDとの対応とともに表示される（**図3.8**）
- 出力：作成したリソースの情報をスタックの「出力」として参照できる（**5.12節**参照）
- パラメータ：テンプレートにパラメータを用いた場合には、そのパラメータの値が表示される（**5.5.5項**参照）
- テンプレート：現在のスタックの状態を表すテンプレートが表示される

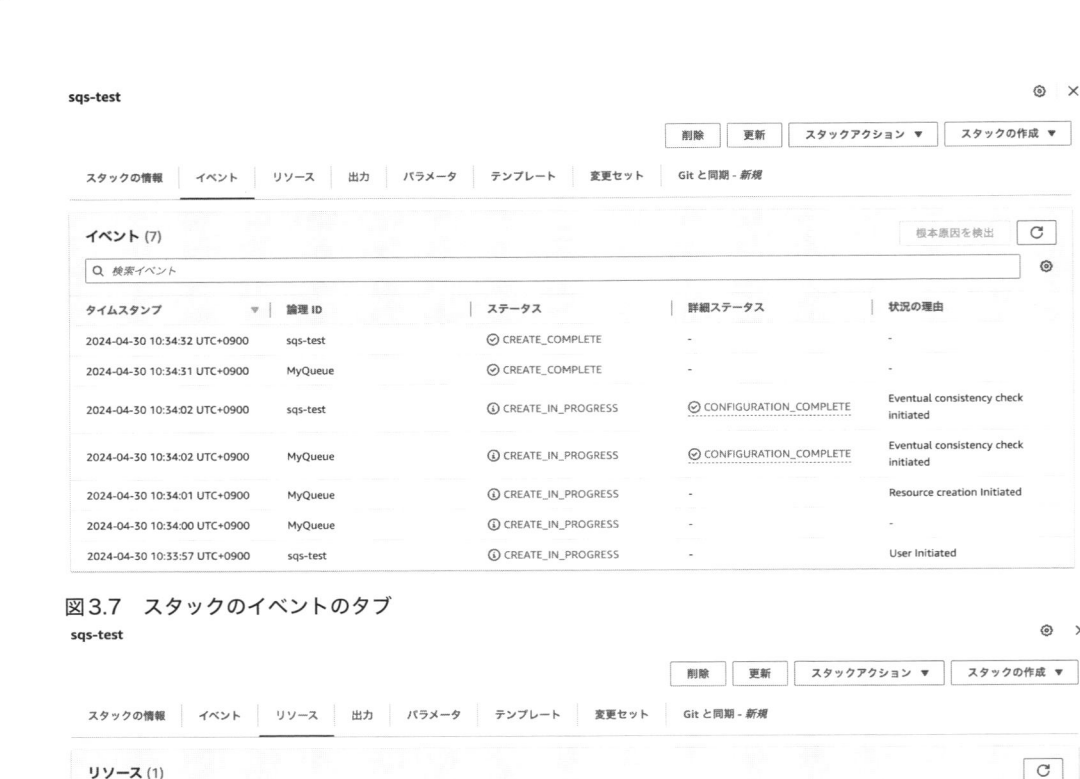

図3.7　スタックのイベントのタブ

図3.8　スタックのリソースのタブ

○ リソースが作成されたことの確認

　「イベント」でスタックの作成が完了（`CREATE_COMPLETE`）になったのを確認したら、実際に
SQSのキューが作成できていることをAWSマネジメントコンソールなどから確認しましょう。

　これで、CloudFormationのテンプレートによって、SQSキューというAWSのリソースを構
築することができました。

3.5 ┃ CDKによるリソースのデプロイ

続いて、CDKを使って**表3.1**のリソースをデプロイします。
操作の流れは、次のとおりです。

1. 適当なディレクトリを作成して、cdk initでCDKプロジェクトを作成
2. CDKプロジェクトのディレクトリにあるコードに、SQSキューのリソースをコードに記述
3. cdk synthでCloudFormationのテンプレートを確認
4. cdk deployでリソースをデプロイ

3.5.1 ┋ CDKプロジェクトを作成する

CDKを使ってリソースをデプロイするためには、まず、CDKプロジェクトを作成します。
適当なディレクトリを作成し（ここではsqsとしておきます）、そこでcdk initコマンドを実行します。

```
> mkdir sqs
> cd sqs
> cdk init -l typescript
```

cdk initに付与した-l typescriptのオプションは、TypeScriptでコードを記述することを指定しています。
このコマンドの実行によって、sqsのディレクトリには、複数のファイルが作成されます（詳細は**5.2節**参照）。

3.5.2 ┋ SQSキューのリソースをコードに記述する

作成したCDKプロジェクトのディレクトリsqsの中に、lib/sqs-stack.tsというファイルができています。このファイルに記述されたaws-cdk-libモジュールのStackを継承しているクラス（SqsStack）がCloudFormationの1つのスタックに対応しています。そのスタックに

よってデプロイしようとするリソースを、そのクラスのコンストラクタに記述します。

lib/sqs-stack.ts に次のコードを記述してみましょう。

リスト 3.6　lib/sqs-stack.ts

```
1  import * as cdk from 'aws-cdk-lib';
2  import { Construct } from 'constructs';
3  import * as sqs from 'aws-cdk-lib/aws-sqs';
4
5  export class SqsStack extends cdk.Stack {
6    constructor(scope: Construct, id: string, props?: cdk.StackProps) {
7      super(scope, id, props);
8
9      const queue = new sqs.Queue(this, 'MyQueue', {
10       queueName: "test-queue-cdk",
11       maxMessageSizeBytes: 2048,
12     });
13     cdk.Tags.of(queue).add('Name', 'test-queue-cdk');
14   }
15 }
```

リスト 3.6 で定義したクラス SqsStack を呼び出しているコードが bin/sqs.ts にあります。このファイルは、Node.js のスクリプトとして実行されるファイルで、SqsStack クラスをインスタンス化しています。コメントアウトを削除すると、次のような内容になっています。

リスト 3.7　bin/sqs.ts

```
1  #!/usr/bin/env node
2  import 'source-map-support/register';
3  import * as cdk from 'aws-cdk-lib';
4  import { SqsStack } from '../lib/sqs-stack';
5
6  const app = new cdk.App();
7  new SqsStack(app, 'SqsStack', {});
```

本節では、このファイルには手を加えずに、このまま使います。

3.5.3 ⋮ cdk synth コマンドで CloudFormation のテンプレートを確認する

CDK では、記述したコードから CloudFormation のテンプレートが生成され、そのテンプレートから CloudFormation のスタックを作成する、という操作によってリソースが構築されます。CDK のコードから生成した CloudFormation のテンプレートを表示させるコマンドが cdk synth です。

cdk synthコマンドを実行すると、標準出力に次のテンプレートが出力されます。なお、CDKから生成されるCloudFormationのテンプレートについて、本書ではCDKMetadataやそれに付随するCondition、Parameters、Ruleなどは省略し、ターゲットとするリソースの部分だけを取り出して示します。テンプレートの全文はお手元でcdk synthコマンドを実行してご確認ください。

リスト3.8　リスト3.6から生成されるCloudFormationのテンプレート

```
 1  Resources:
 2    MyQueueE6CA6235:
 3      Type: AWS::SQS::Queue
 4      Properties:
 5        MaximumMessageSize: 2048
 6        QueueName: test-queue-cdk
 7        Tags:
 8          - Key: Name
 9            Value: test-queue-cdk
10      UpdateReplacePolicy: Delete
11      DeletionPolicy: Delete
12      Metadata:
13        aws:cdk:path: SqsStack/MyQueue/Resource
14  （以下略）
```

リスト3.8の1–9行目は、**リスト3.5**のCloudFormationのテンプレートとほぼそっくりであることがわかります。このように、**リスト3.6**のコードの記述で**リスト3.5**と同等のCloudFormationのテンプレートが生成されることが確認できます。

3.5.4　cdk deployコマンドでリソースをデプロイする

cdk synthコマンドでCloudFormationのテンプレートを確認したら、そのテンプレートに書かれたリソースを実際にデプロイします。そのためのコマンドがcdk deployです。

cdk deployは、CDKのコードからCloudFormationのテンプレートを作成し、そのテンプレートを使ってCloudFormationのスタックの作成を行います。

さっそく、やってみましょう。ここでは、表示される文字列をすべて収録するため、コマンドに--progress eventsオプションを付けています。デプロイの動作に影響はありませんので、通常の操作ではこのオプションは付けなくてもかまいません。

```
> AWS_PROFILE=admin cdk deploy --progress events

✧  Synthesis time: 2.72s

SqsStack:  start: Building 76481856e59a776e20fdf2e4978a8ea26143cc6b23e573c0a29aaf6510d1fbf7:current_account
-current_region
SqsStack:  success: Built 76481856e59a776e20fdf2e4978a8ea26143cc6b23e573c0a29aaf6510d1fbf7:current_account-
current_region
SqsStack:  start: Publishing 76481856e59a776e20fdf2e4978a8ea26143cc6b23e573c0a29aaf6510d1fbf7:
current_account-current_region
SqsStack:  success: Published 76481856e59a776e20fdf2e4978a8ea26143cc6b23e573c0a29aaf6510d1fbf7:
current_account-current_region
SqsStack: deploying... [1/1]
SqsStack: creating CloudFormation changeset...
SqsStack | 0/3 | 8:42:10 | CREATE_IN_PROGRESS   | AWS::CloudFormation::Stack | SqsStack Eventual
consistency check initiated
SqsStack | 0/3 | 8:41:59 | REVIEW_IN_PROGRESS   | AWS::CloudFormation::Stack | SqsStack User Initiated
SqsStack | 0/3 | 8:42:04 | CREATE_IN_PROGRESS   | AWS::CloudFormation::Stack | SqsStack User Initiated
SqsStack | 0/3 | 8:42:08 | CREATE_IN_PROGRESS   | AWS::CDK::Metadata | CDKMetadata/Default (CDKMetadata)
SqsStack | 0/3 | 8:42:08 | CREATE_IN_PROGRESS   | AWS::SQS::Queue     | MyQueue (MyQueueE6CA6235)
SqsStack | 0/3 | 8:42:09 | CREATE_IN_PROGRESS   | AWS::SQS::Queue     | MyQueue (MyQueueE6CA6235) Resource
creation Initiated
SqsStack | 0/3 | 8:42:09 | CREATE_IN_PROGRESS   | AWS::CDK::Metadata | CDKMetadata/Default (CDKMetadata)
Resource creation Initiated
SqsStack | 1/3 | 8:42:09 | CREATE_COMPLETE      | AWS::CDK::Metadata | CDKMetadata/Default (CDKMetadata)
SqsStack | 2/3 | 8:42:40 | CREATE_COMPLETE      | AWS::SQS::Queue     | MyQueue (MyQueueE6CA6235)
SqsStack | 3/3 | 8:42:40 | CREATE_COMPLETE      | AWS::CloudFormation::Stack | SqsStack

☑  SqsStack

✧  Deployment time: 47.29s

Stack ARN:
arn:aws:cloudformation:ap-northeast-1:123456789012:stack/SqsStack/120ad670-0682-11ef-a5a7-0a41fadd97bb

✧  Total time: 50.01s
```

　完了後にAWSマネジメントコンソールのSQSの画面を確認すると、test-queue-cdk という名前のSQSキューが作成されていることが確認できます。

○ スタックの名前

　cdk deployの際に表示される情報をあらためて見ると、SqsStack という文字列がたくさん表示されています。cdk deployの実行によって、SqsStack という名前のスタックが作成されます（**図3.9**）。この名前は、**リスト3.7**でStackを継承したクラス SqsStack を呼び出したときの第2引数の文字列に対応しています（**5.6.2項**参照）。

図3.9　`cdk deploy`によって作成されたCloudFormationのスタック

● スタックのイベント

`cdk deploy`のときに表示されている情報は、CloudFormationの「イベント」に対応しています。AWSマネジメントコンソールのCloudFormationの当該スタックの「イベント」のタブを見ると、同様の情報が表示されていることがわかります（**図3.10**）。

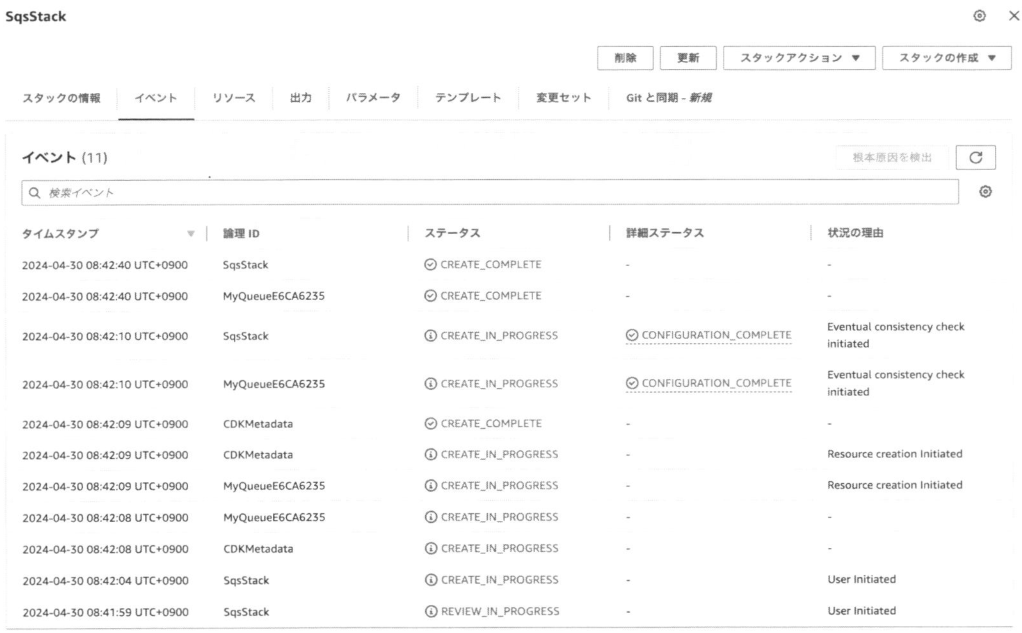

図3.10　`cdk deploy`によって作成されたCloudFormationのスタックのイベント

1.4.3 項で説明したように、CDKはCloudFormationの仕組みを利用しています。構築したいリソースの情報をプログラム言語で記述してCloudFormationのテンプレートを生成したあとは、CloudFormationのスタックの操作の仕組みを使っています。

3.6 リソースの属性を変更する

　AWS のリソースをデプロイ後に、その一部の属性を変更するという操作が必要になる場合がしばしばあります。ここでは、ここまでに各 IaC ツールで構築した SQS キューの属性を、IaC のコード修正およびデプロイ操作によって、変更してみます。

　ここでは、SQS キューの最大メッセージサイズを、2,048 バイトから 4,096 バイトに変更します。

3.6.1　Terraform

　操作の流れは、次のとおりです。

1. terraform plan で、変更前のコンフィグファイルと実際のリソースに差異がないことを確認
2. コンフィグファイルを修正
3. terraform plan でリソース変更の実行計画を確認
4. terraform apply でリソース変更を実行

○ 変更前のコンフィグファイルと実際のリソースに差異がないことの確認

　コンフィグファイルを修正する前に、terraform plan を実行してみます。

```
> AWS_PROFILE=admin terraform plan

aws_sqs_queue.my_queue: Refreshing state... [id=https://sqs.ap-northeast-1.amazonaws.com/123456789012/test-
queue-tf]

No changes. Your infrastructure matches the configuration.

Terraform has compared your real infrastructure against your configuration and found no differences, so no
changes are
needed.
```

　出力の中で、"No changes" と表示されています。これは、コンフィグファイルで宣言され

た状態にするためのリソース変更が不要（"No changes"）であること、つまり、コンフィグ
ファイルで宣言しているリソースの状態と実際のリソースの状態に差異（ドリフト）がなく、
同期していることを示しています。

● コンフィグファイルの修正

　次に、**リスト 3.1**のコンフィグファイルを修正して、`max_message_size`（最大メッセージサ
イズ）を2,048バイトから、4,096バイトに変更します（3行目）。

リスト 3.9　リスト 3.1 の SQS キューの最大メッセージサイズを 4,096 バイトに変更

```
1  resource "aws_sqs_queue" "my_queue" {
2    name            = "test-queue-tf"
3    max_message_size = 4096
4    tags = {
5      "name" = "test-queue-tf"
6    }
7  }
```

● リソース変更の実行計画の確認

　コンフィグファイルの変更が完了したら、`terraform plan`を実行します。

```
> AWS_PROFILE=admin terraform plan

aws_sqs_queue.my_queue: Refreshing state... [id=https://sqs.ap-northeast-1.amazonaws.com/123456789012/test-
queue-tf]

Terraform used the selected providers to generate the following execution plan. Resource actions are
indicated with the
following symbols:
  ~ update in-place

Terraform will perform the following actions:

  # aws_sqs_queue.my_queue will be updated in-place
  ~ resource "aws_sqs_queue" "my_queue" {
      id                            = "https://sqs.ap-northeast-1.amazonaws.com/123456789012/test-
queue-tf"
      ~ max_message_size            = 2048 -> 4096
        name                        = "test-queue-tf"
        tags                        = {
          "name" = "test-queue-tf"
        }
      # (11 unchanged attributes hidden)
    }
```

```
Plan: 0 to add, 1 to change, 0 to destroy.
_____

_____

Note: You didn't use the -out option to save this plan, so Terraform can't guarantee to take exactly these actions if
you run "terraform apply" now.
```

　今回は、"No changes" ではなく、リソースの差分が出力されています。出力を見ると、`max_message_size` の前に "~" のマークがついています。このマークは、コンフィグと実際のリソースの間で `max_message_size` の差分があることを検知して、既存のリソースを置き換えることなく（"update in-place"）、`max_message_size` を 2048 から 4096 に更新する操作が予定されていることを示しています[注3.3]。この変更は、期待される変更です。

○ リソースの変更操作の実行

　実際に `terraform apply` を実行してみましょう。実行計画（`terraform plan` を実行したときの出力と同じもの）が表示され、リソースの変更を実行して良いかを尋ねられるので、"yes" と入力して実行します。

```
> AWS_PROFILE=admin terraform apply

（略。terraform plan と同じ変更計画が表示される。）

Do you want to perform these actions?
  Terraform will perform the actions described above.
  Only 'yes' will be accepted to approve.

  Enter a value: yes

aws_sqs_queue.my_queue: Modifying... [id=https://sqs.ap-northeast-1.amazonaws.com/123456789012/test-queue-
tf]
aws_sqs_queue.my_queue: Still modifying... [id=https://sqs.ap-northeast-1.amazonaws.com/123456789012/test-
queue-tf, 10s elapsed]
aws_sqs_queue.my_queue: Still modifying... [id=https://sqs.ap-northeast-1.amazonaws.com/123456789012/test-
queue-tf, 20s elapsed]
aws_sqs_queue.my_queue: Modifications complete after 25s [id=https://sqs.ap-northeast-1.amazonaws.com
/123456789012/test-queue-tf]
```

注3.3　Terraform のリソースの変更には、"update in-place" と "replace" があります。後者の場合は、既存のリソースが削除されて、新しいリソースが作成されることを示しています。

```
Apply complete! Resources: 0 added, 1 changed, 0 destroyed.
```

　この出力では、aws_sqs_queue.my_queue が修正されたことが報告されています。実際に、AWSマネジメントコンソールなどから、最大メッセージサイズが4KB（4,096バイト）に更新されたことを確認できます。

　この状態で terraform plan を実行すると、"No changes"の出力が得られ、修正した新しいコンフィグファイルと実際のリソースの間に差分がないことをあらためて確認できます。

　このように、コンフィグファイルを修正して terraform plan でリソース変更の実行計画を確認し、terraform apply でリソース変更を実行するという流れで、修正後のコンフィグファイルが記述するリソースの状態に変更できました。

3.6.2 ⋮ CloudFormation

● テンプレートの修正

　最大メッセージサイズを4,096バイトに変更するために、CloudFormationのテンプレート（**リスト 3.5**）を次のように修正します。

リスト 3.10　リスト 3.5 の SQS キューの最大メッセージサイズを 4,096 に変更

```
1  Resources:
2    MyQueue:
3      Type: AWS::SQS::Queue
4      Properties:
5        QueueName: test-queue-cfn
6        MaximumMessageSize: 4096
7        Tags:
8          - Key: Name
9            Value: test-queue-cfn
```

　6行目の MaximumMessageSize を2048から4096に変更しています。

● スタックの更新によるリソースの変更操作

　CloudFormationでテンプレートの更新をするためには、「スタックの更新」という操作を実行します。AWS CLIなどでもできますが、AWSマネジメントコンソールから「スタックの更新」をやってみましょう。

　CloudFormationのコンソール画面から、修正前のテンプレートから作成したスタック sqs-test を選択して、そのスタックの画面を開きます。

　右上に「スタックの更新」というボタンがあるのでクリックします。そうすると、スタック作成時（**図 3.5**）とほぼ同じテンプレートの選択画面が現れます。この画面で「テンプレートのアップロード」を選択して、修正したテンプレートをアップロードします。

　次の「スタックの詳細を指定」、その次の「スタックオプションの設定」はデフォルトのまま次に進みます。その次の「レビュー sqs-test」の画面の下には「変更セットのプレビュー」という項目が表示されています（**図 3.11**）。

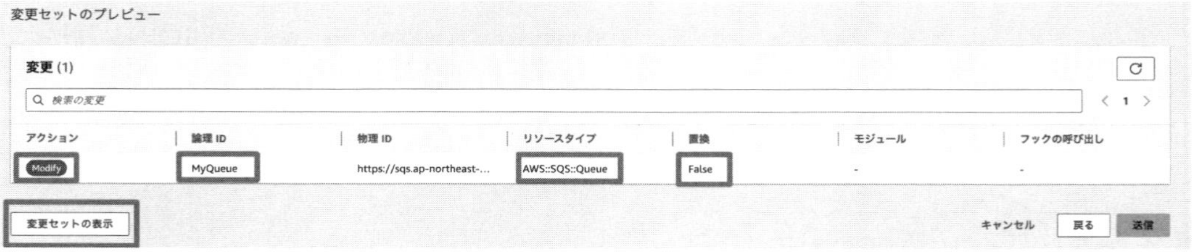

図3.11　変更セットのプレビュー

　変更セットはリソース変更の実行計画を示したものです。**図 3.11** の変更セットのプレビュー画面からは、 `MyQueue` という論理 ID がついた `AWS::SQS::Queue` のリソースが変更（`Modify`）されることを把握できます。また、「置換」には `False` が表示されています。これは、既存のリソースを置換することなく、属性の変更を行うことを示しています。なお、「置換」が `True` の場合には、新しい同種のリソースが作成されて、古いリソースは削除されます。そのリソースがデータを保持している場合には、そのデータを失ってしまうことがあるので注意が必要です。

　さらに「変更セットの表示」をクリックして表示される画面では、変更セットのより詳細な情報を閲覧できます。「JSON の変更」のタブには、変更対象のリソース、変更前後の値、置換の有無などの情報が表示されており、意図した変更が実施されるかを確認できます（**図 3.12**）。Terraform を使う場合に `terraform plan` によって確認できる情報と同じような情報が得られます。

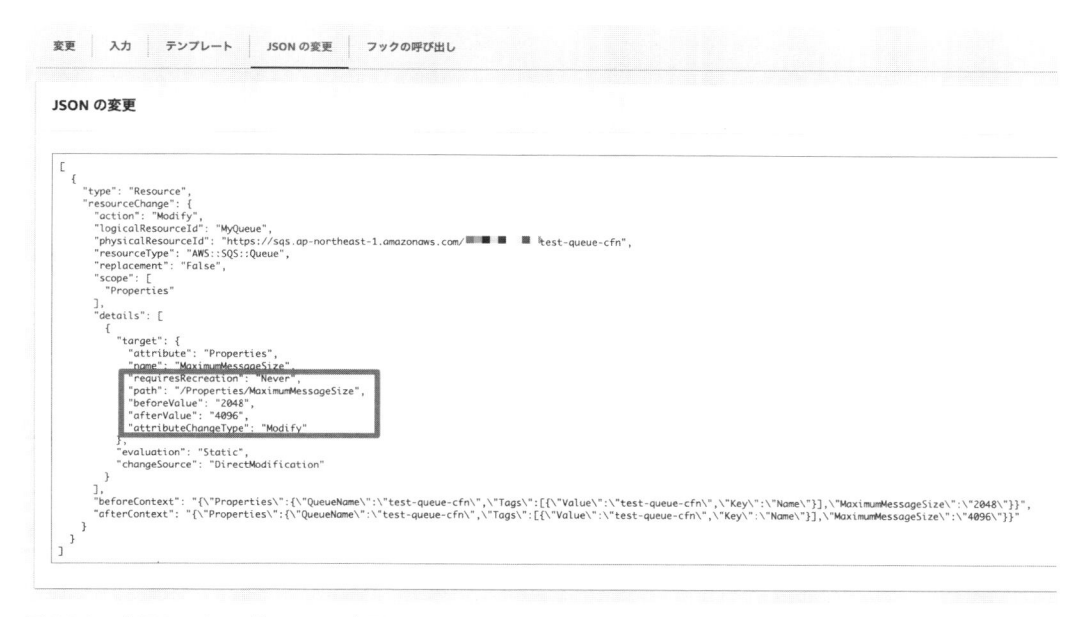

図3.12　変更セットの「JSONの変更」

　変更セットから、MaximumMessageSizeが2048から4096に変更される処理が行われることが確認できたので、スタックの更新を実行します。実行するには**図3.11**の画面の一番下の「送信」ボタンを押すか、「変更セットの表示」の画面（**図3.12**）の右上にある「変更セットを実行」を押します。

　すると、スタックの状態がUPDATE IN PROGRESSになって、更新が行われます。イベントのタブを見ると、リソースごとのイベントを確認できます（**図3.13**）。

タイムスタンプ	論理 ID	ステータス	詳細ステータス	状況の理由
2024-04-30 11:10:30 UTC+0900	MyQueue	⊘ UPDATE_COMPLETE	-	-
2024-04-30 11:09:58 UTC+0900	MyQueue	ⓘ UPDATE_IN_PROGRESS	-	-
2024-04-30 11:09:54 UTC+0900	sqs-test	ⓘ UPDATE_IN_PROGRESS	-	User Initiated
2024-04-30 10:34:32 UTC+0900	sqs-test	⊘ CREATE_COMPLETE	-	-

図3.13　スタック更新時のリソースごとのイベント

　スタックの更新完了後、SQSのコンソールから、最大メッセージサイズが4KBに更新されていることを確認できます。このようにして、スタックの更新を通じてリソースの属性を変更できました。

　「スタックの更新」という作業は、現状のテンプレートと修正したテンプレートの差分から変更セットを作成し、その変更セットを適用するという動作をまとめて実行しているのと同等と言えます。

3.6.3 ┊ CDK

　操作の流れは、次のとおりです。

1. 変更前のコードから生成されるテンプレートと最新のスタックに保持されているテンプレートに差異がないことの確認
2. コードの修正
3. `cdk diff`によるテンプレートの差分の確認
4. `cdk deploy`によるリソースの変更操作の実行

○ 変更前のコードから生成されるテンプレートと現在のスタックに保持されているテンプレートに差異がないことの確認

　CDKには`cdk diff`という、手元のCDKのコードから生成されるCloudFormationテンプレートと、現在のスタックのテンプレートとの「差分」を表示するコマンドがあります。

　`cdk deploy`によってSQSキューを構築してから、その後何も操作をしていないので、差分はないはずです。それを確認してみましょう。

```
> AWS_PROFILE=admin cdk diff

Stack SqsStack
Hold on while we create a read-only change set to get a diff with accurate replacement information (use --
no-change-set to use a less accurate but faster template-only diff)
There were no differences

✥  Number of stacks with differences: 0
```

　期待どおり、"There were no differences"と、何も差分がないことを表示しています。

● コードの修正

　次に、**リスト3.6**のコードの11行目のmaxMessageSizeBytesを、2048から4096に変更します。

リスト3.11　リスト3.6のSQSキューの最大メッセージサイズを4,096に変更

```
9    const queue = new sqs.Queue(this, 'MyQueue', {
10     queueName: "test-queue-cdk",
11     maxMessageSizeBytes: 4096,
12   });
```

● cdk diffによるテンプレートの差分の確認

　この変更を加えたあとに、cdk diffを実行すると、次のような表示がされます。

```
> AWS_PROFILE=admin cdk diff

Stack SqsStack
Hold on while we create a read-only change set to get a diff with accurate replacement information (use --
no-change-set to use a less accurate but faster template-only diff)
Resources
[~] AWS::SQS::Queue MyQueue MyQueueE6CA6235
 └─ [~] MaximumMessageSize
     ├─ [-] 2048
     └─ [+] 4096

✨ Number of stacks with differences: 1
```

　これは、現在のスタックのテンプレートと手元の修正したCDKコードから生成したテンプレートを比較したときに、MyQueue の MaximumMessageSize の属性に差分が生じていることを示しています。具体的には、現在のスタックのテンプレートでは2048であるのに対し、CDKのコードから生成したテンプレートでは4096になっています。

　この出力から、修正後のテンプレートによってスタックを更新すると、MaximumMessageSize が4096に変更されることが期待されます。

● cdk deployによるリソースの変更操作の実行

　この変更を実際のリソースに反映するにはcdk deployを実行します。このcdk deployの実行では、次のことが行われます。

- CDKのコードからCloudFormationのテンプレートを作成

- そのテンプレートから変更セットを作成
- その変更セットを実行してスタックを更新

実際に cdk deploy を実行して確認してみましょう。

```
> AWS_PROFILE=admin cdk deploy --progress events

✧  Synthesis time: 2.81s

SqsStack: start: Building 4f6b8c148a44b2e9f5c9a8ecd9c3f6e915c3653429c5be7e74c30528d04c8515:current_account
-current_region
SqsStack:  success: Built 4f6b8c148a44b2e9f5c9a8ecd9c3f6e915c3653429c5be7e74c30528d04c8515:current_account-
current_region
SqsStack:  start: Publishing 4f6b8c148a44b2e9f5c9a8ecd9c3f6e915c3653429c5be7e74c30528d04c8515:
current_account-current_region
SqsStack:  success: Published 4f6b8c148a44b2e9f5c9a8ecd9c3f6e915c3653429c5be7e74c30528d04c8515:
current_account-current_region
SqsStack: deploying... [1/1]
SqsStack: creating CloudFormation changeset...
SqsStack | 0/3 | 11:32:10 | UPDATE_IN_PROGRESS   | AWS::CloudFormation::Stack | SqsStack User Initiated
SqsStack | 0/3 | 11:32:14 | UPDATE_IN_PROGRESS   | AWS::SQS::Queue    | MyQueue (MyQueueE6CA6235)
SqsStack | 1/3 | 11:32:45 | UPDATE_COMPLETE      | AWS::SQS::Queue    | MyQueue (MyQueueE6CA6235)
SqsStack | 2/3 | 11:32:46 | UPDATE_COMPLETE_CLEA | AWS::CloudFormation::Stack | SqsStack
SqsStack | 3/3 | 11:32:47 | UPDATE_COMPLETE      | AWS::CloudFormation::Stack | SqsStack

☑  SqsStack

✧  Deployment time: 47.46s

Stack ARN:
arn:aws:cloudformation:ap-northeast-1:123456789012:stack/SqsStack/120ad670-0682-11ef-a5a7-0a41fadd97bb

✧  Total time: 50.27s
```

この画面出力を見ると、"Synthesis"（CDK のコードから CloudFormation のテンプレートや Lambda 関数などのアセットを作成）、"creating CloudFormation changeset"（変更セットを作成）、スタックの変更が実行されているのがわかります。実際に、cdk deploy を実行している間、AWS マネジメントコンソールの SqsStack というスタックの画面では、状態が UPDATE_IN_PROGRESS（変更中）になっています。

これらの操作によって、SQS キューの最大メッセージサイズが4KB（4,096バイト）に更新されていることを、AWS マネジメントコンソールの SQS の画面などから確認できます。

3.7 IaCで構築したリソースの削除

リソースの中にはリソースが存在していることで課金されるものがあります。不要になったリソースは削除するようにしましょう。

ここでは、IaCで構築したリソースの削除の方法について解説します。

3.7.1 Terraform

ルートモジュールのディレクトリで次のコマンドを実行すると、そのルートモジュールからデプロイされたすべてのリソースが削除されます。

```
> AWS_PROFILE=admin terraform destroy
```

この操作によって、コンフィグファイルに記述されたAWSのリソースがすべて削除され、tfstateファイルからもすべてのリソースの記述が削除されます。

3.7.2 CloudFormation

スタックの削除の操作によって、そのスタックのリソースを削除できます。スタックの削除は、AWSマネジメントコンソールのCloudFormationの画面などから実行できます。なお、スタックやその中のリソースの削除にあたって起こり得るトラブルについては、**5.15節**で解説します。

3.7.3 CDK

CDKプロジェクトのディレクトリで、次のコマンドを実行します。

```
> AWS_PROFILE=admin cdk destroy
```

これは、CloudFormationのスタックを削除する操作と同じです。このコマンドによらず、

AWS マネジメントコンソールの CloudFormation の画面からスタックの削除を実行しても、同じ結果が得られます。

3.8 ｜ まとめ

　本章では、Terraform、CloudFormation、CDK の各ツールを使って、AWS のリソースの構築、変更、削除という一連の流れを体験しました。いずれのツールを使う場合でも、求めるリソースの状態を記述し、その状態を実現するために IaC ツールがリソースの作成や変更を行うという基本的な流れは共通しています。

　第 4 章、**第 5 章**では、それぞれ Terraform と CDK のコードの記述方法について深掘りしていきます。

　本章の操作では、どの IaC ツールを使っても、コードの書き方に差はあっても、挙動には違いがありませんでした。しかし、内部の処理は Terraform と CloudFormation・CDK で異なるため、その違いが挙動の違いとして顕在化することがあります。これらの違いとそれが生じる背景については、**第 8 章**で解説します。

第 4 章

Terraform詳細解説

||||||||||||||||||||||||||||

本章では、Terraform について深く掘り下げます。Terraform の
コンフィグファイルを記述するHCL言語、使用頻度が高い2つのブ
ロック（リソースとデータソース）、モジュール（ルートモジュール
と子モジュール）、ディレクトリ配置、Terraformを使うときに必要
な設定の記述法などが主なテーマです。
その中で、初期ファイルのテンプレートを作成するスクリプトを紹
介します。このスクリプトは、CDKにおける`cdk init`に対応するも
ので、筆者は日々の開発で活用しています。以後の章のTerraform
についての解説では、このスクリプトの利用を前提にしています。

導入編

4.1 | Terraformによる リソースのデプロイの基本的な流れ

Terraformでリソースをデプロイするときの基本的な流れは次のようになります。

1. ルートモジュールを作るためのディレクトリを作成(すでにルートモジュールがある場合はスキップ)
2. Terraformのコンフィグファイルを作成する
3. `terraform plan`で、Terraformで管理されているリソースの現在の状態との差分を検出して、リソース操作の実行計画を確認する
4. `terraform apply`で、リソース変更の実行計画を適用して、リソースをデプロイする

4.2 | Terraformのコンフィグファイルの 記述

Terraformのコンフィグファイルは、HCL言語という独自の言語で記述します。見慣れないフォーマットですので、一見難しそうに見えますが、構造をつかんでしまえば、実は簡単に理解できます。

▌4.2.1 ┊ ブロック

HCL言語は「ブロック」の集まりからできています。**リスト 3.1** で取り上げたコンフィグファイル(**リスト 4.1** に再掲)には、1つのブロックが記述されています。

リスト 4.1　SQS キューを記述する Terraform のコンフィグファイル

```
1  resource "aws_sqs_queue" "my_queue" {
2      name = "test-queue-tf"
3      max_message_size = 2048
4      tags = {
5        "name" = "test-queue-tf"
6      }
7  }
```

● ブロックの形式

各ブロックには、先頭にブロック名を示す文字列があり、そのあとに0個以上のラベル（ダブルクォーテーションマークで囲む）を示す文字列が続きます。ラベルの数はブロック名によって決まっています。

リスト 4.1 のブロックは、resource というブロック名で、aws_sqs_queue、my_queue という2つのラベルがあります。

よく使われるブロックを、その記述内容やラベルの個数・項目とともに、**表 4.1** に示します。

表4.1　Terraform の代表的なブロック

ブロック名	記述内容	ラベルの個数	ラベルの項目
resource	リソース	2	リソースの種類、識別子
data	データソース	2	データソースの種類、識別子
variable	入力パラメータ	1	パラメータ名
output	出力値	1	出力の名前
module	モジュールの呼び出し	1	識別子
lifecycle	リソースのライフサイクル	0	（なし）

● ブロックの中に記述するもの：引数・他のブロック

ブロックの中には、［キー（文字列）］=［値］で表される引数（argument）[注4.1]や、他のブロックが記述されます。

リスト 4.1 の resource ブロックの中には、

注4.1　「HCL 言語では "attribute"（属性）と呼んでいるが、Terraform では "argument"（引数）と呼ぶ」と Terraform のドキュメントに注釈があります。https://developer.hashicorp.com/terraform/language/syntax/configuration#arguments

```
name = "test-queue-tf"
```

という引数が1つ記述されています。

　引数のキーには snake_case の文字列、すなわち、英小文字、数字、アンダースコアを使い、またキーを引用符で囲まないことが推奨されています。

4.2.2 ⋮ 引数などに使われる値の型

　ブロック内の各引数の値にはあらかじめ決められた型の値を渡す必要があり、その型は Terraform やプロバイダのドキュメントに記載されています。また、**4.5.1 項**で解説する variable ブロックを用いて自分で入力パラメータを作りたい場合には、それぞれのパラメータの型を指定する必要があります。

　Terraform で使われる値の型は**表 4.2** のとおりです。多くのプログラミング言語で使われているものと多くの共通点があり、すんなりと理解いただけるものと思います。なお、list、tuple、set、map、object は、list(number) や map(string) のように、その要素の型と合わせて型の表記をします。**表 4.2** の備考に、それぞれの型の表記法の例を示してあります。

○ null

　null は型ではありませんが、欠損・省略を示す値であらゆる型の値として使うことができます。null が指定された引数は、その引数の記述が省略された状態と同じです。デフォルト値が設定されている引数を null とした場合にはデフォルトの値が使われ、必須の引数を null とした場合には、エラーとなります。

　Terraform では null は値の1つであり、==や!=の等値演算子で変数との比較ができます[注4.2]。

4.2.3 ⋮ コメントアウト

次の3つの方法でコメントアウトを書くこともできます。

- /*と*/で囲まれた部分（複数行可）
- 1行の中で、//以降の文字列
- 1行の中で、#以降の文字列

注4.2　Terraform の null は、等値演算子で比較ができるという点で、Python の None や SQL の NULL とは異なります。

表4.2 Terraformで使われる値の型

型名	型の内容	例	備考
string	文字列	"hello"、'prd'	引用符はダブルクォーテーション、シングルクォーテーションのどちらも意味に違いはない
number	数値（整数型、浮動小数点型の両方を含む）	100、1.234	
bool	論理値	true、false	
list	値を順序づけて並べたもの（要素の型は同じ）	[1, 2, 3, 4]	例はlist(number)型
tuple	値を順序づけて並べたもの（要素の型は同一ではない）	["a", 15, true]	例は tuple([string, number, bool])型
set	順序は持たず重複がない値の集まり	toset([1, 1, 2])	例は1、2を要素とするset(number)型
map	1つ以上の「文字列のキーと値の組」（値の型は同一）	{size = 20, timeout = 30}	例はmap(number)型

object	1つ以上の「文字列のキーと値の組」（値の型は同一でなくても良い）	{size = 20, type = "gp3"}	例は
			object({
			  size = number,
			  type = string
			})型

4.2.4 ┊ resourceブロックとそのリファレンス

これまでの解説をふまえて、**リスト4.1**のコンフィグを眺めてみましょう。

これは、resourceブロックを使って、リソースを記述しています。リソースの種類が最初のラベルのaws_sqs_queueで、AWSプロバイダが提供するリソースの1つであるSQSのキューであることを示しています。また、識別子が2番めのラベルのmy_queueになっています。

● リファレンスとその読み方

AWSプロバイダのドキュメントの左のメニューには、AWSのサービスごとに[注4.3]リソース（Resources）とデータソース（Data Sources）が列挙されています（**図4.1**）[注4.4]。

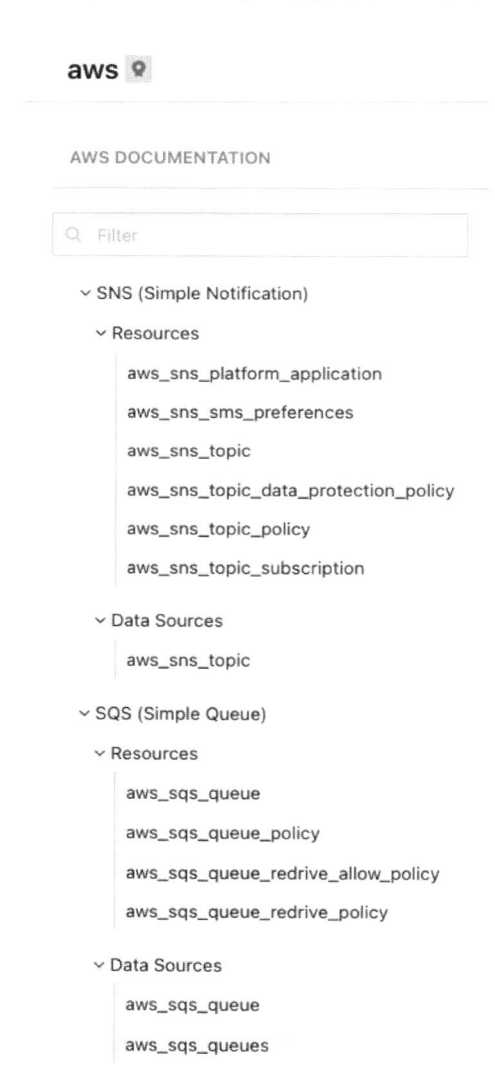

図4.1　AWSプロバイダのドキュメントにあるAWSサービスごとのリソースとデータソースの一覧

注4.3　ただし、厳密にAWSサービスごとに分類されていない場合があります。たとえば、VPCはAmazon EC2のサービスの1つですが、TerraformではVPCという項目に分類されています。

注4.4　https://registry.terraform.io/providers/hashicorp/aws/latest/docs

78

　このメニューを見ると、SQS のリソースの中に、SQS キューに対応していそうな aws_sqs_queue というものがあります。これをクリックしてドキュメントを開くと（**図4.2**）、aws_sqs_queue の典型的な使用例、引数（Argument Reference）、参照できる属性（Attribute Reference）、インポート（**第9章**参照）の方法が掲載されています。これらの内容から、aws_sqs_queue がSQS キューに対応するリソースであることがわかります。

図4.2　AWS プロバイダのリソース aws_sqs_queue のドキュメント

　これらの情報をもとに、コンフィグファイルの記述をします。

● 識別子とその命名

リスト 4.1 の resource ブロックに記述された SQS キューのリソースは、リソースの種類（aws_sqs_queue）と識別子（my_queue）を用いて、aws_sqs_queue.my_queue と表記されます。この表記はリソースのアドレスと呼ばれます。

　同一モジュール内では、アドレスが一意になるように識別子を設定する必要があります。アドレスは、CDKではコンストラクタの第2引数に指定する id（リソースの論理ID）に対応するものです（**5.6.2 項**参照）。

　識別子の命名スタイルとして、次のことが推奨されています（他のブロックの名前でも同様）[注4.5]。

- アンダースコア（_）でわかりやすい名詞（小文字で記述）を結合した名前とすること（つまり、ハイフンを使わず、また、PascalCase や camelCase にはしない）
- リソースタイプの名前を識別子にも繰り返し入れないこと

● リソースの属性の参照

　aws_sqs_queue.my_queue のアドレスで示されるリソースの属性を Terraform のコンフィグファイル内で参照して利用できます。リソースの属性は、[リソースのアドレス].[属性の名前] という形で参照できます。たとえば、その SQS キューの URL の属性は aws_sqs_queue.my_queue.url と記述することで参照できます。

　参照できる属性については、Terraform のリソースのドキュメントに記載があります（**図 4.3**）[注4.6]。

注4.5　https://developer.hashicorp.com/terraform/language/style#resource-naming
注4.6　aws_sqs_queue については、https://registry.terraform.io/providers/hashicorp/aws/latest/docs/resources/sqs_queue#attribute-reference

Attribute Reference

This resource exports the following attributes in addition to the arguments above:

- `id` - The URL for the created Amazon SQS queue.

- `arn` - The ARN of the SQS queue

- `tags_all` - A map of tags assigned to the resource, including those inherited from the provider `default_tags` configuration block.

- `url` - Same as `id` : The URL for the created Amazon SQS queue.

図4.3 リソース `aws_sqs_queue` から参照できる属性についてのドキュメント

4.2.5 ┊ dataブロックとそのリファレンス

resource ブロックと並んで、Terraform のコンフィグファイルの記述でよく用いるのが、data ブロックで表されるデータソースです。データソースは、おもに既存のリソースの情報を取得して、参照できるものです。リソースと異なり、実際のリソースの作成、変更などの AWS アクションは実行せず、参照の AWS アクションのみを実行します。

Terraform のコンフィグファイルを作成する際に、既存のリソースの情報を使いたいという場面は多くあります。そのようなときには、データソースを使って既存のリソースの情報を取得します。

たとえば、既存の SQS キュー（キューの名前 sqs-test）を参照したい場合には、`aws_sqs_queue` というデータソースを使います[注4.7]。このデータソースを使うために、次のような data ブロックを記述します。

```
1 data "aws_sqs_queue" "example" {
2   name = "sqs-test"
3 }
```

この記述をすることで、Terraform は AWS アクションの実行を通じてこのリソースについての問い合わせを行い、情報を取得します。 データソースのアドレスには、冒頭に data. を付与

注4.7 https://registry.terraform.io/providers/hashicorp/aws/latest/docs/data-sources/sqs_queue.html

します。このデータソースのアドレスは、`data.aws_sqs_queue.example`と表記され、このデータソースの属性の1つであるURLを参照したい場合には、`data.aws_sqs_queue.example.url`と記述します。

◉ リファレンスとその読み方

　図4.1で見たように、AWSプロバイダのドキュメントには、AWSのサービスごとにリソースとデータソースの一覧がありました。

　この一覧にあるSQSのデータソースを見ると、`aws_sqs_queue`というものがあります。これをクリックすると、`aws_sqs_queue`の役割、使用例、参照するリソースを特定するための引数（Argument Reference）、そのデータソースから参照できる属性（Attribute Reference）が記述されています。このドキュメントの記述から、このデータソースは、単一のSQSキューの名前を引数に指定することで、その名前のSQSキューのARN（Amazon Resource Name）[注4.8]やURLを取得できるものであることがわかります。

　SQSのデータソースには他にも`aws_sqs_queues`と複数形の"s"がついたものも一覧にあります。このデータソースのドキュメントを開いてみると、`queue_name_prefix`を引数に指定して、SQSキューの名前に同じプリフィックスを持つ1つ以上のSQSキューのURLを取得できるデータソースであることがわかります。

　ドキュメントを参照する際には、リソースとデータソースを混同しないように注意しましょう。これまでに見たように、`aws_sqs_queue`はリソースにもデータソースにもあります。役割はもちろんのこと、指定すべき引数は異なりますので、ドキュメントを参照する際には、リソースなのかデータソースなのかを間違えないようにしてください。

◉ リソースを対象としないデータソース

　データソースの中には、既存のリソースを対象としないものもあります。その代表的なものが、`aws_iam_policy_document`[注4.9]や`aws_caller_identity`[注4.10]のデータソースです。

　データソース`aws_iam_policy_document`は、HCLでIAMポリシードキュメントを記述するためのものです。`resource`ブロックを使ってリソースを記述する際に、IAMポリシーのJSONを文字列化したものを引数に指定する場面がしばしばあります。そのようなときには、このデータソースを使ってIAMポリシードキュメントを記述し、そのデータソースの`json`という

注4.8　AWSのリソースを一意に識別できる識別子。https://docs.aws.amazon.com/ja_jp/IAM/latest/UserGuide/reference-arns.html
注4.9　https://registry.terraform.io/providers/hashicorp/aws/latest/docs/data-sources/iam_policy_document
注4.10　https://registry.terraform.io/providers/hashicorp/aws/latest/docs/data-sources/caller_identity

属性の値を、その引数に指定します。データソースの入力にはエディタの補完機能が使えます
し、JSONを文字列化するときにエスケープを自ら行う必要がなくなるので、たいへん便利で
す。その使用方法については、ECSサービスのIaCによる記述をテーマにした**第7章**で紹介し
ます。

データソース`aws_caller_identity`は、AWSアカウントIDを取得できるものです。

```
data "aws_caller_identity" "current" {}
```

というデータソースを

```
data.aws_caller_identity.current.account_id
```

と参照することで、操作を実行しているAWSアカウントIDを取得できます。

類似のデータソースに、リージョンを取得する`aws_region`[注4.11] などがあります。

4.3　Terraformのコードの構成単位

　Terraformは1つのディレクトリからなる「モジュール」が構成単位となっています。
`terraform`コマンドを実行して処理を行う場合には、モジュールのディレクトリ内にある拡張
子が`.tf`であるすべてのファイルが読み出されます。拡張子が`.tf`であればファイル名は任意
です。すべてのブロックを1つのファイルに記述しても、ブロックごとにファイルを分割した
としても、結果はまったく同じになります。

　多くのプログラミング言語では、コードのファイルを分割した場合には、スコープがその
ファイル内に限定されます。そのため、他のファイルを参照する場合には`import`や`use`などの
キーワードを使って、参照先のファイルを指定する必要があります。一方、Terraformのコン
フィグファイルでは、スコープはファイル内にとどまらず、モジュール内におよびます。その
ため、コンフィグファイルを途中で分割したい場合には、単純にいくつかのブロックを別の

注4.11　https://registry.terraform.io/providers/hashicorp/aws/latest/docs/data-sources/region

ファイルに移動すればいいだけです。参照先のファイル名をコンフィグの中で示す必要はありません。

　また、ファイル内でのブロックの記述順序も処理には影響しません。ブロック間の依存関係は自動的に解決されるので、参照されるブロックを先に書く必要はありません。とはいえ、可読性を高めるためには、可能な限り登場順に記述するのが良いと考えます。

▌4.3.1 ┊ ルートモジュールと子モジュール

　構成単位となっているモジュールは、「ルートモジュール」と「子モジュール」に分類されます。

◯ ルートモジュール

　ルートモジュールは「実際のリソースとの対応があるモジュール」です。1つのルートモジュールには管理しているリソースの情報を保持する`tfstate`ファイルが1つ対応します。`tfstate`ファイルはルートモジュールのディレクトリに置かれたり、後述のようにS3バケットに配置されたりします。

　ルートモジュールのディレクトリでは、`terraform plan`や`terraform apply`の実行の前に、`terraform init`の実行が必須です（**4.9.1 項**参照）。

◯ 子モジュール

　Terraformの子モジュールは他のモジュールから呼び出されて使うモジュールです。呼び出す際に入力パラメータの値を指定して、そのパラメータの指定に沿ったリソースを作成できます。プログラミング言語でいえば、複数の処理をまとめた関数のように使えます。

　子モジュールを作成しておくことで、ある特定のリソースの設定を固定したものを複数作成したり、複数のリソースのセットを複数環境で作成したりすることが容易になります。

　子モジュールは、ユーザーが自分で作成することに加えて、Terraform Registry[注4.12] に公開されているモジュールを活用できます。**第 6 章**で取り上げるVPCの構築では、Terraform Registryに公開されているモジュールを利用します。

　子モジュールは、ルートモジュールと異なりそれ単独では実際のリソースとの対応がありません。子モジュールでは`terraform init`を実行する必要はありません。

　ルートモジュールと子モジュールのファイルの記述方法には、大きな違いはありません。

注4.12　https://registry.terraform.io/

ルートモジュールにのみあるのは、`terraform init`によって作成される`.terraform`のディレクトリや、`.terraform.lock.hcl`ファイル、そしてリソースの状態を格納している`tfstate`ファイルです。そのため、ルートモジュールとして作成したモジュールを子モジュールに作り替えることは、簡単にできます。その方法については、**9.3.4項**で触れています。

4.4 ルートモジュールの記述

ルートモジュールには、**第3章**の**リスト3.1**のように記述したデプロイしたいリソースの他に、Terraformのバージョン指定や使用するプロバイダの情報の設定、プロバイダの設定、`tfstate`ファイルの格納先（バックエンド）の設定などを記述するのが一般的です。

第3章でのTerraformの利用では、ルートモジュール内にリソースの記述だけをして、リソースのデプロイをしていました。リソースの記述だけしかしない場合には、必要な情報が自動的に補完されて（たとえば、AWSプロバイダの最新バージョンを自動選択したり、`tfstate`ファイルをローカルに作成したりすることなど）動作するようにしてくれます。一見、この自動的な補完は便利なように見えますが、自動的な補完によって意図せずに従来と異なるバージョンのAWSプロバイダが使われて挙動が変わってしまったり、本来は実際のリソースに対して1つだけが対応する`tfstate`ファイルが複数の開発者のローカル環境にできてしまったりするなど、本格的な運用には支障をきたすことがあります。そのため、Terraformによる自動補完や自動作成に頼らずに、指定が必要な設定をコンフィグファイルに記述すべきと考えます。

以下では、ルートモジュールの各種設定のために必要な記述を説明します。多くの項目について説明しますが、これらの設定が記述された初期ファイルを作成するスクリプトを**4.8.4項**で紹介します。このスクリプトを使えば、これらの設定を自分で記述する必要はありません。ですので、自分でこれらの設定を記述するためではなく、どのようなことを設定する必要があるのか、または設定できるのかを把握するように読んでみてください。

4.4.1 Terraformのバージョン指定と使用するプロバイダの情報の設定

`terraform`ブロックに、Terraform本体のバージョンと使用するプロバイダの情報を記述し

ます。次の例は、Terraform 1.9.8を使用し、AWSプロバイダのバージョン5.72.1を使用することを指定しています。

リスト 4.2　Terraformのバージョン指定と使用するプロバイダの情報の記述例

```
1  terraform {
2    required_version = "1.9.8"
3    required_providers {
4      aws = {
5        source  = "hashicorp/aws"
6        version = "5.72.1"
7      }
8    }
9  }
```

◯ Terraformのバージョン条件の指定

　このファイルの`terraform`ブロックの中にある`required_version`によって、Terraform本体のバージョンが満たす条件を指定できます。`=`による一意のバージョンの指定の他に、`>=`（あるバージョンより新しい）、`~>`（メジャーバージョン、マイナーバージョンは一致し、パッチバージョンは指定されたものより新しい）という表記も可能です[注4.13]。しかし、バージョンの違いによる予期せぬ挙動の違いによる意図しないリソースの操作が行われないようにするために、バージョンは固定しておくこと、バージョンの更新は検証してから実施することを推奨します。

◯ 各種プロバイダのバージョン条件の指定

　すでに、**1.4.1 項**で説明したように、Terraformはプラグイン方式によって、さまざまなリソースに対応しています。`terraform`ブロックの`required_providers`ブロックは、使用するプロバイダとそのバージョンを指定します（バージョンには`required_version`と同じ表記が使えます）。

　このブロックは次のような構造になっています。

```
[ローカル名]= {
  source = [プロバイダの識別子。URL、名前空間、プロバイダの名前などからなる]
  version = [バージョンの条件]
}
```

注4.13　https://developer.hashicorp.com/terraform/tutorials/configuration-language/versions

　これをふまえると、**リスト 4.2** の4-7行目は、hashicorp/aws（hashicorp という名前空間の aws というプロバイダ）のバージョン5.72.1を必要とし、そのプロバイダのローカル名を aws とするという意味になります。そのローカル名から始まるリソース（たとえば aws_sqs_queue）は、aws というローカル名のプロバイダが提供するリソースであるという判定が行われます。

　名前空間が hashicorp であるプロバイダは、required_providers で記述されていなくても最新のものが使われます。**第 3 章** での SQS キューの例で、required_providers の指定をしていないにもかかわらず動作したのはそのためです。

　terraform init（**3.3.2 項**、**4.9.1 項**参照）を実行する際、.terraform.lock.hcl というファイルが作成されます。これは、terraform init の実行時に選択されたプロバイダのバージョンなどを記録するためのもので、このファイルがあることで次回以降の terraform init の実行時に同じプロバイダが選択されます。その観点では、required_providers でのバージョンの指定は必須ではありません。一方、複数のルートモジュールで同じバージョンのプロバイダを使うほうが管理しやすく、また、プロバイダをバージョンアップするときには required_providers でバージョン指定がされていると便利です。required_providers の記述を省略して最新バージョンのプロバイダを使おうとせず、Terraform本体同様に、プロバイダのバージョンを固定することを推奨します。

4.4.2 ⋮ プロバイダの設定

　provider ブロックに、プロバイダの設定を記述します。次のコンフィグはその一例です。

リスト 4.3　プロバイダの設定例

```
1  provider "aws" {
2    region = "ap-northeast-1"
3    default_tags {
4      tags = {
5        Terraform = "true"
6        STAGE     = "dev"
7        MODULE    = "case1"
8      }
9    }
10 }
11 provider "aws" {
12   alias = "us_east_1"
13   region = "us-east-1"
14   default_tags {
15     tags = {
16       Terraform = "true"
17       STAGE     = "dev"
```

```
18          MODULE    = "case1"
19      }
20    }
21  }
```

provider ブロックは次のような構造をしています。

```
provider "[プロバイダのローカル名]" {
  [設定項目のキー] = [値]
}
```

プロバイダのローカル名は、**4.4.1 項**でも説明したように、AWS プロバイダの場合は aws に
なります。

リスト 4.3 の 1–10 行目、11–21 行目には、2 つの provider ブロックが記述されています。
同一のプロバイダに対して provider ブロックを複数個記述しておくことで、リソースやデー
タソースの記述の際に、プロバイダ設定を選択できるようになります。

最初の provider ブロックでは region の引数に ap-northeast-1（東京リージョン）を、2 番め
のブロックでは us-east-1（米国東部（バージニア）リージョン）を指定しています。つまり、
2 つの provider ブロックを使って、リージョンが異なる 2 つの設定を記述しています。

設定項目のキーはプロバイダによって異なります。AWS プロバイダでの設定キーについて
は、AWS プロバイダのドキュメント[注4.14]に記載があります。

❍ エイリアスとデフォルト設定

この 2 つの provider ブロックの指定のうち、2 番めのブロックには alias の引数に
us_east_1 が指定されている一方（12 行目）、最初のブロックには alias の指定がありま
せん。alias の項目がないブロックがデフォルト設定になり、resource ブロックや data ブロッ
クで provider という引数を指定しない場合には、このデフォルトの設定が使われます。もし、
デフォルトではない設定を選択したい場合には、provider という引数に provider ブロックで
指定した alias の値を指定します。

❍ 複数のリージョンにリソースをデプロイする

たとえば、**3.3 節**で取り上げた SQS キューを、東京リージョンと米国東部（バージニア）
リージョンそれぞれにデプロイしたいとしましょう。その場合には、次のようにコンフィグ

注4.14　https://registry.terraform.io/providers/hashicorp/aws/latest/docs#aws-configuration-reference

ファイルを記述します。

リスト 4.4　複数のリージョンに SQS キューをデプロイする

```
1  resource "aws_sqs_queue" "tokyo" {
2    name = "tokyo-queue"
3  }
4  resource "aws_sqs_queue" "ue1" {
5    name    = "ue1-queue"
6    provider = aws.us_east_1
7  }
```

4

2つめの resource ブロックで provider に aws.us_east_1 を指定しています。これは、aws というローカル名のプロバイダの us_east_1 というエイリアスが付与された設定を使うことを指定しています。つまり、リージョンに us-east-1 を指定したことになります。

CloudFormation（そのテンプレートを作成する CDK も含む）では、異なるリージョンのリソースはスタックを分ける必要がありますが、Terraform ではこの例のように複数のリージョンのリソースの記述を混在させることが可能です。たとえば、CloudFront を使う場面では、CloudFront や ACM（AWS Certificate Manager）のリソースを米国東部（バージニア）リージョンにデプロイする必要があるため、provider の指定を使って CloudFront と ACM についてのみ、デプロイ先のリージョンを変更できます。

なお、provider ブロックによるデフォルトのリージョンの指定がない場合には、AWS プロファイルのデフォルトリージョンや、環境変数 AWS_REGION の値が使われます。**3.3 節**で provider ブロックの指定がないにもかかわらず東京リージョンに SQS キューが作成されたのは、AWS_PROFILE に指定した AWS プロファイルのリージョンが東京リージョンであったためです。

○ デフォルトのタグの設定

リージョンの設定の他に、default_tags のブロックで、デフォルトのタグの設定をしています。この設定をしておくと、タグが付与できるリソースすべてにこれらのタグが付与されます。リソースが Terraform で管理されていること、そのときの STAGE や MODULE の情報をリソースに付与できます。リソースの属性を変更したい場合にどの Terraform のルートモジュールを見れば良いかがわかりやすくなるので、非常に便利です。

▌4.4.3 ┊ tfstateファイルの格納先（バックエンド）の設定

◯ tfstateファイルとその格納先

　tfstate ファイルにはどのリソースが Terraform の管理下にあるのかを示す重要な情報が入っており（**3.3.5 項**）、Terraform の操作と同期している必要があります。複数の場所（人）から Terraform の操作が行われる可能性がある場合には、tfstate ファイルはローカルに置かず、リモートの 1 ヵ所で管理するべきです。その設定を記述するのが、terraform ブロック内に記述する backend ブロックです。

　Terraform では、tfstate ファイルの格納先をバックエンド（backend）と呼んでいます。**3.3 節**の最初の例では、ルートモジュールのローカルディレクトリに tfstate ファイルが作成されました。これはバックエンドの設定を明示的にしていなかったためです。

◯ backendブロックの記述

　Terraform で AWS リソースの管理をするときには、tfstate ファイルの保存先を S3 バケットにするのが一般的です。次の例は、tfstate ファイルの格納先に S3 バケットを指定する設定の例です。

リスト 4.5　バックエンドの記述例

```
terraform {
  backend "s3" {
    bucket = "dev-tfstate-aws-iac-book-project"
    key    = "case1/terraform.tfstate"
    region = "ap-northeast-1"
  }
}
```

　backend ブロックは 1 つのラベルを伴い、そのラベルで用いるバックエンドの種類を指定します。この例では dev-tfstate-aws-iac-book-project という S3 バケットの case1/terraform.tfstate というキーの S3 オブジェクトに tfstate ファイルを格納します。

　4.8 節で説明するように、tfstate ファイルを格納する S3 バケットは環境ごとに分けるのが良いと考えています。ですので、S3 バケット名には環境名の dev という文字列を入れるようにしています。その他の部分については任意ですが、S3 バケット名はグローバルで一意である必要があるので（つまり他のユーザーのバケット名とも重複できない）、バケット名には、その重複を回避できるような特徴的な文字列を入れると良いでしょう。

○ backend ブロックの引数の値には名前付きの値は使えない

backend ブロックの設定では、data ブロックや（後述の）variable、locals ブロックのデータ（名前付きの値（named value）と呼ばれます）を使うことはできません[注4.15]。つまり、実行時の入力パラメータやリソースの状態によって、動的に決めることができないことに注意が必要です。

たとえば、次のような記述はできません。

```
1  data "aws_caller_identity" "current" {}
2
3  terraform {
4    backend "s3" {
5      bucket = "${var.stage}-tfstate-aws-${data.aws_caller_identity.current.account_id}"
6      key    = "case1/terraform.tfstate"
7      region = data.aws_caller_identity.current.region
8    }
9  }
```

○ S3 バケットについての推奨事項

tfstate ファイルを格納する S3 バケットについては、次のことを推奨します。

- Terraform の管理下に置かないこと（Terraform の管理ファイルを Terraform が管理するという循環の関係が生まれてしまうため）
- S3 バケットのバージョニングを有効にすること（バージョニングを有効にすることで、Terraform にとって重要な tfstate ファイルを意図せぬ削除や破壊から守ることができる。またリソースの変遷を示す資料にもなる）
- 必要に応じて、この S3 バケットへのアクションの許可を制限すること（tfstate ファイルには、リソースによってはパスワードのような機密情報の設定が格納される場合がある。そのため、このバケットやオブジェクトにアクセスできる権限を制限しておく必要がある）

このような事項を満たすように**リスト 4.5** に指定した S3 バケットを AWS CLI で作成するには、次のコマンドを実行します。

注4.15　https://developer.hashicorp.com/terraform/language/backend#define-a-backend-block

```
> AWS_PROFILE=admin aws s3api create-bucket \
    --bucket dev-tfstate-aws-iac-book-project \
      --create-bucket-configuration LocationConstraint=ap-northeast-1
> AWS_PROFILE=admin aws s3api put-bucket-versioning \
    --bucket dev-tfstate-aws-iac-book-project \
    --versioning-configuration Status=Enabled
```

　なお、アクションの許可は、必要に応じて別途設定してください。

4.5 ｜ 子モジュールの記述

　子モジュールの記述は、いくつかの点を除いて、ルートモジュールと大きく変わるところはありません。子モジュールでは、入力パラメータを記述するvariableブロック、子モジュール内の値を外から参照できるようにするoutputブロックを大いに活用します。

■ 4.5.1 ┊ 入力パラメータの記述

　子モジュールが呼び出されたときに渡される入力パラメータを記述するのがvariableブロックです。variableブロックは1つのラベルを伴い、そのラベルで入力パラメータの名前を指定します。

　子モジュールを呼び出すときには、moduleブロックの引数の中で、variableブロックで定義された入力パラメータの値を指定して、その子モジュールで使うパラメータの値を指定します（**4.6.3項**参照）。

● variableブロックの使い方
　次のコードはvariableブロックの例です。

リスト 4.6　子モジュールの入力パラメータの記述例

```
1  variable "domain_name" {
2    type        = string
3    description = "ドメイン名"
4  }
```

```
 5
 6  variable "memory_size" {
 7    type        = number
 8    default     = 128
 9    description = "メモリサイズ。単位はMB。指定しない場合にはデフォルトの128。"
10  }
11
12  variable "stage" {
13    type = string
14    validation {
15      condition     = can(regex("^(prd|stg|dev)$", var.stage))
16      error_message = "ステージはprd, stg, devのいずれかを指定してください"
17    }
18    description = "ステージの名前。prd, stg, devのいずれかを指定"
19  }
```

variable ブロックの引数には、次のものがあります。

- type（string型）：必須。パラメータの値の型を指定する。型の名前は **4.2.2 項**で解説したものを指定する
- description（string型）：パラメータの説明。必須ではないが、記述することを推奨
- default（typeで指定した型）：デフォルト値。defaultが設定されていない場合には、その入力パラメータは必須パラメータとなり、モジュールを呼び出すときに指定されていないとエラーになる。defaultが設定されていて、モジュールの呼び出しの際にパラメータの値が指定されていない場合には、defaultに設定した値が使われる
- nullable（bool型）：nullを指定することを許容するか否か。デフォルトはtrueで許容。trueの場合、入力パラメータにnullが与えられたときには、NULL値をその入力パラメータに設定する。falseの場合、nullはそのパラメータが何も指定されていないのと同じ扱いになるので、defaultが設定されている場合にはデフォルト値が使われ、defaultが設定されていないときには必須パラメータが指定されていないのでエラーとなる
- sensitive（bool型）：秘匿性がある情報か否か。デフォルトはfalseで秘匿性なし。trueの場合には、terraform planやterraform applyを実行したときの出力のうち、この値が表示されなくなる

また、validationというブロックを含めることが可能で、そのブロックには入力パラメータの妥当性のチェックの内容を記述できます。validationブロックがない場合には、チェックは行われません。

最初の domain_name では default が指定されていないため、入力パラメータに指定がされて

いない場合はエラーになります。一方、次の`memory_size`では`default`が指定されているので、入力パラメータに指定がされていない場合にはデフォルトの128が使われます。最後のブロックは`validation`ブロックを伴う例です。正規表現を用いて、`stage`の値が、`prd`、`stg`、`dev`のいずれかであることをチェックしています。`can`、`regex`は組み込み関数で、`regex`は入力が正規表現にマッチするかを検査してマッチしない場合にはエラーを返す関数、`can`は引数がエラーを返さないときには`true`、エラーを返したときには`false`を返す関数です。

◯ 入力パラメータのコード内での参照

`variable`ブロックで定義された入力パラメータをコード内で参照するときには、

```
var.[入力パラメータ名]
```

とします。

たとえば、`variable`ブロックで`stage`という名前の入力パラメータが定義されているときに、コード内でその入力パラメータの値を参照するには`var.stage`とします。

◯ variableブロックをルートモジュールでは使わない（推奨）

`variable`ブロックは、ルートモジュールで使うこともできます。しかし、ルートモジュールでは`variable`ブロックを使うべきではない、と考えています。

ルートモジュールでも`variable`ブロックを定義して、いくつかの方法で`terraform`コマンド実行時に値を指定することはできます[注4.16]。その中の1つの方法として、`terraform plan`、`terraform apply`を実行する際のコマンドオプションで入力パラメータを指定できます（コマンドオプションで指定した値が最優先になる[注4.17]）。しかし、コマンド実行時に値を変更できる仕組みを持ち込んだ場合、`terraform`コマンドを実行したときのコマンドオプションを記録しておかないと、操作の再現ができないことになってしまいます。また、誤ったコマンドオプションの指定によって、実際の実行時に意図しない値を指定してしまうということが起こりえます。そもそも、コマンドオプションの指定が必要となる場合があるとすれば、利用するにあたっての認知負荷を上げてしまいます。

このような背景から、ルートモジュールでは`variable`ブロックによる入力パラメータは定義をせず、`terraform plan`や`terraform apply`コマンドをコマンドオプションなしで実行でき

注4.16　https://developer.hashicorp.com/terraform/language/values/variables#assigning-values-to-root-module-variables

注4.17　https://developer.hashicorp.com/terraform/language/values/variables#variable-definition-precedence

るようにすることで、誰が実行しても同じ結果になるようにしておくのが望ましいと筆者は考えています。

4.5.2 ⋮ 子モジュールの出力の記述

子モジュールを通じてデプロイされたリソースの情報（ID など）を、呼び出し元のモジュールで使いたい場面がよくあります。そのようなときのために、子モジュールの出力を記述するのが output ブロックです。output ブロックは、そのモジュールの中のリソースやデータソースの値をモジュールの外でも使えるようにエクスポートするものです。子モジュールの output ブロックで指定された値は、呼び出し元のモジュールから参照できます。

次のコードは output ブロックの例です。

リスト 4.7　子モジュールの出力の記述例

```
1  output "sqs_tokyo_url" {
2    value       = aws_sqs_queue.tokyo.url
3    description = "東京リージョンの SQS キューの URL"
4  }
```

output ブロックは 1 つのラベルを伴い、そのラベルで出力の名前を指定します。value に出力する値を設定します。モジュール内のリソースやデータソースの属性、入力パラメータなどがよく使われる出力対象です。description は必須項目ではありませんが、value を見ただけではそれが何の値なのかが自明ではない場合、記述しておくのが良いでしょう。

output ブロックで記述した値を呼び出し元のモジュールから参照する方法は **4.6.3 項**で例示します。

なお、output ブロックはルートモジュールでも記述が可能です。ルートモジュールに記述した場合には、terraform apply を実行したときにその値が出力されます。

4.5.3 ⋮ 子モジュールのその他の記述

● Terraform のバージョン指定と使用するプロバイダの情報の設定

子モジュールでも、ルートモジュールと同様に terraform ブロックとその中の required_providers ブロックを記述します。ただし、Terraform やプロバイダのバージョンの指定は、子モジュールでは下限のバージョンを指定しておくのが便利です。このようにしておくことで、これらのバージョンをアップグレードする場合には、バージョンを固定している

ルートモジュールのバージョンの記述のみを変更すれば良いため、バージョンの変更に伴う影響範囲を小さくできます。

次の記述は、その例です。

リスト 4.8　Terraform のバージョン指定と使用するプロバイダの情報の記述例（子モジュール）

```
terraform {
  required_version = ">=1.9.8"
  required_providers {
    aws = {
      source  = "hashicorp/aws"
      version = ">=5.72.1"
    }
  }
}
```

○ プロバイダとバックエンドの設定

ルートモジュールで必要であったこれらの設定は、子モジュールでは必要ありません。

4.6 ┊ 子モジュールとその呼び出し

4.6.1 ┊ 題材

次のような仕様で、SQS キューを作成する子モジュールを作成してみます。

- 環境（ステージ）の名前（dev、stg など）と SQS キューの名前の接尾辞（サフィックス）を入力パラメータとし、キューの名前は [環境名]-[SQS キューの名前の接尾辞] とする。これらの入力パラメータの指定は必須で、指定しない場合はエラーとする
- 可視性タイムアウトは子モジュールを呼び出すときに指定できるが、指定しない場合は30秒とする
- 最大メッセージサイズは 2,048 バイトで固定し、呼び出すときに変更できないようにする

○ ディレクトリ構成

　ここでは、terraformというディレクトリを作成し、その下にenvとmodulesというディレクトリを作成します。modulesというディレクトリの中に、sqsという子モジュールのディレクトリを配置します。また、envの下には開発環境（dev環境）向けのdevというディレクトリを作成して、その下のsqsというディレクトリにルートモジュールのファイルを配置します。

　ディレクトリ構成は次のようになります。なお、この図には**4.6.4項**で用いる子モジュールmodules/sqs_multi_regions、ルートモジュールenv/dev/sqs_multi_regionsを含んでいます。

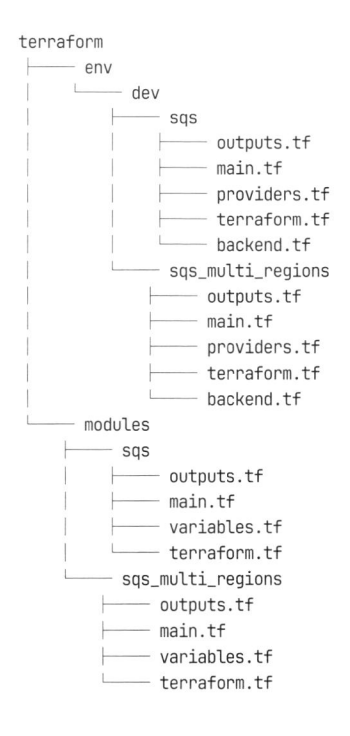

```
terraform
├── env
│   └── dev
│       ├── sqs
│       │   ├── outputs.tf
│       │   ├── main.tf
│       │   ├── providers.tf
│       │   ├── terraform.tf
│       │   └── backend.tf
│       └── sqs_multi_regions
│           ├── outputs.tf
│           ├── main.tf
│           ├── providers.tf
│           ├── terraform.tf
│           └── backend.tf
└── modules
    ├── sqs
    │   ├── outputs.tf
    │   ├── main.tf
    │   ├── variables.tf
    │   └── terraform.tf
    └── sqs_multi_regions
        ├── outputs.tf
        ├── main.tf
        ├── variables.tf
        └── terraform.tf
```

　それぞれのファイルの記述内容は、順次説明します。

　なお、これらのディレクトリ配置のスタイルは**4.8節**で説明する配置を先取りしたものになっていますが、ルートモジュールと子モジュールの位置関係などに制約はありません。たとえば、子モジュールのディレクトリをルートモジュールのディレクトリの下に置いても問題ありません。

4.6.2 ┊ 子モジュールのファイルの記述

以下では、ディレクトリmodules/sqsに子モジュールのファイルを配置します。

○ variables.tf

仕様要件から、キューの名前と可視性タイムアウトを入力パラメータにする必要があります。そこで、modules/sqs/variables.tfに次の記述をします。

リスト 4.9　modules/sqs/variables.tf

```
1  variable "stage" {
2    type        = string
3    description = "環境名"
4  }
5  variable "queue_name_suffix" {
6    type        = string
7    description = "SQSキューの名前の接尾辞"
8  }
9  variable "sqs_queue_visibility_timeout_seconds" {
10   type        = number
11   default     = 30
12   description = "SQSキューのメッセージの可視性タイムアウト"
13 }
```

variableブロックを使って、入力パラメータを定義しています。ステージ名に対してはstageという名前の入力パラメータを定義し、その型はstringとしています。defaultの引数の指定がないので、このパラメータの指定は必須となり、指定されていない場合はエラーになります。

可視性タイムアウトに対しては、sqs_queue_visibility_timeout_secondsという名前の入力パラメータを定義して、その型をnumberとしています。defaultの引数の値に30を指定していることからこのパラメータは必須ではなく、指定がされない場合はデフォルト値の30が使われることになります。

○ main.tf

次に、modules/sqs/main.tfにリソースの記述をします。

リスト 4.10　modules/sqs/main.tf

```
1  resource "aws_sqs_queue" "this" {
2    name                      = "${var.stage}-${var.queue_name_suffix}"
3    visibility_timeout_seconds = var.sqs_queue_visibility_timeout_seconds
```

```
4    max_message_size              = 2048
5  }
```

resourceブロックの書き方はルートモジュールのときと同じですが、引数の値やその一部に var. から始まる入力パラメータの値を指定しています。

また、文字列の一部にパラメータの値を埋め込みたいときには、引用符の中で${[パラメータ名]}と記述します。この例では、name の値を"${var.stage}-${var.queue_name_suffix}"として、var.stage と var.queue_name_suffix の値を文字列に埋め込んでいます。

入力パラメータ stage や queue_name_suffix に依存している name や、visibility_timeout_seconds は、この子モジュールを呼び出す際に入力パラメータに指定される値によって変わることになります。

なお、リソースの識別子に this を用いています。識別子によるリソースの説明が不要な場合や、リソースのモジュールの中でその種類のリソースが1つしかない場合には、this を使う慣習があります。

outputs.tf

子モジュールの中のリソースの属性などを呼び出したモジュールから参照できるようにするには、その属性値を output ブロックに指定します。

ここでは、SQSキューのURLを出力するようにします。

リスト 4.11　modules/sqs/outputs.tf

```
1  output "sqs_queue_url" {
2    value = aws_sqs_queue.this.url
3  }
```

terraform.tf

terraform.tf には、リスト 4.8 の内容を記述します。

4.6.3 ⋮ 子モジュールを呼び出すルートモジュールの記述

main.tf

ディレクトリ env/dev/sqs の直下の main.tf に、次のコードを記述します。

リスト 4.12 **env/dev/sqs/main.tf**

```
1  module "sqs_module_test" {
2    source                                = "../../../modules/sqs"
3    stage                                 = "dev"
4    queue_name_suffix                     = "queue-test"
5    sqs_queue_visibility_timeout_seconds = 60
6  }
7
8  output "sqs_queue_url" {
9    value = module.sqs_module_test.sqs_queue_url
10 }
```

　子モジュールの呼び出しには module ブロックを使います（1–5行目）。module ブロックは1つのラベルを伴い、そのラベルでモジュールの識別子を指定します。同一のルートモジュール内で一意になるように命名する必要があります。

　module ブロックの引数では、source の指定が必須です（2行目）。この引数には、子モジュールのディレクトリのパスを指定します。そして、子モジュールの variable ブロックで定義された入力パラメータを列挙します（3–5行目）。

　子モジュールの output ブロックに記述した値は、9行目のようなアドレスで参照できます。ここでは、ルートモジュールの output ブロックで、sqs_queue_url という名前で子モジュールのその属性を出力しています（8–10行目）。

○ その他のファイルの記述

　ディレクトリ sqs の直下のそれぞれのファイルについて、次の内容を記述します。

- terraform.tf には**リスト 4.2**
- providers.tf には**リスト 4.3**
- backend.tf には**リスト 4.5**のファイルで、key にある case1 をルートモジュールの名前の sqs に置き換えたもの

　なお、**4.4.3 項**で説明した推奨事項に沿った S3 バケットを作成して、backend.tf の bucket には、そのバケットを指定してください。

○ terraform init の実行

　ルートモジュールのファイルを編集しているときに、次のようなエラーメッセージがエディタに表示されることがあります。

```
Module not installed: This module is not yet installed. Run "terraform init" to install all modules
required by this configuration.
```

このメッセージにあるように、そのモジュールがインストールされていないため、ルートモジュールのディレクトリ内でterraform initを実行する必要があります。エディタの補完やチェックを有効にするためにも、sourceで子モジュールのディレクトリを指定したら、terraform initを実行して、モジュールをインストールしましょう。

なお、「モジュールのインストール」と呼ばれますが、子モジュールを変更するたびに呼び出すルートモジュールでterraform initを実行する必要はありません。terraform initによってそのルールモジュールで使用するモジュールのパスを記録させているのが「モジュールのインストール」という操作になっています。

○ terraform planの実行とリソースのアドレス

terraform initの実行が終わっている状態から、ルートモジュールのディレクトリでterraform planを実行してみます。

```
> AWS_PROFILE=admin terraform plan
```

このコマンドを実行したときの出力は、次のようになります。

```
Terraform used the selected providers to generate the following execution plan. Resource actions are
indicated with the following symbols:
  + create

Terraform will perform the following actions:

  # module.sqs_module_test.aws_sqs_queue.this will be created
  + resource "aws_sqs_queue" "this" {
      + arn                               = (known after apply)
      + content_based_deduplication       = false
      + deduplication_scope               = (known after apply)
      + delay_seconds                     = 0
      + fifo_queue                        = false
      + fifo_throughput_limit             = (known after apply)
      + id                                = (known after apply)
      + kms_data_key_reuse_period_seconds = (known after apply)
      + max_message_size                  = 2048
      + message_retention_seconds         = 345600
      + name                              = "dev-queue-test"
      + name_prefix                       = (known after apply)
      + policy                            = (known after apply)
```

```
    + receive_wait_time_seconds      = 0
    + redrive_allow_policy           = (known after apply)
    + redrive_policy                 = (known after apply)
    + sqs_managed_sse_enabled        = (known after apply)
    + tags_all                       = {
        + "MODULE"    = "sqs"
        + "STAGE"     = "dev"
        + "Terraform" = "true"
      }
    + url                            = (known after apply)
    + visibility_timeout_seconds     = 60
  }

Plan: 1 to add, 0 to change, 0 to destroy.

Changes to Outputs:
  + sqs_queue_url = (known after apply)
```

　ルートモジュールに resource ブロックを記述したときと同じような実行計画が出力されます。ポイントは、リソースのアドレスが次のようになっていることです。

```
# module.sqs_module_test.aws_sqs_queue.this will be created
```

　このように、ルートモジュールから子モジュールを呼び出したときのリソースのアドレスは

```
module.[moduleの識別子].[子モジュールの中でのリソースのアドレス]
```

となっており、子モジュールの中の aws_sqs_queue.this が、sqs_module_test という識別子で呼び出された子モジュールの配下にある、ということが読み取れます。

　子モジュールの中でさらに子モジュールを呼び出すことも可能です。

○ module ブロックにおける引数 provider の指定

　module ブロックでも、**リスト 4.4** の resource ブロックと同じように、引数 provider を使ってプロバイダ設定を指定できます。その指定によって、そのモジュールのすべてのリソースをデフォルト以外のリージョンにデプロイできます。

▌4.6.4 ┊ 子モジュールの中で複数のプロバイダ設定を使いたい場合

　ルートモジュールでは、provider ブロックに記述したプロバイダ設定を指定して、たとえ

ば、2つのリソースを異なるリージョンにデプロイすることが可能でした。

一方、子モジュールの場合には、providerブロックの記述ができません。以下では、子モジュールの中でリージョンが異なる複数のリソースを記述したい場合の方法について説明します。

● 子モジュールの記述

modules/sqs_multi_regionsのディレクトリを作成して、その中に子モジュールのファイルを配置します。この子モジュールのvariables.tfはmodules/sqsのものと同じにして、outputs.tfは空にしておきます。

子モジュールの場合も、リソースの記述はルートモジュールのときと同様、resourceブロックの引数providerで使用するプロバイダの設定を指定できます。providerブロックの指定がない場合には、デフォルトのプロバイダ設定が使われることも同じです。

リスト 4.13　modules/sqs_multi_regions/main.tf

```
1  resource "aws_sqs_queue" "default_region" {
2    name                       = "${var.stage}-${var.queue_name_suffix}-default-region"
3    visibility_timeout_seconds = var.sqs_queue_visibility_timeout_seconds
4    max_message_size           = 2048
5  }
6
7  resource "aws_sqs_queue" "another_region" {
8    name                       = "${var.stage}-${var.queue_name_suffix}-another-region"
9    visibility_timeout_seconds = var.sqs_queue_visibility_timeout_seconds
10   max_message_size           = 2048
11   provider                   = aws.another_region
12 }
```

ルートモジュールと異なるのは、2つめのリソースの provider に指定した aws.another_region というプロバイダ設定を子モジュールでは具体的には与えず（providerブロックが子モジュールでは使えないので）、その子モジュールを呼び出すルートモジュールで与えることです。そして、子モジュール側では、terraform.tf の required_providers ブロックに、使用しているプロバイダ設定のエイリアスを configuration_aliases を使って次のように列挙しておきます。

リスト 4.14　modules/sqs_multi_regions/terraform.tf

```
1  terraform {
2    required_version = ">=1.9.8"
3    required_providers {
4      aws = {
```

```
5       source                  = "hashicorp/aws"
6       version                 = ">=5.72.1"
7       configuration_aliases = [aws.another_region]
8     }
9   }
10 }
```

○ 子モジュールのルートモジュールからの呼び出し

この子モジュールを呼び出すルートモジュールを env/dev/sqs_multi_regions に配置します。terraform.tf、providers.tf はルートモジュール env/dev/sqs と同じものにします。backend.tf の key は、ルートモジュール名を含む sqs_multi_regions/terraform.tfstate に修正して配置します。

ルートモジュールの main.tf に次のように記述します。

リスト 4.15　env/dev/sqs_multi_regions/main.tf

```
1 module "sqs_module_multi_regions" {
2   source                                = "../../../modules/sqs_multi_regions"
3   stage                                 = "dev"
4   queue_name_suffix                     = "queue-test"
5   sqs_queue_visibility_timeout_seconds = 60
6   providers = {
7     aws.another_region = aws.us_east_1
8   }
9 }
```

リスト 4.12 のコードに比べて、providers の引数が増えています。providers では、

[子モジュールでのプロバイダ設定のエイリアス]=[ルートモジュールのproviderブロックで設定したエイリアス]

のように、子モジュールで使っているプロバイダ設定のエイリアスと、それに対応するルートモジュールの具体的なプロバイダ設定のエイリアスを対応づけます。

この例では、子モジュールで aws.another_region として（中身は定義せずに）使われていたプロバイダ設定に、ルートモジュールの aws.us_east_1 という具体的なプロバイダ設定のエイリアスを対応づけています。terraform apply を実行すると、providers.tf の provider ブロックに記述された、デフォルト値である ap-northeast1 リージョンと、aws.us_east_1 のエイリアスで設定されている us-east-1 リージョンに、SQS キューがデプロイされます。

4.7 コンフィグファイルの記述に便利なその他の機能

4.7.1 localsブロック

locals ブロックは、ローカル変数を定義できるブロックです。ルートモジュールや子モジュールで繰り返し使う値を locals ブロックに定義し、それをモジュール内から参照できます。

● locals ブロックの使い方
次のコンフィグは locals ブロックの例です。

リスト 4.16　Terraform の locals ブロックの例

```
data "aws_caller_identity" "current" {}

locals {
  aws_account_id   = data.aws_caller_identity.current.account_id
  bucket_name      = "${var.stage}-bucket-${local.aws_account_id}"
  desired_capacity = var.stage == "prd" ? 4 : 2
}
```

locals ブロックのそれぞれの引数のキーの名前は、ユーザーが任意の文字列を設定できます。この例の bucket_name のように、引用符の中で ${[引数のキー名]} とすると、その変数の値を文字列に埋め込めます。

Terraform のコンフィグにはプログラミング言語のような表現力はなく、プログラミング言語の if 文に相当するものはありません。条件分岐をしたい場合は、次の構文の3項演算子を使います。

```
[条件] ? [真の場合の値] : [偽の場合の値]
```

variable ブロックで定義した入力パラメータの値によって条件分岐をするときには、この3項演算子を使って記述ができます。しかし、記述が長くなることが多いので、locals ブロックで3項演算子を用いた結果を定義しておき、それをコードの中で使うと便利なことがあります。desired_capacity の記述はその一例になっています。

locals ブロックは、1つのモジュールの中で複数記述することも可能です。

○ locals ブロックで定義した値の参照

locals ブロックで定義した値をコード内で参照するときには

```
local.[引数のキー名]
```

のようにします。たとえば、aws_account_id を参照したい場合には、local.aws_account_id と
します。ブロック名は locals と複数形の s がついていますが、参照するときの接頭辞は local.
と s はつかないことに注意しましょう。

　locals ブロックの中で、locals ブロックに定義された別の値を参照することもできます。
lst:tf-locals-example の bucket_name ではその値の定義に local.aws_account_id を使ってお
り、その例になっています。

▌4.7.2 ⋮ 繰り返し処理の記述

　子モジュールを作るときには、入力パラメータの値によってリソースの作成の有無が変わる
場合や、入力パラメータに与えられる配列の要素数やマップのキーの数によってリソース作成
の繰り返し回数が変動する場合があります。

　そのようなときに便利なのが、ここで紹介する count、for_each、dynamic です。なお、これ
らを使うコードは、必ずしも可読性が良いとはいえません。同じような記述を繰り返す場合に
は、DRY（Don't Repeat Yourself）の考え方から繰り返しの処理ができるこれらの機能を使
いたくなるところです。しかし、これらの機能を使うのは入力パラメータによって挙動が変化
する子モジュールだけに限定すること、繰り返し回数が固定されている場合には、これらの機
能を使わずに繰り返して書くことを推奨します。

○ count によるリソースブロックの繰り返し

　resource ブロックの引数の1つとして記述できるもので、繰り返し数を示す整数値を指定し
ます。

　次の例は、Amazon EventBridge のイベントルールで、スケジュールにしたがって実行する
ルールを作成しています。その際に、入力パラメータ schedules で複数のスケジュールを cron
式で与えられるようにしています。

```
1  variable "schedules" {
2    type = list(string)
3    default = [
4      "cron(45 16 ? * 1 *)",
5      "cron(00 12 * * ? *)"
6    ]
7  }
8
9  resource "aws_cloudwatch_event_rule" "scheduled_start" {
10   count               = length(var.schedules)
11   name                = "start_${count.index}"
12   schedule_expression = var.schedules[count.index]
13 }
```

resourceブロックの引数countには、このresourceブロックの繰り返し回数を指定します。繰り返しの際のループインデックスはcount.indexで参照できます。

schedulesを入力パラメータで指定せずにデフォルトの値が使われるようにした場合、このresourceブロックは次のように展開されたものと等価になります。

```
1  resource "aws_cloudwatch_event_rule" "scheduled_start[0]" {
2    name                = "start_0"
3    schedule_expression = "cron(45 16 ? * 1 *)"
4  }
5  resource "aws_cloudwatch_event_rule" "scheduled_start[1]" {
6    name                = "start_1"
7    schedule_expression = "cron(00 12 * * ? *)"
8  }
```

ここで示したように、リソースの識別子には[0]、[1]とインデックスが付与されます

◯ countによるリソース作成の有無の制御

countを使うことで、入力パラメータによってリソース作成の有無を制御できます。

次の例では、入力パラメータhas_urlによって、Lambda関数にURLを付与するリソースaws_lambda_function_urlの作成の有無が変わるようになっています。

```
1  variable "has_url" {
2    type    = bool
3    default = false
4  }
5
6  resource "aws_lambda_function" "this" {
7    (略)
8  }
```

```
 9
10 resource "aws_lambda_function_url" "this" {
11   count             = var.has_url ? 1 : 0
12   authorization_type = "NONE"
13   function_name      = aws_lambda_function.this.function_name
14 }
```

　リソース aws_lambda_function_url の中で、3項演算子を用いて、入力パラメータ has_url が真だったら1、偽だったら0を count に指定しています。count が0の場合はこの resource ブロックはないものと見なされるので、has_url が偽の場合にはこのリソースは作成されないことになります。なお、has_url が真の場合に作成されるリソースの識別子は this[0] になります。

○ for_each によるリソースブロックの繰り返し（対マップ型）

　マップ型のキーと値で resource ブロックを繰り返すときには、for_each を利用できます。

　次の例では、キーをプロトコル名（http、https など）、値をポート番号としたマップを入力パラメータとし、その入力パラメータのキーの個数だけ aws_security_group_rule のリソースが繰り返されます。

```
 1 variable "security_group_egress_ports" {
 2   type        = map(number)
 3   description = "protocol => port"
 4 }
 5
 6 resource "aws_security_group" "this" {
 7   （略）
 8 }
 9
10 resource "aws_security_group_rule" "egress" {
11   for_each          = var.security_group_egress_ports
12   from_port         = each.value
13   to_port           = each.value
14   description       = "for ${each.key}"
15   protocol          = "tcp"
16   security_group_id = aws_security_group.this.id
17   type              = "egress"
18   cidr_blocks       = ["0.0.0.0/0"]
19 }
```

　各繰り返しの中で、マップのキーは each.key、値は each.value で参照できます。またキーはリソースの識別子のインデックスに使われます。

　たとえば、security_group_egress_ports を

```
security_group_egress_ports = {
  http  = 80,
  https = 443
}
```

と与えると、作成されるリソースの識別子はegress["http"]とegress["https"]になります。

⬤ for_eachによるリソースブロックの繰り返し（対リスト型）

リスト型の値をtoset()を用いて集合に変換したうえで、for_eachに指定することもできます。

次の例では、入力パラメータpermission_principalsに指定したAWSのサービスに対して、Lambda関数を実行する権限を付与するリソースaws_lambda_permissionを繰り返しています。

```
1  variable "permission_principals" {
2    type    = list(string)
3    default = []
4  }
5
6  resource "aws_lambda_function" "this" {
7    （略）
8  }
9
10 resource "aws_lambda_permission" "this" {
11   for_each      = toset(var.permission_principals)
12   action        = "lambda:InvokeFunction"
13   function_name = aws_lambda_function.this.function_name
14   principal     = each.value
15 }
```

なお、for_eachに集合型の値を指定した場合、each.keyとeach.valueは両方とも、繰り返している集合の要素の値になり、その値がリソースの識別子のインデックスに使われます。たとえば、

```
1  permission_principals = ["events.amazonaws.com", "states.amazonaws.com"]
```

とした場合には、作成されるリソースの識別子はthis["events.amazonaws.com"]とthis["states.amazonaws.com"]となります。

⬤ dynamicを使ったブロックの繰り返し

dynamicは、あるブロック内にネストされたブロックの繰り返しに使います。

　次のコードは、その1つの使用例です。Lambda関数に指定するIAMロールにアタッチする IAMポリシーを作成する際に、オブジェクト型のリストである`allowed_actions`という入力パラメータを使って、データソース`aws_iam_policy_document`の中の`statement`ブロックを記述しています。

```
 1  variable "allowed_actions" {
 2    type = list(
 3      object(
 4        {
 5          actions   = list(string)
 6          resources = list(string)
 7        }
 8      )
 9    )
10    default = []
11  }
12
13  data "aws_iam_policy_document" "lambda_policy" {
14    dynamic "statement" {
15      for_each = var.allowed_actions
16      content {
17        actions   = statement.value.actions
18        effect    = "Allow"
19        resources = statement.value.resources
20      }
21    }
22  }
```

　`dynamic`は1つのラベルを持つブロックで、ラベルには繰り返すブロックの名前を指定します。また、`dynamic`ブロックの引数の`for_each`に繰り返すブロックの中で使う値の配列を、`content`のブロックに、繰り返すブロックの内容を指定します。`content`ブロックでは、繰り返す値を`dynamic`ブロックのラベル`statement`を使って、`statement.value`として参照できます。この例では、配列の要素は`actions`、`resource`というキーを持つオブジェクトであるので、`statement.value.actions`などとしてオブジェクトの値を指定しています。

　`allowed_actions`に次のような値を指定した場合、

```
[
  allowed_actions = [
    {
      actions   = ["states:StartExecution"]
      resources = ["*"]
    },
    {
      actions   = ["ssm:GetParameter"]
```

```
      resources = [aws_ssm_parameter.slack_secret.arn]
    }
  ]
]
```

`data.aws_iam_policy_document.lambda_policy`は次のように展開されることになります。

```
1  data "aws_iam_policy_document" "lambda_policy" {
2    statement {
3      actions = ["states:StartExecution"]
4      effect  = "Allow"
5      resources = ["*"]
6    }
7    statement {
8      actions   = ["ssm:GetParameter"]
9      effect    = "Allow"
10     resources = [aws_ssm_parameter.slack_secret.arn]
11   }
12 }
```

　このように、入力パラメータ`allowed_actions`の配列の要素数によって`statement`ブロックの個数が変わるようなときには、`dynamic`を便利に使うことができます。

○ for

　`for`はこれまでに紹介したものとは異なり、「式」としてコードの中で用いることができます。書式は少し異なりますがPythonの内包表記のようなもので、リストやマップに対して繰り返して値を取り出し、取り出した値に何らかの処理をしたものをリストにできます。
　次のTerraformのコンフィグファイルに対して`terraform apply`を実行してみます。

```
output "example_list" {
  value = [for s in ["a", "b", "c"]: upper(s)]
}
output "example_list_with_index" {
  value = [for i, s in ["a", "b", "c"]: "index=${i} element=${s}"]
}
output "example_map" {
  value = [for k, v in {"a":1, "b": 2}: "key=${k} val=${v}"]
}
```

　出力は次のようになります。

```
example_list = [
  "A",
  "B",
  "C",
]
example_list_with_index = [
  "index=0 element=a",
  "index=1 element=b",
  "index=2 element=c",
]
example_map = [
  "key=a val=1",
  "key=b val=2",
]
```

4.8 ┊ Terraformのモジュールの配置

　Terraformでのモジュールを配置するディレクトリ構造には、いろいろな流儀があります。実際に、Webサイトを検索するといろいろな配置方法が紹介されています。

　その中で、ここでは筆者が使っているディレクトリ配置やファイル構成を紹介します。これは、数ある方法の1つでありいつでも最適とは限りませんが、単純でわかりやすいこと、CIとの相性が良いことなどが特徴です。

▎4.8.1 ┊ モジュール配置が満たす要件

モジュール配置について、次のような要件を考えます。

要件1　環境（ステージ）ごとにバックエンド（tfstateの格納方法）の設定を持つこと
要件2　各環境の1つのルートモジュールですべてのリソースを管理するのではなく、リソースの論理的な単位でルートモジュールを環境内でさらに分けること
要件3　Terraformの操作に複数のAWSアカウントのクレデンシャルを必要としないこと
要件4　複数のモジュールから呼び出されることを前提とするモジュールと、環境（ステージ）ごとに呼び出されることを前提とするモジュールを分けること

　「要件1」は、tfstateファイルの管理を環境ごとに独立させることを求めています。環境はリソースが分離されたものであり、tfstateの管理も環境ごとに分離して、環境で混在させないほうが良いと考えているからです。このことから、環境ごとにルートモジュールを持つことが必要になります。

　「要件2」は、Terraformで管理されるリソースをある程度の単位にわけてわかりやすくするとともに、Terraformの操作を軽快にするためのものです。terraform planコマンドの実行では、そのルートモジュールで管理されているすべてのリソースの現在の状況を、AWSアクションを通じて問い合わせをします。そのため、リソースが多くなると、その問い合わせに時間がかかるようになります。操作にかかる時間を短くするために、管理がしやすい単位で分けておくのが良いと考えます。そのために、それらのリソースの集まりを記述した子モジュールを作成して、それらをルートモジュールで呼び出します。

　「要件3」は、1つのルートモジュールに必要な操作（リソースの操作に加えバックエンドの操作も含む）は1つのAWSアカウントに閉じ、1つのクレデンシャルで完結することを求めています。こうすることによって、環境ごとに必要なクレデンシャルを分離でき、開発環境に対しては開発者に広く権限を与えるものの、本番環境に対しては限定した人だけに権限を与えるということが容易にできるようになります。この要件から、バックエンドのS3バケットは、環境ごとに用意することが必要になります。

　「要件1」および「要件2」の帰結から、環境ごと、そして管理しやすい単位で分けられたリソースを記述した子モジュールごとにルートモジュールを持つことになります。同じ子モジュールを、入力パラメータを変えて各環境で呼び出すことで、入力パラメータの違い以外は、各環境で同じ属性を持つリソースの集まりを作成できることが保証されます。

　このようなルートモジュールから呼ばれる子モジュールのほかに、ユーティリティとしていろいろなモジュールから呼び出して使えるモジュールも便利です。これらの2つのモジュールは性質が異なることから、分けておいたほうがわかりやすいと考えています。それが「要件4」です。

4.8.2　要件を満たすモジュール配置の1つの例

　これらの要件を満たすモジュール配置の例を示します（**図4.4**）。

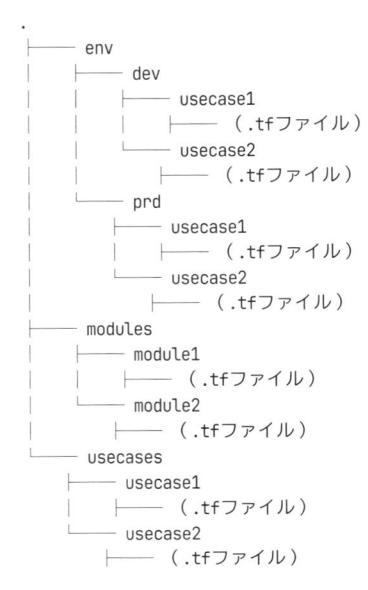

```
.
├── env
│   ├── dev
│   │   ├── usecase1
│   │   │   ├── （.tfファイル）
│   │   └── usecase2
│   │       ├── （.tfファイル）
│   └── prd
│       ├── usecase1
│       │   ├── （.tfファイル）
│       └── usecase2
│           ├── （.tfファイル）
├── modules
│   ├── module1
│   │   ├── （.tfファイル）
│   └── module2
│       ├── （.tfファイル）
└── usecases
    ├── usecase1
    │   ├── （.tfファイル）
    └── usecase2
        ├── （.tfファイル）
```

図4.4　Terraformのモジュール配置の例

　トップのディレクトリの直下にenv、modules、usecasesという3つのディレクトリがあります。

　usecasesというディレクトリには、1つのルートモジュールでデプロイしたいリソースを記述した子モジュールを配置します。これらのモジュールは、envディレクトリの下にある環境ごと（dev、prd）のルートモジュールから呼び出されます。たとえば、env/dev/usecase1やenv/prd/usecase1のルートモジュールからは、usecases/usecase1の子モジュールを呼び出します。

　また、modulesディレクトリには、usecaesに配置された複数の子モジュールや複数のルートモジュールから呼び出される可能性がある汎用的な子モジュールを配置します。

　backendブロックで指定するtfstateの保存先であるS3バケットを環境ごとに変えます。それぞれの環境のAWSアカウントに属するS3バケットを指定することで、1つのAWSアカウントのクレデンシャルで操作できるようになります。

　これらは、Terraformのドキュメント[注4.18] にある「再利用可能なモジュールを、異なるバックエンドを持つルートモジュールから呼び出す」という方針に基づいたものです。

注4.18　https://developer.hashicorp.com/terraform/cli/workspaces#alternatives-to-workspaces

Terraformのワークスペース

Terraformには「ワークスペース」と呼ばれるものがあり[注4.A]、バックエンドの種類によっては（S3のバックエンドも対応）、1つのルートモジュールにワークスペースが異なる複数のバックエンドを割り当てることが可能です。

ルートモジュールをdev、prdなどの環境ごとに分けずに、それぞれの環境に対応したワークスペースを作成して切り替えることによって、1つのルートモジュールから複数の環境へのデプロイに対応するということは不可能ではありません。しかし、環境の分離のためにワークスペースを用いることは、Terraformのドキュメントでも推奨されていません。

問題点の1つは、バックエンドを操作するクレデンシャルとリソースを操作するクレデンシャルを別々に与えなければいけない点です。S3のバックエンドの場合、ワークスペースの個数だけ、同じバケットの中にtfstateファイルのオブジェクトが用意されます（キー名にワークスペース名が含まれています）。各ワークスペースのtfstateファイルのオブジェクトが格納されるバケットは同じであり、これをdev環境に置くとしましょう。この状態で、prdにワークスペースを切り替えてデプロイするとき、リソースの操作にはprdのクレデンシャルが必要ですが、同時にS3のオブジェクトであるtfstateファイルを操作するためのdevのクレデンシャルが必要になってしまいます。

一方、本文で紹介したディレクトリ配置では環境のAWSアカウントとそのバックエンドのAWSアカウントが一致しており、複数のアカウントのクレデンシャルを同時に必要とすることなく、環境の分離ができています。

このような観点から、本書ではワークスペースを使わないようにしています。

注4.A　https://developer.hashicorp.com/terraform/language/state/workspaces

4.8.3 モジュール内でのファイルの構成

4.4節ではルートモジュールで、**4.6節**では子モジュールで必要な記述について説明しました。

すでに説明したように、Terraformではモジュールのディレクトリにある、拡張子が.tfであるすべてのファイルが読み込まれます。これらの設定情報のブロックを、リソースのブロックとともに1つのファイルにまとめることも可能ですし、分割することも可能です。

　このように、ファイルの分割については任意性がある中で、Terraformの公式ドキュメントには推奨されるファイルの分割方法や名前が提示されています[注4.19]。

　それをふまえて、**図4.5**、**図4.6**のようなファイル構成を例の1つとして示します。

```
├──    .terraform-version
├──    backend.tf
├──    data.tf
├──    locals.tf
├──    main.tf
├──    outputs.tf
├──    providers.tf
└──    terraform.tf
```

図4.5　ルートモジュール内のファイル構成の例

```
├──    data.tf
├──    locals.tf
├──    main.tf
├──    outputs.tf
├──    terraform.tf
└──    variables.tf
```

図4.6　子モジュール内のファイル構成の例

　それぞれのファイルの内容は**表4.3**のようになります。表中の○は、ルートモジュールまたは子モジュールにそのファイルを配置することを示します。

注4.19　https://developer.hashicorp.com/terraform/language/style#file-names

表4.3 `tf_init.sh`によって作成されるファイルの名前と内容

ファイル名	ルートモジュール	子モジュール	内容
.terraform-version	○		tenvが参照するTerraformのバージョンを記述
terraform.tf	○	○	**リスト4.2**(ルートモジュール)、**リスト4.8**(子モジュール)の内容を記述
provider.tf	○		**リスト4.3**の内容を記述
backend.tf	○		**リスト4.5**の内容を記述
main.tf	○	○	おもにリソースを記述
data.tf	○	○	既存のリソースに関するデータソースを記述
locals.tf	○	○	(複数のファイルから参照される)localsブロック(**4.7.1項**)を記述
variables.tf		○	variableブロック(**4.5.1項**)をまとめて記述
outputs.tf	○	○	outputブロック(**4.5.2項**)をまとめて記述

○ main.tf

`main.tf`には、おもにリソースの記述をまとめて記述します。子モジュールでは、`resource`ブロックを記述することが多いですが、ルートモジュールでは、`module`ブロックを記述することが多いです。

必要に応じて、リソースの記述を複数のファイルに分割することも検討してください。

○ data.tf

この中で、`data.tf`はTerraformの公式ドキュメントの推奨スタイルにはないファイルですが、筆者は設けている場合が多いファイルです。既存のリソースの情報がほしい場合には、`data`ブロックを記述することで、AWSのアクションなどを通じてそのリソースの情報が取得されます。モジュールの中で`data`ブロックを使って既存のリソースのことを記述するということは、モジュール外のリソースに依存していることになります。その依存関係を示すために、`data`ブロックの記述を`data.tf`にまとめておくのが良いと考えています。

ただし、データソースの中には、既存のリソースとは関係ないものがあります。たとえば、**4.2.5項**ですでに紹介した`aws_iam_policy_document`などです。これは`resource`の記述のための補助であり、既存のリソースには依存していないことから、このデータソースを実際に使う`resource`ブロックの近くに配置しておくのが良いと考えます。

⦿ locals.tf

locals.tf には、複数のファイルから参照される locals ブロックの変数をまとめるのが良い
でしょう。一方、特定のファイルにのみ関連深い locals ブロックについては、locals.tf に記
述するのではなく、関連があるファイルに記述したほうがわかりやすい場面もあると感じてい
ます。これもスタイルの任意性がありますので、それぞれの使い方でわかりやすい方法を模索
してください。

すでに説明したように、Terraform におけるファイル分割は、その方法によって機能が変わ
るものではなく、分割することでわかりやすくすることが目的であり任意性があります。こう
しないといけない、というものはないので、認知負荷がより低くなるようなご自身のスタイル
を作ってください。

▍4.8.4 ⋮ モジュール内の初期ファイルを作成するスクリプト

ルートモジュール、子モジュールでのファイル構成とその内容の1つの例について説明して
きました。ファイルを分割してファイル名とその内容の対応は良くなったものの、ルートモ
ジュールや子モジュールを新規に作るたびにこれらのファイルを用意するのは面倒です。

筆者は、**4.8.2 項**のモジュール配置や**4.8.3 項**のファイル構成に従って、必要な設定がすで
に記述された初期のコンフィグファイルを作成するシェルスクリプトを作成して、Terraform
のモジュール（ルートモジュール、子モジュール）を作成するときに使っています。CDK で
cdk init によって初期のファイルが作成されるのと同様です。

⦿ スクリプトの例

次のスクリプトは、ルートモジュールまたは子モジュールのディレクトリを作成して、その
中に初期のファイルを作成するものです。このスクリプトは一例であり、簡単なものであるの
で、みなさんの環境に合わせたスクリプトをご自身で作成されると良いと思います。

リスト 4.17　**terraform/tools/tf_init.sh**

```
1  #!/bin/sh
2
3  TERRAFORM_VERSION="1.9.8"
4  AWS_PROVIDER_VERSION="5.72.1"
5  BUCKET_SUFFIX="iac-book-project" # S3 バケットの名前が重複しないようにするためのサフィックス
6
7  if [ $# -ne 2 ]; then
8    echo "Usage: $0 <stage> <module_name>"
9    exit 1
```

```
10  fi
11
12  STAGE=$1  # modules, usecases, dev, stg, prd, ...
13  MODULE_NAME=$2
14
15  ROOTDIR=$(cd "$(dirname $0)"/.. && pwd)
16  BACKEND_BUCKET_NAME="${STAGE}-tfstate-aws-${BUCKET_SUFFIX}"
17
18  if [ "${STAGE}" = "modules" ] || [ "${STAGE}" = "usecases" ]; then
19    MODULE_FLAG=1
20    WDIR=${ROOTDIR}/${STAGE}/${MODULE_NAME}
21    VERSION_OPERATOR=">="
22  else
23    MODULE_FLAG=0
24    WDIR=${ROOTDIR}/env/${STAGE}/${MODULE_NAME}
25    VERSION_OPERATOR=""
26  fi
27  mkdir -p ${WDIR}
28  cd ${WDIR} || exit 1
29
30  cat <<EOF > terraform.tf
31  terraform {
32    required_version = "${VERSION_OPERATOR}${TERRAFORM_VERSION}"
33    required_providers {
34      aws = {
35        source  = "hashicorp/aws"
36        version = "${VERSION_OPERATOR}${AWS_PROVIDER_VERSION}"
37      }
38    }
39  }
40  EOF
41
42  if [ ${MODULE_FLAG} -ne 1 ]; then
43    cat <<EOF > .terraform-version
44  ${TERRAFORM_VERSION}
45  EOF
46
47    cat <<EOF > backend.tf
48  terraform {
49    backend "s3" {
50      bucket = "${BACKEND_BUCKET_NAME}"
51      key    = "${MODULE_NAME}/terraform.tfstate"
52      region = "ap-northeast-1"
53    }
54  }
55  EOF
56
57    cat <<EOF > providers.tf
58  provider "aws" {
59    region = "ap-northeast-1"
60    default_tags {
61      tags = {
```

```
62        Terraform = "true"
63        STAGE      = "${STAGE}"
64        MODULE     = "${MODULE_NAME}"
65      }
66    }
67  }
68  provider "aws" {
69    alias = "us_east_1"
70    region = "us-east-1"
71    default_tags {
72      tags = {
73        Terraform = "true"
74        STAGE      = "${STAGE}"
75        MODULE     = "${MODULE_NAME}"
76      }
77    }
78  }
79  EOF
80  fi
81
82  touch main.tf
83  touch outputs.tf
84  touch locals.tf
85  touch data.tf
86
87  if [ ${MODULE_FLAG} -eq 1 ]; then
88    touch variables.tf
89  fi
90
91  echo "Files are created in ${WDIR}"
```

　以下ではterraformというディレクトリを作成し、そのディレクトリの中でこのスクリプト
をtools/tf_init.shとして配置しておきます。スクリプトの冒頭にあるTERRAFORM_VERSION、
AWS_PROVIDER_VERSION、BUCKET_SUFFIXは、それぞれ、使用するTerraformのバージョン、AWS
プロバイダのバージョン、S3バケットのサフィックスを指定するものです。これらは、環境に
合わせて設定してください。

　このスクリプトでは、tfstateファイルを格納するS3バケットの名前に環境名（STAGE）を
含めるようにしています。各環境のS3バケットを、それぞれの環境のAWSアカウントに作成
しておいてください。

●スクリプトの実行方法

　このスクリプトを実行するときには、2つの引数を指定します。最初の引数にはルートモ
ジュールの環境名（dev、prdなど）、または子モジュールの種類（usecasesまたはmodules）を
指定します。usecasesまたはmodulesを指定したときと、それ以外を指定したときで、出力

されるファイルが異なります。前者の場合は子モジュールを作成すると見なされ、**表4.3**の
「子モジュール」の列に○がついているファイルが作成されます。一方、後者の場合はルー
トモジュールを作成すると見なされ、指定した文字列は環境名として扱われます。そして、
表4.3の「ルートモジュール」の列に○がついているファイルが作成されます。

2番めの引数には、モジュールの名前を指定します。

たとえば、環境devに向けのroot_module1というルートモジュールを作成したいときには、こ
のスクリプトを次のように実行します。

```
> sh ./tools/tf_init.sh dev root_module1
```

このコマンドの実行によって、次のようなディレクトリ構造でファイルが作成されます。

```
terraform
├── env
│    └── dev
│          └── root_module1
│                  ├── .terraform-version
│                  ├── backend.tf
│                  ├── data.tf
│                  ├── locals.tf
│                  ├── main.tf
│                  ├── outputs.tf
│                  ├── providers.tf
│                  └── terraform.tf
└── tools
      └── tf_init.sh
```

toolsと同じ階層にenvというディレクトリが作成されます。その下のdev/root_module1以
下に拡張子が.tfである複数のファイルが作成されます。

usecasesの子モジュールchild_module1を作成したいときには、次のように実行します。

```
> sh ./tools/tf_init.sh usecases child_module1
```

このコマンドの実行によって、terraform/usecases/child_module1以下にファイルが作成さ
れます。

このスクリプトは、本書のこれ以降の記述でも使っています。

4.9 | Terraformのコマンド

　Terraformのコマンド terraform にはいくつかの操作が実装されていますが、ここではリソースのデプロイに欠かせない3つの操作を行うコマンドを紹介します（その他のコマンドについては、必要になったときに随時紹介します）。

▌ 4.9.1 ┊ terraform init

◯ terraform init の目的と必要な場面

　このコマンドは、ルートモジュールで初めて terraform コマンドを実行するときや、プロバイダのバージョン変更、バックエンドの設定変更などがあったときに実行するものです[注4.20]。このコマンドを実行することでプロバイダのファイルのダウンロード、モジュールのインストール、バックエンドの設定などが行われます。terraform init が必要なときには、「terraform init を実行してください」という趣旨のエラーメッセージが出るので、そのエラーが出たら実行すると思っていても差し支えありません。

　実際に terraform init を実行する前にその次のコマンドである terraform plan を実行すると、次のようなエラーメッセージが出て、terraform init を実行するように促されます。

```
> AWS_PROFILE=admin terraform plan

| Error: Inconsistent dependency lock file
|
| The following dependency selections recorded in the lock file are inconsistent with the current
| configuration:
|   - provider registry.terraform.io/hashicorp/aws: required by this configuration but no version is
selected
|
| To make the initial dependency selections that will initialize the dependency lock file, run:
|   terraform init
|
```

注4.20　子モジュールでは、Terraformの機能を利用することに限れば terraform init の実行は必要ありません。一方、IntelliJ IDEA で子モジュールのコンフィグファイルを編集するときには、子モジュールでも terraform init を実行しておくと、エディタによる補完がより的確にできるようです。

terraform initの実行例は、**3.3.2項**で紹介しました。

terraform initは「べき等」の操作であるので、複数回実行しても問題ありません。

○ **terraform initで作成されるファイルとそのリポジトリでの管理**

terraform init コマンドを実行するとそのディレクトリに.terraform というディレクトリと.terraform.lock.hcl というファイルが作成されます。これらをまるごと削除すれば、terraform init コマンドを実行する前の状態に戻すことが可能です。

.terraformのディレクトリは、リポジトリの管理対象にする必要はありません。Gitを使う場合には、.gitignoreに.terraformを追加して、無視するようにしておくのが良いでしょう。一方、.terraform.lock.hcl[注4.21]は、使用するプロバイダやモジュールのバージョン、それらのチェックサムなどが記述されているファイルで、このファイルがあることで、terraform init を再度実行したときに同一のプロバイダが使用されます。このファイルは、リポジトリの管理下に置くことが推奨されています。

4.9.2 ≡ terraform plan

このコマンドは、手元のコンフィグファイルによって記述されたリソースの状態と実際のリソースの状態を比較して、リソースの操作内容の実行計画を作成し、リソースに対してどのような操作を行うかを表示します。この操作ではリソースに変更を加えることはないので、気軽に実行できます。

terraform planの実行例は**3.3.3項**で紹介しました。

なお、「手元のコンフィグファイルによって記述されたリソースの状態」との比較対象が、「実際のリソースの状態」であることに注意してください。この「実際のリソースの状態」には、Terraformを使わずにリソースの操作をしたことによるリソースの変化も含まれています（詳細は**8.2.2項**を参照）。

4.9.3 ≡ terraform apply

このコマンドは、terraform planと同様にリソース操作の実行計画を作成したのちに、その実行計画に基づいて、実際にリソースの操作を行います。

このコマンドを実行することで、実際のリソースが、手元のコンフィグファイルが記述する

注4.21　https://developer.hashicorp.com/terraform/language/files/dependency-lock

リソースの状態と同じになります。

terraform applyの実行例は **3.3.4 項**で紹介しました。

○ 一部のリソースのみに変更を実施する

-targetオプションを使うことで、実行計画で変更が予定されている複数のリソースのうち、一部のリソースだけについてリソースの操作を実行できます[注4.22]。たとえば、たくさんあるリソースのうち、リソース aws_sqs_queue.myqueue1 と aws_sqs_queue.myqueue2 だけの変更を適用したい場合には、次のように-targetオプションに操作対象リソースのアドレスを指定します。

```
> AWS_PROFILE=admin terraform apply \
    -target=aws_sqs_queue.myqueue1 \
    -target=aws_sqs_queue.myqueue2
```

なお、シェルの中括弧{A,B}を使って、複数の-targetオプションを次のように指定することもできます。

```
> AWS_PROFILE=admin terraform apply \
    -target={aws_sqs_queue.myqueue1,aws_sqs_queue.myqueue2}
```

-targetオプションを使うことでリソース間の属性に矛盾が生じる可能性があるため、多用することは推奨されませんが、段階的にリソースをデプロイしていく必要がある場合などには便利に使える機能です。

▌4.9.4 ⋮ Terraformのコマンド実行に必要な許可ポリシー

Terraformの各コマンドを実行するときに必要とする許可ポリシーを**表4.4**にまとめました。

注4.22　https://developer.hashicorp.com/terraform/tutorials/state/resource-targeting

表4.4　Terraformのコマンド実行に必要な許可ポリシー

コマンド	必要な許可ポリシー	備考
terraform init	ReadOnlyAccess	より厳密には **tfstate** ファイルを格納するバケットの読み取り権限のみがあれば良い
terraform plan	ReadOnlyAccess	
terraform apply	AdministratorAccess	

`terraform init`や`terraform plan`は、ReadOnlyAccess（読み取り権限）のみで実行できるので、CIなどでこれらのコマンドを実行する際には、リソース変更が可能な権限を与えずに実行できて安全です。

4.10 利用するTerraformやプロバイダのバージョン更新

4.4.1項では、ルートモジュールのTerraformやAWSプロバイダのバージョンを固定することを推奨しました。一方、TerraformやAWSプロバイダは高頻度で新しいバージョンがリリースされています。新しいバージョンには、新機能が追加されるだけでなく、バグ修正やセキュリティの向上のための修正が含まれていることが多く、可能な限り最新のバージョンに追随していくことが望ましいです。

Terraformやプロバイダのバージョンを`terraform.tf`に記述して固定した場合、それらのバージョンを更新する際には、`terraform.tf`に記述したバージョンを変更する必要があります。ルートモジュールや子モジュールがたくさんある場合、それぞれのバージョンを変更するのは手間がかかります。そのようなときに便利なのが、**2.5.2項**で紹介した`tfupdate`です。このツールを使うと、コンフィグファイルに記述されたTerraformやプロバイダのバージョンの記述を簡単に、そして一括で編集できます。

4.10.1　利用するTerraformのバージョンの更新

● 指定バージョンへの更新
env以下にあるすべてのルートモジュールのTerraformのバージョンを、たとえば1.9.8に

アップデートするには、次のコマンドを実行します。

```
> tfupdate terraform -v 1.9.8 -r env
```

　-vオプションでバージョンを、-rオプションで再帰的にサブディレクトリを探索して変更することを指定しています。このコマンドを実行することで、terraform.tfのrequired_versionのバージョンが1.9.8に変更されます。

　Terraformをバージョンアップするときには、各ルートモジュールにある.terraform-versionの中のバージョン番号も変更する必要があります。env以下にある各ルートモジュールの.terraform-versionを1.9.8に一括で変更するには、次のコマンドを実行すると良いでしょう。

```
> find env -name ".terraform-version" -print0 \
    | xargs -0 -I{} sh -c "echo 1.9.8 > {}"
```

　.terraform-versionに記述されたバージョンが変更されると、tenv（**2.3.1 項**参照）を通じて起動されるTerraformのバージョンは自動的にそれに追随します。

● 最新バージョンへの更新

　Terraformやプロバイダの最新バージョンの番号は、tfupdate release latestコマンドにより取得できます。このコマンドを使った次のようなスクリプト（たとえばtools/terraform_update.shとして配置）を実行することで、最新のTerraformを利用するようにenv以下のルートモジュールのコンフィグファイルを更新できます。

リスト 4.18　**tools/terraform_update.sh**

```
1  #!/bin/sh
2
3  ROOTDIR=$(cd "$(dirname $0)"/.. && pwd)
4  VERSION="$(tfupdate release latest hashicorp/terraform)"
5  tfupdate terraform --recursive --version "${VERSION}" "${ROOTDIR}/env"
6  find "${ROOTDIR}/env" -name ".terraform-version" -print0 \
7      | xargs -0 -I{} sh -c "echo ${VERSION} > {}"
```

4.10.2 ⋮ プロバイダのバージョンアップ

● 指定バージョンへの更新

プロバイダのバージョンアップについても同様で、たとえば、env以下にあるルートモジュールや子モジュールのAWSプロバイダのバージョンを5.72.1にアップデートするには、次のコマンドを実行します。

```
> tfupdate provider -v 5.72.1 -r aws env
```

このコマンドを実行することで、terraform.tfのrequired_providersブロックに記述されているawsプロバイダのバージョンが5.72.1に変更されます。

また、各ルートモジュールの.terraform.lock.hclに記述されたプロバイダの情報も更新する必要があります。そのためには、次のコマンドを実行します。

```
> tfupdate lock --recursive \
    --platform=linux_amd64 --platform=darwin_arm64 env
```

.terraform.lock.hclには、プラットフォームごとのチェックサムが記述されています。このコマンド例では、linux_amd64とdarwin_arm64の2つのプラットフォームのチェックサムを更新するようにしています。

なお、ルートモジュールのコンフィグファイルに記述されたプロバイダのバージョンを変更したときには、そのルートモジュールでterraform initの実行が必要です。バージョンの記述を更新した後に、terraform initを実行せずにterraform planなどを実行した場合は、terraform initを実行するように促されます。

● 最新バージョンへの更新

terraform以下のAWSプロバイダを最新のバージョンに更新するためには、やはりtfupdate release latestコマンドを用いて、次のようなスクリプト（たとえばtools/aws_provider_update.shとして配置）を実行します。

リスト4.19　tools/aws_provider_update.sh

```
1  #!/bin/sh
2
3  ROOTDIR=$(cd "$(dirname $0)"/.. && pwd)
4  VERSION="$(tfupdate release latest hashicorp/terraform-provider-aws)"
```

```
5   tfupdate provider aws --recursive --version "${VERSION}" "${ROOTDIR}/env"
6   tfupdate lock --recursive \
7       --platform=linux_amd64 --platform=darwin_arm64 "${ROOTDIR}/env"
```

▌4.10.3 ⋮ バージョンを更新したときの動作確認

　`terraform.tf`に記述されているTerraformやプロバイダのバージョンを更新したときには、`terraform plan`を実行して、差分の有無を確認します。差分がなければ、バージョンアップによってリソースの記述に影響がないので、その変更を確定させて、Gitなどのリポジトリにコミットしましょう。

　一方、頻度は低いですが、バージョンアップによって`terraform plan`の結果に差分が生じる場合があります。その場合には、その差分について検討して、その差分をリソースに反映して問題ない場合には、`terraform apply`を実行して差分を解消します。もし、その差分が意図しないリソース変更を引き起こす可能性がある場合には、バージョンアップを中止して、バージョンアップのために修正したファイルを元に戻します。そして、その差分が生じる背景をTerraformやプロバイダのリリースノートなどから調査して、場合によっては開発コミュニティに問い合わせをする必要があるかもしれません。

▌4.10.4 ⋮ CIによるバージョンアップの自動化

　高頻度でリリースされるTerraformやAWSプロバイダの最新バージョンに追随していくためには、GitHub ActionsなどのCI（Continuous Integration：継続的インテグレーション）を使って、バージョンの更新プロセスを自動化しておくと便利です。

　紙面の都合で詳細は割愛しますが[注4.23]、**リスト 4.18**や**リスト 4.19**のようなスクリプトを、そのCIの中で活用できるでしょう。

注4.23　野村友規著『GitHub CI/CD実践ガイド』（技術評論社）が大いに参考になります。

4.11 まとめ

　本章では、HCL言語によるリソースの記述方法、必要な設定、モジュールなどについて、詳しく見てきました。HCL言語を見慣れない方がおられるかもしれませんが、構造がわかってしまえば、読み書きが簡単にできるようになります。

　TerraformでAWSのリソースを記述する場合には、リソースブロックを使って、個々のリソースを記述する必要があります。定型的によく使われるリソースのグループをまとめたものが子モジュールであり、ルートモジュールを含む他のモジュールから呼び出せます。

　Terraformのコンフィグファイルの記述においては、ファイル分割やディレクトリ構成に、大きな任意性があります。本章で示したものはあくまでも一例です。みなさんの開発環境、スタイルにあったものを探してみてください。

第 **5** 章

AWS CDK詳細解説

||||||||||||||||||||||||||||||

この章では、CDKについて深く掘り下げます。

CDKコードはNode.jsのアプリケーションとして動作して、「合成」
というCloudFormationのテンプレートの作成処理を実行します。
CDKによるリソースやスタックの記述は、クラスのコンストラクタ
の呼び出しに対応して、これらはツリー構造に配置されています。
また、複数のリソースをまとめたL2コンストラクタによってリソー
スの記述が抽象化されていることが、CDKの特徴的なことの1つ
です。

これらの知識の応用として、複数環境へのデプロイ方法、タグの付
与、エスケープハッチを取り上げます。また、テンプレートのス
ナップショットテストについても解説します。

導入編

5.1 CDKによる リソースのデプロイの基本的な流れ

CDK でリソースをデプロイするときの基本的な流れは次のようになります。

1. cdk init コマンドでCDK プロジェクトを作る（すでにCDK プロジェクトがある場合は スキップ）
2. コードにスタックやリソースを記述する
3. cdk synth コマンドで、CDK のコードから生成される CloudFormation のテンプレートを確認する
4. cdk diff コマンドで、CDK のコードから生成されるテンプレートと、スタックに保持されているテンプレートとの差分を確認する
5. cdk deploy コマンドで、リソースをデプロイする

5.2 CDK最初の一歩： CDKプロジェクトの作成

　CDKでリソースを記述するコードを書くためには、まず、CDK プロジェクトを作成します。
　適当なディレクトリを作って、そのディレクトリをカレントディレクトリとして cdk init コマンドを実行します。**3.5.1 項**では、次のコマンドを実行して、sqs という CDK プロジェクトを作成しました。

リスト 5.1　CDK プロジェクトの作成

```
> mkdir sqs
> cd sqs
> cdk init -l typescript
```

　cdk init を実行する際の -l typescript というオプションは、CDK のコードを TypeScript

で記述することを指定しています。

このコマンドの実行によって、sqsのディレクトリの中に複数のファイルが作成されます。そして、npm installが自動的に実行されて、必要なパッケージがインストールされます。

5.7.1 項で解説するように、1つのCDKプロジェクトには複数のスタックを作成可能で、実用では1つのCDKプロジェクトに複数のスタックが含まれるのが一般的です。一方、本書では題材ごとにCDKプロジェクトを作成しています。これは説明の便宜上のためであることに注意してください。

5.3 | 初期のディレクトリ構成

cdk initを実行した直後のディレクトリの構成は次のようになっています。

```
sqs
├── README.md
├── bin
│   └── sqs.ts
├── cdk.json
├── jest.config.js
├── lib
│   └── sqs-stack.ts
├── node_modules
├── package-lock.json
├── package.json
├── test
│   └── sqs.test.ts
└── tsconfig.json
```

bin/sqs.ts、lib/sqs-stack.ts、test/sqs.test.tsというファイル名にあるsqsという文字列は、CDKプロジェクトのディレクトリ名から取得されたものです。

これらのファイルの中で、今後、編集をするのが次のファイルです。

- lib/sqs-stack.ts（スタックのクラスのコンストラクタに、リソースのコンストラクタの呼び出しを記述）
- bin/sqs.rs（スタックのクラスのコンストラクタを呼び出す）

　testのディレクトリとjest.config.jsonは、テストに関するものです。テストについては、**5.13節**であらためて説明します。

　その他、package.json、package-lock.json、node_modulesは、JavaScriptやTypeScriptでアプリを作成するときにお馴染みのものです。tsconfig.jsonはTypeScriptの設定が記述されたファイルです。

5.4 ┃ Node.jsアプリとしてのCDK

　CDKプロジェクトのディレクトリに作成されるcdk.jsonというファイルには、app、watch、contextをキーとする文字列やオブジェクトが記述されています。

　appには、次のような記述がされています。

```
"app": "npx ts-node --prefer-ts-exts bin/sqs.ts",
```

　これは、アプリのメインコードbin/sqs.tsをts-node（TypeScriptのコードをJavaScriptにトランスパイルしてNode.jsで実行するコマンド）によって実行することを示しています。実はこのコマンドは、cdkコマンドの一部（synth、diff、deployなど）を実行したときに、最初に実行されるコマンドです[注5.1]。このように、TypeScriptで記述されたCDKのコードは、Node.jsのアプリになっています。

　それでは、このNode.jsのアプリはどのような機能を担っているのでしょうか？　cdk.jsonのappに書いてあるコマンドをそのまま実行してみると、何も出力はされず、リソースの操作も行われません。

　実は、環境変数CDK_OUTDIRが指定されていないときには、このコマンドは何も出力しません。環境変数CDK_OUTDIRを指定してこのコマンドを実行すると、CDK_OUTDIRで指定したディレクトリ（存在しない場合は作成される）に、CloudFormationのテンプレートやLambda関数などのアセット（**第10章**参照）が作成されます。これが「合成」（synthesize）と呼ばれる処理で、その出力は「アセンブリ」（assembly）と呼ばれます。Node.jsのアプリは、合成の処理を

注5.1　該当のコード：https://github.com/aws/aws-cdk/blob/f9371001f4cb3a921d66992072972d9687e3698e/packages/aws-cdk/lib/api/cxapp/exec.ts#L22-L91

実行して、アセンブリを出力する機能を担っています。

第3章で実行したcdk synth、cdk diff、cdk deployなどのコマンドは、いずれも最初にNode.jsのアプリを実行して合成の処理を行って、アセンブリを作成しています。このときの環境変数CDK_OUTDIRはcdk.outになっており、アセンブリはcdk.outに出力されます。アセンブリ作成処理のあとに、そのアセンブリを使いながらそれぞれのコマンドごとの処理が実行されます。

たとえば、cdk synthを実行するとCloudFormationのテンプレートが表示されます。このコマンドは、CDK_OUTDIRに指定したディレクトリにアセンブリの1つとして出力されたテンプレート（JSON形式）を、YAML形式に変換して標準出力に出力しています。また、cdk diffはアセンブリの1つとして作成されたCloudFormationのテンプレートと、現在のスタックのテンプレートとの差分を検出しています。

cdk synth、cdk diff、cdk deployなどのコマンドの実行のたびに合成処理が行われ、アセンブリが作成されますが、すでに環境変数CDK_OUTDIRで指定されたディレクトリに出力されたアセンブリを利用して、合成処理を行わずにそれぞれのコマンドの操作をすることもできます。合成処理をスキップしたいときには、cdkコマンドの--appオプションに、アセンブリが出力されたディレクトリ（デフォルトではcdk.out）を指定します。

なお、--appオプションは、cdk.jsonのappにある実行対象のファイル名を一時的に変更するときにも使います。

5.5 リソースの記述とデプロイ

リソースの情報は、lib/sqs-stack.tsに記述します。ファイルが大きくなった場合などは、TypeScriptの文法に沿ったファイルの分割も可能です。

5.5.1 スタックを記述するファイルの初期状態

cdk initを実行したあとのlib/sqs-stack.tsは次のようになっています。

リスト 5.2　**lib/sqs-stack.ts**の初期状態

```
1  import * as cdk from 'aws-cdk-lib';
2  import { Construct } from 'constructs';
3  // import * as sqs from 'aws-cdk-lib/aws-sqs';
4
5  export class SqsStack extends cdk.Stack {
6    constructor(scope: Construct, id: string, props?: cdk.StackProps) {
7      super(scope, id, props);
8
9      // The code that defines your stack goes here
10
11     // example resource
12     // const queue = new sqs.Queue(this, 'SqsQueue', {
13     //   visibilityTimeout: cdk.Duration.seconds(300)
14     // });
15   }
16 }
```

このファイルには、SqsStackというクラスが記述されています（5行目）。そのクラスの名前は、CDKプロジェクトのディレクトリ名から名付けられたものが初期値になっていますが、別の名前に変えることも可能です。ただし、bin/sqs.tsがこのクラスをインポートしているので、クラスの名前を変更した場合には、bin/sqs.tsも変更が必要です。

SqsStackというクラスはaws-cdk-libモジュールのStackというクラスを継承しており、StackはCloudFormationのスタックを表現します。つまり、SqsStackのクラスに記述したリソースが1つのスタックを構成することになります。

5.5.2 ┊ リソースのコンストラクタの呼び出しによるリソースの記述

◯ コンストラクタとリソース

CDKでのリソースの記述は、そのリソースに対応するクラスのコンストラクタ（以下、「クラスの」を省略して単に「コンストラクタ」と呼ぶことが多いです）を呼び出すことで記述します。あとで説明するように、1つのコンストラクタを呼び出すことで複数のリソースが作成されることもあります。このことが、CDKにおけるリソースの記述の抽象化と関係しています。

◯ CDKのコードの記述とAPIリファレンスの読み方

一例として、**3.5節**で取り上げたSQSキューのCDKコード（**リスト3.6**）を記述するまでの流れを紹介します。

　CDKでリソースを記述しようとするときには、まず、CDKのAPIリファレンスのページ[注5.2]を開き、作成しようとするリソースのサービスのライブラリを左側の一覧から探します[注5.3]。ここで作成しようとしているのはSQSキューですので、画面左のライブラリの一覧から`aws_sqs`を探して開きます（**図5.1**）[注5.4]。

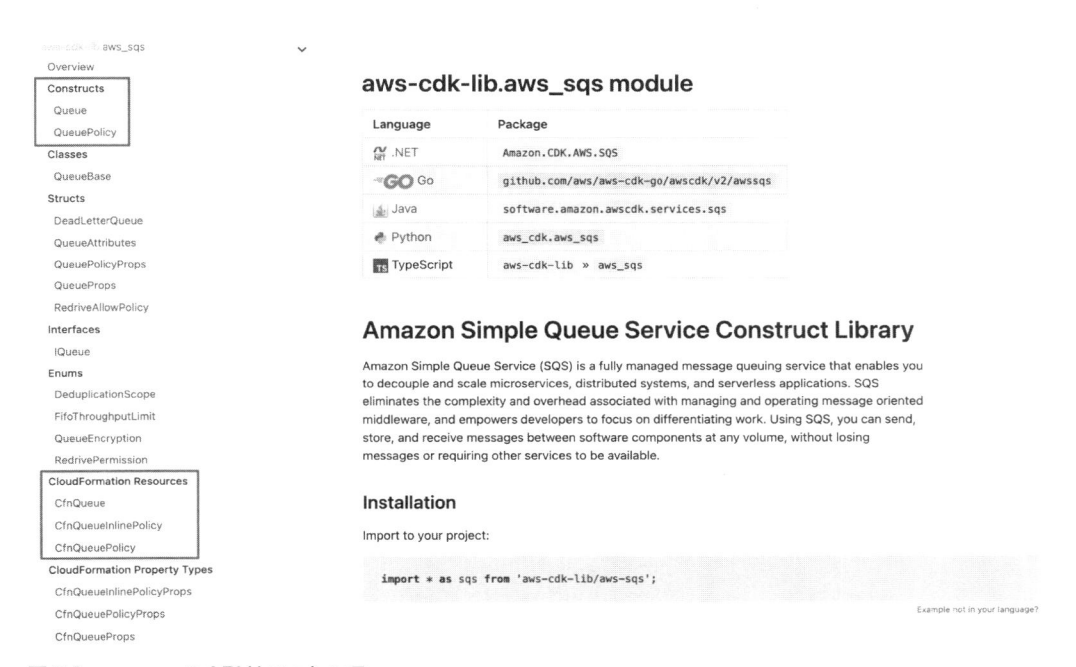

図5.1　`aws_sqs`のAPIリファレンス

　APIリファレンスの画面左のライブラリ一覧から`aws_sqs`を開くと、"Constructs"という項目に分類されたものが表示されます。これが、リソースを記述するクラスのコンストラクタです。また、`aws_sqs`を開いた項目の下のほうを見ると、"CloudFormation Resources"という項目があります。前者のコンストラクタはL2コンストラクタ、後者のコンストラクタはCloudFormationのリソースに対応するコンストラクタで、L1コンストラクタと呼ばれます。（L1とL2のコンストラクタについては**5.6.3項**で解説します）。

　"Constructs"または"CloudFormation Resources"に列挙されているコンストラクタを用いて、スタックを構成するリソースの記述をします。なお、サービスによっては、"Constructs"

注5.2　https://docs.aws.amazon.com/cdk/api/v2/docs/aws-construct-library.html
注5.3　実用的には、検索エンジンで"cdk sqs"と検索したほうが、短時間でそのリソースのドキュメントにたどり着けることが多いです。
注5.4　https://docs.aws.amazon.com/cdk/api/v2/docs/aws-cdk-lib.aws_sqs-readme.html

の項目がなくL2コンストラクタが提供されていないものもあります。

　APIリファレンスの`aws_sqs`の"Constructs"を見ると、`Queue`というものがあります。それをクリックすると、`Queue`というコンストラクタの使い方が表示されます。その中には、そのコンストラクタの呼び出し方や、引数の`props`（属性を表す"Properties"に由来）に与えるキーとその値の型と意味が説明されています（**図5.2**）[注5.5]。`props`の中で?がついているものは指定が必須ではないパラメータになっています。

Initializer

```
new Queue(scope: Construct, id: string, props?: QueueProps)
```

Parameters

- **scope** `Construct`
- **id** `string`
- **props** `QueueProps`

Construct Props

Name	Type	Description
contentBased Deduplication?	boolean	Specifies whether to enable content-based deduplication.
dataKeyReuse?	Duration	The length of time that Amazon SQS reuses a data key before calling KMS again.
deadLetterQueue?	DeadLetterQueue	Send messages to this queue if they were unsuccessfully dequeued a number of times.
deduplicationScope?	Deduplication Scope	For high throughput for FIFO queues, specifies whether message deduplication occurs at the message group or queue level.
deliveryDelay?	Duration	The time in seconds that the delivery of all messages in the queue is delayed.
encryption?	QueueEncryption	Whether the contents of the queue are encrypted, and by what type of key.
encryptionMasterKey?	IKey	External KMS key to use for queue encryption.
enforceSSL?	boolean	Enforce encryption of data in transit.
fifo?	boolean	Whether this a first-in-first-out (FIFO) queue.
fifoThroughputLimit?	FifoThroughput Limit	For high throughput for FIFO queues, specifies whether the FIFO queue throughput quota applies to the entire queue or per message group.
maxMessageSizeBytes?	number	The limit of how many bytes that a message can contain before Amazon SQS rejects it.
queueName?	string	A name for the queue.
receiveMessageWait Time?	Duration	Default wait time for ReceiveMessage calls.
redriveAllowPolicy?	RedriveAllow Policy	The string that includes the parameters for the permissions for the dead-letter queue redrive permission and which source queues can specify dead-letter queues.
removalPolicy?	RemovalPolicy	Policy to apply when the queue is removed from the stack.
retentionPeriod?	Duration	The number of seconds that Amazon SQS retains a message.
visibilityTimeout?	Duration	Timeout of processing a single message.

図5.2　`aws_sqs`のコンストラクタ`Queue`のAPIリファレンス

....

注5.5　https://docs.aws.amazon.com/cdk/api/v2/docs/aws-cdk-lib.aws_sqs.Queue.html#initializer

　TypeScriptによるCDKのコードの記述では、propsそのものの型や、その中の値の型につい
て、型のチェックやエディタによる補完の恩恵を受けられることが大きなメリットの1つです。

　コンストラクタQueueのpropsの中で、?がついていない必須のものはありませんので、props
に何も指定しなくても、SQSキューの記述ができることになります。しかし、ここでは、キュー
の名前queueNameと、最大メッセージサイズmaximumMessageSizeを指定することにします。

　これらの情報をふまえて、コンストラクタQueueをスタックのコンストラクタSqsStackの中
で呼び出すことで、SQSキューを記述できます。

リスト5.3　`lib/sqs-stack.ts`

```
1  import * as cdk from 'aws-cdk-lib';
2  import { Construct } from 'constructs';
3  import * as sqs from 'aws-cdk-lib/aws-sqs';
4
5  export class SqsStack extends cdk.Stack {
6    constructor(scope: Construct, id: string, props?: cdk.StackProps) {
7      super(scope, id, props);
8
9      const queue = new sqs.Queue(this, 'MyQueue', {
10       queueName: "test-queue-cdk",
11       maxMessageSizeBytes: 2048,
12     });
13     cdk.Tags.of(queue).add('Name', 'test-queue-cdk');
14   }
15 }
```

　冒頭に、リソースを記述するライブラリ（この例では`aws-cdk-lib/aws-sqs`）の`import`を追
記します（3行目）[注5.6]。

　9–12行目が、SQSキューのリソースを記述するコンストラクタを呼び出している部分にな
ります。コンストラクタQueueには3つの引数があります。多くのコンストラクタがこれと同
様に3つの引数を取り、第1引数がscope、第2引数id、第3引数がpropsという変数名で表記
されます。リソースのコンストラクタを記述するときには、scopeはスタックのコンストラク
タのクラスを表すthisに、idは同じscopeを持つコンストラクタの中で一意になるように指定
します。この例ではidにMyQueueという文字列を指定しています。コンストラクタの引数につ
いては**5.6.2項**で再度取り上げます。

　また、13行目では、SQSキューのリソースにタグを付与しています（タグの付与について
は**5.10節**参照）。

注5.6　APIリファレンスでは`aws_sqs`とアンダースコアが使われていますが、`import`するときには`aws-sqs`とハイフンが使われている
　　　ことに注意しましょう。

　なお、コンストラクタから作成したクラスのインスタンスからそのリソースの属性を参照できます。APIリファレンスをスクロールさせていくと"Properties"という項目があり、取得できるプロパティが列挙されています（**図5.3**）[注5.7]。このプロパティの値を、他のリソースの記述から参照できます。

Properties

Name	Type	Description
autoCreatePolicy	boolean	Controls automatic creation of policy objects.
env	Resource Environment	The environment this resource belongs to.
fifo	boolean	Whether this queue is an Amazon SQS FIFO queue.
node	Node	The tree node.
queueArn	string	The ARN of this queue.
queueName	string	The name of this queue.
queueUrl	string	The URL of this queue.
stack	Stack	The stack in which this resource is defined.
deadLetterQueue?	DeadLetterQueue	If this queue is configured with a dead-letter queue, this is the dead-letter queue settings.
encryptionMasterKey?	IKey	If this queue is encrypted, this is the KMS key.
encryptionType?	QueueEncryption	Whether the contents of the queue are encrypted, and by what type of key.

図5.3　APIリファレンスにあるコンストラクタ Queue のプロパティ

　たとえば、SQSキューのURLは queue.queueUrl として参照します。

5.5.3 ┊ スタックのコンストラクタの呼び出し

　前節では、スタックのコンストラクタにリソースのコンストラクタの呼び出しを記述することで、スタックの作成を通じてデプロイするリソースを記述しました。

　そのスタックのコンストラクタを呼び出しているのが、メインファイルである bin/sqs.ts です。cdk init を実行した直後は次のようになっています（コメントアウトされた部分は省略）。

注5.7　https://docs.aws.amazon.com/cdk/api/v2/docs/aws-cdk-lib.aws_sqs.Queue.html#properties

リスト 5.4　bin/sqs.ts

```
1  #!/usr/bin/env node
2  import 'source-map-support/register';
3  import * as cdk from 'aws-cdk-lib';
4  import { SqsStack } from '../lib/sqs-stack';
5
6  const app = new cdk.App();
7  new SqsStack(app, 'SqsStack', {});
```

　lib/sqs-stack.tsからSqsStackというクラスをインポートして（4行目）、そのコンストラクタを呼び出しています（7行目）。クラスSqsStackはStackを継承しており、スタックを表しているのでした。

　スタックのコンストラクタの引数は先ほどのリソースのコンストラクタとよく似ていて、第1引数のscope、第2引数のid、第3引数のpropsからなるのが一般的です。スタックのコンストラクタでは、scopeに6行目で作成したappを指定します（その意味については**5.6.4項**参照）。第2引数のidは、リソースのコンストラクタと同様、同じscopeを持つコンストラクタの中で一意にします。スタックのコンストラクタの場合には、このidがそのままスタックの名前に使われます[注5.8]。そのため、このコードでは、SqsStackという文字列がスタック名に指定されたことになります。

5.5.4　cdk synth：生成されるCloudFormationのテンプレートの確認

　次に、cdk synthを実行して、生成されたCloudFormationのテンプレートを確認します。出力されるテンプレートは**リスト 3.8**ですでに示しましたが、Metadataを除外して再掲します。

リスト 5.5　生成されるCloudFormationのテンプレート

```
1   Resources:
2     MyQueueE6CA6235:
3       Type: AWS::SQS::Queue
4       Properties:
5         MaximumMessageSize: 2048
6         QueueName: test-queue-cdk
7         Tags:
8           - Key: Name
9             Value: test-queue-cdk
10      UpdateReplacePolicy: Delete
11      DeletionPolicy: Delete
```

注5.8　Stack の props の stackName で id とは別のスタック名を指定することもできます。

141

　cdk synthを実行すると合成処理が実行されて、環境変数CDK_OUTDIR（デフォルトはcdk.out）に指定したディレクトリにテンプレートを含むアセンブリを出力します。最初に合成処理が行われるのは、他のcdkコマンド（diff、deploy、lsなど）でも同じです。cdk synthを実行した場合には、アセンブリの1つであるテンプレートをYAML形式に変換して、標準出力に出力します。

5.5.5 ┋ CloudFormationのテンプレート

　ここで、cdkコマンドによるデプロイの一連の流れからは横道にそれますが、CloudFormationのテンプレートの読み方について、簡単に触れておきます。すでに述べたように、CloudFormationのテンプレートはCDKから生成されたものが読めれば十分であり、そのための基本的なことを紹介します。

● CloudFormationのテンプレートの構造
　CloudFormationのテンプレートは、大まかには次のような構造になっています。

```
1  Resources:
2    [リソースの論理ID]:
3      Type: [リソースのタイプ]
4      Properties:
5        [リソースの種類に応じた属性]
6  Parameters:
7    [パラメータのリソースID]:
8      Type: [データの型。String, Numberなど]
9      Description: [パラメータの説明 (オプション)]
10     Default: [デフォルト値 (オプション)]
```

● Resourcesセクション
　CloudFormationのテンプレートの一番大きなセクションの1つに、Resourcesというセクションがあります。Resourcesセクションはリソースの論理ID（**リスト5.5**の例ではMyQueueE6CA6235）をキーとしたオブジェクトから構成されています。それぞれのオブジェクトには、リソースタイプ（Type）や属性（Properties）を記述します。

● リソースの論理ID
　リソースの論理IDは、他のリソースからそのリソースを参照する際の識別子として使われる名前です。テンプレートの中で重複がなければ、英数字で構成される任意の名前を付けられ

ます。CDKから生成されるテンプレートでは、リソースのコンストラクタの第2引数idに指定した文字列にハッシュの文字列を加えたものを、論理IDとしています。

○ リソースのタイプ

リソースのタイプは`AWS::SQS::Queue`のように、`AWS::[サービス名]::[リソース名]`の形式になっています。

○ CloudFormationのテンプレートに記述するリソースのリファレンス

CloudFormationのテンプレートを読むときのリファレンスとして便利なのが、AWSのCloudFormationのドキュメントにある「AWSリソースおよびプロパティタイプのリファレンス」です[注5.9]。このドキュメントには、CloudFormationで記述できるリソースと、そのリソースを記述する際に指定できる属性が列挙されています。

○ 組み込み関数

CloudFormationのテンプレートはYAMLやJSONで書かれたドキュメントです。YAMLやJSONには、プログラミング言語ではできるような条件分岐、変数の参照・代入・操作などの機能はありません。CloudFormationのテンプレートでは、これらの機能を組み込み関数[注5.10]を使うことで実現しています。

組み込み関数の表記にはいくつかの形式がありますが、CDKから生成されるCloudFormationのテンプレートでは、`Fn::Join`のように、`Fn::`を接頭辞に付けた表記法が使われています。ただし、`Ref`というパラメータやリソースの値を取得する関数には`Fn::`は付きません。

プログラミング言語で記述されたCDKのコードからCloudFormationのテンプレートを生成するにあたり、これらの組み込み関数が駆使されています。生成されたテンプレートの中でよく使われるのが、`Ref`、`Fn::Sub`（文字列の置き換え）、`Fn::Join`（文字列リストの結合）、`Fn::Select`（リストから指定したインデックスの要素の取り出し）です。組み込み関数の引数もYAMLやJSONで表現する必要があるため、引数にはリストやネストされたリストが使われることがしばしばあります。そのため、どのような引数が渡されているのかは一見わかりづらい場合もあります。必要に応じて組み込み関数のリファレンスを参照しながら読み解いてください。

注5.9 https://docs.aws.amazon.com/ja_jp/AWSCloudFormation/latest/UserGuide/aws-template-resource-type-ref.html
注5.10 https://docs.aws.amazon.com/ja_jp/AWSCloudFormation/latest/UserGuide/intrinsic-function-reference.html

CDKにも、これらの組み込み関数に対応する関数が用意されています[注5.11]。たとえば、Fn::SubはCDKではaws-cdk-libモジュールのFn.sub()という関数に対応します。しかしながら、これらの関数を用いるよりも、プログラミング言語が持つ機能を使ったほうが表現力は高く、可読性も高いです。また、Fn.sub()をCDKのコードで用いたときに、生成されるテンプレートでFn::Subが使われるとは限らないことにも注意が必要です（他の組み込み関数も同様）。

○ Parametersセクション

CloudFormationでは、環境ごとに異なる値をパラメータにしておき、スタックを作成する際にそのパラメータを指定できる仕組みがあります。そのパラメータの定義をしているのが、このセクションです。テンプレートの中では、組み込み関数**Ref**によって、このパラメータの値を参照できます。

CDKが生成するテンプレートでは、Parametersセクションが使われることはほとんどありません。CDKでは、環境によって異なる値はコードの中で記述するのが一般的です。CDKのコードから合成処理によってテンプレートを生成するときには、テンプレートに環境ごとの具体的な値を埋め込みます。そのため、Parametersセクションを使う必要がないのです。

例外として、Systems Manager（SSM）パラメータストアに格納された値を、Parametersセクションのパラメータとして利用するテンプレートが生成される場合があります[注5.12]。この場合のParametersのTypeには、

```
AWS::SSM::Parameter::Value<[値の型]>
```

の指定がされます。

このようなTypeのテンプレートがCDKのコードから生成される例を、**8.3.2項**で紹介します。

○ メタデータなど

CDKのコードから生成されるCloudFormationのテンプレートには、いくつかの種類のメタデータやCDKのバージョンチェックをするための記述が含まれています。これらはリソースの記述には関係ないもので、とくに気にする必要はありません。

注5.11　https://docs.aws.amazon.com/cdk/api/v2/docs/aws-cdk-lib.Fn.html
注5.12　https://docs.aws.amazon.com/ja_jp/AWSCloudFormation/latest/UserGuide/systems-manager-parameter-types.html

これらの出力を抑制したい場合には、cdk.jsonに**表5.1**に示したキーと値を追加します。この設定は、表中にあるcdkコマンドのオプションで指定することもできます。しかし、cdkコマンドを実行するたびにこのオプションを付与するのは面倒ですし、このオプションの有無によってcdk diffの差分出力が変わってしまいます。そのため、cdk.jsonに記述する方法を使うのが良いでしょう。

表5.1　メタデータなどの出力に関する設定

	cdk.jsonでの指定	コマンドオプションでの指定
バージョンレポート	`"versionReporting": false`	`--no-version-reporting`
パスメタデータ	`"pathMetadata": false`	`--no-path-metadata`
アセットメタデータ	`"assetMetadata": false`	`--no-asset-metadata`

5.5.6 ┊ cdk diff：差分の表示

cdkコマンドによるデプロイに話を戻します。

スタックによってデプロイされているリソースの属性を変更したい場合には、CDKのコードを修正します。その修正によって生じる既存のスタックのテンプレートと、修正したCDKのコードから生成されるテンプレートとの差分を表示するコマンドがcdk diffです。

その実行例は、**3.6.3 項**で示しました。

cdk synthコマンド同様、cdk diffコマンドを実行したときにも最初に合成処理が実行されます。**5.4 節**で紹介したように、最新のコードからのアセンブリがすでに作成されている場合には、--appのオプションにアセンブリ出力先のディレクトリ（デフォルトはcdk.out）を指定してコマンドを実行することで、合成処理をスキップして、既存のアセンブリを使った差分の表示ができます。

```
> AWS_PROFILE=admin cdk diff --app cdk.out
```

なお、cdk diffの出力結果を見る際には、いくつか留意すべきことがあります。詳しくは、**8.3.2 項**をご覧ください。

5.5.7 ┊ cdk deploy：リソースのデプロイ

CDKのコードで記述したリソースをデプロイするために、cdk deployを実行します。この

コマンドの実行を実行すると、CloudFormationのスタック SqsStackの変更セットが作成されて、その変更セットが実行されることによって、リソースがデプロイされます。その実行例は、すでに**3.5.4項**で示しました。

　すでに最新のコードから生成したアセンブリが存在する場合には、--app オプションでアセンブリの出力先を指定することで合成処理をスキップできることは、cdk diff と同じです。

　なお、この実行例にはありませんでしたが、cdk deploy によってIAM関連やセキュリティグループなどのセキュリティに関連するリソースに変更が加わる場合には、その変更内容が表示されてデプロイして良いかを尋ねられます[注5.13]。内容を確認してデプロイして良い場合にはyを入力します。一方、セキュリティ関連の変更がない場合には、デプロイをするか否かの確認プロセスがなく、デプロイが開始されますので注意してください。

　cdk diffはテンプレートの字面を比較することで差分を抽出するものです。実はcdk diffの出力と変更セットの内容が一致しない場合があります（**8.3.2項**参照）。そのため、cdk deploy によってリソースの変更操作をする前に、変更セットを詳細にチェックしておくことを推奨します。変更セットの作成だけを実行したいときには、次のコマンドを実行します（コマンドはcdk deployですがリソースのデプロイはしません）。

```
> AWS_PROFILE=admin cdk deploy --method prepare-change-set
```

　AWSマネジメントコンソールを見ると当該スタックに変更セットが作成されているので、その内容を精査し、問題なければその変更セットを適用します。

5.5.8 ⋮ CDKコマンドの実行に必要な許可ポリシー

　cdk コマンドを実行するときに、AWS認証情報の取得のためにプロファイルを指定する必要があるのは次の場合です。

- cdk diff コマンドを使うとき

  - 現在のスタックのテンプレートの取得、変更セットの作成（S3へのテンプレートのアップロードを含む）のために、アクションの実行が必要なため
  - 変更セットによる差分情報の補足が必要なければ（--no-change-set オプションを付与した場合と同じ）、読み取り権限（ReadOnlyAccess）のみが許可されたプロファイルで

注5.13　https://docs.aws.amazon.com/cdk/v2/guide/cli.html#cli-diff

も実行可能[注5.14]

- cdk deployコマンド、cdk destroyを使うとき

    ・変更セットの作成、およびリソースの取得のためにアクションの実行が必要なため

また、多くの場合、合成処理（Node.jsアプリとしてのコードの実行）の際にはAWS認証情報は必要ありませんが、合成処理の中でリソースの情報を取得している場合には（**8.4.2項**を参照）、cdkコマンドを実行する際にプロファイルを指定する必要があります。

なお、本書では環境変数AWS_PROFILEでプロファイルを指定していますが、cdkコマンドでは、--profileオプションによってプロファイルを指定することもできます。ただし、AWS SDKを使う場合には、--profileによるプロファイルの指定では正常に動作しないので、注意が必要です（**8.4.2項**を参照）。

5.6 ┊ CDKのコンストラクタとツリー構造

▌5.6.1 ┊ コンストラクタツリー

これまで見たように、CDKのコードでは、スタックのコンストラクタ（**リスト5.3**のクラスSqsStack）の中でリソースに対応するコンストラクタ（**リスト5.3**ではsqs.Queue）を呼び出しています。そして、Node.jsのアプリとしてのメインコード（**リスト5.4**）で、そのスタックのコンストラクタを呼び出すという構造になっています。

これらのコンストラクタの関係は、リソースのコンストラクタがスタックのコンストラクタにぶら下がり、スタックのコンストラクタがアプリ本体にぶら下がるというツリー構造になっています。このツリーをコンストラクタツリーと呼んでいます。CDKのコードにはさまざまなコンストラクタを記述しますが、それらのコンストラクタの関係はコンストラクタツ

注5.14　通常の管理者権限のプロファイルを用いると、ブートストラップによって作成されたIAMロールを引き受けて処理をします（**5.14.2項**参照）。一方、読み取り権限のみが許可されている場合、そのIAMロールを引き受けられません。その場合、実行ユーザーの権限（ここでは読み取り専用権限）で実行を継続しようとします。読み取り専用権限があれば、スタックからテンプレートの取得はできるので、テンプレートを比較することによる差分抽出は可能になります。このことを活用すると、CIなどでcdk diffを使って差分の有無をチェックする場合に、リソース変更が可能な権限を与えずに安全に実行できます。

リーによって表されます。コンストラクタツリーによってリソースの依存関係を把握できるとともに、あるノードの配下にあるすべてのノードに共通の属性を設定することや（**5.8.4 項**、**5.10 節**参照）、特定のノードを指定してそのノードの属性を変更すること（**5.11 節**参照）が容易になります。

コンストラクタツリーの具体的な例は、**5.6.4 項**で見ることにしましょう。

5.6.2 ┋ コンストラクタの引数

CDKに登場するコンストラクタには、次のように3つの引数があるのが一般的です。

```
new Queue(scope: Construct, id: string, props?: QueueProps)
```

● 第1引数: scope

第1引数のscopeには、コンストラクタツリーにおける親ノードにあたるコンストラクタを指定します。型はConstructになっており、このクラスを継承しているコンストラクタを指定できます。

スタックのコンストラクタの中でリソースのコンストラクタを呼び出す場合、scopeはthis、すなわちスタックのクラスにするのが通常です。

● 第2引数: id

第2引数のidには、そのコンストラクタの論理IDを指定します。scopeが同一のコンストラクタ（つまり、同じコンストラクタを親ノードとするコンストラクタ）の中で、idを一意にする必要があります。このidは、コンストラクタツリーのノードの識別子として使われるとともに、スタックのコンストラクタを呼び出すときにはスタック名に、リソースのコンストラクタを呼び出すときにはリソースの論理IDの一部に使われます。

idの一意性に注意する必要がある場面として、コンストラクタを繰り返し処理の中で複数回呼び出す場面があります。例として、1つのコンストラクタの中に、複数のSQSキューをfor文による繰り返しによって、まとめて記述してみます。

次のコマンドでCDKプロジェクトを作成します。

```
> mkdir sqs_loop
> cd sqs_loop
> cdk init -l typescript
```

そして、作成されたlib/sqs_loop-stack.tsを次のようにします。なお、その他のコードはcdk initで生成されたままにします。

リスト5.6 **for**を使って1つのスタックに複数のSQSのキューを記述

```
 1  import * as cdk from 'aws-cdk-lib';
 2  import { Construct } from 'constructs';
 3  import * as sqs from 'aws-cdk-lib/aws-sqs';
 4
 5  export class SqsLoopStack extends cdk.Stack {
 6    constructor(scope: Construct, id: string, props?: cdk.StackProps) {
 7      super(scope, id, props);
 8
 9      for (const suffix of ['First', 'Second', 'Third']) {
10        // id に suffix を含めてこのクラスの中で一意になるようにしている
11        new sqs.Queue(this, `Queue-${suffix}`, {
12          queueName: `Queue-${suffix}`,
13        });
14      }
15    }
16  }
```

このコードでは、for文を使うことで複数のSQSキューを簡潔に記述できています（9–14行目）。そのときに、コンストラクタのidが、scopeに指定したthis（すなわちSqsLoopStack）を親ノードとするコンストラクタの中で一意になるように、idにsuffixを付与しています（11行目）。同時に、SQSキューの名前も一意にして衝突を避けるためにsuffixを付けています（12行目）。

もし、idをQueueとして、同じscopeを持つコンストラクタの間で重複が発生してしまうと、cdk synthなどのCDKのコマンドを実行する際に次のようなエラーが出力されます。

```
Error: There is already a Construct with name 'Queue' in SqsLoopStack [SqsLoopStack]
```

このような"There is already a Construct"というエラーが出力されたときには、同じscopeの中でのidの重複がないかを確認してください。

● 第3引数: props

第3引数は属性のグループによって定義された型の値を指定します。型の名前には、StackPropsのように"Props"（Properties（属性）の略）をサフィックスに付けた名前をよく使います。CDKドキュメントやコードの中で"props"という文字列がよく出てきますが、これはコンストラクタの引数に指定する属性のグループを示しています。CDKのドキュメントに

は、propsに指定できる属性の一覧が掲載されています（**図 5.2** は sqs.Queue コンストラクタの例）。

5.6.3 ┊ L1コンストラクタとL2コンストラクタ

○ L1コンストラクタ

CDKでは、プログラミング言語で記述したコードから、CloudFormationのテンプレートが生成されるのでした。そのため、CDKのスタックのコンストラクタに記述したリソースの情報は、最終的にCloudFormationのリソースに変換される必要があります。

CDKで使われるリソースのコンストラクタのうち、CloudFormationのリソースに対応するコンストラクタをL1コンストラクタと呼びます。たとえば、CloudFormationのテンプレートで AWS::SQS::Queue というリソースタイプで記述するリソース注5.15 は、CDK では CfnQueue注5.16 というL1コンストラクタに対応します。L1コンストラクタには Cfn という接頭辞がついています。CloudFormationのテンプレートに記述されたリソースは、L1コンストラクタを使ってCDKで記述できます。

L1コンストラクタの props は、キー名がcamelCaseになる以外は、CloudFormationのリソースの属性と同じです。

○ L2コンストラクタ

一方、CDKはリソースを抽象化したコンストラクタを用意しており、L2コンストラクタと呼ばれています。「抽象化」とはどういうことなのかをVPC（Virtual Private Cloud）を構築する例で説明しましょう。

AWSを使い始めるときに最初に必要になるリソースと言っても過言ではないのがVPCです。クラウド上の仮想ネットワーク環境として使えるようにするためには、VPC本体だけでなく、インターネットゲートウェイ、サブネット、ルートテーブル、これらのリソースの関連付け（関連付けもリソースの1つ）など、多くのリソースのデプロイが必要になります。

これをCDKのL2コンストラクタを用いると、（何もカスタマイズしなければ）実質的にたった1行で書けてしまいます。

注5.15　https://docs.aws.amazon.com/AWSCloudFormation/latest/UserGuide/aws-resource-sqs-queue.html
注5.16　https://docs.aws.amazon.com/cdk/api/v2/docs/aws-cdk-lib.aws_deadline.CfnQueue.html

リスト 5.7　L2コンストラクタ Vpc を用いた VPCのリソースの記述

```
1  import * as cdk from 'aws-cdk-lib';
2  import { Construct } from 'constructs';
3  import * as ec2 from 'aws-cdk-lib/aws-ec2';
4
5  export class VpcStack extends cdk.Stack {
6    constructor(scope: Construct, id: string, props?: cdk.StackProps) {
7      super(scope, id, props);
8
9      new ec2.Vpc(this, 'Vpc', {});
10   }
11 }
```

　cdk initによって作成されたテンプレートに、9行目だけを追加しました。この行で呼び出しているVpcがL2コンストラクタの1つです注5.17。このコードに対してcdk synthを実行すると、なんと500行を超えるCloudFormationのテンプレートが作成されます注5.18。この中には、上で示したような多くのリソースが記述されています。

　このように、VPC内の個々のリソースをVpcというL2コンストラクタに抽象化したことで、大量のリソースを簡便に構築できます。VPCについては、**第6章**でさらに取り上げます。

　その他に、デプロイするリソースを稼働させるのに必要なIAMロールやセキュリティグループの自動作成に対応したL2コンストラクタもあります。その具体例は、**第7章**や**第10章**で取り上げます。

● L2コンストラクタの制約

　一方、L2コンストラクタでは可能なあらゆる設定をカバーしているとは限りません。L2コンストラクタは、与えられた属性（props）を加工して、それを最終的にL1コンストラクタに渡すことでリソースの記述をしています。L1コンストラクタに渡すときに、固定した値が渡されている場合、限られた値しか渡せない場合、そもそもその属性の値を指定していない場合などがあります。その結果、L1コンストラクタでは記述ができるが、L2コンストラクタだけでは記述ができない設定もあります（このような場合の対処方法については**5.11節**で説明します）。

注5.17　https://docs.aws.amazon.com/cdk/api/v2/docs/aws-cdk-lib.aws_ec2.Vpc.html
注5.18　ここでは、bin以下のファイルはそのままにして、スタックのコンストラクタを呼び出すときのenvのpropsを指定していません。その場合は、"Environment-agnostic"なスタック（**5.7.2項**参照）となり、サブネットなどのリソースが配置されるアベイラビリティゾーンは2つに限定されます（**5.7.2項**参照）。

また、すべてのサービスにL2コンストラクタが用意されているわけではありません。たとえば、CDKのRedShift（`aws-cdk-lib.aws_redshift`）のドキュメント[注5.19]には次のような記載があります。

> There are no official hand-written (L2) constructs for this service yet　（まだ、公式のL2コンストラクタはありません）

このようなリソースにもL1コンストラクタは用意されていますので、それを活用してIaCを実践できます。

5.6.4 ┊ コンストラクタツリーの把握

3.5.2項で取り上げたSQSキューの例で、コンストラクタツリーがどのようになっているかを調べてみます。

○ tree.json

CDKの合成の操作によって、`cdk.out`のディレクトリの中に`tree.json`というファイルが作成されます。コンストラクタツリーの構造は`tree.json`で把握できます。このJSON（割愛）をざっと読んでみると、"App"というルートノードの子ノード（children）に`SqsStack`というIDのスタックのノードがあり、その子ノードに"MyQueue"というIDのSQSキューのリソースのノードがある、ということが把握できます。お手元の`tree.json`を確認してみてください。

また、`cdk synth`によって出力されるCloudFormationのテンプレートには、そのリソースのコンストラクタツリーにおけるパスが記載されています。

```
 1  Resources:
 2    MyQueueE6CA6235:
 3      Type: AWS::SQS::Queue
 4      Properties:
 5        MaximumMessageSize: 4096
 6        QueueName: test-queue-cdk
 7        Tags:
 8          - Key: Name
 9            Value: test-queue-cdk
10      UpdateReplacePolicy: Delete
11      DeletionPolicy: Delete
```

注5.19　https://docs.aws.amazon.com/cdk/api/v2/docs/aws-cdk-lib.aws_redshift-readme.html

```
12    Metadata:
13      aws:cdk:path: SqsStack/MyQueue/Resource
```

一番下の行にある aws:cdk:path にある SqsStack/MyQueue/Resource から、このリソースのツリー構造の中の位置関係を把握できます。

● ツリー構造の可視化

リスト 5.3、**リスト 5.4** から生成される tree.json から、ツリー構造を可視化してみます[注5.20]。

図 5.4 で示すコンストラクタツリーの図では、親ノードから子ノードに向かって矢印を表示しています。各ノードの上段はそのノードの ID（コンストラクタの第 2 引数に指定される文字列）、下段はコンストラクタの名前を示しています。また、グレーのノードがリソースの L1 コンストラクタを、その他のノードはおもにリソースの L2 コンストラクタやスタックのコンストラクタを表します。

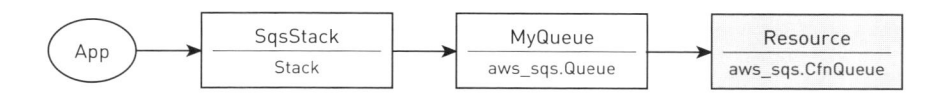

図5.4　リスト 5.3、リスト 5.4 のコードのコンストラクタツリー

これを見ると、App というルートノードの子ノードに SqsStack というスタックのノードがあり、そのスタックの子ノードに aws_sqs.Queue という L2 コンストラクタがあります。そして、その L2 コンストラクタの子ノードには aws_sqs.CfnQueue という L1 コンストラクタがあり、L2 コンストラクタ aws_sqs.Queue から L1 コンストラクタ aws_sqs.CfnQueue が呼び出されていることがこの図からわかります。

同様に、**リスト 5.7** の VPC のコードのツリー構造を可視化してみます。

注5.20　ツリー構造の可視化にあたり、リソースには直接関連しないノード（Tree 関連、Bootstrap 関連、CDKMetadata のノード）は表示しないようにしています。

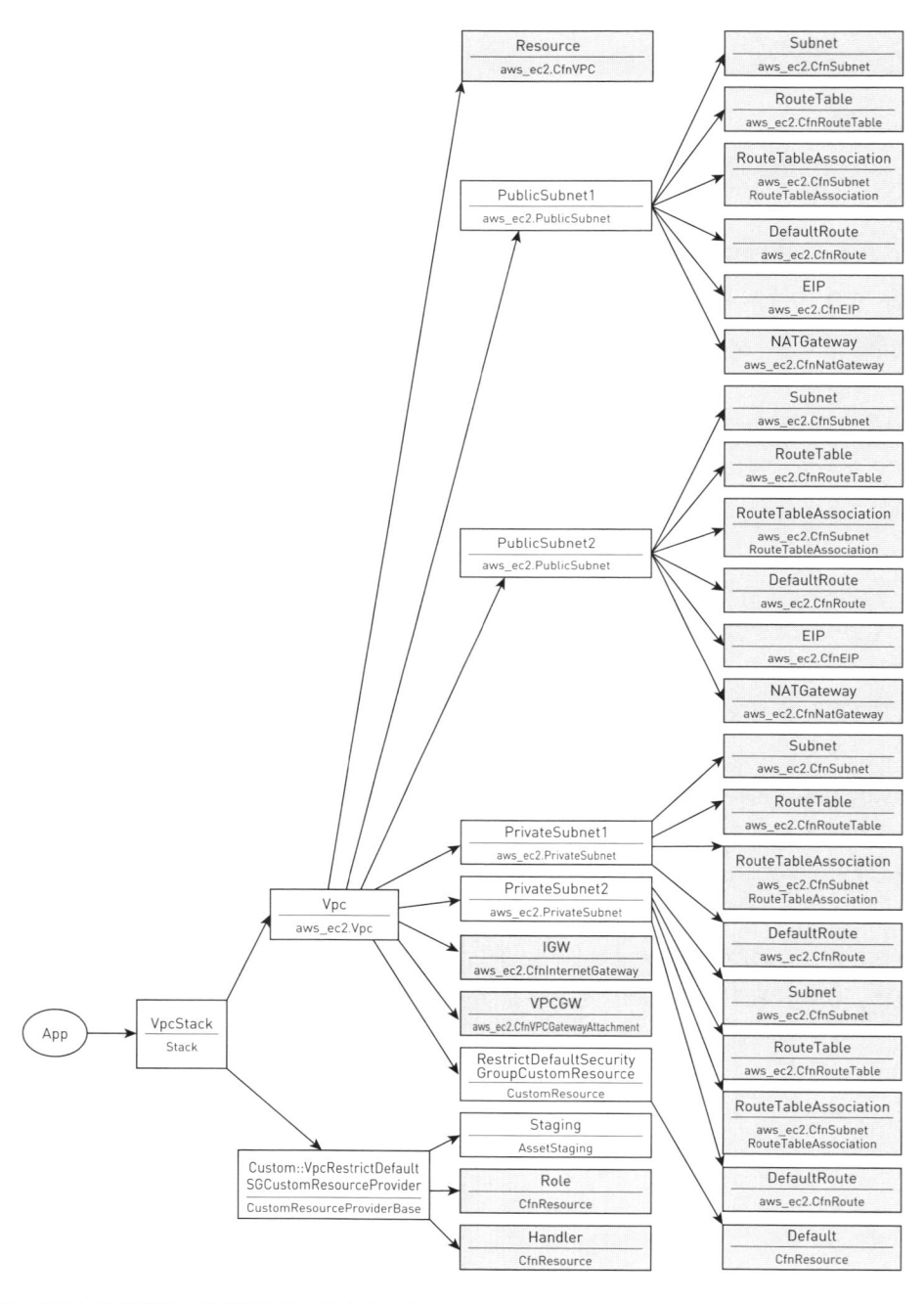

図5.5　リスト 5.7 のコードのコンストラクタツリー

図 5.5 を見ると、やはり App というルートノードの子に、Vpc という L2 コンストラクタと、Custom::VpcRestrictDefaultSGCustomResourceProvider というカスタムリソース（**第 11 章**参照）のプロバイダの L2 コンストラクタがあります。Vpc のコンストラクタの子ノードには、CfnVPC、CfnInternetGateway、CfnVPCGatewayAttachment の L1 コンストラクタの他に、2 つの PublicSubnet、2 つの PrivateSubnet という L2 コンストラクタがあり、これらの L2 コンストラクタの子ノードにそれぞれに CfnSubnet、CfnRouteTable などが配置されていることがわかります。

また、ツリーのほとんどの末端ノードが、グレーで表示されているリソースの L1 コンストラクタです。合成処理の際には、これらのリソースがテンプレートに出力されます。

なお、ツリーの末端ノードがリソースの L1 コンストラクタになっていない例外が、カスタムリソースのプロバイダを親に持つ AssetStaging というコンストラクタです。これは、カスタムリソースで使う Lambda 関数のアセットの処理に対応するもので、合成処理の際にはアセットの作成が行われます。

VPC については**第 6 章**でも解説しますが、実質たった 1 行のコードからこんなに大きなツリー構造が作られています。リソースに対応する L1 コンストラクタをひとつひとつ書かなくても短いコードで必要なリソースの構築ができる、という L2 コンストラクタの抽象化の利便性を実感してください。

5.7　スタックのコンストラクタ

5.7.1　複数のスタックの作成

すでに説明したように、ルートノード App を親に持つコンストラクタのノードがスタックに対応していました。App を親とするコンストラクタのノードを並列に複数配置することで、1 つの CDK プロジェクトの中に複数のスタックを記述できます。

実際にやってみましょう。まず、sqs_multi という CDK プロジェクトを作成します。

```
> mkdir sqs_multi
> cd sqs_multi
> cdk init -l typescript
```

　作成される`lib/sqs_multi-stack.ts`に記述されているスタックのコンストラクタに、SQS
キューのコンストラクタを呼び出すコードを書きます。ここでは、同じスタックのコンストラ
クタを複数回呼び出すことを想定します。そのため、SQSキューの名前が一意になるように、
スタックのコンストラクタからSQSキューの名前を指定できるようにします。

リスト 5.8　`lib/sqs_multi-stack.ts`

```
 1  import * as cdk from 'aws-cdk-lib';
 2  import { Construct } from 'constructs';
 3  import * as sqs from 'aws-cdk-lib/aws-sqs';
 4
 5  export interface SqsMultiStackProps extends cdk.StackProps {
 6    queueName: string;
 7  }
 8
 9  export class SqsMultiStack extends cdk.Stack {
10    constructor(scope: Construct, id: string, props: SqsMultiStackProps) {
11      super(scope, id, props);
12
13      new sqs.Queue(this, 'Queue', {
14        queueName: props.queueName,
15      });
16    }
17  }
```

○ スタックのpropsを増やす

　リスト5.3と比べてみてください。**リスト5.3**では、constructorの第3引数の型が
StackProps（aws-cdk-libモジュール）でしたが、**リスト5.8**では、5–7行目で定義さ
れている SqsMultiStackProps を使っています。5–7行目では、StackProps を継承した
SqsMultiStackProps という型を宣言しており、StackProps の props に加えて、SQSキュー
の名前queueName を props に追加しています。これによって、スタックのコンストラクタから
queueName を指定できるようにしています。

　このように、スタックのpropsを増やしたいときには、StackProps を継承したインター
フェースを作成し、constructorの第3引数の型として使います。

　そして、14行目でprops.queueName として、スタックのコンストラクタの属性で指定された
値を参照しています。

● スタックのコンストラクタの呼び出し

　次に、Node.jsアプリのメインファイルbin/sqs_multi.tsから2つのスタックのコンストラクタを呼び出します。これによって、スタックが2つ作成されます。

リスト5.9　bin/sqs_multi.ts

```
1  #!/usr/bin/env node
2  import 'source-map-support/register';
3  import * as cdk from 'aws-cdk-lib';
4  import { SqsMultiStack } from '../lib/sqs_multi-stack';
5
6  const app = new cdk.App();
7  new SqsMultiStack(app, 'SqsMultiStack1', {
8    queueName: 'MyQueue1'
9  });
10 new SqsMultiStack(app, 'SqsMultiStack2', {
11   queueName: 'MyQueue2'
12 });
```

　リスト5.9では、スタックのコンストラクタ SqsMultiStack を2回呼び出しています（7行目と10行目）。それぞれの呼び出しでは、第1引数に指定する親ノードをルートノードの app にしています。第2引数の id は同じ親ノード（app）を持つコンストラクタの中で一意になるように名前を変えています。さらに、第3引数で指定する属性では queueName を指定し、これも一意になるようにしています。

● cdk ls

　cdk ls（または cdk list）は、CDKプロジェクトの中にあるスタックの名前を表示するコマンドです。**リスト5.8**、**リスト5.9**のコードが配置されているCDKプロジェクトで、cdk ls を実行すると、次のように2つのスタックの名前が表示されます。

```
> cdk ls

SqsMultiStack1
SqsMultiStack2
```

　このように、CDKプロジェクトの中に、2つのスタックが記述されていることが確認できます。なお、cdk ls コマンドの実行時にも、合成処理が実行されアセンブリが作成されます。

● cdk synth の実行

　次に、cdk synth を実行します。これまでの例だと標準出力に YAML 形式の CloudFormation

のテンプレートが出力されました。しかし、1つのCDKプロジェクトに複数のスタックがある場合には挙動が少し変わり、次のように出力されます。

```
> cdk synth

Successfully synthesized to /path/sqs_multi/cdk.out
Supply a stack id (SqsMultiStack1, SqsMultiStack2) to display its template.
```

　このコマンドの実行によって、各スタックの合成処理が行われ、`cdk.out`ディレクトリにアセンブリが出力されます。スタックが複数ある場合、そのアセンブリを使った処理を`cdk`コマンドで行う場合には、その引数にスタックの指定が必要になります。たとえば、次のコマンドを実行すると、スタック`SqsMultiStack1`のテンプレートがYAML形式で標準出力に表示されます。

```
> cdk synth SqsMultiStack1
```

　このように処理対象のスタックを引数で指定した場合にも、`cdk`コマンド（`synth`だけでなく`diff`や`deploy`を含む）によって実行される合成処理は、コードに記述されているすべてのスタックについて実行されます。そのため、対象に指定したスタックだけでなく、記述されているスタックすべてについてコードにエラーがないようにしておく必要があります。また、多くのリソースが記述されたスタックが複数ある場合には、合成処理に時間がかかる場合があります。
　`cdk synth`、`cdk diff`、`cdk deploy`という流れで、同じコードに対して複数のコマンドを実行するとき、`cdk diff`や`cdk deploy`の実行のときには`--app cdk.out`のオプションを付与して、`cdk synth`を実行したときに`cdk.out`に出力されたアセンブリを利用するようにすれば、処理時間を短縮することが可能です。

```
> cdk synth SqsMultiStack1
> AWS_PROFILE=admin cdk diff --app cdk.out SqsMultiStack1
> AWS_PROFILE=admin cdk deploy --app cdk.out SqsMultiStack1
```

● cdkコマンド実行時のスタックの指定

　CDKプロジェクトに複数のスタックがある場合、`cdk synth`だけでなく、`cdk deploy`を実行するときにもスタックの指定が必要になります。

　スタック名を指定する方法のほかに、ワイルドカードを使って複数のスタックを指定する方法や、`--all`オプションを使ってすべてのスタックを指定する方法もあります。

　`cdk diff`の実行時には、スタックを指定しなければ、すべてのスタックに対して差分を取得して表示します。特定のスタックに対して差分を取得する場合には、`cdk synth`や`cdk deploy`と同じように、スタック名を指定します。

　なお、`cdk`コマンド実行時にスタックを指定しても、合成処理はすべてのスタックに対して行われます。合成処理によって作成されたすべてのスタックのアセンブリから、指定されたスタックのものを取り出して処理しています。そのため、スタックが多くなると、合成処理に時間がかかる場合があります。

◯ コンストラクタツリー

　`cdk.out`に出力されている`tree.json`を可視化してみましょう（**図5.6**）。

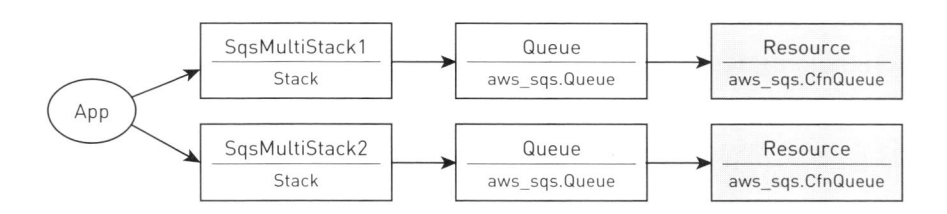

図5.6　1つのCDKプロジェクトの中に2つのスタックがある場合のコンストラクタツリー

　ルートノード`App`を親とする2つのスタックのノード`SqsMultiStack1`、`SqsMultiStack2`があり、それぞれの子にL2コンストラクタの`aws_sqs.Queue`、さらにその子にL1コンストラクタの`CfnQueue`があることがわかります。

　このようにして、1つのCDKプロジェクトの中に複数のスタックを作成できます。

5.7.2 ┊ デプロイ先のAWSアカウントIDとリージョンの指定

　これまでのCDKのコード例では、デプロイ先のAWSアカウントIDやリージョンを指定するようなコードはありませんでした。このような場合には、`cdk`コマンド実行時に指定したAWSプロファイルからAWSアカウントIDやリージョンが決定され、そこにリソースがデプロイされます。

　一方、スタックのコンストラクタのprops（StackPropsを継承）[注5.21] を通じて、デプロイ先の
AWSアカウントIDやリージョンを明示的に指定できます。

　その例が、**リスト5.4**を修正した次のコードです。スタックのコンストラクタのpropsの
envを通じて、デプロイ先のAWSアカウントIDやリージョンを指定しています。

```
 7  new SqsStack(app, 'SqsStack', {
 8    env: {
 9      account: '123456789012'
10      region: 'ap-northeast-1',
11    },
12  });
```

　開発環境、ステージング環境、本番環境で、AWSのアカウントをそれぞれ用意している場
合が多いと思います。それぞれの環境とAWSアカウントIDを関連付けるコード例については
5.8節で説明します。

○ Environment-agnostic なスタック

　AWSプロファイルから対応するAWSアカウントIDやリージョンが解決されるのであれば、
スタックのpropsのenvはわざわざ指定する必要がないと思われるかもしれません。しかし、
envの指定の有無でCDKの合成の挙動が変わる場合があり、その結果、合成に失敗する場合
や、生成されるCloudFormationのテンプレートが変化してしまう場合があります。

　スタックのコンストラクタの props にある env を指定しないスタックは、
"Environment-agnostic"（あえて和訳すると「環境非依存」）と呼ばれたりします[注5.22]。
Environment-agnosticなスタックでは、CDKの機能の一部を使えません。たとえば、既
存のVPCのIDなどを指定してその情報を取得するVpc.fromLookup()という静的メソッドがあ
ります。このメソッドはenvがスタックのコンストラクタのpropsに指定されていないと使用
ができません。また、Vpcコンストラクタを使ってVPCを作成するときに配置するアベイラビ
リティゾーンが、Environment-agnosticなスタックでは最大2つに制約されます[注5.23]。

　cdkコマンドを実行した際に、次のようなエラーメッセージが出てきたときには、スタック
のpropsのenvが指定がされていないことが原因である可能性が高いです。

```
Error: Cannot retrieve value from context provider vpc-provider since account/region are not specified at
the stack level. Configure "env" with an account and region when you define your stack
```

○ CDKの環境変数によるenvの指定（非推奨）

　cdk コマンドを実行したときの AWS プロファイルに対応する AWS アカウント ID やリージョンは、それぞれ CDK_DEFAULT_ACCOUNT、CDK_DEFAULT_REGION という環境変数がセットされます。この環境変数を使うと、スタックのコンストラクタの props にある env は次のように記述することもできます。

```
7  new SqsStack(app, 'SqsStack', {
8    env: {
9      account: process.env.CDK_DEFAULT_ACCOUNT
10     region: process.env.CDK_DEFAULT_REGION,
11   },
12 });
```

　この方法では、AWS プロファイルによって、デプロイ先を自動的に変更できるので、一見便利に見えます。しかし、AWS への認証が失敗して AWS アカウント ID が決定できなかった場合、環境変数 CDK_DEFAULT_ACCOUNT は未定義となり、指定されていない状態と同じになります。すでに説明したように、env の指定の有無（つまり、Environment-agnostic なスタックか否か）によって、生成される CloudFormation のテンプレートが異なる場合があります。環境変数 CDK_DEFAULT_ACCOUNT が未定義であると env.account の指定がされていない状態の扱いになり、意図せずに Environment-agnostic なスタックになってしまいます。環境変数 CDK_DEFAULT_ACCOUNT が未定義になってしまっていることには気づきにくいので、この環境変数を使わずに明示的に指定することを推奨します。

5.7.3 ┊ スタックの分割の際に考慮すること

　これまでに解説したように、1 つの CDK プロジェクトの中に、複数のスタックを記述できます。

　スタックの分割について、AWS による CDK のベストプラクティス[注5.24]には、次のことが記載されています。

注5.24　https://docs.aws.amazon.com/ja_jp/cdk/v2/guide/best-practices.html

- アプリケーションが必要とするスタックの数には、ハードで高速なルールはない。通常は、デプロイパターンに基づいて決定する
- 通常、同じスタックにできるだけ多くのリソースを保持するほうが簡単。そのため、リソースを分離したいとわかっていない限り、リソースをまとめて保持する
- ステートフルリソース（データベースなど）をステートレスリソースとは別のスタックに保持することを検討するように

このベストプラクティスが主張するように、リソースはある程度まとめてスタックにしたほうが良いものの、リソースのライフサイクルに応じてスタックを分割したほうが便利なことがあります。

なお、すでに説明したように、本書では説明上の便宜から、題材ごとにCDKプロジェクトを作成してその中にスタックを記述しています。しかし、実用では、1つのシステムに1つのCDKプロジェクトを作成して、その中にいくつかのスタックを記述していくのが一般的です。

5.8 ┊ 複数の環境へのデプロイ

アプリケーション開発では、本番環境とは別にステージング環境、さらには開発環境を用意することが一般的でしょう。IaCでAWSのリソースを記述している大きな利点は、複数の環境にも同じ属性のリソースを確実にデプロイできるということです。

ここでは、複数の環境（複数のAWSアカウント）にCDKのコードからデプロイする方法を解説します。

5.8.1 ┊ 題材

5.7.1 項で取り上げたSQSのキューを記述した2つのスタックを、複数の環境（AWSアカウントが異なる場合もある）にデプロイすることを考えます。

CDKプロジェクト sqs_multi_envs を作成しておきます。

```
> mkdir sqs_multi_envs
> cd sqs_multi_envs
> cdk init -l typescript
```

このCDKプロジェクトの**lib/sqs_multi_envs-stack.ts**は、**リスト 5.8**のlib/sqs_multi-stack.tsと同じ内容とします。

また、環境としては開発環境（dev）、ステージング環境（stg）、本番環境（prd）があり、AWSアカウントIDがそれぞれ次のものであると想定します。

- dev：'111111111111'
- stg：'222222222222'
- prd：'333333333333'

5.8.2 ⋮ 環境に依存するパラメータのコードへの記述

AWSのアカウントIDなど、環境に依存するパラメータをCDKのTypeScriptのコードの中に記述します。CDKのコードの中に書くことで、TypeScriptの強力な型の機能を活用できます。

次の内容のファイルを（たとえば）**lib/environments.ts**というファイル名で用意します。

リスト 5.10 **lilb/environments.ts**

```typescript
export type Stages = 'dev' | 'stg' | 'prd';

export interface EnvironmentProps {
  account: string;
  region: string;
}

export const environmentProps: { [key in Stages]: EnvironmentProps } = {
  ['dev']: {
    account: '111111111111',
    region: 'ap-northeast-1',
  },
  ['stg']: {
    account: '222222222222',
    region: 'ap-northeast-1',
  },
  ['prd']: {
    account: '333333333333',
    region: 'ap-northeast-1',
  },
```

```
21  }
```

このファイルに、環境に依存するパラメータの記述を集約します。

1行目で環境名のユニオン型である Stages という型を定義しています。

そして、3-6行目で、環境ごとのパラメータを EnvironmentProps というインターフェースで定義して、それを使って8行目からの environmentProps で環境ごとのパラメータの記述をしています。ここでは、account と region のみを EnvironmentProps に定義していますが、環境に依存する他のパラメータを入れることもできます。

このようにすることで、Stages で定義した環境に対するパラメータを漏れなく記述できるようになります。また、記述されていない環境があると、型チェックでエラーになります。

○ CDKのコンテキストを使った環境に依存するパラメータの記述

CDKのコンテキストの仕組みを使って、cdk.json に環境に依存するパラメータを記述して、コードの中からメソッド tryGetContext() を使ってそのパラメータを取得する方法もあります[注5.25]。この方法に比べ、環境に依存するパラメータをコードの中に記述する方法のほうが、TypeScriptの型の機能を活用できるということ、パラメータの参照が言語の機能でできることが強力な利点になっています。本書では、環境に依存するパラメータをコードに記述する方法を使います。

5.8.3 ┊ 環境とスタック

すでに解説したように、CDKでリソースをデプロイするときには、スタックがデプロイの単位になります。複数の環境にリソースをデプロイする場合には、環境ごとにスタックを作成することになります。

複数環境のスタックをCDKのコードに記述する考え方として、次の2つがあります。

1. すべての環境のスタックを記述する（静的に環境ごとのスタックを定義）
2. cdk コマンドの実行時に環境を指定して、動的に特定の環境のスタックを記述する（動的に環境ごとのスタックを定義）

注5.25　https://docs.aws.amazon.com/ja_jp/cdk/v2/guide/context.html

○ 静的に環境ごとのスタックを定義

この考え方による実装は、AWSのドキュメント[注5.26] でも解説されています。

この考え方によるスタックのコンストラクタを呼び出すコード bin/sqs_multi_envs.ts は、次のようなものです。

リスト5.11　静的に環境ごとのスタックを定義するときの bin/sqs_multi_envs.ts

```
1  #!/usr/bin/env node
2  import 'source-map-support/register';
3  import * as cdk from 'aws-cdk-lib';
4  import { SqsMultiStack } from '../lib/sqs_multi_envs-stack';
5  import { Stages, environmentProps } from '../lib/environments';
6
7  const app = new cdk.App();
8
9  // forループですべての環境のスタックを記述
10 for (const stage of Object.keys(environmentProps) as Stages[]) {
11   const environment = environmentProps[stage];
12   const env: cdk.Environment = {
13     account: environment.account,
14     region: environment.region,
15   };
16   new SqsMultiStack(app, `${stage}-SqsMultiStack1`, {
17     queueName: `${stage}-MyQueue1`,
18     env,
19   });
20   new SqsMultiStack(app, `${stage}-SqsMultiStack2`, {
21     queueName: `${stage}-MyQueue2`,
22     env,
23   });
24 }
```

11行目で、lib/environments.ts で定義した environmentProps から stage をキーとする EnvironmentProps 型の値を取得して、environment にセットしています。それを使って、12-15行目でEnvironment型[注5.27]のenvを作成して、それを各スタックに渡しています（18行目、22行目）。

この実装では各環境のスタックはすべてコードに定義されており、その中から必要なものを指定してデプロイすることになります。実際に cdk ls でスタックの一覧を表示させると、各環境のスタックが定義されているのが確認できます。

注5.26　https://docs.aws.amazon.com/cdk/v2/guide/stages.html
注5.27　本書では、インターフェースAを満たす型のことを「A型」と呼ぶことがあります。

```
> cdk ls

dev-SqsMultiStack1
dev-SqsMultiStack2
stg-SqsMultiStack1
stg-SqsMultiStack2
prd-SqsMultiStack1
prd-SqsMultiStack2
```

　この方法では、実行時の入力データによらず、スタックの定義が静的に確定していることが特徴です。一方、Node.jsアプリとして動作する合成処理ではすべての環境の処理を実行するため、そのときに必要がない環境の処理も実行され、時間がかかるというデメリットがあります。また、fromLookup()やAWS SDKのメソッドなど（**8.4.2 項**参照）、Node.jsアプリとしての動作の中でAWSアクションが実行される処理がある場合には、すべての環境に対するAWS認証情報が使える状態になっていないと正しい結果が得られません。スタックが定義されているすべての環境のAWSアクセス権限を持っていない場合には、この方法は使えないことになります。

○ 動的に環境ごとのスタックを定義

　この考え方による実装では、cdkコマンドの実行時に環境変数などで環境を指定して、その環境のみのスタックを動的に定義します。コンストラクタを呼び出すコードは、スタックを定義するテンプレートになっています。

　スタックのコンストラクタを呼び出すコードbin/sqs_multi_envs.tsは、次のようなものです。

リスト 5.12　動的に環境ごとのスタックを定義するときのbin/sqs_multi_envs.ts

```
1  #!/usr/bin/env node
2  import 'source-map-support/register';
3  import * as cdk from 'aws-cdk-lib';
4  import { SqsMultiStack } from '../lib/sqs_multi_envs-stack';
5  import { Stages, environmentProps } from '../lib/environments';
6
7  const stage = process.env.STAGE as Stages;
8  if (!stage) {
9    throw new Error('STAGE is not defined');
10 }
11
12 const environment = environmentProps[stage];
13 if (!environment) {
14   throw new Error(`Invalid stage: ${stage}`);
15 }
```

```
16
17  const env: cdk.Environment = {
18    account: environment.account,
19    region: environment.region,
20  }
21
22  const app = new cdk.App();
23  new SqsMultiStack(app, `${stage}-SqsMultiStack1`, {
24    queueName: `${stage}-MyQueue1`,
25    env,
26  });
27  new SqsMultiStack(app, `${stage}-SqsMultiStack2`, {
28    queueName: `${stage}-MyQueue2`,
29    env,
30  });
```

7行目で環境変数STAGEの値を取得しています。設定されていない場合には、例外を発生させます（8–10行目）。また、environmentの中にstageの値をキーに持つものがない場合のエラー処理を13–15行目で行っています。

この実装では、ターゲットとなる環境だけの処理がされるので、静的にスタックを定義する場合に比べて、合成処理の時間が短縮されるという利点があります。また、指定された環境のAWS認証情報のみが必要になるため、すべての環境に対するAWSアクセス権限を持っていなくても、CDKの処理が実行できるという利点があります。そのため、環境ごとに実行をするCI/CDパイプラインなどでの利用にも適しています。

cdkコマンドを実行するときには、環境変数STAGEに環境名を指定して実行します。cdk lsコマンドの実行では、環境変数STAGEの値によって定義されるスタックが異なることが確認でききます。

```
>  STAGE=dev cdk ls
dev-SqsMultiStack1
dev-SqsMultiStack2

> STAGE=stg cdk ls
stg-SqsMultiStack1
stg-SqsMultiStack2

> STAGE=prd cdk ls
prd-SqsMultiStack1
prd-SqsMultiStack2
```

dev環境にリソースをデプロイする場合には、AWS_PROFILEに加え、STAGEも環境変数として与えます。

```
> AWS_PROFILE=dev_admin STAGE=dev cdk deploy dev-*
```

　本書の以降の例では、動的に環境ごとのスタックを定義する考え方に沿って、複数の環境に対応するCDKのコードを記述します。

5.8.4 ┊ Stageコンストラクタ

　リスト5.12では、各スタックのコンストラクタのpropsにenvを指定しています。また、各スタックの名前には環境名を含めています。

　CDKには「一緒にデプロイするスタック群」を抽象化した単位としてStageというコンストラクタがあります[注5.28]。このStageコンストラクタはpropsにEnvironment型のenvがあり、ここにAWSアカウントIDやリージョンを指定することで、そのStageコンストラクタを親ノードとするすべてのスタックのデプロイ先を、そのAWSアカウントIDやリージョンに設定できます。そのため、配下にある個々のスタックのコンストラクタを呼び出す際に、propsにenvを指定する必要がなくなります。また、スタックの名前に自動的に環境名が付与されるため、スタックの名前に環境名を含めることも不要になります。さらに、Stageコンストラクタを使っている場合には、cdk.outの中にassembly-[ステージ名]というディレクトリが作成されて、ステージごとにアセンブリが出力されます。このように、ステージの異なるアセンブリが分離されるようになっています。

○ Stageコンストラクタを用いたコード

　リスト5.12のbin/sqs_multi_envs.tsを次のように修正します。

リスト5.13　**Stage**コンストラクタを使うように**リスト5.12**の`bin/sqs_multi_envs.ts`を修正

```
1  #!/usr/bin/env node
2  import 'source-map-support/register';
3  import * as cdk from 'aws-cdk-lib';
4  import { SqsMultiStack } from '../lib/sqs_multi-stack';
5  import { Stages, envs } from '../lib/environments';
6
7  const stage = process.env.STAGE as Stages;
8  if (!stage) {
9    throw new Error('STAGE is not defined');
10 }
11
```

注5.28　https://docs.aws.amazon.com/cdk/api/v2/docs/aws-cdk-lib.Stage.html

```
12  const environment = environmentProps[stage];
13  if (!environment) {
14    throw new Error(`Invalid stage: ${stage}`);
15  }
16
17  const app = new cdk.App();
18  const st = new cdk.Stage(app, stage, {
19    env: {
20      account: environment.account,
21      region: environment.region,
22    }
23  });
24  new SqsMultiStack(st, 'SqsMultiStack1', {
25    queueName: `${stage}-MyQueue1`,
26  });
27  new SqsMultiStack(st, 'SqsMultiStack2', {
28    queueName: `${stage}-MyQueue2`,
29  });
```

環境変数 STAGE に指定した環境に対応した Stage コンストラクタを呼び出しています（18–23行目）。そのときの第1引数はルートノード App のインスタンス、第2引数は環境（ステージ）名、props には environment の値から作成した Environment 型の値を指定しています。そのコンストラクタのインスタンス st を、2つのスタックのそれぞれのコンストラクタ SqsMultiStack の第1引数（親ノードのコンストラクタ）に与えています（24行目、27行目）。その結果、2つのスタックのコンストラクタが Stage コンストラクタにぶら下がる形になります。また、**リスト5.12** では各スタックの props に env を指定していましたが、このコードではその指定が不要になっています。さらに、SqsMultiStack コンストラクタの第2引数の id には環境名を含めていません。Stage コンストラクタを使うと、スタックの名前が環境名を含めた名前になるためです。

なお、この場合も、同じ AWS アカウントに複数の環境があるときに生じ得るリソースの名前 queueName の重複を避けるために、リソース名に環境名を含めるようにしていることは変わりありません。

● 各環境のスタックの名前

cdk ls でスタックの一覧を出力すると、次のようになります。

```
> STAGE=dev cdk ls

dev/SqsMultiStack1 (dev-SqsMultiStack1)
dev/SqsMultiStack2 (dev-SqsMultiStack2)
```

```
> STAGE=stg cdk ls

stg/SqsMultiStack1 (stg-SqsMultiStack1)
stg/SqsMultiStack2 (stg-SqsMultiStack2)

> STAGE=prd cdk ls

prd/SqsMultiStack1 (prd-SqsMultiStack1)
prd/SqsMultiStack2 (prd-SqsMultiStack2)
```

　cdk lsの出力で、スタックの論理名と物理名（スタック名）が異なる場合には、論理名と物理名（括弧内）が出力されます。論理名は、Stageコンストラクタに指定したステージ名と、その配下のスタックのidが/で結合された名前になっています。スタックの論理名は、cdk コマンドでスタックを指定するときに使われます。一方、スタックの物理名は、ステージ名とスタックのidが-で結合された名前になっています。

　このように、Stageコンストラクタを使うと、各環境のスタックの名前に環境名が自動的に含まれるので、同じAWSアカウントに複数の環境をデプロイする際にスタック名が重複することを気にする必要はなくなります。

○ cdk diffの実行

　Stageコンストラクタを用いている場合に、dev環境のスタックに対してcdk diffを実行する場合には、次のようにします。

```
> AWS_PROFILE=dev_admin STAGE=dev cdk diff dev/*
```

　このときに注意が必要なのは、引数を何も付けずにcdk diffを実行すると、"Number of stacks with differences: 0" とだけ表示され、正しい情報が表示されません。これはルートノードAppの直下にスタックがないためです。

　Stageコンストラクタを使う場合、cdk diffを実行する際には、引数にスタックの指定が必要になることに注意しましょう。

○ cdk deployの実行

　Stageコンストラクタを用いている場合に、dev環境のスタックすべてをデプロイしたいと

きには、次のコマンドを実行します注5.29。

```
> AWS_PROFILE=dev_admin STAGE=dev cdk deploy dev/*
```

ワイルドカードを使って、dev環境のすべてのスタックを指定しています。

なお、Stageコンストラクタを使う場合には、ステージとスタックが1つしかなくても、cdk deployを実行する際にcdk diffと同様にスタック名の指定が必要になります。

Stageコンストラクタの利用は必須ではありませんが、複数の環境に対応するCDKのコードを記述する際には、いくつかのメリットがあります。そのメリットと、cdkコマンドを実行するときの留意点をふまえ、活用を検討してみてください。

5.9　cdk.context.json

CDKで用意されている静的メソッドの中には、AWSアクションを通じて既存のリソースの情報を取得し、その情報からクラスのインスタンスを作成するものがあります。**8.4.2項**で紹介するVpc.fromLookup()は、そのような静的メソッドの例です。

これらの静的メソッドでは、AWSアクションを通じた問い合わせの結果をCDKプロジェクトのディレクトリの直下のcdk.context.jsonというファイルに書き込み、キャッシュとして利用することがあります注5.30。

cdk.context.jsonには、キー・バリューの形式で値が格納されています。このファイルを利用しているメソッドは、取得したい情報から決まるキーが、cdk.context.jsonのキーに存在するかを確認します。存在しない場合には、AWSアクションを実行して情報を取得し、取得した情報をcdk.context.jsonに書き込みます。一方、cdk.context.jsonにすでに情報がある場合には、その内容がそのまま使われます。

なお、cdk.context.jsonも、Gitなどのバージョン管理システムの管理下に置くことが推奨

注5.29　環境変数STAGEにも引数にもdevという環境を示す文字列を指定する必要があり、冗長に感じます。引数の文字列から環境名を取り出してコードから参照できる手段があればいいのですが、筆者がCDKのソースコードを確認しながら検討した範囲では、その手段は見つかりませんでした。
注5.30　https://docs.aws.amazon.com/ja_jp/cdk/v2/guide/context.html

されています[注5.31]。キャッシュとしての使用目的であれば、このファイルの有無は処理の結果には影響しないことが期待されます。一方、このファイルは、頻繁に変わるデータを固定する役割を持つ場合もあります。**8.3.2 項**で触れる AMI（Amazon Machine Image）[注5.32]の ID の cdk.context.jsonへの格納は、その例の1つになります。

○ **cdk.context.json にキャッシュされた情報のリセット**

cdk.context.jsonに既存リソースの情報が書き込まれたあとに、そのリソースに変化があったとします。その場合、cdk.context.jsonに格納されている値にも、その変化を反映させないと、CDKは更新前の古いリソース情報をいつまでも使うことになります。

cdk.context.jsonに格納されている値を修正するには、対応するキーの値をこのファイルから削除したのちに、cdk synthなどのCDKコマンドの実行によって、新しい情報を書き込ませるようにします。

cdk.context.jsonは、単純なキー・バリューのJSONですので、エディタで当該キーのデータを削除してしまうのが簡単です。または、cdk context --resetやcdk context --clearなどのコマンドを使って編集します。これらのコマンドの使用方法は、AWSのドキュメント[注5.33]を参照してください。

5.10 ┃ タグ

5.10.1 ┊ タグの付与とコンストラクタツリー

AWSの多くのリソースには、タグを付与できます[注5.34]。CDKでタグを付与する1つの例として、**リスト 5.3**では次のように記述しました。

```
const queue = new sqs.Queue(this, … …（略））;
cdk.Tags.of(queue).add('Name', 'test-queue-cdk');
```

....

注5.31　https://docs.aws.amazon.com/ja_jp/cdk/v2/guide/context.html#context_construct
注5.32　EC2インスタンスを起動するために必要なソフトウェアを提供するイメージ
注5.33　https://docs.aws.amazon.com/ja_jp/cdk/v2/guide/context.html#context_viewing
注5.34　https://docs.aws.amazon.com/ja_jp/tag-editor/latest/userguide/tagging.html

　このコードは、コンストラクタツリーの queue の配下にあるタグ付けが可能なすべてのリソースに、キーが Name、値が test-queue-cdk というタグの付与を指示しています。その結果、SQS キューにこのタグが付与されることになります。

　このように、Tags.of() の引数にコンストラクタツリーの中のノード（コンストラクタによって作成されたクラスのインスタンス）を指定して呼び出すことで、その配下にあるタグ付けが可能なリソースすべてに対してタグの操作が行われます。

　たとえば、**図 5.5** の VPC のコンストラクタツリーでは、コンストラクタ Vpc によってリソースに対応するコンストラクタがたくさん呼び出され、それらのコンストラクタがさらにコンストラクタを呼び出しているという状況を見ました。次のように、**リスト 5.7** の VPC のスタックのコンストラクタの定義の最後に Tags.of(vpc)... の 1 行を追加すると、コンストラクタ vpc の配下にあるタグ付け可能なリソースすべてに、キーが cdk-project、値が vpc であるタグが付与されます。

```
constructor(scope: Construct, id: string, props?: cdk.StackProps) {
  super(scope, id, props);

  const vpc = new ec2.Vpc(this, 'Vpc', {});
  cdk.Tags.of(vpc).add('cdk-project', 'vpc')
}
```

　実際に、cdk synth で CloudFormation のテンプレートを生成したときに、テンプレートの各リソースの属性に次のような記述が追加されていることが確認できます。

```
  Tags:
    - Key: cdk-project
      Value: vpc
```

5.10.2 ┊ スタック全体に一律にタグを付与する

　ここまでは、リソースのコンストラクタの配下にあるリソースにタグを付与してきました。
　スタックに記述されたタグ付けが可能なリソースすべてに一律でタグを付与したい場合には、次のように Tags.of() の引数にコンストラクタのクラス（this）を指定します。**リスト 5.6** では、SQS キューのコンストラクタを for 文で複数呼び出しましたが、その SQS キューすべてに同じタグを付与したのが次のコードです。

```
constructor(scope: Construct, id: string, props?: cdk.StackProps) {
  super(scope, id, props);

  for (const suffix of ['First', 'Second', 'Third']) {
    new sqs.Queue(this, `Queue-${suffix}`, {
      queueName: `Queue-${suffix}`,
    });
  }
  cdk.Tags.of(this).add('cdk-project', 'sqs_loop')
}
```

このコードの場合は、for文の中でリソースのコンストラクタに対して個々にタグを付与することもできますが、このように、スタックに含まれるすべてのリソースへのタグの付与がたった1行のコードでできてしまうのが、たいへん便利なところです。

5.10.3 ⋮ 複数スタックに一律にタグを付与する

さらなる応用として、CDKプロジェクトに複数のスタックがあり、それらのスタックの配下にあるリソースに一律でタグを付与することもできます。次のコードのように、コンストラクタツリーのルートノードappをTags.of()の引数に指定することで、そのルートノード配下にあるスタック、そしてその配下のタグ付け可能なリソースに一律にタグが付与されます。

```
cdk.Tags.of(app).add('cdk-project', 'sqs_multi');
```

ただし、**リスト5.13**のように、ルートノードappの子ノードにStageコンストラクタがある場合には、Tags.of()の引数にappを指定しても何も起こりません[注5.35]。Stageを使う場合には、cdk.outのディレクトリの下にステージごとのアセンブリのディレクトリが作成されますが、タグ付け（一般的にはタグ付けが利用しているアスペクト[注5.36]）はアセンブリをまたいで操作ができないようになっているためです[注5.37]。Stageのコンストラクタを使っている場合には、ステージごとにStageのインスタンスをTags.of()の引数に指定する必要があります。

注5.35　https://github.com/aws/aws-cdk/blob/f9fd00cd3401e5264518b3409b1130eea976e2db/packages/aws-cdk-lib
　　　　/core/lib/private/synthesis.ts#L250
注5.36　https://docs.aws.amazon.com/cdk/v2/guide/aspects.html
注5.37　https://github.com/aws/aws-cdk/blob/f9fd00cd3401e5264518b3409b1130eea976e2db/packages/aws-cdk-lib
　　　　/core/lib/private/synthesis.ts#L214

5.11 エスケープハッチとrawオーバーライド

　通常のCDKの利用では、ルート（app）を親ノードとするノードがスタックに対応し、そのスタックを親にしてリソースをツリーに追加しておくことだけを覚えていれば、このツリー構造を意識する場面はほとんどありません。しかし、L2コンストラクタが対応していないL1コンストラクタの属性を指定したいときなどには、このツリー構造を意識することで、対応できることがあります。

　コンストラクタツリーのL1コンストラクタのノードをターゲットに、テンプレートの属性を書き換えようとするのが「エスケープハッチ」や「rawオーバーライド」と呼ばれるものです[注5.38]。「エスケープハッチ」は英語で「脱出口」のことで、CDKのL2コンストラクタによる抽象化から一時的に「脱出」して、L2コンストラクタが呼び出すL1コンストラクタの属性の値を指定できる機能です[注5.39]。また、「rawオーバーライド」はあえて訳せば「生の上書き」ですが、メソッド`addOverride()`や`DeletionOverride()`などを用いて、L1コンストラクタの属性の上書き・追加・削除や、L1コンストラクタに含まれないCloudFormationの属性[注5.40]の追加ができます。その実例については、**第6章**のVPCや**第11章**のカスタムリソースで紹介することにします。

　L2コンストラクタが、L1コンストラクタのすべての属性をカバーしているとは限らない中で、エスケープハッチやrawオーバーライドによる属性の追加や上書きはいざというときに便利ではあります。ただ、何をやっているのかわかりにくくなる場合もあるので、使用する際には注釈を加えるなど、他の人がコードを見てもわかりやすいようにしておきましょう。

注5.38　https://docs.aws.amazon.com/ja_jp/cdk/v2/guide/cfn_layer.html
注5.39　指定しようとする属性が、ある型（インターフェース）の`readonly`であるメンバーの1つである場合には、置き換えができません。その場合には、個々の属性ではなくその型の値全体を指定するか、rawオーバーライドで個々の属性の上書きをします。
注5.40　CloudFormationのアップデートにCDKのL1コンストラクタが追随できていないときに、このようなことが発生します。

5.12 ┃ スタック間の参照

CloudFormationのスタックの情報（リソースの属性）を、他のスタックで参照する方法を紹介します。

■ 5.12.1 ┆ CloudFormationのテンプレートにおけるエクスポートの記述

スタックのなんらかの値を他のスタックから参照できるようにすることは「エクスポート」と呼ばれます。エクスポートをするためには、その値をテンプレートの`Outputs`セクションに記述するとともに、`Export`の属性の記述を追加する必要があります[注5.41]。

```
1  Outputs:
2    StackVPC:
3      Description: The ID of the VPC
4      Value: !Ref MyVPC
5      Export:
6        Name: !Sub "${AWS::StackName}-VPCID"
```

この例では、`StackVPC`が出力の論理IDで、`Description`に出力の説明、`Value`に出力する値を指定しています。それに加え、他のスタックから参照できるようにするために、`Export`の`Name`に他のスタックから参照する際の名前を指定します。この名前は、AWSアカウントごとにリージョン内で一意になるように命名する必要があります。スタック内はもちろんのこと、他のスタックと名前が同じにならないように注意が必要です。

エクスポートされた値を他のスタックで参照（インポート）するときには、参照するスタックのテンプレートで`Fn::ImportValue`という組み込み関数を使います[注5.42]。その使い方については、次のCDKのコードの説明の中で見ることにしましょう。

なお、エクスポート・インポートの仕組みは便利ではありますが、スタック間の依存関係を作ることになります。複雑な依存関係を作ってしまうとリソースの削除や更新が煩雑になることがあるため（**5.12.6項**参照）、エクスポート・インポートをむやみに多用しないことを推奨

注5.41　https://docs.aws.amazon.com/ja_jp/AWSCloudFormation/latest/UserGuide/outputs-section-structure.html
注5.42　https://docs.aws.amazon.com/ja_jp/AWSCloudFormation/latest/UserGuide/intrinsic-function-reference-importvalue.html

します。

5.12.2 ⋮ CDKにおけるエクスポート

CloudFormationのテンプレートでの記述方法をふまえ、それをCDKのコードで実現する方法を紹介します。CDKのコードからCloudFormationのテンプレートを生成したときに、参照されるスタックのテンプレートにはOutputsセクションが出力され、参照するスタックのテンプレートではFn::ImportValueを使って、その値を参照する記述が出力されるようなCDKのコードを記述します。

以下では、このようなCDKのコードの書き方を2つ紹介します。1つは、CloudFormationのテンプレートのOutputsセクションを明示的にCDKのコードに書く方法、もう1つがコンストラクタのインスタンス変数をスタック間で参照する方法です。前者はCloudFormationのテンプレートとの対応が明確なこと、後者はスタックの間での参照関係がコード上でわかりやすく、またExportの名前の一意性をユーザーが意識しなくても良いことが利点です。

題材としては、VPCのスタックが保持するVPCのIDを参照して、セキュリティグループのスタックを作成することを考えます[注5.43]。

5.12.3 ⋮ CfnOutputのコンストラクタを使う方法

Outputsセクションを出力するテンプレートを生成する1つの方法は、CfnOutputコンストラクタをCDKのコードに記述する方法です。

● CDKプロジェクトの作成

まず、検証用として、cdk_crossref_outputsというCDKプロジェクトを作成します。

```
> mkdir cdk_crossref_outputs
> cd cdk_crossref_outputs
> cdk init -l typescript
```

● スタックにリソースを記述

lib/cdk_croessref_outputs-stack.tsに、VPCのスタックと、セキュリティグループのス

注5.43　これはエクスポートを示すための例であり、実用的なものでは必ずしもありません。

177

タックのクラスを記述します。セキュリティグループのスタックは、VPCのスタックで作成された　リソースを参照します。

リスト 5.14　`lib/cdk_crossref_outputs-stack.ts`

```
 1  import * as cdk from 'aws-cdk-lib';
 2  import { Construct } from 'constructs';
 3  import * as ec2 from 'aws-cdk-lib/aws-ec2';
 4
 5  export class VpcStack extends cdk.Stack {
 6    constructor(scope: Construct, id: string, props?: cdk.StackProps) {
 7      super(scope, id, props);
 8      const vpc = new ec2.Vpc(this, 'Vpc');
 9
10      new cdk.CfnOutput(this, 'VpcId', {
11        value: vpc.vpcId,
12        exportName: `${this.stackName}-VPCID`
13      })
14    }
15  }
16
17  interface SecurityGroupStackProps extends cdk.StackProps {
18    vpcStackName: string;
19  }
20
21  export class SecurityGroupStack extends cdk.Stack {
22    constructor(scope: Construct, id: string, props: SecurityGroupStackProps) {
23      super(scope, id, props);
24      new ec2.CfnSecurityGroup(this, 'SecurityGroup', {
25        groupDescription: 'test security group',
26        vpcId: cdk.Fn.importValue(`${props.vpcStackName}-VPCID`),
27      });
28    }
29  }
```

　リスト 5.14のVPCのスタックのクラスを記述する中で、`CfnOutput`というコンストラクタを使って、CloudFormationのテンプレートの`Outputs`セクションに対応する出力を記述しています（10–13行目）。セキュリティグループのスタックのクラスを記述するときには、`Fn.importValue()`という関数を使って、他のスタックでエクスポートされた値を参照しています（26行目）。その際に、エクスポート名を決定するために、参照元のスタック名を`props`に指定するようにしています。

● スタックのコンストラクタの呼び出し

　これらのスタックのコンストラクタを呼び出す`bin/cdk_crossref_outputs.ts`には、次のようなコードを記述します。

リスト 5.15　bin/cdk_crossref_outputs.ts

```
1  import 'source-map-support/register';
2  import * as cdk from 'aws-cdk-lib';
3  import { VpcStack, SecurityGroupStack } from '../lib/cdk_crossref_outputs-stack';
4
5  const app = new cdk.App();
6  const vpcStack = new VpcStack(app, 'VpcStack');
7  new SecurityGroupStack(app, 'SecurityGroupStack', {
8    vpcStackName: vpcStack.stackName
9  });
```

　このコードでは、VpcStack と SecurityGroupStack の2つのスタックを記述していま
す。SecurityGroupStack のコンストラクタには、VpcStack のインスタンス vpcStack の属性
vpcStackName を渡しています（8行目）。

○ 生成される CloudFormation のテンプレート
　これらのコードに対して、cdk synth コマンドで、それぞれのスタックの CloudFormation
のテンプレートを確認してみましょう。

リスト 5.16　cdk synth VpcStack によって出力されるテンプレート（抜粋）

```
1  Resources:
2    Vpc8378EB38:
3      Type: AWS::EC2::VPC
4      Properties:
5        CidrBlock: 10.0.0.0/16
6  （中略）
7  Outputs:
8    VpcId:
9      Value:
10       Ref: Vpc8378EB38
11     Export:
12       Name: VpcStack-VPCID
13 （略）
```

リスト 5.17　cdk synth SecurityGroupStack によって出力されるテンプレート（抜粋）

```
1  Resources:
2    SecurityGroup:
3      Type: AWS::EC2::SecurityGroup
4      Properties:
5        GroupDescription: test security group
6        VpcId:
7          Fn::ImportValue: VpcStack-VPCID
8  （略）
```

　エクスポートする VpcStack のテンプレートには、 Outputs セクションが出力されています。そして、エクスポートされた値を参照する SecurityGroupStack のテンプレートには、Fn::ImportValue を使って、VpcStack からエクスポートされた VPC の ID を参照する記述が出力されています。

　このように CDK のコードを記述して、CloudFormation のエクスポートとインポートの仕組みを使って、スタック間での参照を実現できます。

5.12.4 ⋮ スタックのクラスのインスタンス変数を用いる方法

　Outputs セクションを出力するテンプレートを生成するもう1つの方法として、エクスポート・インポートしたい値をスタックのクラスのインスタンス変数にして、スタック間で受け渡す方法があります。

● CDK プロジェクトの作成
　cdk_crossref という CDK プロジェクトを検証用として作成します。

```
> mkdir cdk_crossref
> cd cdk_crossref
> cdk init -l typescript
```

● スタックにリソースを記述
　lib/cdk_crossref-stack.ts に、次のように2つのスタックのコンストラクタを定義します。

リスト 5.18　lib/cdk_crossref-stack.ts

```
1  import * as cdk from 'aws-cdk-lib';
2  import { Construct } from 'constructs';
3  import * as ec2 from 'aws-cdk-lib/aws-ec2';
4
5  export class VpcStack extends cdk.Stack {
6    readonly vpcId: string;
7
8    constructor(scope: Construct, id: string, props?: cdk.StackProps) {
9      super(scope, id, props);
10     const vpc = new ec2.Vpc(this, 'Vpc');
11     this.vpcId = vpc.vpcId;
12   }
13 }
14
```

```
15  export interface SecurityGroupStackProps extends cdk.StackProps {
16    vpcId: string;
17  }
18
19  export class SecurityGroupStack extends cdk.Stack {
20    constructor(scope: Construct, id: string, props: SecurityGroupStackProps) {
21      super(scope, id, props);
22      new ec2.CfnSecurityGroup(this, 'SecurityGroup', {
23        groupDescription: 'test security group',
24        vpcId: props.vpcId,
25      });
26    }
27  }
```

リスト5.14と比べると、vpcIdに対するCfnOutputのコンストラクタの呼び出しがない代わりに、VpcStackというクラスにvpcIdというインスタンス変数を定義しています（6行目）。constructorの処理の中で、Vpcのコンストラクタの出力を使って、このインスタンス変数に値を設定しています（11行目）。実は、CloudFormationのテンプレートに変換したときに、これらのインスタンス変数がエクスポートされる出力として記述されます。

● スタックのコンストラクタの呼び出し

bin/cdk_crossref.tsでは、2つのスタックのコンストラクタを呼び出します。

リスト5.19　bin/cdk_crossref.ts

```
1  import 'source-map-support/register';
2  import * as cdk from 'aws-cdk-lib';
3  import { VpcStack, SecurityGroupStack } from '../lib/cdk_crossref-stack';
4
5  const app = new cdk.App();
6
7  const vpcStack = new VpcStack(app, 'VpcStack');
8  new SecurityGroupStack(app, 'SecurityGroupStack', {
9    vpcId: vpcStack.vpcId,
10  });
```

VpcStack のインスタンス vpcStack のインスタンス変数 vpcId の値を使って、SecurityGroupStack の props にある vpcId を設定しています（9行目）。

● 生成されるCloudFormationのテンプレート

これらのコードに対して、cdk synth コマンドで、それぞれのスタックのCloudFormationのテンプレートを出力させると、**リスト5.16**や**リスト5.17**と同様に、Outputsセクションに

よるエクスポート、`Fn::ImportValue`によるインポートの記述がテンプレートに出力されていることを確認できます。

リスト 5.20　`cdk synth VpcStack`によって出力されるテンプレート（抜粋）

```
1  （略）
2  Outputs:
3    ExportsOutputRefVpc8378EB38272D6E3A:
4      Value:
5        Ref: Vpc8378EB38
6      Export:
7        Name: VpcStack:ExportsOutputRefVpc8378EB38272D6E3A
8  （略）
```

リスト 5.21　`cdk synth SecurityGroupStack`によって出力されるテンプレート（抜粋）

```
1  Resources:
2    SecurityGroup:
3      Type: AWS::EC2::SecurityGroup
4      Properties:
5        GroupDescription: test security group
6        VpcId:
7          Fn::ImportValue: VpcStack:ExportsOutputRefVpc8378EB38272D6E3A
8  （略）
```

● エクスポートの名前

　これらのコードではエクスポートの名前を明示的には与えていません。**リスト 5.20**や**リスト 5.21**のように、テンプレートの`Outputs`セクションや`Fn::ImportValue`の記述には、CDKが自動的に生成したエクスポートの名前が使われます。この自動的に生成される名前にはハッシュ値が含まれており、他のエクスポートと重複しないように配慮がされています。`CfnOutput`を使って`Outputs`セクションを出力する方法では、重複することがないようにユーザーがエクスポートの名前を付ける必要がありましたが、インスタンス変数を通じてエクスポートする方法を使うと、エクスポートの名前にユーザーが関知しなくて良いという利点があります。

● 受け渡しをするインスタンスの型

　CloudFormationのエクスポートとインポートは、文字列のやりとりです。それを意識して、**リスト 5.18**では、エクスポートをしたい値の型を`string`型にしました。一方、プログラミング言語の仕様上は任意の型のインスタンス変数を作成可能で、実際にスタック間で受け渡すインスタンス変数の型を`string`以外にしても、エクスポートとインポートを記述したテンプレートの生成ができます。

　たとえば、**リスト 5.18** を次のように修正します。インスタンス変数をstring型ではなく、Vpc型のvpcに変更しています。

リスト 5.22　`lib/cdk_crossref-stack.ts` でインスタンス変数を `Vpc` 型に修正

```
1  // インポートは修正の必要がないので省略
2
3  export class VpcStack extends cdk.Stack {
4    readonly vpc: ec2.Vpc;
5
6    constructor(scope: Construct, id: string, props?: cdk.StackProps) {
7      super(scope, id, props);
8      const vpc = new ec2.Vpc(this, 'Vpc');
9      this.vpc = vpc;
10   }
11 }
12
13 export interface SecurityGroupStackProps extends cdk.StackProps {
14   vpc: ec2.Vpc;
15 }
16
17 export class SecurityGroupStack extends cdk.Stack {
18   constructor(scope: Construct, id: string, props: SecurityGroupStackProps) {
19     super(scope, id, props);
20     new ec2.CfnSecurityGroup(this, 'SecurityGroup', {
21       groupDescription: 'test security group',
22       vpcId: props.vpc.vpcId,
23     });
24   }
25 }
```

　リスト 5.19 では、9行目を次のように変更します。

```
9  vpc: vpcStack.vpc,
```

　修正したコードから生成される CloudFormation のテンプレートの Output セクションや Fn::ImportValue の記述は、**リスト 5.20** や**リスト 5.21** と同一になります。これは、合成処理の際のコード分析によって参照される具体的な属性を特定して、その属性をエクスポート、インポートするテンプレートを生成しているためです（インスタンス変数そのものがエクスポート、インポートされているわけではありません）。この例では、受け渡しが必要なのは VPC の ID であることを特定し、VPC の ID をエクスポート、インポートするテンプレートを生成しています。

　スタック間でインスタンス変数を受け渡す方法は、具体的な属性をコード上で直接指定す

る必要がなく、エクスポートとインポートの処理をより抽象的に扱える仕組みだと言えます。一方、スタック間で何が具体的に受け渡されているかは、テンプレートを確認しないとわからないというデメリットもあります。

5.12.5 ┊ スタック間の依存関係とデプロイされるスタック

　5.12.3項と5.12.4項のどちらの方法でも、スタック間の参照ができました。一方、CDKが認識するスタック間の依存関係と、その依存関係によるデプロイ対象のスタックには違いがあります。

　5.12.4項のコンストラクタのインスタンス変数を受け渡す方法では、参照元のスタックのインスタンス変数を参照先のスタックに渡すことでスタック間に明示的な依存関係を作り、CDKがその依存関係を認識します。それによって、たとえば**リスト5.19**の`SecurityGroupStack`を`cdk deploy`の引数に指定してデプロイしようとすると、そのスタックの参照元である`VpcStack`のデプロイが`SecurityGroupStack`に先立って実行されます。

　依存関係を無視して`SecurityGroupStack`だけをデプロイしたい場合には、`cdk deploy`に`--exclusively`のオプションを付与して実行します。

　一方、**5.12.3項**の`CfnOutput`を使う方法の場合、ユーザーが決めた命名でエクスポート・インポートの受け渡しをしていますが、CDKのコード上ではスタックの間で変数のやりとりはなく、CDKはスタック間の依存関係を認識しません。そのため、依存関係によって指定したスタック以外のものがデプロイされることはありません。

5.12.6 ┊ エクスポート・インポートを使うときの留意点

　エクスポートされた値がインポートを通じて他のスタックから参照されている場合、そのエクスポートされた値を変更しようとする場合や、エクスポートを削除しようとする場合（そのエクスポートが記述されたスタックの削除を含む）でも、スタックの更新や削除が失敗して実行できません。

　エクスポートされた値（他のスタックからの参照あり）が変更されるデプロイが必要な場合には、たとえば、次の手順を踏む必要があります。ここでは、スタックAでエクスポートされた値をスタックBでインポートしている場合を考えます。

1. スタックBのテンプレートのインポートの記述を`Fn::ImportValue`を使わずに具体的な値に置き換えて、スタックを更新する。これによって、スタックAのエクスポートの参

照がなくなる
2. スタックAを更新して、エクスポートされている値を更新する
3. スタックBのテンプレートをもとのインポートの記述に戻して、スタックBを更新する。これで、スタックAのエクスポートされた値の変更が、スタックBに反映される

スタックAでエクスポートを削除したい場合も考え方は同じで、まずスタックBのテンプレートから削除したいエクスポートに対応するインポートの記述を削除してからスタックBを更新したのち、スタックAのテンプレートからエクスポートを削除してスタックAを更新します。

このように、エクスポートされた値の更新・削除のためには、エクスポートされた値の他のスタックからの参照がない状態にする必要があります。

エクスポートされた値の更新・削除にはこのような煩雑な手順を踏む必要があるため、そのような操作が必要ないように、エクスポートする変数は必要最小限にすること、利用する場合にも変化しないことが見込まれる値（置換することが想定されないリソースのIDなど）に限定するのが良いと考えます。

5.13 CDKのスナップショットテスト

5.13.1 CDKのテストとスナップショットテストのメリット

`cdk init`コマンドを実行してCDKプロジェクトを作成すると、`test`というディレクトリが作成されます。また、`jest.config.js`というファイルも作られています。これらは、JavaScriptのテストフレームワークJestを使ったテストの環境を提供するためのものです。

Jestによるテストは、CDKのコードからCloudFormationのテンプレートを生成して、期待した属性の記述の有無、リソース数の期待との一致などの観点でテンプレートを検査します[注5.44]。しかし、確認すべき観点はたくさんあり、それらを網羅し、メンテナンスをしていくのは面倒です。

注5.44　https://docs.aws.amazon.com/cdk/v2/guide/testing.html#testing_fine_grained

　そこで、CDKのテストとして、テンプレートのスナップショットテストをお勧めします。ス
ナップショットテストは、CDKのコードから生成されるCloudFormationのテンプレートのす
べての文字列が、期待される文字列（スナップショット）に一致するかを検査するものです。

　スナップショットテストを実行するときには、比較対象となるスナップショットをあらかじ
め用意します。このスナップショットはほぼCloudFormationのテンプレートそのものです。

　スナップショットテストには、次のような利点があります。

● コードのリファクタリングやCDKのバージョンアップによる影響がないことの確認

　CDKのコードのリファクタリングなど、リソースの記述を変えないことを意図したコード
の変更では、出力されるテンプレートは修正前後でスナップショットと一致することが期待さ
れます。もし、スナップショットと一致しない場合には、意図しない変更が紛れ込んでいる可
能性があります。

　また、CDKのバージョンを更新するときに、生成されるテンプレートに変更が生じないこと
を確認するためにも、スナップショットテストは有用です。

● CDKのコードから生成されるテンプレートやその変化を把握できる

　リソースの変更を目的としてCDKのコードを修正するときには、変更後のコードから生成
されるCloudFormationのテンプレートは、スナップショットとは一致しません。その結果、
スナップショットテストは失敗します。その際には、スナップショットの更新を行います。こ
の更新によるスナップショットの差分を確認することで、CDKのコードの変更の妥当性を判
断しやすくなります。

　リソースの変更を目的としてCDKのコードを修正するときには、`cdk diff`コマンドを実行
することや、変更セットを作成して内容を確認することでも、テンプレートの変化や変更が発
生するリソースの把握ができます。しかし、リソースの追加の場合、`cdk diff`の出力には追加
されるリソースの詳細が表示されず、そのリソースの属性の値についてはテンプレートを確認
する必要があります。また、変更セットの作成には、AWSの認証情報が必要となります。

　それらに比べて、スナップショットテストには、AWSの認証情報を必要とせずにローカル
で実行できること、スナップショットに生じた差分をみることで追加されるリソースのテンプ
レートの記述の詳細も確認できることに利点があります。

● テストのメンテナンスの手間が少ない

　スナップショットテストのコードでは、スタックのコンストラクタを呼び出します。スタッ
クのコンストラクタの引数の仕様が変わらない限り、テストコードの修正は不要であり、テス

トコードのメンテナンスの手間は少なくて済みます。

5.13.2 ┊ スナップショットテストの作成

では、実際にスナップショットテストを作成してみます。

○ CDKのコードの作成

まずは、SQSキューを作成するsqs_testという新しいCDKプロジェクトを作成します。

```
> mkdir sqs_test
> cd sqs_test
> cdk init -l sqs_test
```

実装にあたって、スタックのpropsによって可視性タイムアウトを変更できるようにします。その設定ファイルは、本体からもテストからも共通で読み込めるようにしておくと便利ですので、lib/config.tsというファイルに次の内容を記述しておきます。

リスト 5.23 lib/config.ts

```
1  import * as cdk from 'aws-cdk-lib';
2
3  export interface SqsTestStackProps extends cdk.StackProps {
4    visibilityTimeout: cdk.Duration;
5  }
6
7  export const props: SqsTestStackProps = {
8    visibilityTimeout: cdk.Duration.seconds(300)
9  }
```

スタックごとに visibilityTimeout を設定できるように、 StackProps を継承した SqsTestStackPropsを作成して、そこにvisibilityTimeoutを加えておきます（3–5行目）。

また、パラメータに具体的な値を与えたSqsTestStackProps型のインスタンスpropsも作成しておきます（7–9行目）。可視性タイムアウトは300秒にしてあります。

lib/sqs_test-stack.ts は次の内容にします。 SqsTestStack のコンストラクタの props を、lib/config.tsで定義したSqsTestStackProps型にしています。

リスト 5.24　`lib/sqs_test-stack.ts`

```
1  import * as cdk from 'aws-cdk-lib';
2  import { Construct } from 'constructs';
3  import * as sqs from 'aws-cdk-lib/aws-sqs';
4  import { SqsTestStackProps } from './config';
5
6  export class SqsTestStack extends cdk.Stack {
7    constructor(scope: Construct, id: string, props: SqsTestStackProps) {
8      super(scope, id, props);
9
10     new sqs.Queue(this, 'SqsTestQueue', {
11       visibilityTimeout: props.visibilityTimeout
12     });
13   }
14 }
```

`bin/sqs_test.ts`は次のようにして、`lib/config.ts`で記述した可視性タイムアウトを含む設定を、スタックの`props`に渡します。

リスト 5.25　`bin/sqs_test.ts`

```
1  #!/usr/bin/env node
2  import 'source-map-support/register';
3  import * as cdk from 'aws-cdk-lib';
4  import { SqsTestStack } from '../lib/sqs_test-stack';
5  import { props } from '../lib/config';
6
7  const app = new cdk.App();
8  new SqsTestStack(app, 'SqsTestStack', {
9    ...props,
10 });
```

○ テストのコードの作成

最初の`cdk init`の実行時に、`test/sqs_test.test.ts`というファイルが作成されています。初期状態ではほとんどがコメントアウトされていますが、テストを記述するときには、このファイルにコードを追加します。

ここでは、このファイルに次のようなスナップショットテストのコードを記述します。

リスト 5.26　`test/sqs_test.test.ts`

```
1  import * as cdk from 'aws-cdk-lib';
2  import { Template } from 'aws-cdk-lib/assertions';
3  import * as SqsTest from '../lib/sqs_test-stack';
4  import { props } from '../lib/config';
```

```
5
6  describe('SQS Stack', () => {
7    const app = new cdk.App();
8    const stack = new SqsTest.SqsTestStack(app, 'SqsTestStack', props);
9    const template = Template.fromStack(stack).toJSON();
10   it('should match the snapshot', () => {
11     expect(template).toMatchSnapshot();
12   });
13 });
```

　最初の3行は、初期状態でコメントアウトされていたものをコメントインしています。そして、Jestの流儀にしたがってdescribe()の中にテストを記述します（6–13行目）。describe()は複数のテストをまとめたブロックを作成します。describe()の第1引数にそのテストブロックの説明を記述し、第2引数にテストを記述したコールバック関数を配置します。

　コールバック関数の最初の2行（7–8行目）は、bin/sqs_test.tsに記述されているAppおよびスタックのコンストラクタの呼び出しをほぼそのまま書きます。

　9行目からがテスト独自の記述になります。9行目ではTemplate.fromStack()を使って、スタックのテンプレートを取り出しています。そしてtoJSON()を使ってスナップショットをJSON形式で出力しています[注5.45]。

　10–12行目のit()が1つのテストを記述しています（describe()のブロックはit()のブロックの集まりです）。it()の第1引数にそのテストの説明を記述し、第2引数にテストの内容を記述したコールバック関数を渡します。コールバック関数では、templateがスナップショットと一致することを、メソッドtoMatchSnapshot()で確認しています。

　これでスナップショットテストのコードができました。

5.13.3　スナップショットテストの実行

○ スナップショットの作成

　テストのコードができあがったら、CDKプロジェクトの一番上のディレクトリで、次のコマンドを実行します。

```
> npm test
```

　このコマンドを実行すると、次のような出力が得られます。

注5.45　toJSON()を実行しなくてもスナップショットテストはできますが、Jest特有のスナップショットの記述になるため、スナップショットそのものの可読性が落ちます。

```
> sqs_test@0.1.0 test
> jest

 PASS  test/sqs_test.test.ts
  SQS Stack
    ✓ should match the snapshot (3 ms)

 › 1 snapshot written.
Snapshot Summary
 › 1 snapshot written from 1 test suite.

Test Suites: 1 passed, 1 total
Tests:       1 passed, 1 total
Snapshots:   1 written, 1 total
Time:        2.457 s
Ran all test suites.
```

　比較対象のスナップショットは、初回のnpm testの実行のときに作成されます[注5.46]。出力に“1 snapshot written from 1 test suite.”との文字列があり、スナップショットが出力されたことがわかります。

　初回の npm test の実行後には、 test/__snapshots__のディレクトリの下に、sqs_test.test.ts.snap というファイルが作成されています。このファイルには、次のようにCloudFormationのテンプレートが埋め込まれています。

```
1  // Jest Snapshot v1, https://goo.gl/fbAQLP
2
3  exports[`SQS Stack should match the snapshot 1`] = `
4  {
5    "Parameters": {
6      "BootstrapVersion": {
7        "Default": "/cdk-bootstrap/hnb659fds/version",
8        "Description": "Version of the CDK Bootstrap resources in this environment, automatically retrieved
   from SSM Parameter Store. [cdk:skip]",
9        "Type": "AWS::SSM::Parameter::Value<String>",
10     },
11   },
12   "Resources": {
13     "SqsTestQueue8E896C04": {
14       "DeletionPolicy": "Delete",
15       "Properties": {
16         "VisibilityTimeout": 300,
17       },
```

注5.46　「テストは成功した」という出力がされますが、初回の実行ではスナップショットが作成されていないため、スナップショットを比較するテストは実行されていません。このメッセージは「テストのプログラムが正常終了した」ということを示しているに過ぎません。

```
18      "Type": "AWS::SQS::Queue",
19      "UpdateReplacePolicy": "Delete",
20    },
21  },
22  （中略）
23 }
```

これが比較対象のスナップショットになります。Gitなどのバージョン管理をするリポジトリには、このスナップショットが記述されたファイルもコミットしておきます。

● スナップショットテストの実行

スナップショットが作成された状態で、再度、npm testを実行すると、今度はCDKコードから生成されたテンプレートとスナップショットを比較するテストが実行されます。

```
> sqs_test@0.1.0 test
> jest

 PASS  test/sqs_test.test.ts
  SQS Stack
    ✓ should match the snapshot (2 ms)

Test Suites: 1 passed, 1 total
Tests:       1 passed, 1 total
Snapshots:   1 passed, 1 total
Time:        2.049 s, estimated 3 s
```

今後の出力には、"written"という文字列がなく、スナップショットの作成は行われていないことがわかります。そして、スナップショットテストをパスしていること、つまり、あらかじめ用意したスナップショットと現在のコードから生成されるテンプレートが一致していることがわかります。スナップショットを作成した初回のnpm testの実行以後、コードには何も手を加えていませんから、スナップショットと一致する結果が得られるのは期待される挙動になります。

5.13.4 ⋮ CDKのコードのリソースの記述を変更したとき

次に、lib/sqs_test-stack.tsを少し修正して、リソースの記述を変えてみましょう。

● CDKコードのリソースの記述の修正

リスト5.23のlib/config.tsに記述してある可視性タイムアウト（visibilityTimeout）の

指定を、300秒から120秒に変更してみます。

リスト 5.27　**lib/config.ts**を修正

```
 9  export const props: SqsTestStackProps = {
10    visibilityTimeout: cdk.Duration.seconds(120)
11  }
```

○ スナップショットテストの実行

リスト 5.27の修正後に**npm test**を実行すると、次のようにテストは失敗します。

```
> sqs_test@0.1.0 test
> jest

 FAIL  test/sqs_test.test.ts
  SQS Stack
    × should match the snapshot (4 ms)

  ●  SQS Stack ›  should match the snapshot

    expect(received).toMatchSnapshot()

    Snapshot name: `SQS Stack should match the snapshot 1`

    - Snapshot  - 1
    + Received  + 1

    @@ -8,11 +8,11 @@
        },
        "Resources": {
          "SqsTestQueue8E896C04": {
            "DeletionPolicy": "Delete",
            "Properties": {
    -         "VisibilityTimeout": 300,
    +         "VisibilityTimeout": 120,
            },
            "Type": "AWS::SQS::Queue",
            "UpdateReplacePolicy": "Delete",
          },
        },

       8 |   const template = Template.fromStack(stack).toJSON();
       9 |   it('should match the snapshot', () => {
    > 10 |     expect(template).toMatchSnapshot();
         |                      ^
      11 |   });
      12 | });
      13 |
```

```
    at Object.<anonymous> (test/sqs_test.test.ts:10:22)

›  1 snapshot failed.
Snapshot Summary
›  1 snapshot failed from 1 test suite. Inspect your code changes or run `npm test -- -u` to update them.

Test Suites: 1 failed, 1 total
Tests:       1 failed, 1 total
Snapshots:   1 failed, 1 total
Time:        2.495 s, estimated 3 s
```

　"FAIL"という文字列でテストが失敗したことを示すとともに、`VisibilityTimeout`に違いがあることが具体的な数値とともに出力されています。これは期待どおりで、可視性タイムアウトを変更したのでテンプレートは変化し、以前のスナップショットとは一致しなくなるからです。

● スナップショットの更新
　コードの修正によるスナップショットの変化が妥当である場合には、スナップショットを最新のコードから生成されるテンプレートに更新します。次のコマンドを実行することでスナップショットを更新できます。

```
> npx jest -u
```

　このコマンドを実行すると、次のような出力が得られます。

```
PASS  test/sqs_test.test.ts
  SQS Stack
    ✓ should match the snapshot (2 ms)

›  1 snapshot updated.
Snapshot Summary
›  1 snapshot updated from 1 test suite.

Test Suites: 1 passed, 1 total
Tests:       1 passed, 1 total
Snapshots:   1 updated, 1 total
Time:        2.028 s, estimated 3 s
```

　"1 snapshot updated"というメッセージから、スナップショットが更新されたことを把握できます。

　スナップショットのファイルをGitでバージョン管理していれば、次のように、`git diff`コマンドで変更差分を表示できます。

```
> git diff

diff --git a/codes/cdk/sqs_test/test/__snapshots__/sqs_test.test.ts.snap b/codes/cdk/sqs_test/test/
__snapshots__/sqs_test.test.ts.snap
index 74d2586..9d8d362 100644
--- a/codes/cdk/sqs_test/test/__snapshots__/sqs_test.test.ts.snap
+++ b/codes/cdk/sqs_test/test/__snapshots__/sqs_test.test.ts.snap
@@ -13,7 +13,7 @@ exports[`SQS Stack should match the snapshot 1`] = `
    "SqsTestQueue8E896C04": {
      "DeletionPolicy": "Delete",
      "Properties": {
-       "VisibilityTimeout": 300,
+       "VisibilityTimeout": 120,
      },
      "Type": "AWS::SQS::Queue",
      "UpdateReplacePolicy": "Delete",
```

　このように、スナップショットの更新差分を見ることで、テンプレートに意図した変更が反映されているかを確認できます。

〇 package.jsonのscriptsへの追記
　package.jsonのscriptsのところに、次のようにtest:updateを追記しておくと便利です。

```
1   "scripts": {
2     "build": "tsc",
3     "watch": "tsc -w",
4     "test": "jest",
5     "test:update": "jest -u",
6     "cdk": "cdk"
7   },
```

　この追記をすることで、次のコマンドの実行でスナップショットの更新ができます（スナップショット更新のためのjestのオプションを覚えておく必要がなくなります）。

```
> npm run test:update
```

5.13.5 ⋮ 環境やスタックが複数ある場合

スナップショットテストは短時間で終わるテストですので、環境やスタックが複数あっても、1回のテスト実行のコマンドですべての環境、スタックに対してスナップショットテストが実行されるのが便利でしょう。そのような場合のCDKのコード、およびテストの実装について考えてみます。

○ 題材

題材として次のような場合を想定します。なお、これは環境やスタックが複数あるときの説明を目的にした題材であり、実用性はあまりありません。

- 環境（ステージ）はdev、stg、prdの3つある
- 各環境のスタックでは、lib/sqs_test-stack.tsのSqsTestStackを2つ呼び出す。2つのSQSキューの可視性タイムアウトを異なる値に設定する

○ CDKのコードの修正

リスト5.23のlib/config.tsを次のように更新します。

リスト5.28 lib/config.tsを修正

```
1  import * as cdk from 'aws-cdk-lib';
2
3  export interface SqsTestStackProps extends cdk.StackProps {
4    visibilityTimeout: cdk.Duration;
5  }
6
7  export type STAGE = 'dev' | 'stg' | 'prd';
8
9  export const propsLong: { [key in STAGE]: SqsTestStackProps } = {
10   ['dev']: {
11     visibilityTimeout: cdk.Duration.seconds(300)
12   },
13   ['stg']: {
14     visibilityTimeout: cdk.Duration.seconds(200)
15   },
16   ['prd']: {
17     visibilityTimeout: cdk.Duration.seconds(100)
18   },
19  }
20
21  export const propsShort: { [key in STAGE]: SqsTestStackProps } = {
22   ['dev']: {
23     visibilityTimeout: cdk.Duration.seconds(30)
```

```
24    },
25    ['stg']: {
26      visibilityTimeout: cdk.Duration.seconds(20)
27    },
28    ['prd']: {
29      visibilityTimeout: cdk.Duration.seconds(10)
30    },
31  }
```

　可視性タイムアウトが長めの設定であるpropsLongと短めの設定のpropsShortを、それぞれ
環境をキーとしたSqsTestStackProps型の値へのマップとし、環境ごとにvisibilityTimeout
を設定しておきます。

　lib/sqs_test-stack.tsに変更はありません。

　リスト5.25のbin/sqs_test.tsは、次のように修正します。

リスト 5.29　**bin/sqs_test.tsを修正**

```
1   #!/usr/bin/env node
2   import 'source-map-support/register';
3   import * as cdk from 'aws-cdk-lib';
4   import { SqsTestStack } from '../lib/sqs_test-stack';
5   import { propsLong, propsShort, STAGE } from '../lib/config';
6
7   const stage = process.env.STAGE as STAGE;
8   const app = new cdk.App();
9   new SqsTestStack(app, `${stage}-SqsTestLongStack`, {
10    ...propsLong[stage],
11  });
12  new SqsTestStack(app, `${stage}-SqsTestShortStack`, {
13    ...propsShort[stage],
14  });
```

　可視性タイムアウトが長めの設定であるSQSキューを構築するスタックと、短めの設定で
あるスタックの2つを記述しています。これらを、dev、stg、prdの3つの環境にデプロイし
ます。

　実際に、cdk lsによって、各環境に2個ずつのスタックを確認できます。

```
> STAGE=dev cdk ls

dev-SqsTestLongStack
dev-SqsTestShortStack

> STAGE=stg cdk ls
stg-SqsTestLongStack
```

```
stg-SqsTestShortStack

> STAGE=prd cdk ls

prd-SqsTestLongStack
prd-SqsTestShortStack
```

● テストのコードの修正

スナップショットテストを記述した**リスト 5.26** の test/sqs_test.test.ts を修正します。その中でtoMatchSpecificSnapshot() という jest-specific-snapshot というパッケージのメソッドを使います。そのため、このパッケージを次のようにしてインストールします。

```
> npm install jest-specific-snapshot
> npm install @types/jest-specific-snapshot
```

test/sqs_test.test.ts は、次のように修正します。

リスト 5.30　test/sqs_test.test.tsを修正

```
1  import * as cdk from 'aws-cdk-lib';
2  import { Template } from 'aws-cdk-lib/assertions';
3  import * as SqsTest from '../lib/sqs_test-stack';
4  import { propsLong, propsShort, STAGE } from '../lib/config';
5  import 'jest-specific-snapshot';
6  import * as path from 'path';
7
8  const stages = Object.keys(propsLong) as STAGE[];
9
10 const snapshotFileName = (stage: string, stackName: string): string => {
11   return `./__snapshots__/${path.basename(__filename).split(".")[0]}/${stage}/${stackName}.snapshot`
12 }
13
14 describe.each(stages)('[stage: %s] should match snapshot', (stage) => {
15   const app = new cdk.App();
16   const stacks = [
17     new SqsTest.SqsTestStack(app, 'SqsTestLongStack', propsLong[stage]),
18     new SqsTest.SqsTestStack(app, 'SqsTestShortStack', propsShort[stage]),
19   ]
20
21   stacks.forEach(stack => {
22     it(`[${stack.stackName}] should match the snapshot`, () => {
23       const template = Template.fromStack(stack).toJSON();
24       expect(template).toMatchSpecificSnapshot(snapshotFileName(stage, stack.stackName));
25     });
26   })
```

```
27  });
```

　describe.each()で環境ごとに実施するテストを記述します（14行目）。bin/sqs_test.ts に記述した2つのスタックのインスタンスを作成し、stacks という配列に格納しています（16-19行目）。そして、その配列に対してforEachで個々のテストをit()で実行しています（21-26行目）。

　このコードでは、スナップショットを出力するメソッドとして、**リスト 5.26** で使っていた toMatchSnapshot()の代わりに、toMatchSpecificSnapshot()を使っています（24行目）。toMatchSnapshot()でもテストは問題なく動作しますが、6つのテスト（環境3つ×スタック2つ）のスナップショットが1つのファイルに書かれます。そのため、スナップショットのファイルが大きくなり、スナップショットのファイルに差分が生じたときに、差分がある環境やスタックがわかりにくくなります。toMatchSpecificSnapshot()を使うことで、スナップショットファイルのパスを指定できるようになり、環境やスタックごとにスナップショットのファイルを分割できるようになります。

　snapshotFileName()という関数でスナップショットの出力先を決めており（10-12行目）、スナップショットファイルの出力先は次のような構造になります。

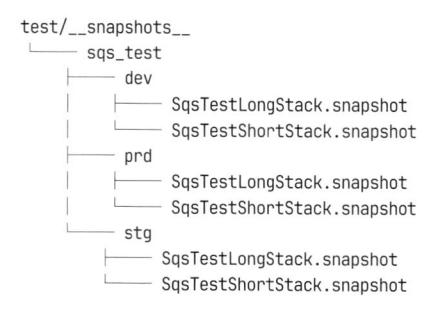

```
test/__snapshots__
└── sqs_test
    ├── dev
    │   ├── SqsTestLongStack.snapshot
    │   └── SqsTestShortStack.snapshot
    ├── prd
    │   ├── SqsTestLongStack.snapshot
    │   └── SqsTestShortStack.snapshot
    └── stg
        ├── SqsTestLongStack.snapshot
        └── SqsTestShortStack.snapshot
```

　あとは、先述の例と同様にnpm testを実行することで、スナップショットの作成（初回）、スナップショットとの比較（2回目以降）が実行されます。リソースの変更に伴うスナップショットの更新の操作も同じです。

　CloudFormationのテンプレートのスナップショットの変化をチェックすることで、意図しない変更（リグレッション）が発生していないことを確認できるとともに、CloudFormationのテンプレートそのものや、リソースの更新による変化を確認できる点で、スナップショットテストは非常に有用です。お手軽にできますので、ぜひ活用してください。

5.14 ブートストラップの役割

5.14.1 ブートストラップによって作成されるスタック

2.4.2 項の CDK の最初のセットアップの中で、ブートストラップという操作を実行しました。

`cdk bootstrap` コマンドによってブートストラップを実行すると、`CDKToolKit` という CloudFormation のスタックが作成されます。そのテンプレートは、AWS マネジメントコンソールのこのスタックの画面や次のコマンドで確認できます。

```
> cdk bootstrap --show-template
```

このテンプレートを見ると、S3 バケット、ECR のリポジトリ、複数の IAM ロール、AWS Systems Manager パラメータストアのパラメータが、このスタックによってデプロイされているのがわかります。

S3 バケットは、CDK のコードから変換して作成した CloudFormation のテンプレートや、Lambda 関数のファイルを ZIP ファイルにアーカイブしたアセットなどをアップロードするのに使われます。また、ECR のリポジトリは Lambda 関数のコンテナイメージの格納に使われます。

5.14.2 ブートストラップによって作成される IAM ロール

ブートストラップによって、**表 5.2** に示した 5 つの IAM ロールが作成されます。表中のプリンシパルとはそのロールを引き受ける（`AssumeRole`）ことができる IAM ロールやユーザー、AWS サービスです。`AssumeRole` については、AWS のドキュメントを参照してください[注5.47]。

注5.47　https://docs.aws.amazon.com/ja_jp/IAM/latest/UserGuide/id_credentials_temp_control-access.html

表5.2　ブートストラップによって作成される5つのIAMロール

IAMロール名	プリンシパル	用途	主な許可アクション
CloudFormation 実行	CloudFormation サービス	リソースの操作	AdministratorAccess
デプロイメントアクション	同じアカウントの IAM ロールやユーザー	スタックや変更セットの操作	cloudformation 関連、PassRole
ファイルパブリッシング	同じアカウントの IAM ロールやユーザー	ファイルのアセットを S3 バケットにアップロード	S3 関連
イメージパブリッシング	同じアカウントの IAM ロールやユーザー	コンテナイメージのアセットを ECR にプッシュ	ECR 関連
ルックアップ	同じアカウントの IAM ロールやユーザー	既存リソースの情報収集	ReadOnlyAccess

　CloudFormation 実行ロールは、デプロイメントアクションロールがCloudFormation のサービスに渡します（**PassRole**[注5.48]）。CloudFormation は、CloudFormation 実行ロールの許可ポリシーにしたがって、リソースの操作を行います。デフォルトでは、すべてのアクションが許可された**AdministratorAccess**のIAMポリシーがアタッチされています。

　cdk コマンドの操作の中では、コマンドを実行したユーザーが処理に応じたロールを引き受け、また引き受けるロールを切り替えながら処理を行っています。たとえば、合成処理で生成された CloudFormation テンプレートをS3にアップロードするときには、ファイルパブリッシングロールを引き受けます。その後に実行される変更セットの作成・実行をするときには、デプロイメントアクションロールを引き受けます。そして、デプロイアクションロールがCloudFormation のサービスに CloudFormation 実行ロールを渡すことで、CloudFormationがリソースの操作を行います。

5.14.3 ⋮ CDKを実行するための最小の許可ポリシー

　これまで、管理者アクセスポリシーがアタッチされたユーザーでCDKによるリソースの操作をしてきました。実は、CDKによるリソースの操作に必要な最小の許可ポリシーは、**表5.2**の5つのIAMロールのうち、プリンシパルが「ユーザー」となっている4つのIAMロールに対して**AssumeRole**の許可が与えられていることになります[注5.49]。

　しかし、デプロイメントアクションロールをユーザーが引き受けることができれば、

注5.48　https://docs.aws.amazon.com/IAM/latest/UserGuide/id_roles_use_passrole.html
注5.49　https://github.com/aws/aws-cdk/wiki/Security-And-Safety-Dev-Guide#bootstrapping

CloudFormationサービスに任意のアクションを実行できるCloudFormation実行ロールを渡すことが可能になります。その結果、CloudFormationを通じて任意のリソースの操作ができる強力な権限を持つことになります。

　管理者アクセスポリシーの代わりに、4つのIAMロールを引き受けられる許可ポリシーのみを、cdkコマンドを実行するユーザーにアタッチしても、（CloudFormationを通じて、という制約は課されるものの）強力な権限が付与されることに変わりはないことに注意が必要です。

COLUMN

CloudFormation実行ロールのカスタマイズ

　ブートストラップを複数回実行して、ブートストラップによって作成されるリソースのセット（IAMロールやS3バケットなど）を複数作成することができます。これらのブートストラップやリソースは、ブートストラップを実行するときに指定する「修飾子」（qualifier）と呼ばれる文字列で区別されます。デフォルトの修飾子はhnb659fdsという文字列です。修飾子を指定したブートストラップの実行によって作成されるリソースの名前には、指定した修飾子が含まれています。

　また、デフォルトのブートストラップでは、管理者アクセスポリシーをアタッチしたCloudFormation実行ロールが作成されますが、CloudFormation実行ロールにアタッチするIAMポリシーは、ブートストラップを実行するときにカスタマイズできます（たとえば、許可ポリシーを特定のリソースのアクションに限るなど）[注5.A]。デフォルト以外の修飾子を指定してブートストラップを実行し、その中でCloudFormation実行ロールをカスタマイズすれば、CloudFormation実行ロールが異なる複数のブートストラップのリソースセットを作成できます。

　そして、ユーザーに許可するアクションを、特定の修飾子のブートストラップによって作成される4つのIAMロールを引き受けるアクション（すなわちAssumeRole）とすることで、CDKの操作の際にユーザーに与える権限を制限することができます。

　CDKの操作はブートストラップで作成されたIAMロールを引き受けて、また引き受けるロールを切り替えながら実行されます。その操作の中で、デフォルト以外の修飾子のブートストラップによって作成されたIAMロールを引き受けるには、Appのコンストラクタを次のように記述します。[注5.B]。

```
1  const qualifier =
2    process.env.CDK_DEFAULT_QUALIFIER ||
3    cdk.DefaultStackSynthesizer.DEFAULT_QUALIFIER;
4  const app = new cdk.App({
5    defaultStackSynthesizer: new cdk.DefaultStackSynthesizer({
6      qualifier,
7    })
8  });
```

　修飾子を cdk コマンド実行時に動的に指定できるように、 qualifier を環境変数 CDK_DEFAULT_QUALIFIER を通じて与えるようにしてあります。デフォルトの修飾子のブートストラップによる IAM ロールを引き受ける権限がないユーザーは、cdk コマンドを実行するときの環境変数に、自分が引き受けることを許可された IAM ロールの修飾子（たとえば s3only）を指定します。cdk コマンドの実行は、たとえば次のようになります。

```
> AWS_PROFILE=dev CDK_DEFAULT_QUALIFIER=s3only cdk deploy
```

　このようにすることで、cdk コマンドを実行してリソースを操作する際のユーザーの権限をコントロールすることが可能です。

注5.A　https://docs.aws.amazon.com/ja_jp/cdk/v2/guide/bootstrapping-customizing.html
注5.B　https://docs.aws.amazon.com/cdk/v2/guide/configure-synth.html#bootstrapping-synthesizers

---

5.15 ┊ CloudFormationのスタックの操作に失敗したとき

　CloudFormation のスタックの操作は、しばしば失敗することがあります。ここではその復旧作業に注意が必要な場面についてまとめます。

5.15.1 ┊ スタックの削除の中でリソースの削除に失敗したとき

　スタックを削除しようとしたときに、スタックが管理していたリソースの削除に失敗し、そ

の結果としてスタックの削除が失敗することがあります。たとえば、あるスタックでデプロイ
したセキュリティグループが、そのスタックでは管理していないリソースで使われているとい
う状況を考えます。この場合、スタックの削除によってこのセキュリティグループが削除され
ようとしますが、他のリソースで使われているために削除に失敗してしまいます。また、S3バ
ケットのように、格納しているものを空にしないと削除ができないようなリソースがスタック
にある場合には、中身が空になっていないと削除に失敗します。

◯ 削除の再実行

　スタックの削除に失敗した場合には、AWSマネジメントコンソールのそのスタックの画面
に「削除の再実行」というボタンが表示されます（**図5.7**）。

図5.7　スタックの削除に失敗したときに現れる「削除の再実行」のボタン

　このボタンを押すと、スタックの削除の中で、削除に失敗したリソースの処理について尋ね
るダイアログが表示されます（**図5.8**）。

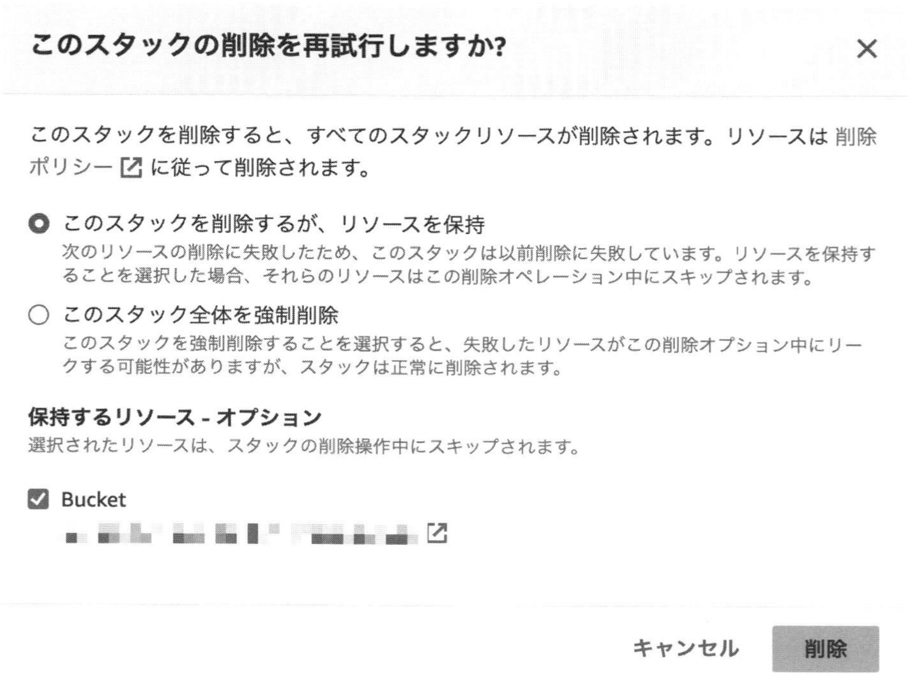

このスタックの削除を再試行しますか?　　　　　　　　　　　　　　✕

このスタックを削除すると、すべてのスタックリソースが削除されます。リソースは 削除
ポリシー ◩ に従って削除されます。

⦿ **このスタックを削除するが、リソースを保持**
　　次のリソースの削除に失敗したため、このスタックは以前削除に失敗しています。リソースを保持す
　　ることを選択した場合、それらのリソースはこの削除オペレーション中にスキップされます。

○ **このスタック全体を強制削除**
　　このスタックを強制削除することを選択すると、失敗したリソースがこの削除オプション中にリー
　　クする可能性がありますが、スタックは正常に削除されます。

保持するリソース - オプション
選択されたリソースは、スタックの削除操作中にスキップされます。

☑ Bucket
　　▓▓▓▓　▓▓▓▓　▓▓▓▓　▓▓▓▓ ◩

　　　　　　　　　　　　　　　　　　　　　　　　　　　　キャンセル　　 削除

図5.8　スタックの削除再実行の際に表示されるダイアログ

　スタックの削除を優先する場合には、削除に失敗したリソースを保持するようにチェックを
して、スタックの削除をするのが良いでしょう。この場合、削除に失敗したリソースは削除さ
れずに残りますので、削除するときにはリソースの削除に失敗した原因（他のリソースで使われ
ている、中身が空になっていないなど）を取り除いたうえで、手動で削除する必要がありま
す。

5.15.2 ⋮ スタックの更新の中でリソースの削除に失敗したとき

　スタックの更新の際に、テンプレートから対応するリソースの記述がなくなったり、リソー
スの置換が発生して新しいリソースが作成されたりする場合には、リソースの削除が行われま
す。そのリソースの削除に、前項と同様の理由などで失敗することがあります。

　スタックの更新に伴って発生するリソースの削除の場合、リソースの削除が失敗したときに
は、削除の操作の再実行が3回行われます。3回の再実行でもリソースの削除に失敗したとき
には、リソースの削除は失敗の状態のまま、スタックの更新は完了となります。つまり、ス

タックの更新が正常に終了していても、そのプロセスの中にあるリソースの削除に失敗していることがある、ということです。なお、スタックの更新は完了しているので、テンプレートの更新も完了し、削除に失敗したリソースの記述はテンプレートにはない状態になります。

　削除されるべきリソースが削除されなかった状況ですので、それによってサービス提供に影響が出ることはないでしょう。しかし、不要なリソースが残り続けることで不必要な課金が発生する場合がありますので、削除に失敗したリソースは手動で削除するようにしてください。

▌ 5.15.3 ⋮ スタックの更新に失敗してロールバックにも失敗した場合

　スタックの更新に失敗すると、デフォルトではロールバックが実行されて、更新操作を行う前の状態に戻されます。しかし、更新操作を行う前の状態に戻せず、ロールバックに失敗することがあります。その原因としては、AWSのドキュメント[注5.50] に解説があるように、スタック操作によらないリソースの手動操作が可能性の1つに挙げられます。また、AWSのサービスの中には、ある古いバージョンのものを使い続けることは可能であるが、新規にそのバージョンのものを作成することができないという制約がかかっているリソースがあります（Lambda関数のランタイムやRDSなど）。

　このような場合には、スタックのステータスはUPDATE_ROLLBACK_FAILEDという状態になり、スタックの更新ができない状態になります。この状態になった場合には、AWSのドキュメントに説明があるように[注5.51]、AWSマネジメントコンソールにある「スタックアクション」から「更新ロールバックを続ける」を実行して、スタックのステータスをUPDATE_COMPLETEにします。そうすることで、スタックの更新ができるようになります。

　AWSマネジメントコンソールのスタックの「イベント」のタブには、ロールバックの失敗原因が表示されています。失敗原因を除去することが可能であれば、その原因を除去したうえで「更新ロールバックを続ける」を実行することで、ロールバックに失敗したリソースのロールバックを再度実行します。しかし、失敗原因を除去することが難しい場合（こちらのほうが多いと思います）には、「スキップするリソース」の当該リソースにチェックを付けたうえで、「更新ロールバックを続ける」を実行します。

　「更新ロールバックを続ける」を実行することで、スタックのステータスがUPDATE_COMPLETEに設定されたうえで、ロールバックの処理が継続されます。スキップするリソースに指定したリソースについては、スタックに保持されているテンプレートの記述と実際のリソースの状

注5.50　https://docs.aws.amazon.com/AWSCloudFormation/latest/UserGuide/troubleshooting.html#troubleshooting-errors-update-rollback-failed

注5.51　https://repost.aws/ja/knowledge-center/cloudformation-update-rollback-failed

態に乖離があります。乖離がなくなるように、スタックまたはリソースを更新する必要があります。

5.16 ┊ まとめ

　本章では、CDKの動作の仕組みや、コードの記述方法について、解説しました。

　CDKのコードは、CloudFormationのテンプレートなどを作成する機能（合成）を持つアプリケーションです。`cdk diff`や`cdk deploy`などのコマンドを実行した際には、ユーザーが記述したCDKのコードがアプリケーションとして実行され、合成が実行されます。これらのコマンド、その合成の出力結果を使って、後続の処理を実行しています。そして、リソースやスタックがコンストラクタによって記述されて、これらのコンストラクタはツリー構造に配置されていること、L2コンストラクタによってリソースの抽象化がされていることを紹介しました。

　リソースの抽象化の例として、VPCのL2コンストラクタを取り上げました。わずかなコードの記述によって、VPCに関連する多くのリソースを記述したテンプレートが作成されることを見ました。また、VPCのコンストラクタが、他のL2コンストラクタや、テンプレートのリソースの記述に対応するL1コンストラクタを呼び出している様子を、コンストラクタツリーの可視化によって確認しました。

　コンストラクタツリーの応用として、複数環境へのデプロイ方法、タグの付与、エスケープハッチを解説しました。コンストラクタツリーのことを知っていると、このような使い方が理解しやすくなると思います。

第 **6** 章

VPCのIaCによる記述

||||||||||||||||||||||||||||

この章と次の章では、Terraform および CDK でリソースを記述して、それぞれのコードの書き方を見ます。

本章では、VPC を題材にします。VPC 関連のリソースは多いため、Terraform と CDK いずれでも個々のリソースを記述するのではなく、複数のリソースをまとめて記述できる仕組みを使うのが便利です。

VPC というリソースの記述方法として本章をとらえるのではなく、VPC はあくまで一例とし、IaC のコードの書き方全般を学ぶための章として、Terraform と CDK の記述を比較しながら読んでみてください。

実践編

6.1 VPCを構成するリソース

　VPC（Virtual Private Cloud）は、AWS内で論理的に分離された仮想的なネットワークです。VPC上にEC2インスタンス、ECSタスク、データベースなどのリソースを配置し、アプリケーションを実行するのが一般的です。

　VPCがなければEC2インスタンスもデータベースも作成できないことから、VPCはAWSを利用するときに最初に作成するリソースであることが多いでしょう。一方、VPCだけを作成しても何も配置できず、サブネット、インターネットゲートウェイ、ルートテーブルやそのテーブルに設定するルート、ルートテーブルとサブネットとの関連づけ、（必要に応じて）NATゲートウェイなどのリソースの配置も必要になります。

　本章では、Terraform、CDKそれぞれについてVPCのIaCでの記述の方法を紹介します。

6.2 構築するVPCの仕様

　本章では、次のような仕様のVPCを、複数の環境向けに展開することを前提に構築します。

6.2.1 VPCの名前とCIDRブロック

● VPCの名前

　ここでは、VPCを東京リージョンに作成し、[環境名]-vpc-tf（Terraformから作成）、または[環境名]-vpc-cdk（CDKから作成）という名前を付けます（[環境名]はdev、prdなど）。VPCは他のリソースを記述する際に参照されることが多いリソースであり、その参照をするときに名前で指定するのが便利です。

　なお、VPCそのものにはリソースの名前を表す属性はありません。VPCの名前は、Name というキーのタグによって指定されます。

● VPC の CIDR ブロック

VPC の CIDR ブロックは、入力パラメータによって、環境ごとに設定できるようにします。

6.2.2 ᠄ VPC に配置するサブネット

サブネットは、VPC で利用可能な IP アドレスの範囲を分割したものです。サブネットの間では、(Network ACL を設定しない限りは)相互の通信が可能です。

● サブネットの種類

VPC の外との通信の可否によって、サブネットは次のように分類されます。

パブリックサブネット ルートテーブルにインターネットゲートウェイへのルートを持つサブネット。VPC 内からインターネット、インターネットから VPC への通信が可能

プライベートサブネット インターネットゲートウェイへのルートを持たないサブネット。インターネットからの通信はできない。プライベートサブネットはさらに、ルートテーブルに NAT ゲートウェイへのルートを持ち VPC 内からインターネットへの通信が可能なものと、VPC 外へのルートを持たずインターネットとの通信がいっさいできないものに分けられる

冗長性を確保するために、各サブネットは複数のアベイラビリティゾーンに配置することが一般的です。

● サブネットの配置

東京リージョンには3つのアベイラビリティゾーンがあります。ここでは、各環境につき、各アベイラビリティゾーンにパブリックサブネット、プライベートサブネット (NAT ゲートウェイへのルートなし)、プライベートサブネット (NAT ゲートウェイへのルートあり) を1つずつ、計9個のサブネットを配置します。

ただし、NAT ゲートウェイを使わない選択をした場合には、プライベートサブネット (NAT ゲートウェイへのルートあり) は配置しないこととします。

● サブネットの CIDR ブロックのプレフィックス長

9個のサブネットが均等にアベイラビリティゾーンに配置されるように、サブネットの CIDR ブロックのサイズを設定します。

　2のべき乗2^n（nは正の整数）のうち、9以上の最小の数は$2^4 = 16$です。VPCのIPアドレス空間を16個に分割して、そのうちの9つのIPアドレス空間をサブネットに割り当てます。たとえば、VPCのCIDRブロックのプレフィックス長が/16の場合には、各サブネットのCIDRブロックのプレフィックス長は/20となります。

　なお、後述のNATゲートウェイを使わない選択をしてプライベートサブネット（NATゲートウェイへのルートあり）を配置しない場合も、あとからそのサブネットを追加できるように、IPアドレス空間の分割は同じとします。

◯ サブネットの名前

　それぞれのサブネットには、サブネットの種類がわかる一定の命名ルールで名前を付けます。なお、サブネットもVPCと同様、リソースに名前の属性はなく、Name というキーのタグによって名前を指定します。

6.2.3 ⋮ NATゲートウェイの配置

　プライベートサブネット（NATゲートウェイへのルートあり）を配置する場合には、NATゲートウェイが必要です。冗長性を重視する場合には、各アベイラビリティゾーンにNATゲートウェイを配置することが推奨されています。一方、NATゲートウェイは時間単価が高いリソースであるので[注6.1]、開発環境などでは1つのNATゲートウェイを複数のアベイラビリティゾーンから使うようにする場合もあります[注6.2]。ここでは、入力パラメータによって、NATゲートウェイを各アベイラビリティゾーンに配置するか、1つのみ配置するかを選択できるようにします。

6.2.4 ⋮ その他

　デフォルトのセキュリティグループはセキュリティの観点から望ましくなく、無効にすることが推奨されています。ここでは、デフォルトのセキュリティグループを無効にするようにします。

　なお、これから利用するTerraformのVPCモジュールと、CDKのVpcコンストラクタでは、ここまでに挙げた属性以外のデフォルト値が異なることがあります。言及しない属性について

注6.1　NATゲートウェイは稼働時間と処理した通信量で課金されます。高価なリソースになりますので、試しに構築して、不要になった場合には忘れずに削除するようにしましょう。
注6.2　NATゲートウェイの数は少なくできますが、アベイラビリティゾーン間の通信に対する課金が発生します。

は、それぞれのデフォルト設定に従うことにし、コード上には明示的に記述しないことにします。

6.3 | TerraformによるVPCの記述

6.3.1 Terraform Registry

VPCには多くのリソースの配置が必要になります。Terraformの標準機能で記述する場合、それらのリソースに対応するresourceブロックを記述していくことになります。しかし、リソースの数が多く大変です。

Terraform Registryには、複数のリソースをまとめて記述したモジュールがたくさん公開されており[注6.3]、ルートモジュールや子モジュールから呼び出して使うことができます。

ここでは、Terraform Registryに公開されているAWS VPC Terraform Module[注6.4]（以下、VPCモジュール）を使って、VPCを構築してみます。

6.3.2 Terraform Registryに公開されているドキュメントの読み方

Terraform Registryのモジュールを使うときには、まずモジュールのドキュメントを眺めます。VPCモジュールのドキュメントの冒頭を示したのが**図6.1**です。このモジュールには、230個の入力（Inputs）、111個の出力（Outputs）という非常にたくさんの入出力があることを示しています。

注6.3 https://registry.terraform.io/browse/modules
注6.4 https://registry.terraform.io/modules/terraform-aws-modules/vpc/aws/latest

Readme　Inputs (230)　Outputs (111)　Dependency (1)　Resources (80)

AWS VPC Terraform module

Terraform module which creates VPC resources on AWS.

図6.1　AWS VPC Terraform Moduleのドキュメントの冒頭部

6.3.3 ┋ VPCモジュールを呼び出す子モジュールの作成

● VPCモジュールの子モジュールからの呼び出し

　VPCモジュールには230個にも及ぶ大量の種類の入力があります。入力の種類が大量にあるときには、このモジュールをルートモジュールから直接呼び出すのではなく、自分の子モジュールからこのモジュールを呼び出すようにするのが便利です。このようにすると、使用時に固定する入力をあらかじめ設定しておくことや、よく使う入力だけを自分の子モジュールの入力から渡すように設定しておくことができます。

● 子モジュールのコンフィグの記述

　まずは、usecasesの子モジュールをvpcという名前で作成します。

```
> sh ./tools/tf_init.sh usecases vpc
```

　usecases/vpcに作成されるvariables.tfに、入力パラメータを列挙した次のコードを記述します。

リスト 6.1　usecases/vpc/variables.tf

```
1  variable "stage" {
2    type        = string
3    description = "stage: dev, prd"
4  }
5  variable "vpc_cidr" {
6    type        = string
7    description = "VPC の CIDR。例: 10.0.0.0/16"
```

```
 8  }
 9  variable "enable_nat_gateway" {
10    type        = bool
11    description = "NAT Gateway を使うかどうか"
12  }
13  variable "one_nat_gateway_per_az" {
14    type        = bool
15    default     = false
16    description = "AZ ごとに 1 つの NAT Gateway を設置するか"
17  }
```

　次に子モジュールの main.tf に、vpc モジュールの呼び出しを含む、次のコードを記述します。

リスト 6.2　usecases/vpc/main.tf

```
 1  data "aws_availability_zones" "current" {}
 2
 3  module "vpc" {
 4    source  = "terraform-aws-modules/vpc/aws"
 5    version = "5.9.0"
 6
 7    name = "${var.stage}-vpc-tf"
 8    cidr = var.vpc_cidr
 9
10    azs = slice(data.aws_availability_zones.current.names, 0, 3)
11    public_subnets = [
12      cidrsubnet(var.vpc_cidr, 4, 0),
13      cidrsubnet(var.vpc_cidr, 4, 1),
14      cidrsubnet(var.vpc_cidr, 4, 2)
15    ]
16    intra_subnets = [
17      cidrsubnet(var.vpc_cidr, 4, 4),
18      cidrsubnet(var.vpc_cidr, 4, 5),
19      cidrsubnet(var.vpc_cidr, 4, 6)
20    ]
21    private_subnets = var.enable_nat_gateway ? [
22      cidrsubnet(var.vpc_cidr, 4, 8),
23      cidrsubnet(var.vpc_cidr, 4, 9),
24      cidrsubnet(var.vpc_cidr, 4, 10)
25    ] : []
26
27    enable_nat_gateway = var.enable_nat_gateway
28    single_nat_gateway = (
29      var.enable_nat_gateway
30      ? (var.one_nat_gateway_per_az ? false : true)
31      : false
32    )
33    one_nat_gateway_per_az = (
34      var.enable_nat_gateway
```

```
35      ? var.one_nat_gateway_per_az
36      : false
37    )
38
39    manage_default_security_group  = true
40    default_security_group_ingress = []
41    default_security_group_egress  = []
42  }
```

　まず、データソース aws_availability_zones で、AWS プロバイダのデフォルトのリージョンである東京リージョンのアベイラビリティゾーンの名前を取得しています（1行目）。

　VPC モジュールを呼び出す際には、モジュールのドキュメントの記述にしたがって、sourceや version を記述します（4–5行目）。VPC モジュールを呼び出す子モジュールでは、VPC モジュールにあるたくさんの入力パラメータのうち、デフォルトとは別の値を設定したいものや、子モジュールへの入力値によって挙動を変化させたいパラメータのみを記述します。

　azs はリソースを配置するアベイラビリティゾーンを指定しますが、その指定に slice() という、リストの一部を取り出す関数[注6.5] を用いています（10行目）。

　パブリックサブネット、プライベートサブネット（NAT ゲートウェイへのルートなし）、プライベートサブネット（NAT ゲートウェイへのルートあり）の CIDR ブロックを、それぞれpublic_subnets、intra_subnets、private_subnets に指定します（11–25行目）。これらの引数のデフォルトは空配列であり、引数の記述がない場合、対応するサブネットは1つも作られません。enable_nat_gateway が false の場合には、private_subnets には [] を指定して、プライベートサブネット（NAT ゲートウェイへのルートあり）を作成しないようにしています。

　サブネットの分割では、2のべき乗個のグループに分けて、各グループの CIDR ブロックがx.x.x.x/y の形式で表現できるようにすることが多いでしょう。**リスト 6.2** では、VPC の IP アドレス空間を4つに分割し、それぞれに各種別のサブネットを割り当てています（4つのうち1つは使用しない）。そして、種別ごとにさらに4分割して、3つのアベイラビリティゾーンに割り当てています（**表 6.1**）。

注6.5　https://developer.hashicorp.com/terraform/language/functions/slice

表6.1　リスト6.2によって記述されるサブネットのCIDRブロックと名前（VPCのcidrが10.0.0.0/16、VPCの名前がdev-vpc-tfで、NATゲートウェイを使用する場合）

サブネット種別	連番	CIDRブロック	サブネットの名前
public_subnets	0	10.0.0.0/20	dev-vpc-tf-public-ap-northeast-1a
	1	10.0.16.0/20	dev-vpc-tf-public-ap-northeast-1c
	2	10.0.32.0/20	dev-vpc-tf-public-ap-northeast-1d
	3	10.0.48.0/20	（未使用）
intra_subnets	4	10.0.64.0/20	dev-vpc-tf-intra-ap-northeast-1a
	5	10.0.80.0/20	dev-vpc-tf-intra-ap-northeast-1c
	6	10.0.96.0/20	dev-vpc-tf-intra-ap-northeast-1d
	7	10.0.112.0/20	（未使用）
private_subnets	8	10.0.128.0/20	dev-vpc-tf-private-ap-northeast-1a
	9	10.0.144.0/20	dev-vpc-tf-private-ap-northeast-1c
	10	10.0.160.0/20	dev-vpc-tf-private-ap-northeast-1d
	11	10.0.176.0/20	（未使用）
未使用	12	10.0.192.0/20	（未使用）
	13	10.0.208.0/20	（未使用）
	14	10.0.224.0/20	（未使用）
	15	10.0.240.0/20	（未使用）

　CIDRブロックの指定では、cidrsubnet()という関数[注6.6]を用いています。たとえば、

```
cidrsubnet("10.0.0.0/16", 4, 1)
```

と指定すると、10.0.0.0/16のIPアドレス空間を$2^4 = 16$個に分割したブロック（10.0.0.0/20、10.0.16.0/20、10.0.32.0/20、……）の2番めのブロックであることを示します。最後の引数は表6.1の連番に対応しています。subnetcidr()を使うと、VPCのCIDRブロックに連動してサブネットのCIDRが記述できますが、subnetcidr()を使わずに具体的なCIDRを指定することももちろんできます。

　single_nat_gatewayをtrueにすると、VPCに1つだけのNATゲートウェイを設置し、各アベイラビリティゾーンに配置されたプライベートサブネットが共用する形になります（28–32行目）。一方、one_nat_gateway_per_azをtrueにすると、アベイラビリティゾーンごとにNAT

注6.6　https://developer.hashicorp.com/terraform/language/functions/cidrsubnet

ゲートゲートウェイを設置します（33–37行目）。この2つの設定には3項演算子を用いています。3項演算子の文全体を括弧で囲むことで、演算子（?や:）の前後での改行ができるので、それを使っています。

　デフォルトのセキュリティグループについては、インバウンドにもアウトバウンドにも、何も許可しない設定にしています（39–41行目）。

　なお、Terraform Registryにあるモジュールの呼び出しを記述する際に、モジュールの情報が得られないためにエディタがエラーを表示することがあります。このようなときには、モジュールを呼び出しているコンフィグファイルがあるディレクトリで、`terraform get`コマンドを実行します。これを実行することでモジュールがダウンロードされて、エラー表示が消えます。

6.3.4 ┊ ルートモジュールからの呼び出し

　子モジュールができたところで、ルートモジュールを作成して、この子モジュールを呼び出してみます。

　ルートモジュールを作成します。

```
> sh ./tools/tf_init.sh dev vpc
> cd env/dev/vpc
> AWS_PROFILE=admin terraform init
```

　作成されたルートモジュールのディレクトリenv/dev/vpc以下にあるmain.tfを次のようにします。

リスト 6.3　env/dev/vpc/main.tf

```
1  module "vpc" {
2    source               = "../../../usecases/vpc"
3    stage                = "dev"
4    vpc_cidr             = "10.0.0.0/16"
5    enable_nat_gateway   = false
6  }
```

　sourceに子モジュールのパスを指定しています。このパラメータの設定では、NATゲートウェイを設置しないようにしています。VPCモジュールには大量の入力パラメータがありましたが、このようにすることで入力パラメータを少ない数に抑えることができ、使い方がわかりやすくなりました。

　なお、この設定ではNATゲートウェイを使わない設定にしていますが、enable_nat_gateway を true にして NAT ゲートウェイを使用する場合には、NAT ゲートウェイに対する時間による課金が発生することに注意してください。

　子モジュールをインストールするための terraform init、それに続いて terraform plan を実行すると、作成予定のたくさんのリソースが表示されます。このように、モジュールを使った短い記述だけで、多くのリソースを構築できます。

　構築するリソースの仕様で、サブネットには一定の命名規則で名前を付けることにしていました（**6.2.2 項**）。terraform plan の内容を見ると、サブネットには Name というタグの値に

```
[VPCの名前]-[サブネットの種類]-[アベイラビリティゾーン]
```

という一定の命名規則による名前が設定されています（**表 6.1**）。**リスト 6.3** では、サブネットの名前に関する記述は何もしていませんが、デフォルトでわかりやすい名前を付与してくれます。名前が一定の命名規則にしたがっているリソースは、別のモジュールからデータソースを通じて参照しやすく、非常に便利です（**8.4.1 項**参照）。

6.4　CDKによるVPCの記述

　すでに **5.6.3 項**でも取り上げたように、VPC に対応する CDK のコンストラクタが、aws-cdk-lib.aws-ec2 モジュールにある Vpc です。

6.4.1　Vpcコンストラクタのデフォルト設定で構築されるリソース

　Vpc のコンストラクタには必須の props がなく、**第 5 章**で紹介した**リスト 5.7** の記述だけで、**表 6.2** に示す仕様の VPC を構築できます。

表6.2　Vpc コンストラクタのデフォルト設定で構築される VPC のリソース

項目	値や属性など
VPC の名前	[スタック名]/Vpc
VPC の CIDR ブロック	10.0.0.0/16
リソースが配置されるアベイラビリティ ゾーン	"Environment-agnostic" なスタックの場合は2つ、それ 以外は3つ
パブリックサブネット	各アベイラビリティゾーンに1つずつ
プライベートサブネット （NAT ゲートウェイへのルートなし）	なし
プライベートサブネット （NAT ゲートウェイへのルートあり）	各アベイラビリティゾーンに1つずつ
NAT ゲートウェイ	各アベイラビリティゾーンに1つずつ
デフォルトのセキュリティグループ	無効化される

これをふまえ、**6.2 節**で示した仕様になるように、Vpc の props をカスタマイズします。

6.4.2 ┊ スタックのコンストラクタの記述

まずは、vpc という CDK プロジェクトを作成します。

```
> mkdir vpc
> cd vpc
> cdk init -l typescript
```

スタックのコンストラクタを記述する lib/vpc-stack.ts には、次のようなコードを記述します。

リスト 6.4　lib/vpc-stack.ts

```
1  import * as cdk from 'aws-cdk-lib';
2  import { Construct } from 'constructs';
3  import * as ec2 from 'aws-cdk-lib/aws-ec2';
4
5  export interface VpcStackProps extends cdk.StackProps {
6    stage: string;
7    cidr: string;
8    enableNatGateway: boolean;
9    oneNatGatewayPerAz: boolean;
10 }
11
```

```
12  export class VpcStack extends cdk.Stack {
13    constructor(scope: Construct, id: string, props: VpcStackProps) {
14      super(scope, id, props);
15
16      const vpcCidrMask = Number(props.cidr.split('/')[1]);
17      const subnetCidrMask = vpcCidrMask + 4;
18
19      const subnetConfiguration: ec2.SubnetConfiguration[] = [
20        {
21          name: "Public",
22          subnetType: ec2.SubnetType.PUBLIC,
23          cidrMask: subnetCidrMask,
24        },
25        {
26          name: "Isolated",
27          subnetType: ec2.SubnetType.PRIVATE_ISOLATED,
28          cidrMask: subnetCidrMask,
29        },
30        // enableNatGateway が true のときのみPRIVATE_WITH_EGRESSのサブネットを追加
31        ...(props.enableNatGateway ? [{
32          name: "Private",
33          subnetType: ec2.SubnetType.PRIVATE_WITH_EGRESS,
34          cidrMask: subnetCidrMask,
35        }] : []),
36      ];
37      const natGateways = props.enableNatGateway
38        ? (props.oneNatGatewayPerAz ? 3 : 1)
39        : 0;
40
41      new ec2.Vpc(this, 'Vpc', {
42        vpcName: `${props.stage}-vpc-cdk`,
43        ipAddresses: ec2.IpAddresses.cidr(props.cidr),
44        subnetConfiguration,
45        natGateways
46      });
47    }
48  }
```

○ 入力パラメータ

Terraformの**リスト6.1**と同じように、環境名（stage）、CIDRブロック（cidr）、NATゲートウェイの使用有無（enableNatGateway）、アベイラビリティゾーンごとにNATゲートウェイを設置するかどうか否か（oneNatGatewayPerAz）を入力パラメータとして、スタックのpropsとして指定するようにしています（5–10行目）。

○ Vpcコンストラクタに指定しているprops

Vpcコンストラクタを呼び出すときのpropsには、vpcNameでVPCの名前を、ipAddressesで

VPCのCIDRブロックを、`subnetConfiguration`でサブネットの設定を、`natGateways`でNATゲートウェイの数を指定しています（41–46行目）。

○ subnetConfigurationの設定

`subnetConfiguration`には、`SubnetConfiguration`型[注6.7]のリストを指定します。その値は、19–36行目で記述しています。`SubnetConfiguration`型の値には、`name`（サブネットの名前の一部に使われる文字列）、`subnetType`（サブネットの種別）、`cidrMask`（サブネットのCIDRブロックのプレフィックス長）の3つの属性を指定しています。

`name`にはサブネットの種別を識別できる文字列を指定しています。

`subnetType`には列挙型の`SubnetType`の値を指定します。この列挙型は、**表6.3**にある3つの値から構成されています。

表6.3　列挙型 SubnetType の値とサブネットの種類

SubnetTypeの値	サブネットの種類	NATゲートウェイを通じたVPC外への通信
PUBLIC	パブリック	あり
PRIVATE_ISOLATED	プライベート	なし
PRIVATE_WITH_EGRESS	プライベート	あり

VPCのIPアドレス空間を16分割したものにサブネットを割り当てるため、`cidrMask`に指定するサブネットのCIDRブロックのプレフィックス長は、VPCのCIDRブロックのプレフィックス長に4（$= \log_2 16$）を加えたものになります（16–17行目）。

NATゲートウェイを使用する場合には、`PRIVATE_WITH_EGRESS`のサブネットを追加します（31–35行目）。

6.4.3 ⋮ 環境に依存するパラメータの記述

`lib/environments.ts`に環境に依存するパラメータを環境ごとに記述します。この例では、`dev`環境のパラメータのみを記述しています。

注6.7　https://docs.aws.amazon.com/cdk/api/v2/docs/aws-cdk-lib.aws_ec2.SubnetConfiguration.html

リスト 6.5　`lib/environment.ts`

```
1  export type Stages = 'dev';
2
3  export interface Environment {
4    awsAccountId: string;
5    cidr: string;
6    enableNatGateway: boolean;
7    oneNatGatewayPerAz: boolean;
8  }
9
10 export const environmentProps: {[key in Stages]: Environment} = {
11   'dev': {
12     awsAccountId: '123456789012',
13     cidr: "10.0.0.0/16",
14     enableNatGateway: false,
15     oneNatGatewayPerAz: false, // enableNatGateway がtrueの場合のみ意味を持つ
16   }
17 }
```

6.4.4 ⫶ スタックのコンストラクタの呼び出し

スタックのコンストラクタを呼び出すbin/vpc.tsには、次のようなコードを記述します。

リスト 6.6　`bin/vpc.ts`

```
1  import 'source-map-support/register';
2  import * as cdk from 'aws-cdk-lib';
3  import { VpcStack } from '../lib/vpc-stack';
4  import { environmentProps, Stages } from '../lib/environments';
5
6  const stage = process.env.STAGE as Stages;
7  if (!stage) {
8    throw new Error('STAGE is not defined');
9  }
10
11 const environment = environmentProps[stage];
12 if (!environment) {
13   throw new Error(`Invalid stage: ${stage}`);
14 }
15
16 const app = new cdk.App();
17 const st = new cdk.Stage(app, stage, {
18   env: {
19     account: environment.awsAccountId,
20     region: 'ap-northeast-1',
21   },
22 });
```

```
23 new VpcStack(st, `VpcStack`, {
24   stage,
25   cidr: environment.cidr,
26   enableNatGateway: environment.enableNatGateway,
27   oneNatGatewayPerAz: environment.oneNatGatewayPerAz,
28 });
```

　3つのアベイラビリティゾーンにサブネットなどのリソースを配置するには、Stage コンストラクタ（Stage コンストラクタを使わない場合はスタックのコンストラクタ）の props に env を指定する必要があります（18–21 行目）。

　これらのコードを使って、cdk deploy を実行すると、**表 6.2** に示した仕様の VPC が構築されます。

6.4.5 ⋮ 作成されるサブネットとそのカスタマイズ

○ 作成されるサブネットの CIDR ブロックと名前

　リスト 6.4、**リスト 6.6** のコードからデプロイすると、サブネットは**表 6.4** のように割り当てられます。

表6.4　リスト 6.4、リスト 6.6 のコードによって記述される dev 環境の VPC のサブネットの CIDR ブロックと名前

サブネットの種類	CIDR ブロック	サブネットの名前
PUBLIC	10.0.0.0/20	dev/VpcStack/Vpc/PublicSubnet1
	10.0.16.0/20	dev/VpcStack/Vpc/PublicSubnet2
	10.0.32.0/20	dev/VpcStack/Vpc/PublicSubnet3
PRIVATE_ISOLATED	10.0.48.0/20	dev/VpcStack/Vpc/IsolatedSubnet1
	10.0.64.0/20	dev/VpcStack/Vpc/IsolatedSubnet2
	10.0.80.0/20	dev/VpcStack/Vpc/IsolatedSubnet3
PRIVATE_WITH_EGRESS	10.0.96.0/20	dev/VpcStack/Vpc/PrivateSubnet1
	10.0.112.0/20	dev/VpcStack/Vpc/PrivateSubnet2
	10.0.128.0/20	dev/VpcStack/Vpc/PrivateSubnet3

　このように、SubnetConfiguration に指定したサブネット種別の順に、空きを作らずに詰めて CIDR ブロックを割り当てています。

　Vpc の props に指定する subnetConfiguration には、サブネットの CIDR ブロックを具体的に指定する機能はありません。サブネットへの CIDR ブロックの割り当ては CDK が自動的に行

い、**表6.4**に示すサブネットが作成されます。

◉ サブネットのCIDRブロックと名前のカスタマイズ

　CDKによるサブネットのCIDRブロックの自動割り当てではなく、TerraformでVPCを構築したときと同じサブネットのCIDRブロックの指定（**表6.1**）をしたい場合を考えます。また、デフォルトでは**表6.4**に示すサブネットの名前がNameをキーとするタグで設定されていますが、サブネットの名前を別の命名規則のものに置き換えてみます。

　いずれもL2コンストラクタからは直接指定できない属性であるため、**5.11節**で説明したエスケープハッチやrawオーバーライドを用いて、CDKのコードを使ってテンプレートの属性を書き換えるという手法で対応できます。

　まず、**リスト6.4**、**リスト6.6**のコードから生成されるテンプレートから、最初のPRIVATE_ISOLATEDのサブネットを記述した部分を見てみます。

リスト6.7　PRIVATE_ISOLATEDである最初のサブネットのテンプレートでの記述

```
 1  VpcIsolatedSubnet1SubnetE48C5737:
 2    Type: AWS::EC2::Subnet
 3    Properties:
 4      AvailabilityZone: ap-northeast-1a
 5      CidrBlock: 10.0.48.0/20
 6      MapPublicIpOnLaunch: false
 7      Tags:
 8        - Key: aws-cdk:subnet-name
 9          Value: Isolated
10        - Key: aws-cdk:subnet-type
11          Value: Isolated
12        - Key: Name
13          Value: dev/VpcStack/Vpc/IsolatedSubnet1
14      VpcId:
15        Ref: Vpc8378EB38
16    Metadata:
17      aws:cdk:path: dev/VpcStack/Vpc/IsolatedSubnet1/Subnet
```

　PUBLICであるサブネット3つのあとに、1つめのPRIVATE_ISOLATEDであるサブネットが割り当てられるため、CidrBlockは10.0.48.0/20という4番めのCIDRブロックが割り当てられています。また、Nameというキーのタグの値がdev/VpcStack/Vpc/IsolatedSubnet1になっています。

　ここでは、このプライベートサブネットに5番めのCIDRブロック（10.0.64.0/20）を割り当てたいとします。また、サブネットの名前を

```
[環境名]-vpc-cdk-[サブネットの種類]-[インデックス（1,2,3）]
```

という命名規則に変更したいとします。

　エスケープハッチまたはrawオーバーライドを用いて、このテンプレートの1つめの PRIVATE_ISOLATEDであるサブネットのCidrBlockや、Nameをキーとするタグの値を上書きしてみます。注目するのは、**リスト6.7**のMetadataにあるaws:cdk:pathです。すでに説明したように、これはこのサブネットのリソースに対応するL1コンストラクタのノードの、コンストラクタツリーでのパスを示したものになっています。このパスの情報をもとに、次のようにそのL1コンストラクタCfnSubnetのインスタンスを作ります。

```
const cfnSubnet = this
  .node.findChild("Vpc")
  .node.findChild("IsolatedSubnet1")
  .node.findChild("Subnet") as ec2.CfnSubnet;
```

　なお、末端のノードを示すために、findChild("Subnet")の代わりにdefaultChild[注6.8]を使うこともできます。

　まず、CIDRブロックについて、取り出したL1コンストラクタのインスタンスcfnSubetの属性cidrBlockの値を、次のように直接指定します（エスケープハッチ）。

```
cfnSubnet.cidrBlock = "10.0.64.0/20"
```

　または、addOverride()もしくはaddPropertyOverride()というrawオーバーライドのメソッドを使って、このリソースのテンプレートの属性を上書きすることでも、同じ効果が得られます。

```
cfnSubnet.addPropertyOverride("CidrBlock", "10.0.64.0/20");
// cfnSubnet.addOverride("Properties.CidrBlock", "10.0.64.0/20"); // こちらでもOK
```

　なお、addOverride()はテンプレートのリソースの一般の属性（Propertiesブロックの属性も含む）を上書きするためのメソッド、addPropertyOverride()はリソースのPropertiesブロックの属性の上書きに特化したメソッドです。

　これで、1番めのPRIVATE_ISOLATEDであるサブネットのCIDRブロックの値を変更できます。

注6.8　https://docs.aws.amazon.com/cdk/api/v1/docs/@aws-cdk_core.ConstructNode.html#defaultchild

次に、サ　　　　　　　　　　　冊　　ame をキーとするタグの値についても上書きしま
す。**リスト**　　　　　　　　　　　　がName になっています。これを、raw オーバー
ライドを使�

```
cfnSubnet.addPr
  "Tags.2.Value
    `${props.stage
);
```

ここで Tags.2　　　　　　　　　　　　　　　ンデックス2の要素（インデックスは0から
始まるので3番め　　　　　　　　　　　　　　しています。これによって、タグの配列の
3番めにある Name　　　　　　　　　　　　　れます。

あとは、すべて　　　　　　　　　　　　　　びタグについて、同様の指定をすれば良
いことになります。

なお、CIDR ブロッ　　　　　　　　　　　　た Terraform の組み込み関数 cidrsubnet
と同等の関数が使え　　　　　　　　　　　で次のように実装して、lib/utils.ts
に配置します。

リスト 6.8　lib/utils.ts

```
1  import * as ip from 'ip';
2
3  export const cidrSubnet = (baseCidr: string, subnetBits: number, index: number): string => {
4    const [baseIp, baseMask] = baseCidr.split('/');
5    const newPrefix = parseInt(baseMask) + subnetBits;
6
7    const subnetIp = ip.fromLong(ip.toLong(baseIp) + (index << (32 - newPrefix)));
8    return `${subnetIp}/${newPrefix}`;
9  }
```

このコードで利用している ip というパッケージをインストールします。

```
> npm install ip
> npm install --save-dev @types/ip
```

そして、lib/vpc-stack.ts の冒頭のインポートに

```
import { cidrSubnet } from './utils';
```

を追記したうえで、constructorに次のコードを追記します

リスト 6.9　サブネットのCIDRブロックとNameをキーとするタグの値
　　　　追記)

```
const cidrBlocks: {[key: string]: string[]} = {
  'PublicSubnet': [
    cidrSubnet(props.cidr, 4, 0),
    cidrSubnet(props.cidr, 4, 1),
    cidrSubnet(props.cidr, 4, 2),
  ],
  'IsolatedSubnet': [
    cidrSubnet(props.cidr, 4, 4),
    cidrSubnet(props.cidr, 4, 5),
    cidrSubnet(props.cidr, 4, 6),
  ],
  ...(props.enableNatGateway && {
    'PrivateSubnet': [
      cidrSubnet(props.cidr, 4, 8),
      cidrSubnet(props.cidr, 4, 9),
      cidrSubnet(props.cidr, 4, 10),
    ],
  }),
};
Object.entries(cidrBlocks).forEach(([subnetType, cidrBlockList]) => {
  cidrBlockList.forEach((cidrBlock, index) => {
    const cfnSubnet = this
      .node.findChild("Vpc")
      .node.findChild(`${subnetType}${index + 1}`)
      .node.findChild("Subnet") as ec2.CfnSubnet;
    cfnSubnet.cidrBlock = cidrBlock;
    cfnSubnet.addPropertyOverride(
      "Tags.2.Value",
      `${props.stage}-vpc-cdk-${subnetType}-${index + 1}`
    );
  });
});
```

　こうすることで、cdk synthで生成されるCloudFormationのテンプレートの各サブネット
のCIDRブロックは、**リスト 6.9**のcidrBlocksで指定したものに書き換えられます。また、
Nameをキーとするタグが示すサブネットの名前も、指定の命名規則によるものに変更され
ます。

6.5 まとめ

　本章では、VPCを題材に、TerraformおよびCDKでのリソースの記述を見てきました。

　Terraformによる記述では、公開されているモジュールを活用しました。入力パラメータはきめ細かいことが多いので、カスタマイズはしやすくなっているように感じます。しかし、その入力パラメータを読み解いて、作成されるリソースを把握して、実際に使うまでにはちょっと苦労もあるかもしれません。

　CDKでは、抽象化されたL2コンストラクタを使うことで、非常に短いコードで、多くの必要なリソースを記述できました。一方、L2コンストラクタでは細かなカスタマイズができない場合があり、そのようなときには、エスケープハッチによる属性の追加・上書きが使えることを示しました。

　次の章では、ECSサービスを題材に、TerraformおよびCDKでリソースを記述してみます。

第 7 章

ECSサービスの
IaCによる記述

||||||||||||||||||||||||||||

前の章に引き続き、TerraformおよびCDKでリソースを記述します。この章では、ECSサービスを題材にします。
ECSサービスも、VPCと同様に、多くのリソースを必要とします。TerraformによるIaCコードの記述では、必要なリソースを示しつつ、個々のリソースを記述します。そのときに、既存のリソースの参照や、リソース間の相互参照を多く使っています。一方、CDKでは、L2コンストラクタを使うことで、少ないコードの記述で必要なリソースが記述できることを見ます。

実践編

7.1 　構築するECSサービスの仕様

7.1.1 ┊ ECSとは

　Amazon Elastic Container Service（ECS）は、フルマネージドのコンテナオーケストレーションサービスです。コンテナを用いたアプリケーションを稼働させるサービスとして広く使われています。

　ECSでは、1つ以上のコンテナから構成される「ECSタスク」がデプロイの単位です。そのECSタスクは、「ECSタスク定義」で使われるコンテナイメージ、リソース、デプロイ先、ネットワーク設定などを定義します。ECSタスクのデプロイ先としては、ユーザーが作成したEC2インスタンスのほか、ECSが提供するフルマネージドのコンテナインスタンスである「ECS Fargate」を使うこともできます。

　ECSタスクをサーバとして稼働させるときには、「ECSサービス」を使います。ECSサービスには、ECSタスクを指定した数に保つ仕組みがあります。何らかの理由でタスクが異常終了してECSタスク数が減った場合には、新しいECSタスクを起動してECSタスク数を指定した数に保とうとします（オートヒーリング）。また、CPUやメモリ使用量などのメトリクスと連動して、ECSタスク数を自動的にスケーリングする機能もあります。

　ここでは、簡単なAPIサーバを作成し、それをTerraformやCDKを使ってECSサービスとしてデプロイします。

7.1.2 ┊ 構築するECSサービスの仕様

これから作成するECSサービスの仕様は次のとおりです。

- VPCやサブネットは既存のものを使うことにする。これらは、**第6章**で説明した方法ですでに構築したものとする
- ECSタスクは（EC2インスタンスではなく）ECS Fargateによって起動する
- ECSタスクを実行するECS Fargateのインスタンスは、簡単のため、パブリックサブ

ネットに配置する[注7.1]

- ECSタスクで実行するアプリは、**7.2節**で紹介する簡単なAPIサーバアプリ

- そのAPIサーバアプリのコンテナイメージはAWSが提供するマネージドDockerコンテナレジストリであるElastic Container Registry（ECR）ECRにプッシュし、ECSタスクはECRからコンテナイメージを取得（プル）する

- APIサーバアプリには、環境変数`CORRECT_ANSWER`の設定が必要。環境変数としてセットしようとする文字列がパスワードやAPIキーなどの機密性が高いものである場合、ECSタスク定義のIaCのコードには書かず、Systems Manager（SSM）パラメータストアやSecrets Managerに格納して、それをECSタスク定義から参照して環境変数に設定するのが良いプラクティス。ここでは、環境変数`CORRECT_ANSWER`は機密性が高いものとして扱い、SSMパラメータストアやSecrets Managerに格納されたものを参照する。SSMパラメータストアやSecrets Managerの値はIaCでは管理せず、AWSマネジメントコンソールなどを通じて手動で値を格納する

- APIサーバはApplication Load Balancer（ALB）を通じてインターネットからアクセスできるようにする

- 本来はHTTPSでクライアントとサーバの間の通信ができるようにすることが望ましい。しかし、ドメインの取得などが必要となるため、ここではHTTPS化は行わず、HTTPでクライアントからのリクエストを待ち受けることにする

これらをふまえて、構築するリソースの概略図が**図7.1**です。

注7.1　実用では、プライベートサブネットに配置し、コンテナイメージを取得するときのECRへのアクセスをはじめとするアウトバウンドの通信を、NATゲートウェイやVPCエンドポイントを設置することによって確保するのが望ましいです。しかし、ここではこのような措置が必要ないパブリックサブネットに配置することにします。

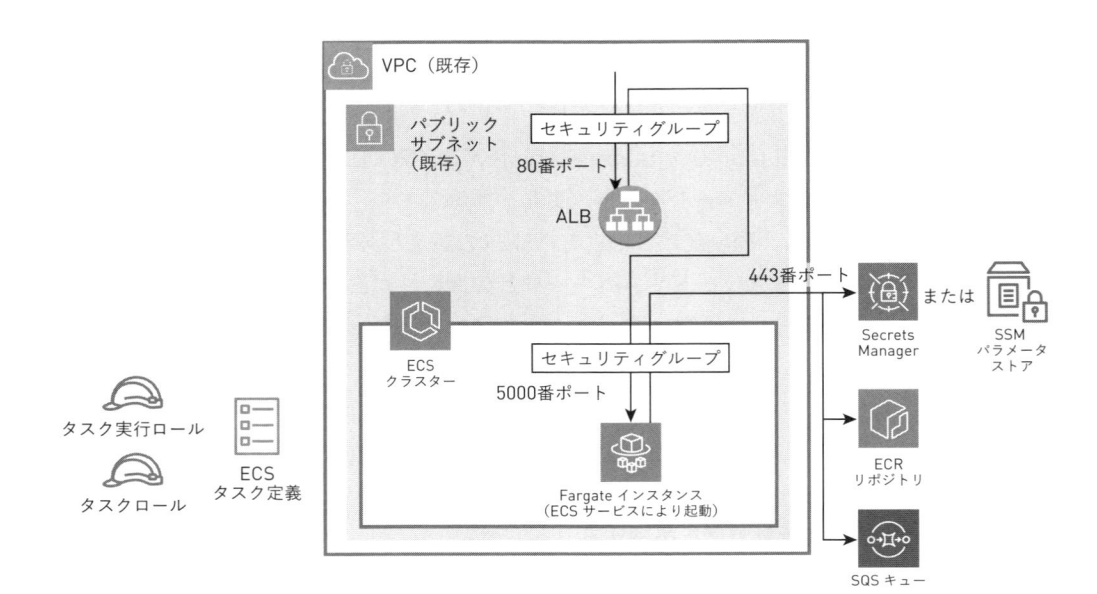

図7.1　API サーバを稼働させるためのリソースの構成

7.1.3 ⋮ ECS サービスの構築手順

7.1.2 項の仕様を満たす ECS サービスを作成するために、Terraform と CDK のいずれとも、次の手順で構築します。

手順1　API サーバのアプリケーションを作成する。そのコンテナイメージを作成して、ローカルで動作確認をする

手順2　ECR のリポジトリと SSM パラメータストア、または Secrets Manager を作成する子モジュール（Terraform）やスタックのコンストラクタ（CDK）のコードを作成する

手順3　ECS のクラスタやサービス、それに関連するリソースの子モジュール（Terraform）やスタックのコンストラクタ（CDK）のコードを作成する

手順4　**手順2**と**手順3**で作成した子モジュール（Terraform）やスタックのコンストラクタ（CDK）を呼び出すコードを作成する

手順5　**手順4**で作成したコードから、**手順2**で記述したリソースをデプロイする

手順6　**手順1**でビルドしたコンテナイメージを、**手順5**でデプロイした ECR にプッシュする

手順7　**手順5**でデプロイしたSSMパラメータストア、またはSecrets Managerに、環境変数CORRECT_ANSWERの値を手動で設定する

手順8　**手順4**で作成したコードから、**手順3**で記述したリソースをデプロイする

手順9　**手順8**でデプロイしたECSサービスのタスク数を0から1に変更して、ECSタスクを起動する

手順10　サービスにリクエストを送り、動作を確認する

手順11　デプロイしたリソースを削除する

　この手順によって、「ECRとSSMパラメータストア」と「ECS関連リソース」のルートモジュール（Terraform）やスタック（CDK）を作成することになります。

　なお、本章で作成するリソースには、ECS Fargate、ALBなど、時間によって課金されるリソースがあります。試してみたあとは、cdk destroy や terraform destroy で、リソースの削除をしないと課金が続きますので、ご注意ください。

7.2 ┆ デプロイするアプリの仕様とコード

　手順1に対応する操作です。

　ECSサービスとしてデプロイする簡単なAPIサーバを、PythonのFlask[注7.2] というパッケージを使いながら構築します。

　このアプリはあくまでもIaCでECSサービスを構築するためのデモです。エラー処理、セキュリティは十分に考慮されておらず、実用性はありません。また、実用を考えたときには、Lambda関数による実装なども有力な選択肢の1つです。しかし、ここではデモのために、あえてECSサービスで実装していることにご留意ください。

▌7.2.1 ┆ APIサーバアプリの仕様

　このAPIサーバは、問題の答え合わせをするサーバです。クライアントから送信された回答

注7.2　https://flask.palletsprojects.com/en/3.0.x/

と、サーバの環境変数に設定された正解が一致するかをチェックします。

APIのエンドポイントは/qとし、クエリパラメータaで回答案の文字列を受け取ります。

APIサーバの構成の概略を、**図7.2**に示します。

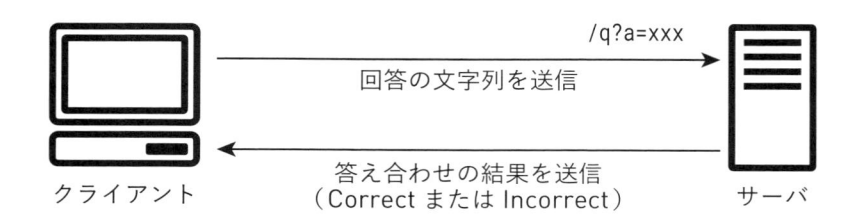

/q?a=xxx

回答の文字列を送信

答え合わせの結果を送信
（Correct または Incorrect）

クライアント　　　　　　　　　　　　　　　　サーバ

図7.2　Flaskで作成するAPIサーバの概略

7.2.2 ⋮ APIサーバアプリのコード

リスト7.1のコードが、APIサーバのPythonのコードです。コードは直感的で、Pythonや
Flaskに馴染みがない方にも処理の内容はわかりやすいと思います。適当なディレクトリ（た
とえばecs_app）にapp.pyとして配置します。

リスト7.1　ecs_app/app.py

```python
#!/usr/bin/env python3

from flask import Flask, request
import os

app = Flask(__name__)

# ヘルスチェックに応答するためのエンドポイント
@app.route("/health")
def health():
    return "OK", 200

# 回答を受け取るエンドポイント
@app.route("/q")
def q():
    # リクエストパラメータの"a"から回答を取得
    answer_input = request.args.get("a")
    if not answer_input:
        return "No message provided", 400
    try:
        if answer_input == os.environ["CORRECT_ANSWER"]:
```

```
22            return "Correct", 200
23        else:
24            return "Incorrect", 400
25    except Exception:
26        return "Error", 500
27
28 if __name__ == "__main__":
29    app.run(host="0.0.0.0", port=5000)
```

環境変数 CORRECT_ANSWER に正解の文字列を設定し、受信した文字列と一致しているかを確認しています（21行目）。また、5000番ポートでリクエストを待ち受けています（29行目）。

7.2.3 ┊ APIサーバアプリのコンテナイメージを作成

次に、このアプリのコンテナイメージを作成するために、app.py と同じディレクトリに、**リスト 7.2** の Dockerfile を配置します。

リスト 7.2　ecs_app/Dockerfile

```
1 FROM python:3.12-slim
2
3 RUN pip install flask
4 COPY --chmod=755 app.py /app.py
5 CMD [ "/app.py" ]
```

この Dockerfile では、pip で必要なパッケージをインストールし、app.py をコンテナイメージのルートディレクトリにコピーしています。

コンテナイメージを作成するために、Dockerfile が配置されているディレクトリで次のコマンドを実行します。

```
> docker build --platform linux/amd64 -t flask-api .
```

ここで --platform オプションを指定しているのは、後述のECSタスク定義では x86_64 アーキテクチャでの実行を前提にしていることを反映しています。コンテナイメージのアーキテクチャと、実行環境のアーキテクチャが異なるためにタスクが起動できないということがないように、--platform オプションを指定しておくのが良いでしょう。

これで flask-api:latest というコンテナイメージが作成されました。そのことは、docker image ls コマンドで確認できます。

235

7.2.4 ┊ ローカルでのAPIサーバの挙動の確認

ローカルでAPIサーバを起動して、そのAPIサーバにリクエストをしてみます。

ローカルでAPIサーバを起動するためには、次のコマンドを実行します。環境変数 CORRECT_ANSWERには、"IaC"という文字列を指定しています。

```
> docker run --rm \
  -e CORRECT_ANSWER=IaC \
  -p 9999:5000 \
  flask-api
```

このコマンドを実行すると次の出力が表示され、APIサーバがコンテナの5000番ポートに起動します。

```
* Serving Flask app 'app'
* Debug mode: off
WARNING: This is a development server. Do not use it in a production deployment. Use a production WSGI
server instead.
* Running on all addresses (0.0.0.0)
* Running on http://127.0.0.1:5000
* Running on http://172.17.0.2:5000
Press CTRL+C to quit
```

docker runコマンドの実行時に、ローカルの9999番ポートをコンテナの5000番ポートにマッピングしているので、ローカルからは9999番ポートに接続することで、APIサーバと通信できます。

実際にcurlコマンドを使って、リクエストを送信してみます。

```
> curl http://127.0.0.1:9999/q?a=IaC

Correct

> curl http://127.0.0.1:9999/q?a=IAC

Incorrect
```

環境変数CORRECT_ANSERTと一致する文字列（"IaC"）を送信すると"Correct"というレスポンスが返ってきます。一方、一致しない回答を送信すると"Incorrect"というレスポンスが返ってきます。

このようにして、APIサーバが正しく動作していることを確認できました。

以下では、このAPIサーバをECSサービスとしてデプロイするのに必要なリソースを、TerraformとCDKで記述します。

7.3 | Terraformによるリソースの記述

まずは、Terraformによる構築方法を紹介します。

複数の環境に同じ属性のリソースを容易に展開できるように、**4.8節**で紹介したディレクトリツリーのusecasesの子モジュールにリソースを記述し、その子モジュールを各環境のルートモジュールから呼び出す形にします。

登場するリソースの記述については、**4.2.4項**で紹介したSQSの例にならって、AWSプロバイダのドキュメントを参照してください。また、以下で提示するコンフィグファイルでは、データソースや他のリソースの属性の参照がたくさん使われています。その使い方にも着目してください。

なお、紙面での説明の便宜上、すべてのリソースを main.tf に記述するスタイルで以下のコンフィグファイルは記述します。

7.3.1 ┊ ECRのリポジトリとSSMパラメータストアの記述

手順2に対応する操作です。

○ 子モジュールの作成

ECRのリポジトリとSSMパラメータストアを記述する usecases の子モジュールを ecs_flask_api_infra という名前で作成します。そのために、次のコマンドを実行します。

```
> sh ./tools/tf_init.sh usecases ecs_flask_api_infra
```

このコマンドの実行によって、usecases/ecs_flask_api_infra というディレクトリにファイルが作成されます。最初に variables.tf にステージを表す入力パラメータを定義しておき

ます。

リスト 7.3　usecases/ecs_flask_api_infra/variables.tf

```
1  variable "stage" {
2    type        = string
3    description = "stage: dev, stg, prd"
4  }
```

これは、複数の環境にデプロイすることを念頭に、ステージ名を設定しておくものです。同じアカウントに複数のステージをデプロイする可能性も考慮し、以下では、リソースの名前にはステージ名を含めるようにします。

次に、`main.tf`にECRとSSMパラメータストアのリソースの記述をします。

リスト 7.4　usecases/ecs_flask_api_infra/main.tf

```
1  resource "aws_ecr_repository" "flask_api" {
2    name = "${var.stage}-flask-api-tf"
3  }
4  resource "aws_ssm_parameter" "flask_api_correct_answer" {
5    name  = "/flask-api-tf/${var.stage}/correct_answer"
6    type  = "SecureString"
7    value = "uninitialized"
8    # 格納された値が変更されても無視する
9    lifecycle {
10     ignore_changes = [
11       value
12     ]
13   }
14 }
```

リソース`aws_ssm_parameter`の引数には、SSMパラメータストアに格納する値を指定する引数`value`があり、それはTerraformが管理する属性の1つです。そのため、SSMパラメータストアに格納された値をAWSマネジメントコンソールなどから手動で変更すると、Terraformのコンフィグファイルと最新のリソースの状態の間に差分を生じます。そして、そのコンフィグファイルを使って`terraform apply`の実行をすると、SSMパラメータストアに格納している値がコンフィグファイルに記述された値に戻されてしまいます。

一方、仕様の中で、SSMパラメータストアに格納する環境変数の値はIaCでは記述をせずに、手動で設定することとしていました。その仕様を満たすために、`lifecycle`というブロックの`ignore_changes`という引数に`value`（`aws_ssm_parameter`の引数の1つ）を指定しています（11行目）。Terraformがコンフィグファイルと最新のリソースの状態の間に差分を検出し

たときに、`ignore_changes`に指定した引数の値の差分については無視されるようになります。

　SSMパラメータストアに格納する値に対応する引数valueに"uninitialized"という文字列を指定しています（7行目）。これはダミーの値であり、のちほど、手動で変更します。手動での変更によって差分が生じた場合にも、valueをignore_changesに指定しているため、その差分は無視されます[注7.3]。

COLUMN

AWS Secrets Managerを使う

　SSMパラメータストアの代わりにSecrets Managerを使うこともできます。SSMパラメータストアの場合は、値を入れる「箱」と、「箱」に入れる値が同じリソースaws_ssm_parameterで記述されるために、SSMパラメータストアを作るときには値の指定が必要でした。一方、Secrets Managerの場合は、値を入れる「箱」と、「箱」に入れる値のリソースがTerraformでは分かれています。値を入れる「箱」はaws_secretsmanager_secret[注7.A]、「箱」に入れる値はaws_secretsmanager_secret_version[注7.B]というリソースに対応しており、値をTerraformで管理しない場合には、aws_secretsmanager_secretだけを作成します。

....

注7.A　https://registry.terraform.io/providers/hashicorp/aws/latest/docs/resources/secretsmanager_secret
注7.B　https://registry.terraform.io/providers/hashicorp/aws/latest/docs/resources/secretsmanager_secret_version

---

7.3.2　ECS関連リソースの記述

手順3に対応する操作です。
ECSクラスタやECSサービス、それに関連するリソースを記述します。

● 子モジュールの作成

ECS関連リソースを記述するための子モジュールを、次のコマンドによって作成します。

```
> sh ./tools/tf_init.sh usecases ecs_flask_api
```

　作成された子モジュールの中にあるvariables.tfには、次のように入力パラメータを定義

....

注7.3　tfstateは実際のリソースの値に更新されますが、その差分を無視するという挙動になります。tfstateファイルには、最新の値がそのまま記述されているため、機密情報もtfstateには表示されています。tfstateファイルをS3に配置している場合には、そのS3バケットにアクセスできる人を制限することが望ましいです。

しておきます。

リスト 7.5　usecases/ecs_flask_api/variables.tf

```
1  variable "stage" {
2    type        = string
3    description = "stage: dev, stg, prd"
4  }
```

○ ECSのクラスタ、キャパシティプロバイダ

　ECSクラスターおよびキャパシティプロバイダのリソースを記述します。ECS Fargateを使うという要件から、キャパシティプロバイダに`FARGATE`を指定します。

リスト 7.6　usecases/ecs_flask_api/main.tf（ECSのクラスタ、キャパシティプロバイダ）

```
1   resource "aws_ecs_cluster" "flask_api" {
2     name = "${var.stage}-flask-api-tf"
3   }
4
5   resource "aws_ecs_cluster_capacity_providers" "flask_api" {
6     capacity_providers = [
7       "FARGATE",
8     ]
9     cluster_name = aws_ecs_cluster.flask_api.name
10  }
```

○ ECSタスク実行ロール

　タスク実行ロール（task execution role）は、AWSのサービス`ecs-tasks.amazonaws.com`が引き受けられるロールです。このロールには、ECSタスクを起動する際に必要なアクション（ECRからのコンテナイメージのプル、SSMパラメータストアやSecrets Managerからの値の取得など）が許可されている必要があります。

リスト 7.7　usecases/ecs_flask_api/main.tf（タスク実行ロール）

```
1  # すでに作成したSSMパラメータストアについてのデータソース
2  # IAMポリシーのリソース、ECSタスク定義で参照する
3  data "aws_ssm_parameter" "flask_api_correct_answer" {
4    name = "/flask-api-tf/${var.stage}/correct_answer"
5  }
6
7  # 信頼関係ポリシー
8  data "aws_iam_policy_document" "ecs_task_execution_assume_role" {
```

```
 9    statement {
10      effect = "Allow"
11      actions = [
12        "sts:AssumeRole"
13      ]
14      principals {
15        identifiers = [
16          "ecs-tasks.amazonaws.com"
17        ]
18        type = "Service"
19      }
20    }
21  }
22
23  # ECRやCloudWatch Logsのアクションを許可するAWSマネージドポリシー
24  data "aws_iam_policy" "managed_ecs_task_execution" {
25    name = "AmazonECSTaskExecutionRolePolicy"
26  }
27
28  # タスク実行ロールにアタッチするインラインポリシー
29  # 起動時にSSMパラメータストアから環境変数を取得するのでその許可を記述
30  data "aws_iam_policy_document" "ecs_task_execution" {
31    statement {
32      effect = "Allow"
33      actions = [
34        "ssm:GetParameters",
35        "ssm:GetParameter",
36      ]
37      # 参照できるパラメータストアを限定
38      resources = [
39        data.aws_ssm_parameter.flask_api_correct_answer.arn
40      ]
41    }
42  }
43
44  # IAMロールを記述
45  resource "aws_iam_role" "ecs_task_execution_role" {
46    name                = "${var.stage}-flask-api-execution-role-tf"
47    assume_role_policy = data.aws_iam_policy_document.ecs_task_execution_assume_role.json
48  }
49
50  # IAMロールにAWSマネージドポリシーをアタッチ
51  resource "aws_iam_role_policy_attachments_exclusive" "ecs_task_execution_managed_policy" {
52    policy_arns = [data.aws_iam_policy.managed_ecs_task_execution.arn]
53    role_name   = aws_iam_role.ecs_task_execution_role.name
54  }
55
56  # IAMロールにインラインポリシーをアタッチ
57  resource "aws_iam_role_policy" "ecs_task_execution_inline_policy" {
58    name   = "${var.stage}-flask-api-ecs-task-execution-policy"
59    policy = data.aws_iam_policy_document.ecs_task_execution.json
```

7

```
60    role    = aws_iam_role.ecs_task_execution_role.name
61 }
```

　信頼関係ポリシー（47行目）を指定してIAMロールのリソースを記述し（45–47行目）、そのIAMロールにアクションに対する許可ポリシーを記述したAWSマネージドポリシー（51–54行目）とインラインポリシー（57–61行目）をアタッチしています注7.4。

　信頼関係ポリシーには、AWSサービス ecs-tasks.amazonaws.com にこのロールを引き受ける許可を与えています。許可ポリシーには、ログを収集してモニタリングするCloudWatch Logsや、ECSで用いるコンテナイメージを格納しているECRのアクションに対する許可が記述されているAWSマネージドポリシー AmazonECSTaskExecutionRolePolicy に加え、SSMパラメータストアから値を取得するアクションの許可をインラインポリシーで追加しています。

　信頼関係ポリシー（8–21行目）やインラインポリシー（30–42行目）の記述には、**4.2.5 項**で紹介したデータソース aws_iam_policy_document を使っています。

○ ECS タスクロール

　タスク実行ロールと名前は似ていますが、このロールには、タスクの実行中に必要なAWSリソースへのアクションの許可をアタッチします。

　この例では、ECS Fargateにターミナルからログインができる機能（ECS Exec注7.5）を使うためのSSMのアクションに許可を与えています。

リスト 7.8　usecases/ecs_flask_api/main.tf（タスクロール）

```
 1 # 信頼関係ポリシー
 2 data "aws_iam_policy_document" "ecs_task_assume_role" {
 3   statement {
 4     effect = "Allow"
 5     actions = [
 6       "sts:AssumeRole"
 7     ]
 8     principals {
 9       identifiers = [
10         "ecs-tasks.amazonaws.com"
11       ]
12       type = "Service"
13     }
14   }
15 }
```

注7.4　リソース aws_iam_role にある managed_policies という引数と inline_policy というブロックを使って、そのロールにアタッチするマネージドポリシーやインラインポリシーを指定できますが、これらの使用は現在では非推奨とされています。

注7.5　https://docs.aws.amazon.com/ja_jp/AmazonECS/latest/developerguide/ecs-exec.html

```
16
17  # タスクロールにアタッチするインラインポリシー
18  data "aws_iam_policy_document" "ecs_task" {
19    # ECS Execの実行に必要なアクションを許可
20    statement {
21      effect = "Allow"
22      actions = [
23        "ssmmessages:CreateControlChannel",
24        "ssmmessages:CreateDataChannel",
25        "ssmmessages:OpenControlChannel",
26        "ssmmessages:OpenDataChannel"
27      ]
28      resources = ["*"]
29    }
30  }
31
32  # タスクロールを記述
33  resource "aws_iam_role" "ecs_task" {
34    name                = "${var.stage}-flask-api-ecs-task-role-tf"
35    assume_role_policy = data.aws_iam_policy_document.ecs_task_assume_role.json
36  }
37
38  # タスクロールにインラインポリシーをアタッチ
39  resource "aws_iam_role_policy" "ecs_task_inline_policy" {
40    name   = "${var.stage}-flask-api-ecs-task-policy"
41    policy = data.aws_iam_policy_document.ecs_task.json
42    role   = aws_iam_role.ecs_task.name
43  }
```

既存のVPCおよびサブネットの情報の取得

既存のVPCやサブネットの情報を、対応するデータソースを用いて取得します。

リスト7.9　usecases/ecs_flask_api/main.tf（既存のVPCおよびサブネットの情報の取得）

```
1   # 何回か参照するVPC名をlocalsで定義しておく
2   locals {
3     vpc_name = "${var.stage}-vpc-tf"
4   }
5
6   # データソースによるVPCの情報の照会
7   # Nameというタグの値で指定
8   data "aws_vpc" "this" {
9     filter {
10      name   = "tag:Name"
11      values = [local.vpc_name]
12    }
13  }
14  # データソースによるサブネットの情報の照会
```

243

```
15  # Nameというタグの値で指定
16  data "aws_subnets" "public" {
17    filter {
18      name = "tag:Name"
19      values = [
20        "${local.vpc_name}-public-ap-northeast-1a",
21        "${local.vpc_name}-public-ap-northeast-1c",
22        "${local.vpc_name}-public-ap-northeast-1d"
23      ]
24    }
25  }
```

　VPC、サブネットともに、`filter`を用いて、タグの`Name`から検索するようにしています。このように、名前を指定して既存のリソースを参照できるのは、リソースの命名規則が一定しているからです。

● セキュリティグループ

　セキュリティグループは、ENI（Elastic Network Interface）にアタッチして、その ENI を通じた通信の許可を設定するものです。セキュリティグループの許可設定はステートフルです注7.6。

　セキュリティグループに設定する通信許可ルールの指定には、セキュリティグループ本体のリソースに記述する方法と、セキュリティグループの本体とは別に、ルールのリソースを作成する方法があります。ここでは、後者のように、セキュリティグループ本体と、インバウンドルール、アウトバウンドルールを別々に記述するようにします。なお、セキュリティグループ本体にルールを記述する方法と、ルールを別のリソースとして作成する方法が混在すると、それぞれの更新によってセキュリティグループの設定が上書きされてしまうことがあります。そのため、どちらか一方のみを使うようにしてください。

　今回の構成で登場する ENI は、ECS Fargate のインスタンスにアタッチされたものと、ALB にアタッチされたものがあります。それぞれの ENI に対して、セキュリティグループを次のように記述します。

リスト 7.10　usecases/ecs_flask_api/main.tf（セキュリティグループ）

```
1  # ALB用のセキュリティグループ
2  resource "aws_security_group" "alb" {
3    name   = "${var.stage}-flask_api_alb_tf"
4    vpc_id = data.aws_vpc.this.id
```

注7.6　https://docs.aws.amazon.com/ja_jp/AWSEC2/latest/UserGuide/security-group-connection-tracking.html

```
 5 }
 6
 7 # ECS Fargateインスタンス用のセキュリティグループ
 8 resource "aws_security_group" "ecs_instance" {
 9   name   = "${var.stage}-flask_api_ecs_instance_tf"
10   vpc_id = data.aws_vpc.this.id
11 }
12
13 # ALB用のセキュリティグループのインバウンドルール
14 # 任意のIPアドレスからの80番ポートへの接続を許可
15 resource "aws_vpc_security_group_ingress_rule" "lb_from_http" {
16   ip_protocol      = "tcp"
17   security_group_id = aws_security_group.alb.id
18   from_port        = 80
19   to_port          = 80
20   cidr_ipv4        = "0.0.0.0/0"
21 }
22
23 # ALB用のセキュリティグループのアウトバウンドルール
24 # ECS Fargateインスタンスの5000番ポートへの接続を許可
25 resource "aws_vpc_security_group_egress_rule" "lb_to_ecs_instance" {
26   ip_protocol      = "tcp"
27   security_group_id = aws_security_group.alb.id
28   from_port        = 5000
29   to_port          = 5000
30   # ECS Fargateインスタンス用のセキュリティグループがアタッチされた ENI への通信を許可
31   referenced_security_group_id = aws_security_group.ecs_instance.id
32 }
33
34 # ECS Fargateインスタンス用のセキュリティグループのインバウンドルール
35 # ALBからの5000番ポートへの接続を許可
36 resource "aws_vpc_security_group_ingress_rule" "ecs_instance_from_lb" {
37   ip_protocol      = "tcp"
38   security_group_id = aws_security_group.ecs_instance.id
39   from_port        = 5000
40   to_port          = 5000
41   # ALB 用のセキュリティグループがアタッチされた ENI からの通信を許可
42   referenced_security_group_id = aws_security_group.alb.id
43 }
44
45 # ECS Fargateインスタンス用のセキュリティグループのアウトバウンドルール
46 # 任意のIPアドレスの443番ポートへの接続を許可
47 # AWSアクションをリクエストするエンドポイント（ECR、SSMなど）と通信できるようにするため
48 resource "aws_vpc_security_group_egress_rule" "ecs_instance_to_https" {
49   ip_protocol      = "tcp"
50   security_group_id = aws_security_group.ecs_instance.id
51   from_port        = 443
52   to_port          = 443
53   cidr_ipv4        = "0.0.0.0/0"
54 }
```

● ALB とその関連リソース

ALB本体と、ターゲットグループ、リスナーの記述です。

リスト 7.11　usecases/ecs_flask_api/main.tf（ALBとその関連リソース）

```
1  # ALB本体
2  resource "aws_lb" "flask_api" {
3    name               = "${var.stage}-flask-api-alb-tf"
4    internal           = false
5    load_balancer_type = "application"
6    # ALB用のセキュリティグループを指定
7    security_groups = [aws_security_group.alb.id]
8    # パブリックサブネットに配置
9    subnets = data.aws_subnets.public.ids
10 }
11
12 # ALBのターゲットグループ
13 # 5000番ポートで通信を受け付ける
14 resource "aws_lb_target_group" "flask_api" {
15   name        = "flask-api-tf"
16   port        = 5000
17   protocol    = "HTTP"
18   target_type = "ip"
19   vpc_id      = data.aws_vpc.this.id
20   health_check {
21     path     = "/health"
22     protocol = "HTTP"
23     matcher  = "200"
24     interval = 10
25   }
26 }
27
28 # ALBのリスナー
29 # 80番ポートで受け付けたリクエストをターゲットグループに転送
30 resource "aws_lb_listener" "flask_api" {
31   load_balancer_arn = aws_lb.flask_api.arn
32   port              = 80
33   protocol          = "HTTP"
34
35   default_action {
36     type             = "forward"
37     target_group_arn = aws_lb_target_group.flask_api.arn
38   }
39 }
```

● ECS タスク定義

ECS タスク定義には、これまでに作成したタスク実行ロール、タスクロールを指定します

（58行目、65行目）。

　ECSタスク定義の中で、1つ以上のコンテナ定義を指定します。コンテナ定義に指定できる環境変数の属性には environment と secrets があります。environment に指定した値は ECS タスク定義にそのまま表示されますが、SSM パラメータストアや Secrets Manager の値を設定する場合には、secrets に格納されているリソースを指定します。secrets に指定しているのは値の格納先のリソースの情報であり、値を読み出して記述しているわけではありませんので、タスク定義に機密情報が表示されることを回避できます。ここでは、環境変数 CORRECT_ANSWER を secrets に指定し、SSM パラメータストアの ARN を valueFrom に指定しています（23–28行目）。

リスト 7.12　usecases/ecs_flask_api/main.tf（ECSタスク定義）

```
1  # リージョンの問い合わせ
2  data "aws_region" "current" {}
3
4  # ECRリポジトリの問い合わせ
5  data "aws_ecr_repository" "flask_api" {
6    name = "${var.stage}-flask-api-tf"
7  }
8
9  # ECSタスクのロググループ
10 resource "aws_cloudwatch_log_group" "flask_api" {
11   name              = "/ecs/${var.stage}-flask-api-tf"
12   retention_in_days = 90
13 }
14
15 # コンテナ定義をlocalsで定義しておく
16 # このようにすることで、aws_ecs_task_definitionのcontainer_definitions以外からも参照できる
17 locals {
18   container_definitions = {
19     # flask-api コンテナのコンテナ定義
20     flask_api = {
21       name = "flask-api"
22       # 環境変数 CORRECT_ANSWER はSSMパラメータストアから取得
23       secrets = [
24         {
25           name    = "CORRECT_ANSWER"
26           valueFrom = data.aws_ssm_parameter.flask_api_correct_answer.arn
27         },
28       ]
29       essential = true
30       # ECRリポジトリのデータソースを参照
31       image = "${data.aws_ecr_repository.flask_api.repository_url}:latest"
32       logConfiguration = {
33         logDriver = "awslogs"
34         options = {
```

```
35        awslogs-group          = aws_cloudwatch_log_group.flask_api.name
36        awslogs-region         = data.aws_region.current.name
37        awslogs-stream-prefix = "flask_api"
38      }
39    }
40    portMappings = [
41      {
42        containerPort = 5000
43        hostPort      = 5000
44        protocol      = "tcp"
45      },
46    ]
47   },
48 }
49 }
50
51 resource "aws_ecs_task_definition" "flask_api" {
52   # jsonencodeを使うと、HCLの記述（JSONの記述法が混在していても良い）をJSONに変換してくれる
53   # values()を使うとマップの値だけをリストとして取得できる
54   container_definitions = jsonencode(
55     values(local.container_definitions)
56   )
57   cpu                = "256"
58   execution_role_arn = aws_iam_role.ecs_task_execution_role.arn
59   family             = "${var.stage}-flask-api-tf"
60   memory             = "512"
61   network_mode       = "awsvpc"
62   requires_compatibilities = [
63     "FARGATE",
64   ]
65   task_role_arn = aws_iam_role.ecs_task.arn
66   # タスク定義の過去バージョンを削除しない
67   skip_destroy = true
68 }
```

○ ECSサービス

　最後にECSサービスの記述です。ここでは、desired_count、すなわちサービスのECSタスク数は0にしてあります（3行目）。そのため、このリソースをデプロイしても、ECSサービスがすぐには起動しないようになっています。また、desired_countはオートスケーリングなどによって、運用の中で変化し得る属性です。そのため、desired_countをlifecycleブロックのignore_changesに指定して、desired_countの差分を無視するようにしています（32–37行目）。

リスト 7.13　`usecases/ecs_flask_api/main.tf`（ECSサービス）

```
1  resource "aws_ecs_service" "flask_api" {
2    cluster                           = aws_ecs_cluster.flask_api.arn
3    desired_count                     = 0
4    enable_execute_command            = true
5    health_check_grace_period_seconds = 60
6    launch_type                       = "FARGATE"
7    name                              = "flask-api-tf"
8    task_definition                   = aws_ecs_task_definition.flask_api.arn
9
10   # デプロイに失敗しても再起動を繰り返さないようにサーキットブレーカーを入れておく
11   deployment_circuit_breaker {
12     enable   = true
13     rollback = false
14   }
15
16   load_balancer {
17     # container_definitionsをlocalsのマップにしておくことでコンテナ名を参照できる
18     container_name   = local.container_definitions.flask_api.name
19     container_port   = 5000
20     target_group_arn = aws_lb_target_group.flask_api.arn
21   }
22
23   network_configuration {
24     security_groups = [
25       aws_security_group.ecs_instance.id
26     ]
27     # このケースではパブリックサブネットにECS Fargateインスタンスを配置する
28     subnets         = data.aws_subnets.public.ids
29     assign_public_ip = true
30   }
31
32   lifecycle {
33     ignore_changes = [
34       # desired_countは変動するので、差分を無視する
35       desired_count
36     ]
37   }
38 }
```

7.3.3 ⋮ リソースのデプロイ

　ここまでで、リソースの作成に必要なコンフィグファイルの用意ができました。これらを使って、リソースをデプロイします。

◯ 子モジュールを呼び出すルートモジュールの作成

手順4に対応する操作です。

`ecs_flask_api_infra`の`usecases`で記述したリソースをデプロイするために、`dev`環境のルートモジュールを作成します。

```
> sh ./tools/tf_init.sh dev ecs_flask_api_infra
> cd env/dev/ecs_flask_api_infra
> AWS_PROFILE=admin terraform init
```

次に、そのルートモジュールの`main.tf`に、子モジュールを呼び出す次のコードを記述します。

リスト 7.14　env/dev/ecs_flask_api_infra/main.tf

```
1  module "ecs_flask_api_infra" {
2    source = "../../../usecases/ecs_flask_api_infra"
3    stage  = "dev"
4  }
```

同様に、`ecs_flask_api`の`usecases`で記述したリソースをデプロイするために、`dev`環境のルートモジュールを、次のコマンドで作成します。

```
> sh ./tools/tf_init.sh dev ecs_flask_api
> cd env/dev/ecs_flask_api
> AWS_PROFILE=admin terraform init
```

このルートモジュールの`main.tf`に、子モジュールを呼び出す次のコードを記述します。

リスト 7.15　env/dev/ecs_flask_api/main.tf

```
1  module "ecs_flask_api" {
2    source = "../../../usecases/ecs_flask_api"
3    stage  = "dev"
4  }
```

◯ ルートモジュール env/dev/ecs_flask_api_infra のデプロイ

手順5に対応する操作です。

カレントディレクトリを env/dev/ecs_flask_api_infra に変更して、 terraform init、terraform plan、terraform apply でリソースをデプロイします。

● コンテナイメージのECRへのプッシュ

手順6に対応する操作です。

すでにローカルで作成済みのコンテナイメージflast-api:latestを、デプロイされたECRのリポジトリにプッシュします。latestタグを使うのは必ずしも良いプラクティスではありませんが、ここでは説明を簡単にするために使うことにします。

```
> AWS_PROFILE=admin aws ecr get-login-password --region ap-northeast-1 \
  | docker login --username AWS \
      --password-stdin 123456789012.dkr.ecr.ap-northeast-1.amazonaws.com
> docker tag flask-api:latest \
    123456789012.dkr.ecr.ap-northeast-1.amazonaws.com/dev-flask-api-tf:latest
> docker push 123456789012.dkr.ecr.ap-northeast-1.amazonaws.com/dev-flask-api-tf:latest
```

● SSMパラメータストアへの環境変数の格納

手順7に対応する操作です。

SSMパラメータストア/flask-api-tf/dev/correct_answer（初期には"uninitialized"が格納）に、正解の文字列を格納します。ここでは、正解の文字列を "IaC" とします。

SSMパラメータストアへの値の格納はAWSマネジメントコンソールからもできますが、AWS CLIで実行するときには次のコマンドを実行します。

```
> AWS_PROFILE=admin aws ssm put-parameter \
  --name /flask-api-tf/dev/correct_answer \
  --value "IaC" \
  --overwrite
```

● ルートモジュールenv/dev/ecs_flask_apiのデプロイ

手順8に対応する操作です。

カレントディレクトリを env/dev/ecs_flask_api に変更して、 terraform init、terraform plan、terraform applyでリソースをデプロイします。

● ECSサービスのタスク数の変更

手順9に対応する操作です。

リソースのデプロイが完了したら、ECSサービスの「必要なタスク数」（desired count）を1にして、ECSサービスの配下にECSタスクを起動します。AWSマネジメントコンソールか

らでも、AWS CLIからでも操作できます。AWS CLIを使って操作する場合には、次のコマンドを実行します。

```
> AWS_PROFILE=admin aws ecs update-service \
    --cluster dev-flask-api-tf \
    --service flask-api-tf \
    --desired-count 1
```

　もし、ECSタスクが起動せず、停止と再起動を繰り返すようであれば、なんらかのエラーが発生しています。「希望するタスク数」を0に戻し、CloudWatch Logsに出力されているログを確認して、エラーの原因を探してみてください。

○ APIサーバの動作確認

　手順10に対応する操作です。

　ECSサービスによってECSタスクが起動したら、APIサーバアプリにリクエストを送って、動作を確認しましょう。

　リクエストを送るホスト名となる、ALBに割り当てられたDNS名を調べます。次のAWS CLIのコマンドを実行すると、表示できます。

```
> AWS_PROFILE=admin aws elbv2 describe-load-balancers \
    --names dev-flask-api-alb-tf \
    --query "LoadBalancers[0].DNSName"
"dev-flask-api-alb-tf-xxxxxxxxx.ap-northeast-1.elb.amazonaws.com"
```

　同じ情報は、AWSマネジメントコンソールのALBの画面からも確認できます。

　そのホスト名を使って、APIサーバアプリにリクエストを送ってみましょう。

```
>  curl http://dev-flask-api-alb-tf-xxxxxxxxx.ap-northeast-1.elb.amazonaws.com/q?a=IaC

Correct

>  curl http://dev-flask-api-alb-tf-xxxxxxxxx.ap-northeast-1.elb.amazonaws.com/q?a=Iac

Incorrect
```

　正解の文字列を送信するとCorrectを返し、そうではない文字列を返すとIncorrectを返しました。このようにして、期待した動作をしていることが確認できました。

7.3.4 ⋮ リソースの削除

手順11に対応する操作です。

ルートモジュール`ecs_flask_api`からデプロイされたリソースには、ALBなど時間で課金されるサービスがあります。動作確認が終了したら、これらのリソースを`terraform destroy`で削除しておきましょう。

なお、ルートモジュール`ecs_flask_api_infra`からデプロイされたリソースには時間で課金されるサービスはありません。しかし、ECRは保存しているコンテナイメージ量に応じて課金されますので、コンテナイメージが不要であればイメージを削除してください。ルートモジュール`ecs_flask_api_infra`で`terraform destroy`を実行してリソースを削除する場合には、実行前にECRリポジトリに保存されているコンテナイメージを削除しておいてください(ECRリポジトリにコンテナイメージがあると、ECRリポジトリの削除に失敗します)。

7.3.5 ⋮ Terraform Registryのモジュールの利用

Terraformのコンフィグファイルに親しんでいただくため、あえて個々のリソースを記述しました。一方、VPC同様にECSサービスに必要な複数のリソースをまとめたモジュールがTerraform Registryに公開されています[注7.7]。このモジュールを使う方法もチャレンジしてみてください。

7.4 ｜ CDKによるリソースの記述

次は、ほぼ同じリソースの構成をCDKによって記述してみます。
まずは、`ecs_flask_api`というCDKプロジェクトを作成します。

```
> mkdir ecs_flask_api
> cd ecs_flask_api
> cdk init -l typescript
```

....

注7.7 https://registry.terraform.io/modules/terraform-aws-modules/ecs/aws/latest

7.4.1 ⋮ ECRリポジトリとSecrets Managerの記述

手順2に対応する操作です。

スタック EcsFlaskApiInfraStack のコンストラクタに、コンテナイメージを保持するECR
リポジトリと、環境変数 CORRECT_ANSWER の値を格納する Secrets Manager を記述します。
Terraformで記述したときには、環境変数 CORRECT_ANSWER の値をSSMパラメータストアに格
納しました（**リスト 7.4**）。しかし、CDKのSSMパラメータストアのL2コンストラクタでは、
SecureString のパラメータストアの作成ができないようになっています[注7.8]。そこで、SSMパ
ラメータストアに代わり、Secrets Managerを利用することにします[注7.9]。

これらをふまえて、lib/ecs_flask_api_infra-stack.ts に次のコードを記述します。

リスト 7.16　lib/ecs_flask_api_infra-stack.ts

```
1  import * as cdk from 'aws-cdk-lib';
2  import { Construct } from 'constructs';
3  import * as ecr from 'aws-cdk-lib/aws-ecr';
4  import * as sm from 'aws-cdk-lib/aws-secretsmanager';
5
6  interface EcsFlaskApiInfraStackProps extends cdk.StackProps {
7    stage: string;
8  }
9
10 export class EcsFlaskApiInfraStack extends cdk.Stack {
11   // インスタンス変数を定義。クラス外から参照できるようにする
12   repositoryName: string;
13   secretsName: string;
14
15   constructor(scope: Construct, id: string, props: EcsFlaskApiInfraStackProps) {
16     super(scope, id, props);
17
18     const repository = new ecr.Repository(this, 'EcsFlaskApiRepository', {
19       repositoryName: `${props.stage}-flask-api-cdk`
20     });
21     const secrets = new sm.Secret(this, 'EcsFlaskApiSecrets', {
22       secretName: `/flask-api-cdk/${props.stage}/correct_answer`,
23     })
24     // インスタンス変数に値を代入
25     this.repositoryName = repository.repositoryName;
26     this.secretsName = secrets.secretName;
27   }
28 }
```

注7.8　Secrets Manager の使用を推奨するためと考えられます。

注7.9　SSMパラメータストア（スタンダード）はリソースの個数に対する課金はありませんが、Secrets Managerはリソースの個数
による課金があります（つまりリソースを作成したままだと課金が続く）ので注意してください。

　このスタックでは、もう1つのスタックで参照するECRリポジトリとSecrets Managerの
シークレットの名前をクラスのインスタンス変数としています（12–13行目）。こうすること
で、CloudFormationのテンプレートでは、これらの値に対するエクスポートが設定され、他
のスタックから参照できるようになります（**5.12節**参照）。

7.4.2　ECS関連リソースの記述

　手順3に対応する操作です。

　スタック `EcsFlaskApiStack` のコンストラクタに、ECS関連リソースを記述します。
`lib/ecs_flask_api-stack.ts`に次のコードを記述します。

リスト 7.17　`lib/ecs_flask_api-stack.ts`

```
1  import * as cdk from "aws-cdk-lib";
2  import { Construct } from "constructs";
3  import * as ecs from "aws-cdk-lib/aws-ecs";
4  import * as ecr from "aws-cdk-lib/aws-ecr";
5  import * as ec2 from "aws-cdk-lib/aws-ec2";
6  import * as iam from "aws-cdk-lib/aws-iam";
7  import * as logs from "aws-cdk-lib/aws-logs";
8  import * as elbv2 from "aws-cdk-lib/aws-elasticloadbalancingv2";
9  import * as sm from "aws-cdk-lib/aws-secretsmanager";
10
11 interface EcsFlaskApiStackProps extends cdk.StackProps {
12   stage: string;
13   repositoryName: string;
14   secretsName: string;
15 }
16
17 export class EcsFlaskApiStack extends cdk.Stack {
18   constructor(scope: Construct, id: string, props: EcsFlaskApiStackProps) {
19     super(scope, id, props);
20
21     // ここにリソースを記述していく
22
23   }
24 }
```

　以下では、このコンストラクタに記述するコードを順々に解説します。なお、各リソース
の解説はTerraformでの記述の際に説明しており、ここでは繰り返しません。必要に応じて
Terraformで記述したときの解説をご覧ください。

● 既存のリソースのインスタンスの作成

　VPC、ECRリポジトリ、Secrets Managerのシークレットは既存のものを活用します。既存のリソースを表すインスタンスをそれぞれ作成します。

リスト 7.18　lib/ecs_flask_api-stack.ts の constructor の中（既存のリソースのインスタンスの作成）

```
1   // 既存のVPCを参照
2   const vpc = ec2.Vpc.fromLookup(this, "EcsFlaskApiVpc", {
3     vpcName: `${props.stage}-vpc-tf`,
4   });
5
6   // 既存のシークレットを参照
7   const secrets = sm.Secret.fromSecretNameV2(
8     this,
9     "EcsFlaskApiSecrets",
10    props.secretsName
11  );
12
13  // 既存のリポジトリを参照
14  const repository = ecr.Repository.fromRepositoryName(
15    this,
16    "EcsFlaskApiRepository",
17    props.repositoryName
18  );
```

　VPCについては、既存のVPCの名前から、Vpcクラスの静的メソッドfromLookup()を使って参照します（**8.4.2項**参照）。ここでは、一定の命名規則でVPCが作成されたという前提のもと、VPCの名前からそのリソースの情報を、AWSアクションを通じて取得しています。

　シークレットについては、静的メソッドsm.Secret.fromSecretNameV2()に既存のシークレットの名前を指定して参照します。この記述はシークレットの値を読み出しているわけではないことに注意してください（AWSアクションによる問い合わせは行われません）。インスタンスsecretsを通じてシークレットのARNを参照できるようにするための情報がセットされます。

　ECRリポジトリについても同様に、静的メソッドRepository.fromRepositoryName()に既存のリポジトリの名前を指定して参照しています。

　なお、props.secretNameおよびprops.repositoryNameはスタックのコンストラクタのpropsになっています。後述のように、このスタックのコンストラクタを呼び出すときに、先に作成したスタックEcsFlaskApiInfraStackのエクスポートを参照して設定されます。

● ECSクラスタ

　ECSクラスタのリソースの記述です。vpcをコンストラクタ Cluster の props に指定しています。vpcを指定せずに未定義とした場合には、コンストラクタVpc（propsは指定なし）に

よって、新しいVPCが作成されることに注意が必要です。

リスト 7.19　`lib/ecs_flask_api-stack.ts`の`constructor`の中（ECSクラスタの記述）

```
const cluster = new ecs.Cluster(this, "EcsFlaskApiCluster", {
  clusterName: `${props.stage}-flask-api-cdk`,
  enableFargateCapacityProviders: true,
  vpc,
});
```

● ECSタスク実行ロール

　後述のECSタスク定義の内容から、ECSタスク起動時に必要なアクションと対象リソースは特定できるので、ECSサービスのコンストラクタ`FargateTaskDefinition`のpropsにECSタスク実行ロールの指定をしないと、自動的に必要なアクションを付与したECSタスク実行ロールを作ってくれます。そのため、ECSタスク実行ロールを自分で記述する必要はありません。

　自動作成に任せずに自らIAMロールを作成したい場合の記述方法については、**7.4.6項**で解説します。

● ECSタスクロール

　ECSタスクロールは、起動されたECSタスクに許可するアクションを指定します。ECSタスク定義ロールと同様、`FargateTaskDefinition`のpropsへのECSタスクロールの指定を省略すると、自動的にタスクロールが作成されます。自動作成に任せずに記述する方法については、**7.4.6項**で解説します。

　ECSタスク実行ロールに許可が必要なアクションはECSタスク定義の内容から把握できましたが、ECSタスクが必要とするアクションの許可はデプロイするアプリケーションに依存しており、CDKのリソースの記述からでは特定できません。そのため、必要に応じてアクションの許可を追加する必要があります。

　題材のアプリケーションでは、ECSタスクロールへのアクションの許可の追加は必要ありませんが、許可を追加する場合については**7.4.7項**で解説します。

　なお、Terraformでの記述の際には、ECS Execの実行に必要なアクションを許可するポリシーをIAMロールにアタッチしていましたが（**リスト 7.8**）、CDKのこのコードではその記述をしていません。実は、後述のコンストラクタ`FargateService`のpropsでECS Execの実行を有効にすると、自動的にそれに必要なアクションを許可するポリシーがECSタスクロールにアタッチされます。

○ セキュリティグループの記述

ALBおよびECSサービス（ECS Fargateのインスタンス）のENIにアタッチするセキュリティグループがそれぞれ必要ですが、ALBおよびECSサービスともに、コンストラクタのpropsでセキュリティグループの指定をしない場合には、それぞれのセキュリティグループが自動作成されます。そのため、セキュリティグループを自分で記述する必要はありません。

自動で作成されるセキュリティグループのルールは次のようになっています。

- ALB用のセキュリティグループのインバウンドルールで、任意のIPアドレスからのHTTP通信を許可
- ALB用のセキュリティグループのアウトバウンドルールで、ECS Fargateインスタンスの5000番ポートへの通信を許可
- ECS Fargateインスタンス用のセキュリティグループのインバウンドルールで、ALBから5000番ポートへの通信を許可
- ECS Fargateインスタンス用のセキュリティグループのアウトバウンドルールで、任意のIPアドレスの任意のポートへの通信を許可

このセキュリティグループのルールは、ALBとECSサービスの稼働に十分なものになっています。

CDKによる自動作成に任せずに、自分でセキュリティグループを記述する場合については、**7.4.6項**で解説します。

○ ALBの記述

ALB本体、ターゲットグループ、リスナーのリソースを記述します。

リスト 7.20　`lib/ecs_flask_api-stack.ts` の constructor の中（ALBの記述）

```
1    // ALBを記述
2    const alb = new elbv2.ApplicationLoadBalancer(this, "EcsFlaskApiAlb", {
3      loadBalancerName: `${props.stage}-flask-api-alb-cdk`,
4      vpc,
5      internetFacing: true,
6      // セキュリティグループを自動作成しない場合は、albSecurityGroupを記述してコメントインする
7      // securityGroup: albSecurityGroup,
8    });
9    // ALBのターゲットグループを記述
10   const defaultTargetGroup = new elbv2.ApplicationTargetGroup(
11     this,
12     "EcsFlaskApiAlbTargetGroup",
```

```
13    {
14      targetGroupName: `${props.stage}-flask-api-cdk`,
15      vpc,
16      port: 5000,
17      // ECSでALBを使う場合にはターゲットタイプをIPにする
18      targetType: elbv2.TargetType.IP,
19      protocol: elbv2.ApplicationProtocol.HTTP,
20      healthCheck: {
21        enabled: true,
22        path: "/health",
23        protocol: elbv2.Protocol.HTTP,
24        interval: cdk.Duration.seconds(10),
25        healthyHttpCodes: "200",
26      },
27    }
28  );
29  // ALBに80番ポートへの通信を受け付けるリスナーを追加
30  alb.addListener("EcsFlaskApiAlbListener", {
31    port: 80,
32    open: true,
33    protocol: elbv2.ApplicationProtocol.HTTP,
34    defaultAction: elbv2.ListenerAction.forward([defaultTargetGroup]),
35  });
```

● ECSタスク定義の記述

ECSタスク定義は、FargateTaskDefinitionのL2コンストラクタを使うことで、Fargate向けのタスク定義を記述することができます。コンテナ定義はaddContainer()で追加します。

このコンストラクタのpropsのtaskRoleが無指定の場合には、ECSタスクロールが自動的に作成されます。

リスト 7.21　`lib/ecs_flask_api-stack.ts`の`constructor`の中（ECSタスク定義の記述）

```
1   const taskDefinition = new ecs.FargateTaskDefinition(
2     this,
3     "EcsFlaskApiTaskDefinition",
4     {
5       cpu: 256,
6       memoryLimitMiB: 512,
7       // ECSタスク実行ロールを自動作成しない場合は、executionRoleを記述してコメントインする
8       // executionRole,
9
10      // ECSタスクロールを自動作成しない場合は、taskRoleを記述してコメントインする
11      // taskRole,
12      family: `${props.stage}-flask-api-cdk`,
13    }
14  );
```

```
15
16      // ECSタスクのロググループを作成
17      const logGroup = new logs.LogGroup(this, "EcsFlaskApiLogGroup", {
18        logGroupName: `/ecs/${props.stage}-flask-api-cdk`,
19        retention: logs.RetentionDays.THREE_MONTHS,
20        removalPolicy: cdk.RemovalPolicy.DESTROY,
21      })
22
23      // タスク定義にコンテナを追加
24      taskDefinition.addContainer("EcsFlaskApi", {
25        image: ecs.ContainerImage.fromEcrRepository(repository, "latest"),
26        // 環境変数
27        // SSMパラメータストアやSecrets Managerから取得する値を設定
28        secrets: {
29          CORRECT_ANSWER: ecs.Secret.fromSecretsManager(secrets),
30        },
31        portMappings: [
32          {
33            containerPort: 5000,
34            hostPort: 5000,
35          },
36        ],
37        logging: ecs.LogDrivers.awsLogs({
38          streamPrefix: "flask-api",
39          logGroup,
40        }),
41      });
```

○ ECS サービスの記述

　スタックの最後に、ECS サービスのリソースをコンストラクタ FargateService を用いて記述します。28 行目で、ECS サービスを ALB のターゲットグループに登録しています。

リスト 7.22　`lib/ecs_flask_api-stack.ts` の `constructor` の中（ECS サービスの記述）

```
1       // ECSサービスを記述
2       const service = new ecs.FargateService(this, "EcsFlaskApiService", {
3         serviceName: "flask-api-cdk",
4         cluster,
5         taskDefinition,
6
7         // リソースの作成時にタスクが起動しないようにしておく。あとで手動で起動する
8         desiredCount: 0,
9
10        // セキュリティグループを自動作成しない場合、ecsSecurityGroupを記述してコメントインする
11        // securityGroups: [ecsSecurityGroup],
12
13        // パブリックサブネットに配置するので、trueにする
```

```
14      // これをtrueにすることで、ECSタスクはパブリックサブネットに配置される
15      assignPublicIp: true,
16      healthCheckGracePeriod: cdk.Duration.seconds(60),
17
18      // サーキットブレーカーを有効にする
19      circuitBreaker: {
20        enable: true,
21        rollback: false,
22      },
23
24      // ECS Execでコンテナに接続できるようにする
25      enableExecuteCommand: true,
26    });
27    // ECSサービスをALBのターゲットグループに登録する
28    service.attachToApplicationTargetGroup(defaultTargetGroup);
```

7.4.3 ⋮ リソースのデプロイ

ここまでで、2つのスタックのコンストラクタが用意できました。これらのコードを用いて、リソースをデプロイしていきましょう。

⭗ スタックのコンストラクタの呼び出し

手順4に対応する操作です。

lib/environments.tsに、環境に依存するパラメータを記述します。ここでは、dev環境のみについて記述しています。

リスト 7.23　lib/environments.ts

```
1  export type Stages = 'dev';
2
3  export interface EnvironmentProps {
4    account: string;
5  }
6
7  export const environmentProps: {[key in Stages]: EnvironmentProps} = {
8    'dev': {
9      account: '123456789012',
10   }
11 }
```

bin/ecs_flask_api.tsに次のコードを記述して、2つのコンストラクタを呼び出します。

261

リスト 7.24　bin/ecs_flask_api.ts

```
1  #!/usr/bin/env node
2  import 'source-map-support/register';
3  import * as cdk from 'aws-cdk-lib';
4  import { EcsFlaskApiInfraStack } from '../lib/ecs_flask_api_infra-stack';
5  import { EcsFlaskApiStack } from '../lib/ecs_flask_api-stack';
6  import { environmentProps, Stages } from '../lib/environments';
7
8  const stage = process.env.STAGE as Stages;
9  if (!stage) {
10   throw new Error('STAGE is not defined');
11 }
12
13 const environment = environmentProps[stage];
14 if (!environment) {
15   throw new Error(`Invalid stage: ${stage}`);
16 }
17
18 const app = new cdk.App();
19 const st = new cdk.Stage(app, stage, {
20   env: {
21     account: environment.account,
22     region: 'ap-northeast-1'}
23 })
24 const infraStack = new EcsFlaskApiInfraStack(st, 'EcsFlaskApiInfraStack', {
25   stage
26 });
27 new EcsFlaskApiStack(st, 'EcsFlaskApiStack', {
28   stage,
29   // infraStack のインスタンス変数を参照している
30   repositoryName: infraStack.repositoryName,
31   secretsName: infraStack.secretsName
32 });
```

○ スタック EcsFlaskApiInfraStack の作成

手順**5**に対応する操作です。

```
> STAGE=dev AWS_PROFILE=admin cdk deploy dev/EcsFlaskApiInfraStack
```

必要に応じて、cdk synth で CloudFormation のテンプレートを確認してください。

○ コンテナイメージの ECR へのプッシュ

手順**6**に対応する操作です。

この手順は Terraform の場合（**7.3.3 項**の「コンテナイメージの ECR へのプッシュ」）とほ

ぼ同じです。コマンドの中のECRリポジトリの名前を`dev-flask-api-cdk`に置き換えて、実行してください。

○ Secrets Managerへの環境変数の格納

手順**7**に対応する操作です。

環境変数`CORRECT_ANSWER`の値をSecrets Managerのシークレットとして格納します。AWSマネジメントコンソールからもできますが、AWS CLIで実行するときには次のコマンドを実行します。

```
> AWS_PROFILE=admin aws secretsmanager put-secret-value \
  --secret-id /flask-api-cdk/dev/correct_answer \
  --secret-string "IaC"
```

○ スタック EcsFlaskApiStack の作成

手順**8**に対応する操作です。

```
> STAGE=dev AWS_PROFILE=admin cdk deploy dev/EcsFlaskApiStack
```

○ ECSサービスのタスク数の変更とAPIサーバの動作確認

手順**9**、手順**10**に対応する操作です。

ECSサービスの起動（「必要なタスクの数」の1への変更）と動作確認の手順は、Terraformの場合（**7.3.3項**の「ECSサービスのタスク数の変更」「APIサーバの動作確認」）とほぼ同じです。ECSサービスを起動する際には、クラスタ名を`dev-flask-api-cdk`に、サービス名を`flask-api-cdk`に置き換えてください。また、動作確認のためにALBのDNS名を取得する際には、ALBの名前を`dev-flask-api-alb-cdk`に置き換えてください。

7.4.4 ┊ コンストラクタツリー

L2コンストラクタを使うことで、ECSタスク実行ロール、ECSタスクロール、セキュリティグループを自動で作成してくれました。実際に作成されていることを可視化するために、これらを自ら作成せずに自動作成に任せたときのコンストラクタツリーを見てみます（**図7.3**）。

左から4列目のものがスタックから呼び出されているコンストラクタで、5列目以降はその

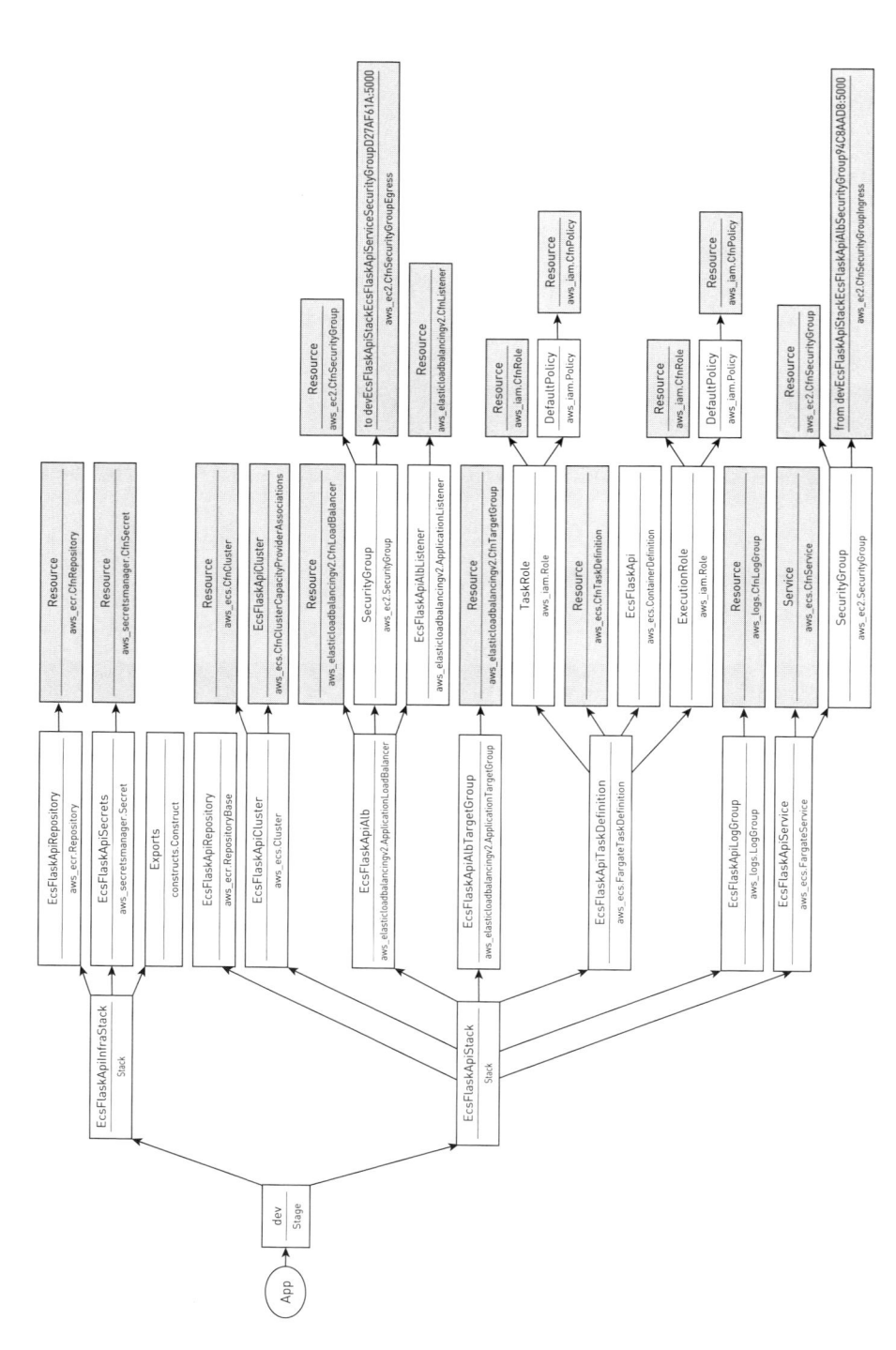

図7.3　ECS関連リソースのコンストラクタツリー

コンストラクタから呼び出されているコンストラクタを示しています。ツリーの各末端はグレーになっていますが、これはL1コンストラクタでCloudFormationのテンプレートでのリソースの記述に対応するものになります。

このコンストラクタツリーを見ると、次のことが確認できます。

- `ApplicationLoadBalancer` や `FargateService` のコンストラクタが、`SecurityGroup` のコンストラクタを呼び出していること
- `FargateTaskDefinition` のコンストラクタが、ECSタスク実行ロール（ExecutionRole）やECSタスクロール（TaskRole）を記述するために、それぞれ `Role` のコンストラクタを呼び出していること

このように、記述を省略した部分についても、自動的に対応するリソースが作成されていることがわかります。

COLUMN

L3コンストラクタ

CDKのECS関連のモジュールに `aws_ecs_patterns`[注7.A] というものがあります。これは、ECSのタスクやサービスのアーキテクチャのいくつかのパターンについてより高いレベルの抽象化を提供し、より少ないコードの記述で必要なリソースの記述をすることができます。L2コンストラクタよりもさらに抽象化していることからL3コンストラクタと呼ばれることがあります。

L2コンストラクタを使うことで、ECSタスク実行ロール、ECSタスクロール、セキュリティグループを自動的に作成することができましたが、このL3コンストラクタを使うと、ALBを使ったECSサービスの構築でALB関連リソースの記述を減らせます。

注7.A　https://docs.aws.amazon.com/cdk/api/v2/docs/aws-cdk-lib.aws_ecs_patterns-readme.html

---

7.4.5 ┊ リソースの削除

手順11に対応する操作です。

Terraformのときと同様に、`EcsFlaskApiStack`からデプロイされたリソースには時間で課金がかかるサービスがあります。動作確認が終わったら、`cdk destroy`でスタックを削除してく

ださい。

```
> STAGE=dev AWS_PROFILE=admin cdk destroy dev/EcsFlaskApiStack
```

　また、EcsFlaskApiIntraStackからデプロイされたリソースの中で、Secrets Managerは存在していることで課金が発生します。不要であれば、このスタックも同様に削除してください。なお、このスタックを削除しても、ECRのリポジトリは削除されません[注7.10]。

7.4.6 ┊ IAMロールやセキュリティグループのカスタマイズ

　ECSタスク実行ロール、ECSタスクロール、セキュリティグループは、これらをコンストラクタのpropsで指定しなければ、自動的に作成されることを説明しました。これによって、少ない記述でリソースを作成することができます。

　一方、細かなカスタマイズをしたいときや、リソースを明示的に記述しておきたいときには、自動作成に任せずに、自ら記述したいこともあるでしょう。ここでは、ECSタスク実行ロール、ECSタスクロール、セキュリティグループを自動作成に任せずに記述する場合について説明します。

● ECSタスク実行ロール

　ECSタスク実行ロールを自動作成に任せずに、自らIAMロールを作成して使用するためには、たとえば次のようにIAMロール executionRole を記述し、それを FargateTaskDefinition の props の executionRole に指定します。

リスト 7.25　lib/ecs_flask_api-stack.ts の constructor の中（ECSタスク実行ロールを自分で記述する場合）

```
1  const executionRole = new iam.Role(this, "EcsFlaskApiTaskExecRole", {
2    assumedBy: new iam.ServicePrincipal("ecs-tasks.amazonaws.com"),
3    roleName: `${props.stage}-flask-api-execution-role-cdk`,
4    managedPolicies: [
5      iam.ManagedPolicy.fromAwsManagedPolicyName(
6        "service-role/AmazonECSTaskExecutionRolePolicy"
7      ),
8    ],
```

注7.10　ECRリポジトリは、Repositoryコンストラクタで記述した場合のデフォルトのDeletionPolicy（スタックからリソースの記述が削除されたときの実際のリソースの扱いを指定）がRetain（リソースを削除せずに保持する）になっているためです。terraform destroyですべてのリソースを削除するときには、ECRリポジトリの中のイメージを削除しておく必要がありましたが、CDKの場合はその必要がありません。

266

```
9     });
10    // ECSタスク定義でSecrets Managerを参照していると自動的に付与されるが、
11    // 明示的に付与する場合は次のように記述する
12    // secrets.grantRead(executionRole);
```

● ECSタスクロール

次のように IAM ロール taskRole を記述し、それを FargateTaskDefinition の props の taskRole に指定することで、ECS タスクロールを自分で記述することができます。

リスト 7.26　lib/ecs_flask_api-stack.ts の constructor の中（ECSタスクロールを自分で記述する場合）

```
1    const taskRole = new iam.Role(this, "EcsFlaskApiTaskRole", {
2      assumedBy: new iam.ServicePrincipal("ecs-tasks.amazonaws.com"),
3      roleName: `${props.stage}-flask-api-task-role-cdk`,
4    });
```

● セキュリティグループ

セキュリティグループについても、自動作成に任せずに自ら作成して、ALBやECSサービスのコンストラクタのpropsに指定する場合には、たとえば次のように記述できます。

リスト 7.27　lib/ecs_flask_api-stack.ts の constructor の中（セキュリティグループを自分で記述する場合）

```
1    // ALB用のセキュリティグループを作成
2    const albSecurityGroup = new ec2.SecurityGroup(
3      this,
4      "EcsFlaskApiAlbSecurityGroup",
5      {
6        vpc,
7        securityGroupName: `${props.stage}-flask-api-alb-sg-cdk`,
8        // これを入れておかないと、アウトバウンドのすべての通信が許可されるので注意
9        allowAllOutbound: false,
10     }
11   );
12   // ECS Fargateインスタンス用のセキュリティグループを作成
13   const ecsSecurityGroup = new ec2.SecurityGroup(
14     this,
15     "EcsFlaskApiEcsSecurityGroup",
16     {
17       vpc,
18       securityGroupName: `${props.stage}-flask-api-ecs-sg-cdk`,
19       allowAllOutbound: false,
20     }
```

```
21      );
22
23      // ALB用のセキュリティグループで、任意のIPアドレスからのHTTP通信を許可
24      albSecurityGroup.addIngressRule(ec2.Peer.anyIpv4(), ec2.Port.tcp(80));
25
26      // ALB用のセキュリティグループで、ECS Fargateインスタンスの5000番ポートへの通信を許可
27      albSecurityGroup.addEgressRule(ecsSecurityGroup, ec2.Port.tcp(5000));
28
29      // ECS Fargateインスタンス用のセキュリティグループで、ALBから5000番ポートへの通信を許可
30      ecsSecurityGroup.addIngressRule(albSecurityGroup, ec2.Port.tcp(5000));
31
32      // ECS Fargateインスタンス用のセキュリティグループで、任意のIPアドレスの443番ポートへの通信を許可
33      ecsSecurityGroup.addEgressRule(ec2.Peer.anyIpv4(), ec2.Port.tcp(443));
```

　セキュリティグループの記述は、セキュリティグループ本体をコンストラクタSecurityGroupで記述し、ルールを加えるメソッドを使って、インバウンド、アウトバウンドのルールを設定します。

　なお、この例では、最後のルールを「任意のIPアドレスの443番ポートへの通信の許可」だけに限定しています。自動作成されるECS Fargateインスタンス用のセキュリティグループのアウトバウンドルールでは、任意のIPアドレスの任意のポートへの通信を許可されますが、AWSアクションをリクエストするエンドポイントに接続するための「任意のIPアドレスの443番ポートへの通信の許可」だけで十分であり、それを反映したカスタマイズになっています。

▌7.4.7 ⋮ 自動的に作成されるECSタスクロールへの許可アクションの追加

　FargateTaskDefinitionのコンストラクタのpropsにECSタスクロールを指定しない場合には、自動的にECSタスクロールが作成されることを説明しました。このAPIサーバの例ではECSタスクがAWSのサービスを利用することはないので、この自動的に作成されたECSタスクロールに許可アクションを追加する必要はありませんでした。

　もし、ECSタスクが（たとえば）SQSにメッセージを送信する場合には、ECSタスクロールにSQSへのSendMessageアクションを追加する必要があります。ここでは、自動的に作成されるECSタスクロールへアクションを追加したい場合のコードの記述について解説します。

　次のように、SQSキューを記述したとします。

```
const queue = new sqs.Queue(this, 'EcsTaskQueue')
```

ECSタスク定義のL2コンストラクタによって自動的に作成されたECSタスクロールは、ECSタスク定義のインスタンス`taskDefinition`の属性`taskRole`を使って参照することができます。このIAMロール`taskDefinition.taskRole`に`SendMessage`のアクションの許可を追加する記述をすれば、ECSタスクロールにSQSキューへのメッセージ送信の許可を与えることができます。

そのための記述には、次の2つの方法があります。

● IAMロールを操作対象とする方法

IAMロールを操作対象とし、このIAMロールに`SendMessage`アクションの許可を追加すると考えると、アクションの許可は次のように記述できます。

```
taskDefinition.taskRole.addToPolicy(
  new iam.PolicyStatement({
    actions: ['sqs:SendMessage'],
    resources: [queue.queueArn],
  }),
)
```

● SQSキューを操作対象とする方法

SQSキューを操作対象とし、このSQSキューに対して`SendMessage`を実行できる許可をIAMロールに与えると考えると、アクションの許可は次のように記述できます。

```
queue.grantSendMessages(taskDefinition.taskRole)
```

リソースのクラスに`grant`で始まるメソッドが実装されている場合には、このようにリソースに対する操作で、そのリソースに対するアクションの許可をIAMロールに与えることができます。

7.5 ┃ まとめ

　この章では、ECS サービスに必要なリソースを、Terraform および CDK のコードで記述しました。

　外部モジュールを使わない標準状態の Terraform では、個々のリソースの記述が必要でした。それに対して、CDK では標準で実装されている L2 コンストラクタによって、セキュリティグループや IAM ロールなどを明示的に記述しなくても、それらのリソースが自動的に CloudFormation のテンプレートに出力されました。このように、利用したいサービスを熟知していなくても、少ないコード量で必要なリソースの記述ができることが、CDK の大きな魅力と言えるでしょう。

　一方、自動的に記述されるリソースを把握していないことが原因で、トラブルになる場合もあります。たとえば、見たことがないリソースが作成されていたので手動で削除したら挙動がおかしくなったが、実はそのリソースは CDK のコードによって生成されたものだった、というのはよく聞くケースです。CDK のコードによってデプロイされるリソースを、CloudFormation のテンプレートから把握しておくことが必要です。

　Terraform と CDK を比較したときに、リソースの抽象化、コード記述の少なさという観点では、CDK に軍配が上がるでしょう。利用しようとする AWS サービスについて求められる知識は、個々のリソースを記述する必要や、モジュールを使うためにその仕様を読み解く必要がある Terraform のほうが多いだろう、と感じています。

　一方で、リソースの管理（差分抽出、一部リソースの IaC 管理からの除外など）の観点では、Terraform のほうが直感的で、より安全にリソースの操作ができるというメリットがあると考えています。その点については、次章で解説します。

第 **8** 章

Terraform & AWS CDK
注意すべき相違点

||||||||||||||||||||||||||

この章では、Terraform と CloudFormation・CDK のいくつかの操作について比較します。IaC のコードは宣言的で、差分を解消するようなリソース変更が行われることを、これまでも解説してきました。では、リソース変更の実行計画を作成するときの差分とは、手元のコードと何の差分でしょうか。実は、ここに Terraform と CloudFormation・CDK の間に大きな違いがあり、利用するうえでも注意すべき点になります。また、cdk diff の利用上の注意点も terraform plan と比べながら述べます。

その他に、既存のリソースの参照、IaC 管理下にあるリソースの一部を管理外に変更する操作について、Terraform と CloudFormation・CDK を比較しながら取り上げます。

実践編

8.1 | 手動で変更されたリソースの差分検出

　ここまでは、IaCツールによってリソースの作成や変更をしてきました。一方、IaCツールによって作成されたリソースの属性は、AWSマネジメントコンソールやAWS CLIなどを使って手動で変更できてしまいます。このように、IaCのコードで構築したリソースに、IaCツール以外から変更を加えられたときに、何が起こるかを見てみます。ここで示すことは、Terraformと CloudFormation・CDKで挙動が異なり、運用にあたっては注意が必要な部分になります。

▍8.1.1 ┊ SQSキューの作成

　再び、**第3章**で取り上げたSQSキューを使います。

　まず、コード上でSQSキューの最大メッセージサイズを4096（4KB）に指定したSQSキューを作成します。

○ Terraform

　検証用のルートモジュールを記述します。

```
> sh tools/tf_init.sh dev sqs_changed_by_hand
```

　そして、`main.tf`には、次のコードを記述します。

リスト8.1　env/dev/sqs_changed_by_hand/main.tf

```
1  resource "aws_sqs_queue" "my_queue" {
2    name            = "test-queue-tf"
3    max_message_size = 4096
4    tags = {
5      "name" = "test-queue-tf"
6    }
7  }
```

　このコンフィグファイルを使って、通常どおりの操作で、SQSキューをデプロイします。

○ CDK

検証用のプロジェクトを作成します。

```
> mkdir sqs_changed_by_hand
> cd sqs_changed_by_hand
> cdk init -l typescript
```

lib/sqs_changed_by_hand-stack.ts には、次のコードを記述します。

リスト 8.2 lib/sqs_changed_by_hand-stack.ts

```
 1  import * as cdk from 'aws-cdk-lib';
 2  import { Construct } from 'constructs';
 3  import * as sqs from 'aws-cdk-lib/aws-sqs';
 4
 5  export class SqsChangedByHandStack extends cdk.Stack {
 6    constructor(scope: Construct, id: string, props?: cdk.StackProps) {
 7      super(scope, id, props);
 8      const queue = new sqs.Queue(this, 'MyQueue', {
 9        queueName: "test-queue-cdk",
10        maxMessageSizeBytes: 4096,
11      });
12      cdk.Tags.of(queue).add('Name', 'test-queue-cdk');
13    }
14  }
```

bin/sqs_changed_by_hand.ts は、初期に作成したままにします。
このコードから、SQS キューをデプロイします。

8.1.2 ⋮ Terraform のコンフィグに記述がある属性を手動で変更

○ AWS マネジメントコンソールでの最大メッセージサイズの変更

まず、Terraform で作成した SQS キュー test-queue-tf について、AWS マネジメントコンソールから、最大メッセージサイズを 4,096 (4KB) から 8,192 (8KB) に変更します (**図 8.1**)。最大メッセージサイズは、**リスト 8.1** のコンフィグファイルで max_message_size という引数で指定している属性です。

図8.1 AWSマネジメントコンソールで最大メッセージサイズを変更する

○ terraform planを実行してみる

この状態で、コンフィグファイルとの差分を検出するterraform planを実行してみます。

```
> AWS_PROFILE=admin terraform plan

aws_sqs_queue.my_queue: Refreshing state... [id=https://sqs.ap-northeast-1.amazonaws.com/123456789012/test-
queue-tf]

Terraform used the selected providers to generate the following execution plan. Resource actions are
indicated with the following symbols:
  ~ update in-place

Terraform will perform the following actions:

  # aws_sqs_queue.my_queue will be updated in-place
  ~ resource "aws_sqs_queue" "my_queue" {
        id                       = "https://sqs.ap-northeast-1.amazonaws.com/123456789012/test-
queue-tf"
      ~ max_message_size         = 8192 -> 4096
        name                     = "test-queue-tf"
        tags                     = {
            "name" = "test-queue-tf"
        }
        # (11 unchanged attributes hidden)
    }
```

```
Plan: 0 to add, 1 to change, 0 to destroy.



Note: You didn't use the -out option to save this plan, so Terraform can't guarantee to take exactly these
actions if you run "terraform
apply" now.
```

"No change"ではなく、差分が表示されています。詳しく見ると、max_message_size（最大メッセージサイズ）の8192を、コードで記述されている4096に変更する処理が計画されていることがわかります。つまり、Terraformは、IaCの外で行われた変更を検知し、コンフィグファイルに記述された値に戻そうとしているわけです。これは、terraform planやterraform applyの際に、最新のリソースの状態をAWSアクションの実行を通じて収集して（ステートのリフレッシュと呼ばれます）、手元のコンフィグファイルと最新のリソースの状態との比較が行われるために起きていることです（詳細は**8.2.2項**）。

このままterraform applyを実行すれば、最大メッセージサイズをコンフィグファイルに記述された4096に戻せます。もし、手動で変更した8192にコンフィグファイルを合わせたければ、コンフィグファイルのmax_message_sizeを8192に変更します。この変更をしてから、terraform planを実行すれば、今度は"No changes"の結果が得られます。いずれかの操作を実行して、terraform planを実行したときに差分がない状態であることを示す"No changes"が出力されるようにしておきましょう。

このように、terraform planコマンドは、コードと実際のリソースの差分（ドリフト）の表示にも利用可能です。

8.1.3 ⋮ CDKのコードに記述がある属性を手動で変更

次にCDKの場合を見ていきましょう。すでに見たように、CDKはコードからテンプレートを生成したあとは、CloudFormationのスタックの仕組みを使っています。そのため、これから検証することはCDKでもCloudFormationでも共通です。

Terraformのときと同様に、AWSマネジメントコンソールを使って、CDKで構築したSQSキューtest-queue-cdkの最大メッセージサイズを4KB（4,096）から8KB（8,192）に変更します。

○ cdk diff を実行してみる

　Terraform のときには、この状態で`terraform plan`を実行すれば、実際のリソースの値（8192）とコンフィグファイルの値（4096）の間に差分が検出されました。

　CDKで手元のテンプレートとスタックのテンプレートの差分を検出する`cdk diff`を実行してみます。

```
> AWS_PROFILE=admin cdk diff

Stack SqsStack
（中略）
There were no differences

✧  Number of stacks with differences: 0
```

　"There were no differences" と表示され、「差分」がないと表示されています。

　`cdk diff`は、手元のCloudFormationテンプレート（CDKの場合はコードから生成したテンプレート）の値と、スタックが保持しているテンプレートの値との比較によって作成しています（詳細は**8.3.2 項**）。その比較では、実際のリソースの状態は関与しません。このケースでは、手元のテンプレートとスタックが保持しているテンプレートとの間に差分はないため、`cdk diff`では差分が出力されなかったのです。

　このように、`terraform plan`がコンフィグファイルに記述されたリソースの状態と（手動による変更も含む）実際の最新のリソースの状態との間の差分を検出するのに対し、`cdk diff`は手元のテンプレートと既存のスタックのテンプレートの間の差分を検出しており、差分の比較対象が異なることに注意が必要です。

○ ドリフトの検出

　CloudFormationには、実際のリソースとスタックのテンプレートの属性の間の差分を検出する「ドリフトの検出」という機能があります[注8.1]。今の状態では実際のリソースとスタックのテンプレートの属性に差があるので、その差分がドリフトとして検出されると期待されます。実際にAWSマネジメントコンソールからやってみましょう。

　AWSマネジメントコンソールのCloudFormationの画面でCDKから作成したスタックSqsStackを選択します。その画面の右上にある「スタックアクション」から「ドリフト結果の表示」を選択します（**図 8.2**）。

注8.1　https://docs.aws.amazon.com/ja_jp/AWSCloudFormation/latest/UserGuide/using-cfn-stack-drift.html

図8.2 AWSマネジメントコンソールにおけるドリフトを検出するための操作

　表示される画面の右上にある「スタックドリフトの検出」というボタンを押し、少し待ってからそのボタンの左にあるリロードボタンを押すと、画面は**図8.3**のような表示になります。

CloudFormation ＞ スタック ＞ SqsStack ＞ ドリフト

ドリフト

スタックのドリフトステータス
ドリフトの検出により、スタックの実際の設定が、そのテンプレート設定と異なっていたり、ずれたりしていないか確認できます。詳細はこちら

ドリフトステータス	前回のドリフトチェック時刻
△ DRIFTED	2024-04-30 13:41:14 UTC+0900

ⓘ 現在、ドリフトの検出をサポートしているリソースのみがここに表示されます。すべてのスタックリソースを表示するには、スタックの詳細ページを確認します。詳細はこちら

リソースのドリフトステータス (1)

論理ID ▲	物理ID ▽	タイプ ▽	ドリフトステータス ▽	タイムスタンプ ▽	モジュール ▽
○ MyQueueE6CA6235	https://sqs.ap-northeast-1.amazonaws.com/ ■■ /test-queue-cdk	AWS::SQS::Queue	△ MODIFIED	2024-04-30 13:41:14 UTC+0900	-

図8.3 AWSマネジメントコンソールにおけるドリフト検出結果の表示

　左上の「ドリフトステータス」が DRIFTED（ドリフトがある）と表示され、スタックのテンプレートと実際のリソースの間に差分があることを示しています。そして、画面の下にある「リソースのドリフトステータス」では、AWS::SQS::Queue のリソース（論理ID MyQueueE6CA6235）について MODIFIED（修正あり）と表示されており、差分があることを示しています。なお、差分がない場合には IN_SYNC（同期している）と表示されます。
　さらに、そのリソースの左側にあるラジオボタンをクリックし、「ドリフトの詳細を表示」のボタンを押すと、**図8.4**のように詳細な情報が表示されます。

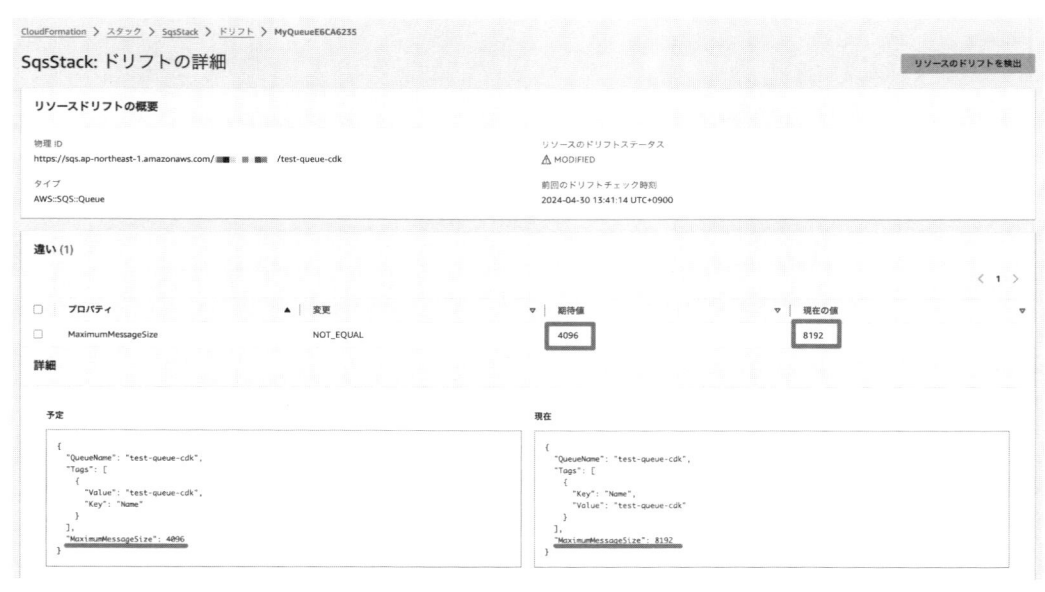

図8.4　AWSマネジメントコンソールにおけるドリフトの詳細の表示

　これを見ると、MaximumMessageSizeというプロパティ（属性）の値が、テンプレートから期待されるのは4096であるところ、現在は8192になっている、ということがわかります。

　Terraformの場合は、この状態でterraform applyを実行すれば、手元のコンフィグファイルが記述しているリソースの状態に戻せました。一方、CloudFormationの場合はスタックと手元のテンプレートの間に差分が検知されないので、スタックの更新がそもそもできません。そのため、テンプレートの値に戻したい場合は、AWSマネジメントコンソールなどから手動で修正する必要があります。

　もし、手動で変更した8192の値にCDKのコードを合わせる形で差分を解消するのであれば、すでに手動でリソースの属性の値は変更されていますが、スタックが保持するテンプレートを更新するため、CDKのコードのmaxMessageSizeBytesを8192に変更してスタックの更新を実行する必要があります。このスタックの更新では、現在のスタックのテンプレートとの差分からMaximumMessageSizeを4096から8192に変更する変更セットが作成され、実行されます。すでに実際のリソースの値は8192になっていますが、CloudFormationはそれを認識していないので、8192に変更しようとするアクションが実行されます。この変更操作では実際のリソースの変更はありませんが、スタックの更新というリソースの変更をし得る操作をしていますので、意図したもの以外の変更が行われないかをきちんとチェックする必要があります（Terraformの場合は、コンフィグファイルの引数の値を実際のリソースの値に合わせれば良

いだけで、リソースの変更をし得る操作は伴いませんでした)。

　ドリフトの検出はすべてのリソースに対応しているわけではありません[注8.2]。ドリフト検出に対応していないリソースでは、ドリフトがあってもそれが検知されないので注意が必要です。また、ドリフトがないにもかかわらず、ドリフトとして表示されてしまうこともあります[注8.3]。

8.1.4 ┊ Terraformのコンフィグに記述がない属性の値を手動で変更

　リスト8.1のTerraformのコンフィグファイルから作成したSQSキュー test-queue-tf では、コンフィグファイルに可視性タイムアウトが記述されていませんでした。AWSマネジメントコンソールでそのSQSキューを確認すると、可視性タイムアウトは30秒になっており、これがデフォルト値です。

○ AWSマネジメントコンソールでの最大メッセージサイズの変更

　可視性タイムアウトの値を、AWSマネジメントコンソールから60秒に変更します(**図8.5**)。

図8.5　AWSマネジメントコンソールで可視性タイムアウトを変更する

注8.2　https://docs.aws.amazon.com/ja_jp/AWSCloudFormation/latest/UserGuide/resource-import-supported-resources.html

注8.3　https://docs.aws.amazon.com/ja_jp/AWSCloudFormation/latest/UserGuide/resource-import-supported-resources.html

○ terraform planを実行してみる

この状態でterraform planを実行してみましょう。

```
> AWS_PROFILE=admin terraform plan

aws_sqs_queue.my_queue: Refreshing state... [id=https://sqs.ap-northeast-1.amazonaws.com/123456789012/test-
queue-tf]

Terraform used the selected providers to generate the following execution plan. Resource actions are
indicated with the following symbols:
  ~ update in-place

Terraform will perform the following actions:

  # aws_sqs_queue.my_queue will be updated in-place
  ~ resource "aws_sqs_queue" "my_queue" {
        id                            = "https://sqs.ap-northeast-1.amazonaws.com/123456789012/test-
queue-tf"
        name                          = "test-queue-tf"
        tags                          = {
            "name" = "test-queue-tf"
        }
      ~ visibility_timeout_seconds    = 60 -> 30
        # (11 unchanged attributes hidden)
    }

Plan: 0 to add, 1 to change, 0 to destroy.


_____


Note: You didn't use the -out option to save this plan, so Terraform can't guarantee to take exactly these
actions if you run "terraform
apply" now.
```

可視性タイムアウトに対応するvisibility_timeout_secondsを60から30に変更しようとする計画が作られていることがわかります。これは、AWSマネジメントコンソールから手動で変更した60という値をデフォルトの30に戻そうとしています。このように、コードに記述されておらずにデフォルトの値で構築された属性についても、それを手動で変更すれば、コンフィグファイルとの差分として検出してくれることがわかります。

これらのことから、Terraformの場合は、AWSマネジメントコンソールなどでリソースに手動で変更を加えても、それを検出できることがわかります。そして、再度terraform applyを実行すれば、コンフィグファイルが記述するリソースの状態に戻せます。

8.1.5 ⋮ CDKのコードに記述がない属性の値を手動で変更

リスト 8.2 のコードから作成したSQSキュー test-queue-cdk でも、コンフィグファイル
に可視性タイムアウトが記述されていませんでした。AWSマネジメントコンソールでその
キューを確認すると、可視性タイムアウトはやはり30秒になっています。

Terraformのときと同様に、コードに記述されていない可視性タイムアウトの値を、AWSマ
ネジメントコンソールを使って30秒から60秒に変更します。

● cdk diff を実行してみる

Terraformの場合は、コンフィグファイルに記述されていない属性の値を変更した場合で
あっても、terraform plan でコードと実際のリソースに差分があることを検出できました。

一方、CDKの場合、最大メッセージサイズを変更したときと同様に、手元のテンプレー
トとスタックのテンプレートの間に差分が生じるわけではないので、cdk diff を実行しても
"There were no differences" になります。

● ドリフトの検出を実行してみる

それでは、「ドリフトの検出」をするとどうなるでしょうか?その結果は、"IN_SYNC" とな
り、ドリフトはないと判定されます。

実は、CloudFormation・CDKでは、テンプレートに記述された属性の値と、それに対応す
る実際のリソースの値の間の差分がドリフト検出の対象となります。今回の例では、可視性タ
イムアウトはテンプレートにその属性の記述がないので、そもそもドリフトの検出の対象にな
らないのです。

このように、IaCで管理されているリソースの、コードでは記述されていない属性を、AWS
マネジメントコンソールなどを使って手動で変更した場合、その変更はドリフトとして検出
されません。一時的にリソースの属性を手動で変更する、という場面が運用の中ではある
と思いますが、そのような手動変更をドリフトで検出できない場合があるということです。
CloudFormation(CDKを含む)で管理しているリソースの属性を手動で変更した場合には、
変更内容を記録し、必ず元に戻すことが重要です。それを忘れると、同じコード(手動の変更
は反映されていない)を用いて別の環境にリソースを構築したときに、同一の属性ではないリ
ソースができてしまうことがあります。

Terraform と CloudFormation(CDKを含む)の間でこのような挙動の違いが生じる背景に
ついては、**8.2 節** で解説します。

8.2 ┃ 実行計画（差分）作成プロセス

　TerraformとCloudFormation（CDKも含む）では、どちらも求めるリソースの状態を記述したコンフィグファイルやテンプレートを書きます。そして、コンフィグファイルやテンプレートで記述した状態と、「なんらかの状態」の間の差分がなくなるようにリソースの操作が行う実行計画が作成され、その実行計画に沿ってリソースの操作が行われます。

　実は「なんらかの状態」と記述したものが、TerraformとCloudFormationでは異なります。その結果、**8.1 節**で見たように、とくに手動でのリソースの変更が加えられていた場合に、リソース操作の結果が両者で異なることがあります。

　ここでは、TerraformとCloudFormationにおける、リソース変更の実行計画の作成の流れを比較してみます。IaCのコードの記述は宣言的であるので、手元のコードで記述したリソースの状態と、比較対象となるリソースの状態の差分をなくすようにリソースの変更が行われます。そのため、リソースの変更計画の確認は、その差分を確認することと同等と言えます。以下では、差分の抽出と、リソース変更の実行計画の作成が同義として、説明します。

8.2.1 ┆ 題材

　題材として、**8.1 節**で解説したSQSキューを再び取り上げます。**8.1 節**のように可視性タイムアウトが手動で変更されている（デプロイ時の30から60に変更されている）ときに、最大メッセージサイズのコードの記述を2048から4096に変更して、その変更をTerraformやCDKによって、リソースに反映させることを考えます。

8.2.2 ┆ Terraformの場合

　Terraformでリソースの属性を変更するときの流れの概略は、**図 8.6**のようになります[注8.4]。

注8.4　これは筆者による検証とTerraformやAWSプロバイダのソースコードに基づく筆者の解釈です。処理順序は説明の便宜上、筆者が付与したものであり、実際の処理順序と同じとは限りません。

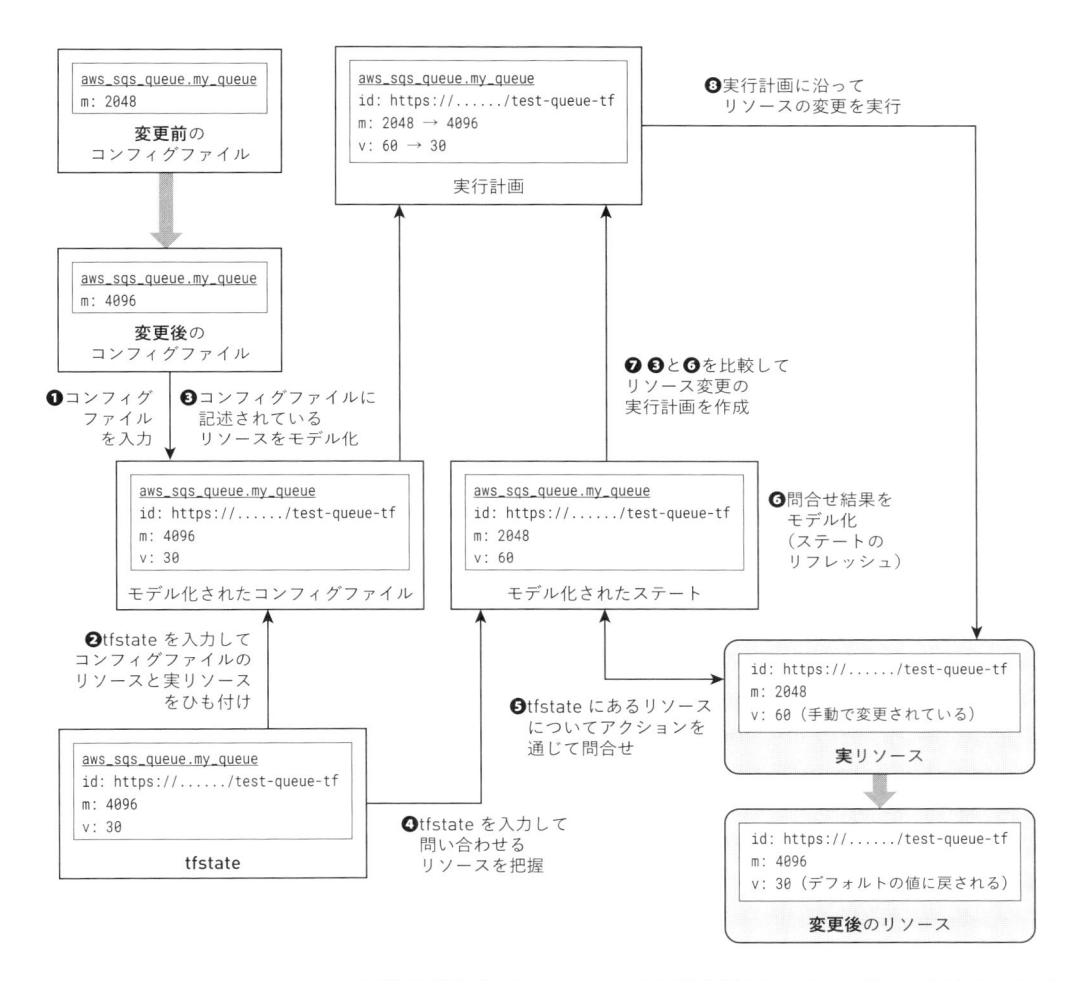

図8.6　Terraformでリソースの変更計画が作成され、リソース変更が実行されるまでの流れ。図中のmは最大メッセージ長、vは可視性タイムアウトの属性を示す

○ リソースのモデル化

　Terraformでは、それぞれのリソースを、属性の集合によって表現しようとするモデル化をしています。コンフィグファイルや実際のリソースの状態は、このモデルによって表現されます。コンフィグファイルに記述できる引数は、モデルの属性に含まれています。それに加え、デプロイの際に自動的に割り当てられる属性（SQSキューではキューのURLなど）もモデルの属性の1つになっています。

○ コンフィグファイルが記述するリソースの状態のモデル化

terraform planコマンドを実行すると、まず、コンフィグファイルに記述されたリソースの状態が、そのリソースのモデルに当てはめられます。その際に、すでにリソースがある場合には、tfstateファイルの情報から、コンフィグファイルのリソースのアドレス（論理ID）と、実際のリソースの物理ID（SQSキューの場合はキューのURL）とを結び付けます（**図8.6**の❶〜❸）。なお、**図8.6**のモデルの表示には、最大メッセージ長（mで表示）と可視性タイムアウト（vで表示）のみを示していますが、モデルの属性は他にもあります。**リスト3.3**のterraform planの実行例には、コンフィグファイルには記述しなかった属性を含めて表示されていますが、これらがモデルに定義されている属性に対応しています[注8.5]。

○ 最新のリソースの状態のモデル化

差分を抽出するためにコンフィグファイルをモデル化したものと比較をするのは、現在のリソースの状態をモデル化したものです。tfstateファイルの記述から、問い合わせが必要なリソースの種類とその物理IDを把握し、AWSアクションの実行を通じて、その物理IDを持つリソースの現在の状態の問い合わせをします。現在の状態を問い合わせるプロセスは「リフレッシュ」と呼ばれます。このようにして取得した現在のリソースの状態も、同じモデルによって表現されます（**図8.6**の❹〜❻）。tfstateファイルには、terraform applyの直近の実行によって実現されたリソースの属性が格納されていますが、それとの比較ではありません。リフレッシュされた最新のリソースの状態が、コンフィグファイルが記述するリソースの状態との比較対象になります。

ルートモジュールのディレクトリで、次のコマンドを実行すると、最新のリソースの状態をモデル化した結果を出力できます。

```
> AWS_PROFILE=admin terraform apply -refresh-only
> AWS_PROFILE=admin terraform state show [リソースのアドレス]
```

terraform apply -refresh-onlyを実行すると、tfstateファイルに最新のリソースの状態が反映されます（リソースの変更は行われません）。このコマンドの実行後では、tfstateファイルに最新のリソースの状態が反映されているため、コンフィグファイルが記述するリソース状態との比較対象は、tfstateファイルに保持されたリソース状態になります。そして、terraform state showはtfstateファイルに保持されているリソースの状態を出力するコ

注8.5　次のURLのソースコードにあるqueueSchemaが、SQSキューのモデルの属性を示しています：
https://github.com/hashicorp/terraform-provider-aws/blob/418af0f530cc1cdf56fae349bbe037eab556eaa5/internal/service/sqs/queue.go#L43-L169

マンドです。この出力を見ることで、コンフィグファイルと比較するリソース状態を把握できます。

◯ モデル化のときの属性のデフォルト値

コンフィグファイル、最新のリソースいずれのモデルでの表現においても、モデルのすべての属性になんらかの値[注8.6]が割り当てられます。可視性タイムアウトの値はコンフィグファイルには記述がありませんが、SQSキューのリソースのモデルにおいて可視性タイムアウトのデフォルト値には30秒が設定されており、コンフィグファイルが記述するリソースの状態のモデル化にはこの値が使われています。

◯ 実行計画の作成（差分の抽出）

これでコンフィグファイルが記述するリソースの状態と、最新のリソースの状態が同じモデルによって表現されました。同じモデルで表現されていれば、属性の値を比較することによって差分を抽出できます。terraform planでは、その差分を解消するようなリソース変更の実行計画が作成されます（**図8.6**の❼）[注8.7]。この実行計画の中で、IaC外において手動で変更した可視性タイムアウト（v）が60から30に戻されようとしていることに注意してください。**第3章**でも見たように、TerraformはIaC外での手動の変更も検出して、それも含めてコンフィグファイルに記述された状態にしようとしますが、これはこのような流れによって実現されているものなのです。

このように、コンフィグファイルが記述するリソースの状態と実際のリソースの最新状態それぞれをモデルに当てはめてから比較することが、Terraformにおいては特徴的なプロセスになっています。

注8.6　場合によっては null である場合もあります。

注8.7　この例では、モデルで可視性タイムアウトのデフォルト値が設定されており、コンフィグファイルのモデルでの表現の際に可視性タイムアウトの値がそのデフォルト値の30に設定されました。モデルで属性のデフォルト値が設定されていない場合、コンフィグファイルのモデルでの属性の値は null になります。モデルではその属性にデフォルト値が設定されておらず、最新のリソース状態ではその属性が値を持つ場合、コンフィグファイルと最新のリソース状態の間には差分が出てしまうように見えます。すべてのモデルの属性にデフォルト値を設定しておくとこのような差分は回避できますが、実はその必要はありません。モデルで属性のデフォルト値が設定されていない場合で、その値が状態の問い合わせから取得が可能というフラグが付与されている属性については、コンフィグファイルのモデル化の際には null としますが、それを最新のリソース状態のモデルと比較するときに差分とはしない（つまり最新のリソース状態のモデルの値を優先する）ようになっています。そのため、この属性についてのリソースの変更操作は行われないことになります。

COLUMN

tfstateファイルの属性の値

　tfstate ファイルの重要な役割は、Terraform のコンフィグファイルに記述された論理 ID と、実際のリソースの物理 ID を結び付けることです。tfstate ファイルには、その対応関係の情報だけでなく、リソースの属性（モデル化されたリソースの属性）の値も記述されています。これらの属性の値は、基本的には terraform apply の直近の実行によって実現されたリソースの属性の値です。しかし、terraform apply に失敗してリソースの変更はされていないにもかかわらず、tfstate ファイルがコンフィグファイルの内容に更新されることがあります。

　Terraform のドキュメント注8.A には、この仕様は意図的なものであることが記述されています。それによれば、1 つのリソースの属性更新のために複数の API の呼び出しが必要な場合、一部の API の呼び出しが成功してリソースの一部の属性が更新済みになる可能性があることを考慮しているとのことです。

　このような仕様であってもほとんどの場合で問題にならないのは、リソース変更の実行計画を作成するときの比較対象が、tfstate ファイルに記述された状態ではなく、リフレッシュした状態であるからです。この問題が顕在化するのは、AWS アクションを通じて最新の状態が取得できない属性についてで、この場合には tfstate ファイルの属性の値がそのまま比較対象になります。

　このようなことが発生する実例は、**11.7.4 項**で紹介します。

注8.A　https://developer.hashicorp.com/terraform/plugin/framework/diagnostics#how-errors-affect-state

8.2.3 ┊ CloudFormation（CDK）の場合

　CloudFormation（CDK）で変更セットが作成され、リソース変更が実行されるまでの流れの概略は、**図 8.7** のようになります注8.8。

注8.8　これは筆者の経験と検証に基づく推定です。この流れで検証結果と矛盾は生じないことは確認していますが、CloudFormation のソースコードは公開されていないため、実際の実装とは異なる可能性もあります。

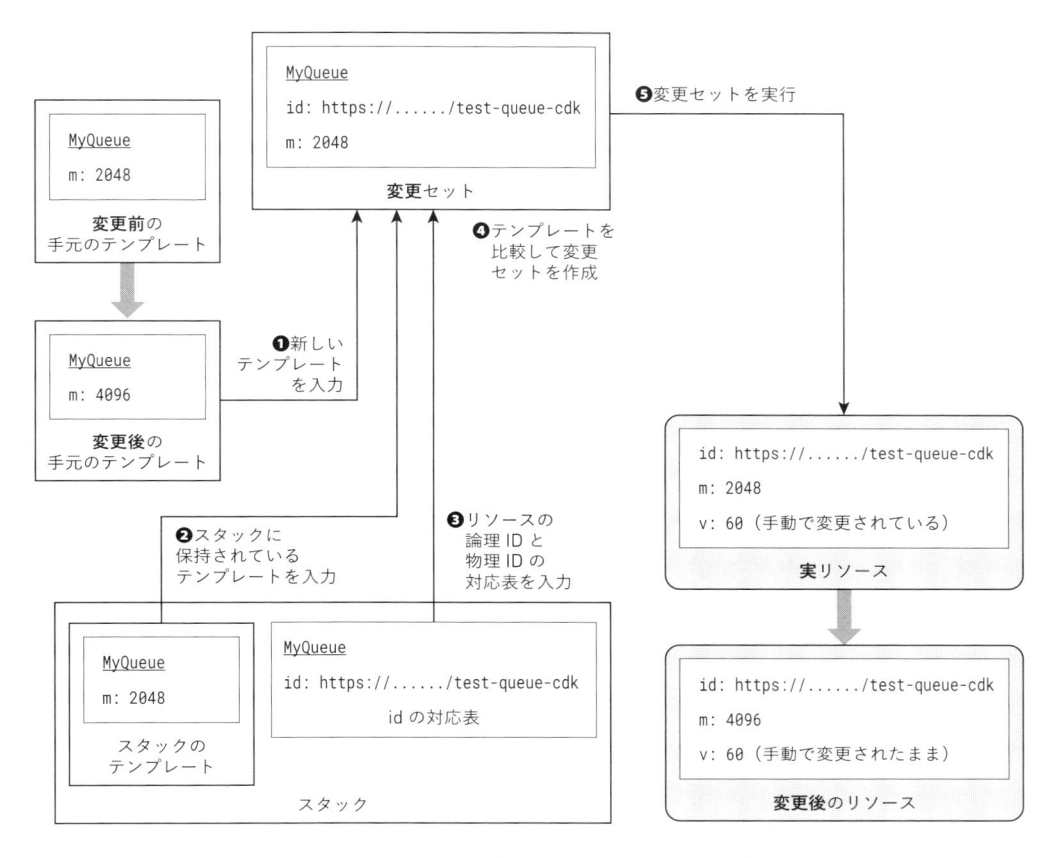

図8.7 CloudFormation（CDK）で変更セットが作成され、リソース変更が実行されるまでの流れ。図中の m は最大メッセージ長、v は可視性タイムアウトの属性を示す

○ 変更セットの作成

これまで解説してきたように、テンプレートを修正してCloudFormationのスタックを更新するときには、変更セットが作成されます。その変更セットの作成のための入力になるのは、スタックに保持されている既存のテンプレートと、そのテンプレートに記述されているリソースと実際のリソースの物理IDの対応表、そして新しいテンプレートです（**図 8.7** の❶〜❸）。スタックに保持されている既存のテンプレートと新しいテンプレートを比較し（その際に、組み込み関数の適用や具体的なパラメータの値への置き換えが行われます）、その間の差分から、リソース変更の実行計画である変更セットを作っています（**図 8.7** の❹）。

● 実際のリソースの状態は使われない

　このプロセスの中で、実際のリソースの状態については、まったく使われていないことに注意してください。ここがTerraformとの大きな違いで、CloudFormationでは実際のリソースの状態は関係なく、テンプレートの間の差分のみによって、変更セットが作成されます。直近のスタック操作（作成や更新）のあとに手動で加えられた変更は、変更セットの作成の過程では考慮されません。

● 比較対象となる属性

　テンプレートに記述された属性のみが、差分抽出の際の比較対象になります。したがって、テンプレートには記述されていない可視性タイムアウト（v）は比較対象にはならず、リソースの変更操作の対象にもなりません。可視性タイムアウトは手動でデフォルトの30から60に変更していましたが、このスタックの更新によって、値は変わらず60のままとなります。これはTerraformのときの結果（デフォルトの30に戻される）と異なることに注目してください。

● 挙動をふまえた利用上の注意点

　このような挙動は、同じテンプレートを用いて他の環境にリソースを構築するときに、問題になることがあります。可視性タイムアウトの値が手動で変更された60である状態で検証を十分に実施し、その後、別の環境に同じテンプレートを用いてSQSキューを構築するとしましょう。このとき、新しい環境に構築されるSQSキューの可視性タイムアウトの値は（デフォルト値の）30になってしまい、検証をした環境（可視性タイムアウトは60）とは異なるリソースが作成されてしまいます。つまり、同じコードから同じ環境を構築できるというIaCのコンセプトが崩れてしまっているのです。

　また、テンプレートと実際のリソースの属性の差分は、**8.1.3項**で見たように、「ドリフトの検出」で可視化できます。しかし、ドリフトの検出対象の属性は、テンプレートに書かれた項目のみです。テンプレートに記述された可視性タイムアウトの値が手動で変更されてしまっていることをドリフトの検出を実行しても検出できないことは、**8.1.5項**で確認しました。

　このような背景から、CloudFormationで管理されているリソースの手動による操作をしないことを強く推奨します。

　Terraformを使う場合にも、手動でのリソースの変更は基本的には避けるべきです。一方、緊急時などには一時的に手動での変更を行うこともあるでしょう。また、複数人での開発を行っていて、手動で変更を行わないことが徹底されていないために、他のメンバーが認識せずに手動の変更を行ってしまっている、ということもあるかもしれません。Terraformで管理しているリソースについては、一時的な手動でのリソースの変更をする必要に迫られたときに、

そのリソース変更を検出できる手段があるという点で、安心感が持てます。

　また、CIで各ルートモジュールに対して定期的に terraform plan を実行して、コンフィグファイルとの差分がないかを確認すると、手動での変更があった場合に検知できるのでお勧めです。

8.3 差分表示のプロセス

　前節では、Terraform と CDK では、差分を抽出するための比較対象が異なることを説明しました。それに加えて、差分の出力のプロセスとその解釈についても、注意すべき違いがあります。

8.3.1 Terraform における実行計画の確認

　Terraform では、これまでも使ってきたように、terraform plan コマンドが、リソース変更の実行計画（リソースの差分）を出力するコマンドです。

　実際にリソースの変更を行う terraform apply を実行したときにも、terraform plan とまったく同じプロセスで、実行計画が作成されます。実際に、terraform plan で出力される実行計画（リソースの差分）と、terraform apply によってデプロイの前に出力される実行計画は、まったく同じです。つまり、terraform plan は、terraform apply のプロセスのうち、実行計画を作成して表示する処理までを実行するコマンドになっています。

　その帰結として、terraform plan によって出力される差分の有無と、terraform apply によるリソース変更の有無は、一致します。つまり、terraform plan では表示されていないリソースの変更操作が、terraform apply によって実行されることは、（リソースの変更操作にバグがない限りは）ないと言えます。このことは、terraform apply によるリソースの操作を、安心して実行できることにつながります。

8.3.2 cdk diff による差分の出力

　一方、CDK の場合には、cdk diff コマンドで出力される内容と、cdk deploy コマンドによっ

て作成された実際のリソースの変更計画である「変更セット」は一致しない場合があります。はっきり言えば、cdk diffコマンドではcdk deployコマンド実行時に何が起きるかを正確に把握できないことがあるのです。このCDKの挙動はTerraformとはまったく異なるため注意が必要です。それではなぜこのような問題が起きるのか、具体的に説明しましょう。

◎ cdk diffの出力の作成プロセス

　コードを変更してからcdk diffコマンドを実行すると、次のようなステップが実行されます[注8.9]。

> **プロセスDF-1**　変更したコードから新しいテンプレートを生成（**図8.7の❶**）
> **プロセスDF-2**　新しいテンプレートと古いテンプレートを文字列比較して、「差分」を抽出する

- ここで生成する「差分」は「変更セット」ではない
- あくまでも文字列比較なので、テンプレート上のParametersの値の展開や組み込み関数の適用は行われない
- 差分によって置換が発生するリソースをRefで参照しているリソースがあるときには、それを差分が生じるリソースに加える
- このプロセスは**図8.7**には存在しない

> **プロセスDF-3**　新しいテンプレートから「変更セット」を作成する（**図8.7の❹**）

- ここで生成される「変更セット」は、cdk deployコマンドを実行したときに作成される「変更セット」と同じ
- 変更セットを作成する際には、テンプレート上のParametersの値の展開や組み込み関数の適用が行われる
- このプロセスは、cdk diffに--no-change-setオプションを付けた場合や、AWSの認証情報が与えられない場合には実行されない（AWS認証情報が必要なのは、変更セットの作成のためにCreateChangeSetというアクションが実行されるため）

> **プロセスDF-4**　cdk diffコマンドの出力値を生成する

注8.9　https://github.com/aws/aws-cdk/blob/c14a1ffe8b1e9d6b6611c0ae84bd88b95dfa9e75/packages/%40aws-cdk
/cloudformation-diff/lib/diff-template.ts#L48-L70

- 「プロセスDF-2」で「差分」が検出されたリソースそれぞれについて、「プロセスDF-3」の「変更セット」の情報を取得して、リソースの更新方法（修正または置換）についての情報を付け加える
- 「変更セット」の情報を付け加える際に、「プロセスDF-2」で検出されなかった「差分」の追加、「プロセスDF-2」で検出された「差分」の削除をする処理はない
- 「プロセスDF-3」が実行されなかった場合には、「プロセスDF-2」の「差分」がcdk diffの結果として出力される

ここで、「プロセスDF」はcdk diffの処理手順を示しています。

結論を言えば、cdk diffコマンドで把握できる情報は、cdk deployコマンドで利用される「変更セット」の情報ではありません。cdk diffの出力を作成するプロセスでは、リソース操作の実行計画である「変更セット」は補助的なものとして使われているにすぎません。

○ cdk deployの実行プロセス

8.2.3項と一部説明が重複しますが、cdk diffコマンドとの違いに焦点を当てて、あらためて説明します。

プロセスDP-1　変更したコードから新しいテンプレートを生成（**図8.7の❶**）
プロセスDP-2　新しいテンプレートから「変更セット」を作成する（**図8.7の❹**）

- テンプレートにあるParametersの値の展開が行われる

プロセスDP-3　作成された「変更セット」に基づいて、変更を実行する（**図8.7の❺**）

ここで、「プロセスDP」はcdk deployの処理手順を示しています。

このようにcdk deployコマンドでは、cdk diffコマンドが生成する「差分」は利用しません。あくまでも「変更セット」が処理の中核です。

以上のような仕様のため「cdk diffの差分はあるのに、リソースの変更が行われない」「cdk diffの差分はないのに、リソースの変更が行われる」ということが発生し得ます。とくに後者は致命的な問題になりかねません。それぞれ詳しく見ていきましょう。

○ cdk diffの差分はあるが、リソースの変更がない場合

テンプレートの字面は異なるものの、テンプレートにある組み込み関数を適用したり、パラ

メータなどを展開したりした結果、リソースの属性に差分が生じない場合があります。このような事象は、リソースの属性が変わらない範囲でCDKのコードをリファクタリングしたときや、**9.5節**で紹介する`cdk migrate`を用いてCloudFormationのテンプレートをCDKのコードに変換したときなどに、生じることがあります。

　このケースでは、テンプレートの字面には差分があるため、「プロセスDF-2」の差分は発生します。しかし、リソースの属性には変化はないため、変更セットの変更は「なし」になります。

　`cdk diff`の出力処理の流れを当てはめると、「プロセスDF-3」の変更セットに変更がない場合も「プロセスDF-2」の差分を消すことはないので、「プロセスDF-2」の差分がそのまま`cdk diff`の出力になります。つまり、`cdk diff`で差分があっても、リソース変更がないという状況が生じます。

　このケースでは、リソースの変更は生じないのに`cdk diff`で差分が表示されることに困惑はします。しかし、`cdk deploy`を実行しても実際のリソースの変更が行われないので、意図せずにリソースの操作が行われるということはなく、運用に重大な影響が出るということはないでしょう。

● cdk diffの差分はないが、リソースの変更がある場合

　次に、新旧テンプレートの字面は同一で「プロセスDF-2」の差分がないのに、変更セットになんらかの変更があるケースを考えます。テンプレートに差分がなければリソースの変更が行われないので、このようなケースが起こることはないと一見思えます。しかし、SSMパラメータストアに格納したパラメータをテンプレートのParametersで参照している場合（**5.5.5項**参照）に、このようなことが起こりえます。テンプレートのParametersの参照は、変更セットの作成時に評価されます。そのため、テンプレートの字面では差分がなくても、参照先のSSMパラメータストアの値などが変化していれば、Parametersを展開したテンプレートには差分が生じてリソースを操作する変更セットが作成されます。

　`cdk diff`が作成されるプロセスに即してみると、テンプレートの字面に差分がなければ、変更セット作成の際にパラメータが評価されて差分が生じたことによる変更セットが作られたとしても、`cdk diff`による差分の表示はないことになります。その結果、`cdk diff`では何も表示されないけれど、`cdk deploy`でリソースの操作が行われるという事象が発生します。

● cdk diffの差分はないが、リソースの変更がある場合の例

　このようなことが実際に発生するコードを示します[注8.10]。適当な名前（たとえば ec2instance_test）のCDKプロジェクトを作成し、lib/ec2instance_test-stack.ts に、EC2インスタンスを記述する、次のようなスタックのコードを記述します。

リスト 8.3　lib/ec2instance_test-stack.ts

```
 1  import * as cdk from 'aws-cdk-lib';
 2  import { Construct } from 'constructs';
 3  import * as ec2 from 'aws-cdk-lib/aws-ec2';
 4
 5  export class Ec2InstanceTestStack extends cdk.Stack {
 6    constructor(scope: Construct, id: string, props?: cdk.StackProps) {
 7      super(scope, id, props);
 8
 9      const vpc = ec2.Vpc.fromLookup(this, 'VPC', {
10        vpcName: 'dev-vpc'
11      });
12      const sg = new ec2.SecurityGroup(this, 'SecurityGroup', {
13        vpc: vpc,
14        allowAllOutbound: false
15      });
16      sg.addIngressRule(ec2.Peer.anyIpv4(), ec2.Port.tcp(22),
17        'allow ssh access from the world');
18
19      new ec2.Instance(this, 'Instance', {
20        vpc,
21        instanceType: new ec2.InstanceType('t3.micro'),
22        machineImage: new ec2.AmazonLinuxImage(
23          {
24            generation: ec2.AmazonLinuxGeneration.AMAZON_LINUX_2023,
25          }
26        ),
27        securityGroup: sg,
28        vpcSubnets: {
29          subnetType: ec2.SubnetType.PUBLIC
30        }
31      });
32    }
33  }
```

　このコードでは、VpcクラスのfromLookup()を使っています。そのため、bin/ec2instance.ts（略）でこのスタックを呼び出すときには、スタックのpropsにenvを指定してください（**5.7.2項**参照）。

　このコードを使って、cdk deployコマンドでリソースをデプロイします。期待したリソース

注8.10　これは、筆者の実際の経験に基づいています。

（EC2インスタンス）がデプロイされます。ここまでは問題ありません。

　さて、しばらくたって、**リスト8.3**の16行目にあるセキュリティグループのルールを、削除することにしました。そのときのcdk diffの出力は次のようになり、期待どおり、セキュリティグループのルールの削除だけが表示されています。

```
> AWS_PROFILE=admin cdk diff

Stack Ec2InstanceTestStack
（中略）
Resources
[~] AWS::EC2::SecurityGroup SecurityGroup SecurityGroupDD263621
 └─ [-] SecurityGroupIngress
     └─ [{"CidrIp":"0.0.0.0/0","Description":"allow ssh access from the world","FromPort":22,"IpProtocol":"tcp","ToPort":22}]

✨  Number of stacks with differences: 1
```

　そして、cdk deployを実行しました。すると、セキュリティグループのルールの削除だけでなく、cdk diffには出力されていなかったEC2インスタンスの置換が、意図せずに発生したのです。

　その原因は、EC2インスタンスのAMIの指定に使っているAmazonLinuxImageというCDKのクラスの使い方にあります。cdk synthでテンプレートを表示させてみると、AMI IDの指定（ImageId）は次のようになっています。

```
1 Resources:
2   （中略）
3   InstanceC1063A87:
4     Type: AWS::EC2::Instance
5     Properties:
6       （中略）
7       ImageId:
8         Ref: SsmParameterValueawsservice（以下省略）
9 （略）
```

　ImageIdには、そのテンプレートに記述されている次のParametersの値が指定されています。

```
1 Parameters:
2   SsmParameterValueawsservice（以下省略）
3     Type: AWS::SSM::Parameter::Value<AWS::EC2::Image::Id>
4     Default: /aws/service/ami-amazon-linux-latest/al2023-ami-kernel-6.1-x86_64
```

　そして、Typeの記述から、このパラメータはSSMパラメータストアに格納されていることを示しています。つまり、テンプレートのImageIdは、SSMパラメータストアに格納された値を参照しています。このSSMパラメータストアは、AWSが管理しているパブリックなパラメータストアです。

　このように、クラスAmazonLinuxImageを**リスト8.3**のように使うと、SSMパラメータストアに格納されたAMI IDを、Parametersセクションのパラメータとして参照するテンプレートが生成されます。このようなテンプレートでは、SSMパラメータストアの値にテンプレートの字面は依存しないので、SSMパラメータストアのAMI IDが更新されたとしても、cdk diffに差分出力はされません。しかし、SSMパラメータストアの値の更新は、変更セットが作成されるときには認識されるため、cdk deployを実行すると、AMI IDの更新によるEC2インスタンスの置換が発生してしまうのです。

　cdk diffでは差分の表示がされませんでしたが、変更セットにはEC2インスタンスの置換が挙げられていました。そのため、cdk diffではなく、変更セットを確認していれば、EC2インスタンスの置換が発生することを把握できたケースではありました。

　なお、**リスト8.3**のmachineImageの指定を次のように修正すると、意図しないEC2インスタンスの置換を発生しないようにできます。

```
machineImage: new ec2.AmazonLinuxImage(
  {
    generation: ec2.AmazonLinuxGeneration.AMAZON_LINUX_2023,
    cachedInContext: true
  }
),
```

　この修正によって、CDKプロジェクトのディレクトリにあるcdk.context.json（**5.9節**参照）にAMI IDがキャッシュされ、具体的なAMI IDがテンプレートに埋め込まれるようになります。そのため、cdk.context.jsonの当該部分を更新しない限りは、テンプレートのAMI IDが変わることはなくなります。

　この問題は、SSMパラメータストアの値が更新されたあとにスタックの更新をしないと顕在化しません。また、CDKのコード（**リスト8.3**）からはAMI IDがSSMパラメータストアに格納されていることがわかりにくく、さらにテンプレートのParametersがSSMパラメータストアを参照している場合、SSMパラメータストアの値が変わってもcdk diffでは差分が表示されません。このような背景を知らないと、開発やレビューの段階で問題に気づくのは難しいでしょう。

　同様の問題は、`aws-cdk-lib.aws_ssm`モジュールにある`StringParameter`クラス[注8.11] の静的メソッド`valueForStringParameter()`や`valueForTypedStringParameterV2()`を使って、SSMパラメータストアの値を参照する場合にも発生します。これらの静的メソッドを使うと、テンプレートの`Parameters`セクションにSSMパラメータストアの値を参照する記述が出力されます。先のEC2インスタンスの例と同様、SSMパラメータストアの値は変更セットの作成時にテンプレートに展開されます。SSMパラメータストアの値が変わってもテンプレートには差分が生じないため、`cdk diff`では差分が表示されませんが、`cdk deploy`を実行したときにはリソースの変更が行われることになります。

　次に述べるように、安全なデプロイのためには、`cdk diff`の出力だけではなく、変更セットを作成してその内容を確認するプロセスが必要であると考えています。

8.3.3 ┊ 変更セットでリソースの操作計画を確認する

　このように、`cdk diff`による差分の出力の有無と、リソースの操作の有無が一致しない場合があることがわかりました。コードの修正段階での確認には、`cdk diff`で十分なことが多いでしょう。しかし、デプロイ前のリソースの変更計画の確認は、`cdk diff`ではなく、変更セットの内容によって確認することを推奨します。

　CDKのコードから変更セットのみを作成したい（デプロイはしない）場合には、次のようなコマンドを実行します。

```
> AWS_PROFILE=admin cdk deploy --method prepare-change-set
```

　このコマンドの実行によって、変更セットが作成されます。その変更セットをAWSマネジメントコンソールから確認して、その内容でデプロイをして良いときには「変更セットの実行」ボタンをクリックするか、`cdk deploy`コマンドを実行します。

　なお、変更セットも、変数やパラメータを展開した新旧のテンプレートを比較することで、作成されています。Terraformとは異なり、現在のリソースの状態やテンプレートに記述のない属性については関知しません。手動によるリソースの操作が行われている場合、リソースの変更の際に実行されるアクションの仕様によっては、変更セットに表示されない変更が行われることもあります（コラム参照）。CloudFormationで管理されているリソースは、手動での操作をしてはいけないことを念押ししておきます。

注8.11　https://docs.aws.amazon.com/cdk/api/v2/docs/aws-cdk-lib.aws_ssm.StringParameter.html

COLUMN

変更されるのは変更セットの変更内容だけか？

　CloudFormation（CDK）のスタックの変更によるリソースの操作では、変更セットの変更内容と、変更セットを実行したときのリソースの実際の変更が等しいという前提のもと、変更セットの変更内容を確認することでリソースの変更計画の妥当性を判断します。

　しかし、CloudFormation（CDK）で管理されているリソースをAWSマネジメントコンソールなどから手動で変更してしまうと、この前提が成り立たなくなり、意図しないリソース変更が行われるという恐ろしいことが起こりえます。

　次のようなケースを考えてみます（CDKのコードは割愛します）。

- CDKでCloudFrontのディストリビューション（ログ設定なし）をデプロイする
- AWSマネジメントコンソールから、デプロイされたディストリビューションにログ出力の設定をする
- そのディストリビューションの何らかの属性（たとえば、コネクションタイムアウト）をCDKのコード上で変更して、変更セットを作成する

　CDKのコードを変更して、変更セットを作成したときには、コネクションタイムアウトに関する差分だけが変更内容として出力されます。これは、手元のCDKのコードから作成されたCloudFormationのテンプレートと、既存のスタックのテンプレートの差分が、その部分だけだからです。また、このスタックのドリフトは検出されません。手動でログ出力の設定をしているものの、ログ出力の設定はスタックのテンプレートには記述がないため、ドリフト検出の対象にならないのです。

　この状態で変更セットの実行をすると、なんと、手動で設定したログの出力は消えてしまいます。変更セットには、ログ出力の設定に関する差分がなかったにもかかわらずです。これは、ディストリビューションの設定を更新するアクション UpdateDistribution の仕様に関係しています。

　リソースの設定を更新するさまざまなアクションの仕様をAWSドキュメントで眺めると、リクエストパラメータに変更する属性のみを指定するアクションが多いように見えます。しかし、UpdateDistribution のリクエストパラメータには、変更するパラメータだけを与えるのではなく、変更しないパラメータも含め設定全体を与える必要があるのです。

　CloudFormationは、更新されたテンプレートの記述から UpdateDistribution のリクエス

8

トパラメータを作成します。このとき、テンプレートにはログ出力の設定はありませんので、ログ出力がない設定でリクエストパラメータを作ります。このリクエストパラメータで`UpdateDistribution`が実行されると、ディストリビューションの設定全体が上書きされます。その結果、手動で設定したログの設定が消えてしまうのです。

CloudFormationによるリソース操作が、テンプレートに差分がある属性のみを更新するアクションによるものであれば、変更セットで表示された属性の差分のみを反映する操作が行われるでしょう。しかし、`UpdateDistribution`のように、更新時に設定全体を指定する必要がある場合や、テンプレートの差分がある属性のみを更新する操作が行われていない場合、変更セットに表示される差分以外のリソースが変更されてしまうことがあります。

このような恐ろしいことが起こり得るので、CloudFormation（CDK）で管理しているリソースを手動で操作することは、やめるようにしましょう。手動での操作をしていなければ、このようなことが起こる心配はないでしょう。

変更セットには「置換」と出ていないのに

これは筆者の体験談です。

CDKからデプロイしたElastiCacheのRedisクラスタのシャードあたりのノード数（レプリカ数）を増やすことになり、CDKのコードの`CfnReplicationGroup`の属性`nodeConfigurations[0].replicaCount`を修正しました。スタックの変更セットを見て、意図した変更がされる予定であることやリソースの置換が発生しないことを確認して、変更セットを実行したところ、なんと意図しないRedisクラスタの置換が発生してしまいました。

CloudFormationのドキュメントにあるこの属性の変更に関する記述には、"No interruption"と書かれており、置換は生じないはずです。しかし、ドキュメントをよく読むと、`UseOnlineResharding`が`false`の場合には、置換が発生すると書いてありました[注8.A]。

確かに置換が発生することはドキュメントには書かれていますが、変更セットの確認で置換の発生がわからないのは、IaCの運用を難しくすると感じました[注8.B]。変更セットの確認だけでも不十分な場合があり、本番環境にCDKの変更を適用する前には、他の環境での確認が必要であることを痛感しました。

なお、Terraformで同様の操作を実施すると、`terraform plan`でクラスタの置換が発生することは表示されず、`terraform apply`でも置換されることなくレプリカ数を増やせました。

8.4 既存のリソースの参照

IaCでリソースを構築する際には、既存のリソースを参照する機会がよくあります。たとえば、VPCは多くのサービスの基盤になるものですが、IaCのルートモジュール（Terraform）やスタック（CloudFormation・CDK）ごとに新しいVPCを作成するのではなく、すでに作成されたものを使うことが多いでしょう。

その際に、既存のリソースをIDで参照して、そのIDを入力パラメータにすることはお勧めできません。IDを入力パラメータとする場合、既存のIaCのコードを使って新しい環境を作るときに、新しい環境の入力パラメータには参照するリソースのIDを記述する必要があります。この新しい環境が検証用の一時的なもので、削除して再度作成する場合には、そのIDは都度変わってしまいます。つまり、再作成のたびに、IDを記述しなければならない状態になります。このような状態では、IaCのコードを使って新しい環境を迅速に作ることが困難になります。

それに対して、環境の名前などにリソースの名前が一意的に定まり、そのリソースの名前をキーとして既存のリソースの情報（IDなど）が取得できれば、環境の削除と再作成を繰り返すことがあったとしても、同じ入力パラメータ（環境名）で環境を再作成できます。

ここでは、このような既存のリソースの参照について、TerraformとCDKそれぞれの方法を紹介します。

8.4.1 Terraformにおける既存のリソースの参照

Terraformにはdataブロックで記述されるデータソースがあり、これを使うことで既存のリソースの属性を照会できました。Terraformでは、データソースを使って既存のリソースについての情報を問い合わせながら新しいリソースの記述をすることが、標準的な機能を使いながら自然にできます。

　データソースによる既存のリソースの問い合わせには、リソースを一意に特定する属性が必要です。その属性には、やはり「名前」がわかりやすく、扱いやすいです。CDKのベストプラクティスではリソースにユーザーが名前を付けないことを推奨しており（**8.6節**のコラム参照）、Terraformでも名前を指定せずに作成できるリソースは多くあります。しかし、データソースでの問い合わせがしやすいように、リソースを作成する際には、特段の事情がない限りは名前を付けるのが良いと筆者は考えています。

▐ 8.4.2 ⁞ CDKにおける既存のリソースの参照

　CDKで既存のリソースを参照するためには、求められるインターフェースを満たす型のインスタンスを作成する場面が多くあります。たとえば、セキュリティグループを記述する`aws-ec2`モジュールのコンストラクタ`SecurityGroup`の`props`には、`IVpc`のインターフェースを満たす型のインスタンスを指定する`vpc`という属性があります。`Vpc`のコンストラクタから新規に作成したVPCのインスタンスはこのインターフェースを満たします。一方、その`vpc`に既存のVPCを指定したい場合には、`IVpc`のインターフェースを満たすインスタンスを作り出す`Vpc`クラスの静的メソッドを使います。静的メソッドの解説は、コンストラクタのドキュメントの一番下にあることが多いです。

　`Vpc`クラスには、`fromLookup()`と`fromVpcAttributes()`の2つの静的メソッドが用意されています。

○ Vpcクラスの`fromLookup()`

　`fromLookup()`は、既存のVPCのIDや名前などのVPCを特定できる情報を`props`に与えることで、`IVpc`インターフェースを満たす、既存のVPCを表すインスタンスを作成できます。`fromLookup()`はAWSの`DescribeVpcs`などのアクションを使ってVPCの情報を照会し、取得した情報からインスタンスを構築します。この静的メソッドから作成されたインスタンスには、VPCにあるサブネットの情報なども含まれており、それらの情報を参照することも可能です。

　`fromLookup()`を使う際にはAWSのアクションを実行するため、`cdk synth`を実行するときも含めて、環境変数`AWS_PROFILE`を指定してAWSの認証情報を取得できるようにしておくこと、また、スタックの`props`に`env`の設定をすることが必要になります（**5.7.2項**参照）。`fromLookup()`の`props`に指定する値（VPCのIDや名前など）は、`cdk synth`を実行したときには決定されている値である必要があります。そのため、CloudFormationのスタック操作の中で決定される値への参照を使うことはできません。

　`fromLookup()`のもう1つの特徴が、取得した情報は`cdk.context.json`（**5.9節**参照）にキャッ

シュされることです。

　Vpc 以外の他のリソースにも、**表 8.1** に示すように、fromLookup という文字列を含む静的メ
ソッドを用意しているモジュールがあります。

表8.1　fromLookup という文字列を含む静的メソッドを用意しているモジュール

モジュール	静的メソッド
aws-ec2	Vpc.fromLookup()
	SecurityGroup.fromLookupById()
	SecurityGroup.fromLookupByName()
aws-kms	Key.fromLookup()
aws-route53	HostedZone.fromLookup()
aws-ssm	StringParameter.valueFromLookup()

　これらは AWS アクションの実行を通じて既存のリソースの情報を取得します。しかし、こ
のような静的メソッドが用意されている AWS サービスは、ごく少数に限られています。

　Vpc クラスの fromLookup() 同様、これらの静的メソッドを使っている場合は、AWS アク
ションが実行できるように、環境変数 AWS_PROFILE を設定して AWS 認証情報が取得できるよ
うにしておく必要があります。

○ Vpc クラスの fromVpcAttributes()

　一方、fromVpcAttributes() は、props に入力された情報から IVpc インターフェースを満た
すインスタンスを作り出します。しかし、AWS アクションを通じた情報の照会はしません。
そのため、インスタンスの属性で参照できるのは props に入力した情報と、それから導ける情
報だけになります。

　fromLookup() と比較すると、fromLookup() から作成されたインスタンスからは、サブネット
の ID、種類、ルートテーブルの情報などが参照できる一方、fromVpcAttributes() から作成さ
れたインスタンスは、与えられた情報を返すだけであり、たとえば props のサブネットの情報
に誤った情報を入力してもエラーにはなりません。そのようなケースでは、そのインスタンス
のサブネットの属性を参照したときに、誤った情報が渡されてしまいます。

　このような from という文字列を名前に含む既存リソースを参照するための静的メソッド
（Lookup という文字列を名前に含むものを除く）は、多くのモジュールで用意されています。
しかし、インスタンスの作成の際に「箱」に自分で情報を埋めて、属性の参照は「箱」に埋め
た値を取り出しているだけです。属性の値は、AWS アクションの実行を通じてリソースの情

報を取得したものではないことに、注意が必要です。

○ AWS SDKを使う

　Terraformのデータソースを使い慣れていると、既存のリソースの情報をAWSアクションを通じて取得する機能を、CDKでも使いたくなるところです。しかし、これまでに説明したように、AWSアクションの実行を通じてリソースの情報を照会する静的メソッドを用意しているリソースは少数派です。このような静的メソッドが用意されていない既存リソースに対して、その属性をCDKのコードの中で取得したい場合には、CDKのコードの中でAWS SDKを使うのが1つの選択肢です。

○ AWS SDKを用いたリソース情報の取得例：サブネット

　CDK の aws-ec2 モジュールには、 Subnet クラスがあります。 このクラスには fromSubnetAttributes() という静的メソッドはあるものの、サブネットの名前による参照ができません。また、指定したサブネット種別に該当するサブネットのIDを返すVpc クラスのメソッド selectSubnets()[注8.12] はあるものの、指定したサブネット種別に該当するVPC内のすべてのサブネットのIDを返し、それをさらにフィルタリングすることが不可能になっています。そのため、VPCに用途別（たとえばアプリ別など）に複数のサブネットのグループがあり、その中から特定のサブネットのグループを指定したい場合には、現状ではサブネットのIDを与える以外に方法はないようです。

　一方、AWS SDKから使えるDescribeSubnetsでは、サブネットの名前でフィルタリングしたサブネットのIDを取得できます。これを使って、**リスト7.22**のECSサービスの記述で、特定の名前のパターンに当てはまるサブネットを、ECSタスクをデプロイするサブネットとして使うように修正してみます。

　まず、ecs_flask_apiのCDKプロジェクトのディレクトリで、利用するAWS SDKのパッケージをインストールします。

```
> npm install @aws-sdk/client-ec2
```

　lib/utils.tsというファイルを作成して、次の内容を記述します。

注8.12　https://docs.aws.amazon.com/cdk/api/v2/docs/aws-cdk-lib.aws_ec2.Vpc.html#selectwbrsubnetsselection

リスト 8.4 `lib/utils.ts`

```
import { EC2Client, DescribeSubnetsCommand } from '@aws-sdk/client-ec2';

export const getSubnetIdsFromName = async (subnetNamePattern: string) => {
  const client = new EC2Client();
  const command = new DescribeSubnetsCommand({
    Filters: [
      {
        Name: 'tag:Name',
        Values: [subnetNamePattern]
      }
    ]
  });
  const response = await client.send(command);
  if (!response.Subnets) {
    throw new Error(`Subnet not found: ${subnetNamePattern}`);
  }
  return response.Subnets.map(subnet => {
    if (!subnet.SubnetId) {
      throw new Error('SubnetId not found');
    }
    return subnet.SubnetId
  });
}
```

このコードでは、AWS SDK for JavaScript v3のEC2のパッケージ[注8.13] にあるメソッドを使っています。

AWS SDK for JavaScript v3では、呼び出したいAWSアクションのサービスに対応するAWS SDKのクライアントを作成し、そのクライアントからAPIのエンドポイントを通じてアクションを呼び出します。これから実行したいアクションはEC2サービスのDescribeSubnetsというアクションですので、EC2サービスのクライアントを作成しています（4行目）。

AWSアクションごとに Command という接尾辞がついたメソッドが用意されており、このメソッドで実行したいアクションに対するリクエストパラメータを設定します。**リスト8.4**では、DescribeSubnets というアクションに対応した DescribeSubnetsCommand[注8.14] を呼び出して、アクションのリクエストパラメータを設定しています（5-12行目）。

最後に、そのメソッドの返り値を引数にして、クライアントのメソッドsend()を実行することでそのアクションを実行しています（13行目）。このsend()は非同期実行のメソッド（つまりPromiseを返すメソッド）であるので、getSubnetIdsFromName()の関数定義には、非同期関数であることを示すasyncがついています。そして、send()の呼び出しにはawaitが付与され

注8.13 https://docs.aws.amazon.com/AWSJavaScriptSDK/v3/latest/client/ec2/
注8.14 https://docs.aws.amazon.com/AWSJavaScriptSDK/v3/latest/client/ec2/command/DescribeSubnetsCommand/

ています。

　次に、**リスト 7.17**の EcsFlaskApiStackProps に、serviceSubnetIds を次のように追加して
おきます。

```
interface EcsFlaskApiStackProps extends cdk.StackProps {
  stage: string;
  repositoryName: string;
  secretsName: string;
  serviceSubnetIds: string[];
}
```

　そして、**リスト 7.22**にある ecs.FargateService の props に、vpcSubnets を次のように追加
します。ここで、EcsFlaskApiStackProps に追加した serviceSubnetIds を参照しています。

```
    vpcSubnets: {
      subnets: props.serviceSubnetIds
        .map((subnetId, index) =>
          ec2.Subnet.fromSubnetId(this, `ServiceSubnet${index}`, subnetId)),
    },
```

　最後に、**リスト 7.24**の bin/ecs_flask_api.tsを修正します。EcsFlaskApiStackのコンスト
ラクタには、serviceSubnetIds という props を追加しました。bin/ecs_flask_api.tsでは、こ
の props に渡す値を**リスト 8.4**の getSubnetIdsFromName() を使って取得し、それをスタックの
コンストラクタに渡します。

　ここでは、**6.4 節**で作成した VPC のパブリックサブネットを参照します。そのため、
getSubnetIdsFromName() の引数には、dev/VpcStack/Vpc/Public*という名前のパターンを指定
します。

リスト 8.5　bin/ecs_flask_api.ts

```
1  #!/usr/bin/env node
2  import 'source-map-support/register';
3  import * as cdk from 'aws-cdk-lib';
4  import { EcsFlaskApiInfraStack } from '../lib/ecs_flask_api_infra-stack';
5  import { EcsFlaskApiStack } from '../lib/ecs_flask_api-stack';
6  import { environmentProps, Stages } from '../lib/environments';
7  import { getSubnetIdsFromName } from '../lib/utils';
8
9  const stage = process.env.STAGE as Stages;
10 if (!stage) {
11   throw new Error('STAGE is not defined');
12 }
```

```
13
14  const environment = environmentProps[stage];
15  if (!environment) {
16    throw new Error(`Invalid stage: ${stage}`);
17  }
18
19  (async () => {
20    const subnetIds = await getSubnetIdsFromName(
21      `${stage}/VpcStack/Vpc/Public*`
22    );
23    if (!subnetIds) {
24      throw new Error(`Subnet not found: ${stage}/VpcStack/Vpc/Public*`);
25    }
26
27    const app = new cdk.App();
28    const st = new cdk.Stage(app, stage, {
29      env: {account: environment.account, region: 'ap-northeast-1'}
30    })
31    const infraStack = new EcsFlaskApiInfraStack(st, 'EcsFlaskApiInfraStack', {
32      stage
33    });
34    new EcsFlaskApiStack(st, 'EcsFlaskApiStack', {
35      stage,
36      repositoryName: infraStack.repositoryName,
37      secretsName: infraStack.secretsName,
38      serviceSubnetIds: subnetIds
39    });
40  })();
```

リスト 7.24と比べて大きく違うのは、メインの処理部分に(async ()=>{...})()という即時関数を使っていることです。これは、非同期処理の関数であるgetSubnetIdsFromName()を使う必要があるためです。

CDKの合成処理と非同期処理を分離するために、getSubnetIdsFromName()をCDKの処理の前に呼び出し、その結果をスタックEcsFlaskApiStackのpropsに渡しています。

このコードでcdk synthを実行すると、テンプレートにあるECSサービスのサブネットには、getSubnetIdsFromName()によって取得した具体的なサブネットIDが記述されます。

このように、AWS SDKを使ってリソースの情報を取得するときには、スタックのコンストラクタでpropsを通じてAWS SDKで取得した情報を受け取れるようにしておきます。そして、スタックを呼び出す前にAWS SDKのメソッドを呼び出して情報を取得して、その情報をスタックを呼び出す際に渡すようにします[注8.15]。

注8.15　コンストラクタを使って組み立てていくCDKは同期処理を前提にしていると考えられます（言語仕様としても、TypeScriptはコンストラクタで非同期処理を行えません）。そのため、CDKの処理には非同期処理を持ち込まず、コンストラクタの引数に非同期処理の結果を渡すようにしています。

● AWS SDKのメソッドは合成処理のときに呼び出される

AWS SDKのメソッドは、CDKの合成処理（CloudFormationのテンプレートが作成される）の際に呼び出されるもので、テンプレートの作成の補助に使われています。スタックの作成、更新時に実行されるものではないことに注意してください。

● AWS SDKを使うときには環境変数AWS_PROFILEの指定が必要

AWS SDKのメソッドを呼び出しているコードを実行する際には、AWS認証情報が必要です。本書では、環境変数`AWS_PROFILE`でプロファイルを指定することで、AWS認証情報を取得できるようにしています。一方、cdkコマンドには`--profile`というオプションがあり、cdkコマンド実行時のプロファイルを指定できます。

しかし、AWS SDKのメソッドをCDKのコードで使う場合には、`--profile`オプションの指定では正常に動作しません。`--profile`の指定はCDKのメソッドだけで使われるもので、AWS SDKのメソッドには影響を与えないからです。そのような挙動をふまえ、筆者は、CDKを使うときには`--profile`オプションは使わず、環境変数`AWS_PROFILE`でプロファイルを指定するようにしています。

第10章で紹介するLambda関数のデプロイにおいても、AWS SDKによってリソースの照会をする例を紹介します（**リスト10.10**）。

8.5 ┃ IaCの管理下からリソースを除外する

IaCでリソースを管理していると、何らかの事情から、あるリソースを保持したままIaCの管理から外したい場面があります。ここでは、その方法をTerraform、CDK（CloudFormation）それぞれについて取り上げます。

▌8.5.1 ⋮ 題材

ここでは、2つのSQSキューをIaCで構築したものの、そのうち1つのSQSキューをIaCの管理から外したい場合を考えます。

○ Terraform

dev環境向けのsqs_doubleというルートモジュールを作成します。

```
> sh ./tools/tf_init.sh dev sqs_double
> cd env/dev/sqs_double
> AWS_PROFILE=admin terraform init
```

このルートモジュールのmain.tfを、2つのSQSキューを記述する次のようなコンフィグファイルにします。

リスト 8.6　env/dev/sqs_double/main.tf

```
1  resource "aws_sqs_queue" "my_queue_1" {
2    name = "test-queue-tf-1"
3  }
4  resource "aws_sqs_queue" "my_queue_2" {
5    name = "test-queue-tf-2"
6  }
```

terraform applyで、これらのリソースをデプロイしておきます。

○ CDK

sqs_doubleというCDKプロジェクトを作成します。

```
> mkdir sqs_double
> cd sqs_double
> cdk init -l typescript
```

そして、lib/sqs_double-stack.ts、bin/sqs_double.tsに、次のようなコードを記述します。

リスト 8.7　lib/sqs_double-stack.ts

```
1  import * as cdk from 'aws-cdk-lib';
2  import { Construct } from 'constructs';
3  import * as sqs from 'aws-cdk-lib/aws-sqs';
4
5  export class SqsDoubleStack extends cdk.Stack {
6    constructor(scope: Construct, id: string, props?: cdk.StackProps) {
7      super(scope, id, props);
8
9      const queue1 = new sqs.Queue(this, 'Queue1', {
10       queueName: 'test-queue-cdk-1'
11     });
```

```
12    const queue2 = new sqs.Queue(this, 'Queue2', {
13      queueName: 'test-queue-cdk-2'
14    });
15    }
16 }
```

リスト 8.8　bin/sqs_double.ts

```
1 #!/usr/bin/env node
2 import 'source-map-support/register';
3 import * as cdk from 'aws-cdk-lib';
4 import { SqsDoubleStack } from '../lib/sqs_double-stack';
5
6 const app = new cdk.App();
7 new SqsDoubleStack(app, 'SqsDoubleStack', {});
```

　これらのコードをcdk synthでCloudFormationのテンプレートに変換すると次のようなものが得られます。

リスト 8.9　生成されたCloudFormationのテンプレート

```
1 Resources:
2   Queue11B0C5920:
3     Type: AWS::SQS::Queue
4     Properties:
5       QueueName: test-queue-cdk-1
6     UpdateReplacePolicy: Delete
7     DeletionPolicy: Delete
8   Queue26CB7866F:
9     Type: AWS::SQS::Queue
10     Properties:
11       QueueName: test-queue-cdk-2
12     UpdateReplacePolicy: Delete
13     DeletionPolicy: Delete
```

　このリソースをIaCの管理下から外す操作をするときにポイントになるのが、DeletionPolicyです。
　cdk deployで、これらのリソースをデプロイしておきます。

● IaCの管理から除外するリソース
　以下では、前述のコンフィグファイルやコードで記述した2つのSQSキューのリソースのうち、名前に"2"のインデックスが付与されているリソースを、IaCの管理下から外してみます。
　TerraformでもCDK（CloudFormation）でも、リソースをIaCの管理下に置いたままで、

コンフィグファイルやコードからそのリソースの記述を削除してデプロイすると、そのリソースが削除されてしまうことに注意してください。それは、コンフィグファイルやコードは、そのリソースがない状態を記述しており、リソースがない状態を実現しようとするからです。

　ここでは、リソースを削除することなく、IaCの管理下からのみ外す方法を紹介していきます。

8.5.2 ⋮ リソースの一部をIaCの管理から除外：Terraform

　Terraformでリソースを管理下から外すには、管理対象のリソースを記録しているtfstateファイルから指定したリソースの情報を削除することで実現します。

　そのための方法には、terraform state rmというコマンドを使う方法と、removedブロックを記述したコンフィグファイルを作成してterraform applyを実行する方法があります。

● 管理下にあるリソースの一覧の確認

　まず、terraform state listコマンドを使って、このルートモジュールの管理下にあるリソースの一覧を表示します。2つのSQSキューがあることが確認できます。

```
> terraform state list

aws_sqs_queue.my_queue_1
aws_sqs_queue.my_queue_2
```

● terraform state rm コマンドによるリソースのIaC管理からの除外

　aws_sqs_queue.my_queue_2をTerraformの管理下から外すには、terraform state rmコマンドを使って、次のようにします。

```
> terraform state rm aws_sqs_queue.my_queue_2

Removed aws_sqs_queue.my_queue_2
Successfully removed 1 resource instance(s).
```

　この操作によって、tfstateファイルから、aws_sqs_queue.my_queue_2の情報が削除されます。実際に、この状態でterraform state listコマンドで管理下のリソースを確認してみると、aws_sqs_queue.my_queue_2が消えていることを確認できます。

```
> terraform state list

aws_sqs_queue.my_queue_1
```

そして、**リスト 8.6**のコードから、aws_sqs_queue.my_queue_2の記述（4–6行目）を削除すれば、完了です。この状態でterraform planを実行すれば、"No changes"の差分なしの出力が得られます。

○ removed ブロックを使う方法

aws_sqs_queue.my_queue_2 を Terraform の管理下から外すもう１つの方法が、removed ブロックを使う方法です。

ルートモジュールに、次のようなコンフィグファイルを作成します。ファイル名は任意ですが、ここではremoved.tfとしておきます。

リスト 8.10　env/dev/sqs_double/removed.tf

```
1  removed {
2    from = aws_sqs_queue.my_queue_2
3    lifecycle {
4      destroy = false
5    }
6  }
```

removed ブロックの引数fromには、IaCの管理下から外すリソースのアドレスを指定します。また、lifecycle ブロックのdestroyにはfalseを指定することで、IaCの管理下から外すのみで、実際のリソースの削除を行わないようにします。

次に、**リスト 8.6**のコードから、aws_sqs_queue.my_queue_2の記述（4–6行目）を削除します。コマンドによる操作を実行する前にコンフィグファイルから当該リソースの記述を削除するのが、terraform state rmコマンドを使うときと異なる点です。

ここまでできたら、terraform planを実行してみます。

```
> AWS_PROFILE=admin terraform plan

aws_sqs_queue.my_queue_1: Refreshing state... [id=https://sqs.ap-northeast-1.amazonaws.com/123456789012/
test-queue-tf-1]

Terraform used the selected providers to generate the following execution plan. Resource actions are
indicated with the following symbols:

Terraform will perform the following actions:
```

```
# aws_sqs_queue.my_queue_2 will no longer be managed by Terraform, but will not be destroyed
# (destroy = false is set in the configuration)
. resource "aws_sqs_queue" "my_queue_2" {
        id                              = "https://sqs.ap-northeast-1.amazonaws.com/123456789012/test-
queue-tf-2"
        name                            = "test-queue-tf-2"
        # (19 unchanged attributes hidden)
    }

Plan: 0 to add, 0 to change, 0 to destroy.

| Warning: Some objects will no longer be managed by Terraform
|
| If you apply this plan, Terraform will discard its tracking information for the following objects, but
it will not delete them:
|  - aws_sqs_queue.my_queue_2
|
| After applying this plan, Terraform will no longer manage these objects. You will need to import them
into Terraform to manage them again.
```

実行計画のメッセージには、aws_sqs_queue.my_queue_2はTerraformでは管理されないが、そのリソースは削除されないこと（"aws_sqs_queue.my_queue_2 will no longer be managed by Terraform, but will not be destroyed"）が示されています。また、

```
Plan: 0 to add, 0 to change, 0 to destroy.
```

の表示から、リソースの操作は何も計画されていないことがわかります。

意図した実行計画が作成されていることを確認して、terraform applyを実行します。その実行によって、aws_sqs_queue.my_queue_2はリソースを保持したまま、IaCの管理下から外されます。そのことは、terraform state listコマンドで確認できます（実行結果は略）。

terraform applyが正常に実行できたあとはremoved.tfのファイルは不要ですので、削除して問題ありません。

terraform state rmを使う方法と比べたときのこの方法の利点は、複数のリソースのremovedブロックを記述し、それらをまとめてIaCの管理下から除外できることです。

● IaCの管理下から除外する操作とリソースへの変更操作

いずれの方法でも、IaC管理下から除外する過程で、リソースの変更操作は実行されません。つまり、既存のリソースへの影響を排除して作業できます。

▌ 8.5.3 ⋮ リソースの一部をIaCの管理から除外：CDK

　CDK（CloudFormation）の場合には、特定のリソースを指定してそれをスタックの管理から除外する、ということはできません。スタックの管理から外したい場合にはスタックのテンプレートから、そのリソースを削除する必要があります。しかし、単純にそのリソースをテンプレートから削除してしまうと、前述のとおり、リソースが削除されてしまいます。

　リソースを保持したまま、そのリソースをスタックの管理から削除するためには、次の手順を踏みます。

1. テンプレートにある、操作対象リソースの DeletionPolicy を Retain に変更して、その変更を反映するためにスタックを更新する（すでに、スタックの管理から外そうとするリソースの DeletionPolicy がすでに Retain になっている場合には、この手順をスキップする）
2. そのリソースをテンプレートから削除し、スタックの更新をする

　それでは、実際にやってみましょう。**リスト 8.7**、**リスト 8.8** から cdk synth によって得られた CloudFormation のテンプレート（**リスト 8.9**）を見ると、test-queue-cdk-2 という名前の SQS キューに対応するリソースの DeletionPolicy が Delete になっています（13行目）。まず、これを Retain に変更するため、**リスト 8.7** のコードを次のように修正します。

リスト 8.11　**DeletionPolicy** を **Retain** に変更する

```
12    const queue2 = new sqs.Queue(this, 'Queue2', {
13      queueName: 'test-queue-cdk-2'
14    })
15    queue2.applyRemovalPolicy(cdk.RemovalPolicy.RETAIN)
16  }
17 }
```

　15行目に test-queue-cdk-2 という名前の SQS キューに対応するリソースの DeletionPolicy を Retain にするための設定を追加しました。

　この状態で cdk diff を実行すると、DeletionPolicy、UpdateReplacePolicy の値を Retain に変更する操作が予定されていることが示されます。

```
> AWS_PROFILE=admin cdk diff
Stack SqsDoubleStack
Hold on while we create a read-only change set to get a diff with accurate replacement information (use --
no-change-set to use a less accurate but faster template-only diff)
Resources
[~] AWS::SQS::Queue Queue2 Queue26CB7866F
 ├── [~] DeletionPolicy
 │    ├── [-] Delete
 │    └── [+] Retain
 └── [~] UpdateReplacePolicy
      ├── [-] Delete
      └── [+] Retain

✧  Number of stacks with differences: 1
```

　DeletionPolicyに加えて差分が生じているUpdateReplacePolicyは、リソースの属性の更新によってリソースの置換が発生するときに、既存のリソースの削除を行うかどうかを指定するものです。ここで必要なのは、DeletionPolicyのみをRetainに変更することですが、DeletionPolicyのみを変更するメソッドはありません。UpdateReplacePolicyに変更を加えてもその後の操作に支障はないことから、DeletionPolicyとUpdateReplacePolicyの両方を変更するためのメソッドapplyRemovalPolicy()を使っています。

　意図した差分になっていることを確認してからcdk deployを実行すると、スタックが更新されてDeletionPolicyがRetainに変更されます。

　実際に、AWSマネジメントコンソールから、CloudFormationのテンプレートを確認して、DeletionPolicyがRetainになっていることを確認しましょう（**図8.8**）。

図8.8　スタックに保持されているテンプレートの`DeletionPolicy`の確認

確かに、`DeletionPolicy`が`Retain`になっていることが確認できます。

次に、`lib/sqs_double-stack.ts`から`test-queue-cdk-2`という名前のSQSキューに対応するリソースの記述を削除します。

リスト8.12　`test-queue-cdk-2`に対応するリソースの記述を|lib/sqs_double-stack.ts|から削除

```
1     const queue1 = new sqs.Queue(this, 'Queue1', {
2       queueName: 'test-queue-cdk-1'
3     })
4   }
5 }
6 import * as cdk from 'aws-cdk-lib';
7 import { Construct } from 'constructs';
8 import * as sqs from 'aws-cdk-lib/aws-sqs';
9
10 export class SqsDoubleStack extends cdk.Stack {
11   constructor(scope: Construct, id: string, props?: cdk.StackProps) {
12     super(scope, id, props);
13
14     const queue1 = new sqs.Queue(this, 'Queue1', {
15       queueName: 'test-queue-cdk-1'
16     })
17   }
18 }
```

cdk diffで、差分と予定される変更の操作を確認しましょう。

```
> AWS_PROFILE=admin cdk diff
Stack SqsDoubleStack
Hold on while we create a read-only change set to get a diff with accurate replacement information (use --
no-change-set to use a less accurate but faster template-only diff)
Resources
[-] AWS::SQS::Queue Queue2 Queue26CB7866F orphan

✨  Number of stacks with differences: 1
```

AWS::SQS::Queue Queue2 Queue26CB7866F が削除される操作が予定されていることがわかります。ここでのポイントは "orphan" という表示です（紙面の都合でカラーになっていませんが、ターミナルの画面では黄色で表記されます）。"orphan" と表示されているリソースは、リソースを保持しながら（つまり削除はスキップする）、スタックからは削除されることを示しています。なお、スタックからの削除と同時にリソースの実際の削除が行われる場合には、同じ場所に "orphan" の代わりに "destroy" と表示されます。

実際にcdk deployを実行してみましょう。

```
> AWS_PROFILE=admin cdk deploy --progress events

（略）

SqsDoubleStack: creating CloudFormation changeset...
SqsDoubleStack | 0/3 | 14:54:26 | UPDATE_IN_PROGRESS    | AWS::CloudFormation::Stack | SqsDoubleStack User
Initiated
SqsDoubleStack | 1/3 | 14:54:30 | UPDATE_COMPLETE_CLEA  | AWS::CloudFormation::Stack | SqsDoubleStack
SqsDoubleStack | 1/3 | 14:54:32 | DELETE_SKIPPED        | AWS::SQS::Queue    | Queue26CB7866F
SqsDoubleStack | 2/3 | 14:54:32 | UPDATE_COMPLETE       | AWS::CloudFormation::Stack | SqsDoubleStack

（略）
```

この出力の中でDELETE_SKIPPEDというイベントがあるのが見えます。これが、スタックからはそのリソースを削除したものの、実際のリソースは削除しなかった、というイベントに対応しています。

この実行の結果、テンプレートからはtest-queue-cdk-2というリソースの記述が消え、一方、その名前のSQSは削除されずに存在しているという状態が実現できます。

8.6 | リソースの置換と処理順序

8.6.1 ┊ リソースの置換の発生

　TerraformやCDKでリソースの属性を変更しようとするときに、リソースを保持したままでは属性の変更ができないもの（リソースの名前など）に差分がある場合には、既存のリソースの削除と新しいリソースの作成が実行される「置換」が行われます。terraform planやCloudFormationの変更セットが示すリソース変更の実行計画で置換が予定されている場合、既存のリソースが削除されます。その結果、データベースなどデータを保持しているリソースの場合には、そのリソースが保持するデータも削除されてしまう可能性があります。実行計画にリソースの置換がある場合には、その操作が本当に意図したものであるのかを注意深く確認する必要があります。

8.6.2 ┊ リソースの置換に伴うリソースの削除と新規作成の処理順序

　置換に伴うリソースの削除と新規作成の処理順序は、TerraformとCloudFormation（CDK）の間に違いがあります。

○ Terraformの場合

　Terraformにおけるリソース置換では、既存のリソースを削除してから、置き換える新しいリソースを作成するという挙動がデフォルトになっています。そのため、一時的にそのリソースが存在しなくなる時間が発生してしまうことがあることに注意が必要です。

　置換によるリソース変更が行われる場合に、既存のリソースの削除の前に新しいリソースを作成したい場合には、当該リソースに対応するresourceブロックの中に、次の記述を追加します[注8.16]。

```
lifecycle {
  create_before_destroy = true
}
```

注8.16　https://developer.hashicorp.com/terraform/language/meta-arguments/lifecycle#create_before_destroy `create_before_destroy`[注8.17] を `true` にすることで、新しいリソースを作成してから既存のリソースを削除するようになります。なお、この指定はこのリソースに依存性を持つすべてのリソースに伝播することに注意してください。

この設定が有効に機能するためには、既存のリソースと新規作成されるリソースの名前が同じにならないようにする必要があります。これは、既存のリソースが存在するまま、同じ名前の新しいリソースの作成ができないためです。コンフィグファイルにおいて、`name` の引数でリソースの名前を指定するのではなく、`name_prefix` という引数（多くのリソースで指定可能）を使ってリソース名のプレフィックスのみを指定すれば、この問題を回避できます[注8.18]。

リソースを作成する段階で、頻繁に置換が発生し得る運用を計画している場合には、`create_before_destroy` や `name_prefix` を使ってコンフィグファイルを記述するのが良いでしょう。一方、リソースの作成段階ではリソースの置換が発生し得る変更が生じることを想定できない場合も多いと考えられます。このような状況でリソースの置換が必要な変更を行う場合、既存のリソースを直接変更するのではなく、まずコンフィグファイルに新しいリソースを追加してデプロイします。その後、他のリソースが参照している先を新しく作成したリソースに変更し、最後に古いリソースの記述をコンフィグファイルから削除して、それを適用することで実際のリソースも削除する、という手順を踏むのが良いと考えます。

○ CloudFormation（CDK）の場合

CloudFormation（CDK）においてリソースの置換が発生するときには、新しいリソースの作成が先に実行され、その後、既存のリソースが削除されます。これは、Terraform とは逆の順番になっています。

このとき、既存のリソースと新規作成されるリソースの名前が同じにならないようにする必要があることは、Terraform で `create_before_destroy` を `true` にしたときと同じです。

CDK のベストプラクティス[注8.19] では、既存のリソースと新規作成されるリソースの名前が同じにならないようにするために、リソースの名前を指定しないことを推奨しており、リソースの名前を指定しない場合には CloudFormation が自動的に名前を生成します（コラム参照）[注8.20]。

注8.17　https://developer.hashicorp.com/terraform/language/meta-arguments/lifecycle#create_before_destroy
注8.18　リソースの名前を指定しないことも可能です。しかし、リソースの名前を指定しないと、tf という接頭辞のあとにタイムスタンプの文字列がついた名前が付けられ、何のためのリソースなのかが識別できません。そのため、リソースの名前を指定しない場合でも `name_prefix` という引数を利用して、名前からリソースの内容がわかるようにしておくのが良いでしょう。
注8.19　https://aws.amazon.com/jp/blogs/news/best-practices-for-developing-cloud-applications-with-aws-cdk/
注8.20　CloudFormation（CDK）でリソースの名前を指定しない場合には、スタック名や論理IDなどの文字列を含む名前が付けられます。そのため、リソースの名前を指定しなくても、その名前からリソースの識別できることが多いです。しかし、わかりにくい名前になってしまうこともあるため、リソースの名前を指定しない場合には、そのリソースの説明を記述できる属性（description など）があれば、その属性を記述しておくのが良いと感じています。

317

一方、リソースの名前を指定したときに置換が発生した場合の対処方法は、Terraformの場合と同様です。

COLUMN

リソースの名前とCDKのベストプラクティス

リスト 3.6 で示した SQS キューを記述する CDK のコード例では、キューの名前である queueName を指定しました。実は、queueName は props の必須属性ではなく、省略できます。このようなリソースの名前の指定を省略した場合には、CloudFormation がスタックの名前やリソースの論理 ID などから、適当な名前を付けてくれます。

そして、AWS が紹介している CDK のベストプラクティスには「自動で生成されるリソース名を使用し、物理的な名前を使用しない」と記されています。

筆者は、このプラクティスがどの場面でもベストであるかは疑問を持っています。ベストプラクティスのドキュメントには、「すべての名前は一度しか使えないので、テーブル名やバケット名をインフラやアプリケーションにハードコードしてしまうと、もうそのインフラの一部を 2 つ並べてデプロイすることはできません。」と書かれています。確かに、CloudFormation でリソースの置換が発生する場合には、新しいリソースを先に作成して、その後に既存のリソースを削除します。そのため、名前が指定されていると新しいリソースの作成が名前の重複で失敗してしまいます。

しかし、置換が発生するというのは非常に重大なイベントであり、それによってリソース内のデータを失ってしまう可能性もあります。ユーザーが認識しない置換は危険であり、それを失敗させられるのならば、安全装置とも言えると考えています。

また、既存リソースを IaC で参照するときには、ある規則的な命名規則でリソース名が命名されていれば、リソース名によってリソースを特定して容易に参照できます。

これらの点をふまえて、本書で紹介するコードには、この CDK のベストプラクティスには沿っていないものも含めています。

8.7 まとめ

　本章では、TerraformとCloudFormation・CDKのいくつかの操作について比較をしました。

　差分抽出の際の比較対象の違いによって、手動で変更されたリソースの差分検知の挙動が異なることは、注意すべきことの1つです。その結果、CloudFormation・CDKのほうが、IaC外での手動のリソース操作に対して、脆弱になっています。Terraformを使ってきた方がCDKを使うときに、この違いを知らずに（一時的とはいえ）手動でリソースを変更してしまうと、その変更が検知されずに、環境間の差となってしまう危険性があります。

　頻度は多くはないとはいえ、`cdk diff`による差分検出の有無と、リソース変更の有無が一致しないことがあります。一方で、Terraformでは、`terraform plan`での差分検出の有無と`terraform apply`でのリソース変更の有無が一致しています。このことも、Terraformに慣れている方にとっては注意すべきことでしょう。CDKでリソースの操作をする場合には、`cdk diff`だけでなく、変更セットを確認することが重要です。

　Terraformでは、自身が管理するリソース情報の操作と、実際のAWSリソースの操作は分離されています。そのため、IaC管理下にあるリソースの一部を管理外に変更する操作は、Terraformに閉じた処理で、AWSのリソースの操作をする可能性はないものでした。一方、CloudFormation・CDKの場合は、同じ操作を実行するのに、テンプレートを編集してスタックを更新するという作業が2回も必要になります。スタックの変更はリソースの変更を伴う可能性がある操作です。毎回、変更セットで意図しないリソースの操作が行われないかを確認する必要があります。

　筆者は、CDKとTerraformの両方を使う機会があります。そのときには、このような違いを意識して利用をするとともに、周りの方々にもその違いの重要性（CloudFormation・CDKでは絶対に手動でのリソース操作はしないなど）を伝えるようにしています。

8

第 9 章

既存リソースのインポート

||||||||||||||||||||||||||||

これまでは、TerraformやCDKを使って、AWSのリソースを作成してきました。この章では、すでにAWS上に存在するリソースをIaCの管理下に置くインポートについて、TerraformとAWS CDKそれぞれの手順を解説します。

インポート機能を活用することで、手動で作成した既存のリソースをIaCの管理対象に加え、それらのリソースについてもIaCならではのメリットを活かせるようになります。

関連して、CloudFormationのテンプレートをCDKのコードに変換する方法も解説します。

実践編

9.1 | 既存のリソースのインポートの必要性

　AWSのリソースは、本書で取り上げているIaCの他に、AWSマネジメントコンソール、AWS CLI、AWS SDKなどによって作成できます。

　AWSマネジメントコンソールは、直感的でわかりやすく、AWSを使い始めるときや、検証のために試しにリソースを作ってみたいときにはたいへん便利です。一方、**1.3節**でも挙げたように、IaCでリソースを管理することにはさまざまなメリットがあります。

　IaC以外の方法で作成したリソースをIaC管理下に入れるのが、ここで説明するインポートという操作です。

　筆者の場合、開発環境においては、他の開発メンバーにはIaCのことを気にせずに、AWSマネジメントコンソールでリソースを作成して試してみて良いことを伝え、AWSになじんでもらえるようにしていました。そして、AWSマネジメントコンソールで作成したリソースを本番環境など別の環境に展開したい場合には、開発環境のリソースをインポートの操作によってIaC化し、それを他の環境にデプロイするということをやっていました。このようなことができるのも、インポートの機能が強力であるからです。

　本章では、TerraformとCDKそれぞれのインポート機能について解説しますが、いずれにおいても2023年から2024年にかけてインポートに関してたいへん便利な機能がリリースされました。それらについても、取り上げます。

9.2 | 題材

　題材としては、再び、SQSキューを取り上げます。
　AWSマネジメントコンソールから、次の仕様のSQSキューを作成しておきます。

キューの名前　import-test
可視性タイムアウト　10秒（デフォルトの30秒から変更）

その他　デフォルトのまま

9.3 | Terraformにおけるインポート

9.3.1 ┊ インポートの流れ

　ここでは、まず、既存リソースをルートモジュールにインポートします。ルートモジュールにインポートにする方法には次の2つのものがあります。

- `terraform import`コマンドを使う方法
- `import`ブロックを使う方法

　インポートしたリソースを他の環境にもデプロイしたい場合には、そのルートモジュールのコンフィグファイルを子モジュールで使えるように微修正し、その子モジュールを呼び出すようにルートモジュールを変更します。その過程でインポート済みのリソースの記述が、ルートモジュールへの直接の記述から子モジュールを介した記述に変わり、Terraformでもともと管理していたリソースのアドレス（**tfstate**ファイルの記述）と、コンフィグファイルで記述しているアドレスの間にずれが生じます。そのアドレスのずれを、`terraform state mv`コマンドを用いて修正します。

　これらの流れを実際にやってみましょう。

9.3.2 ┊ terraform importコマンドによるインポート

　最初に`terraform import`コマンドを使って、SQSキューをインポートします。

● ルートモジュールの作成

　dev環境の`import_sqs`というルートモジュールを作成します。作成後に、`terraform init`を実行しておきます。

323

```
> sh tools/tf_init.sh dev import_sqs
> cd env/dev/import_sqs
> AWS_PROFILE=admin terraform init
```

　なお、インポートのときには、`tf_init.sh`によって作成される`providers.tf`の`default_tags`の設定をコメントアウトしてください。インポートの操作時には、リソースの変更をしないようにするのが安全でわかりやすいです。しかし、この設定があると、インポートすると同時にタグの付与をするリソース操作が行われてしまうためです。インポートしたリソースにタグを付与したいときには、インポートのあとにコメントアウトした`default_tags`の設定を復活させて、リソースの変更としてタグの付与を実施するのが良いでしょう。

● コンフィグファイルにリソースの「箱」を記述する

　`terraform import`コマンドを用いてリソースをインポートするには、リソースの「箱」をコンフィグファイル（`main.tf`）に作ります。この「箱」は、次のようなリソースタイプと識別子だけを記述した`resource`ブロックです。

リスト 9.1　**env/dev/import_sqs/main.tf**（リソースをインポートするための「箱」のみを用意）

```
1  resource "aws_sqs_queue" "import_test" {
2
3  }
```

　`resource`ブロックのリソースタイプは、インポートしようとするリソースである SQS キューに対応する`aws_sqs_queue`とします。そして、識別子には任意の文字列を指定します。もし、インポートしたいリソースが複数ある場合には、他のリソースについてもリソースタイプと識別子だけを記述した`resource`ブロックを記述します。

　このファイル名を`main.tf`として、`env/dev/import_sqs`の下に配置しておくことにします。

● terraform import コマンドの実行

　次に、ルートモジュールのディレクトリで、次のように`terraform import`を実行します。

```
> AWS_PROFILE=admin terraform import aws_sqs_queue.import_test \
      https://sqs.ap-northeast-1.amazonaws.com/123456789012/import-test
```

　`terraform import`の第1引数には**リスト 9.1**で記述したリソースのアドレス、第2引数にはインポートしようとするリソースを識別する ID などを指定します。第2引数に指定するもの

はリソースによって異なり、各リソースのドキュメントの一番下に記述されています。この
ケースのように、aws_sqs_queueのリソースをインポートするときには、キューのURLを指定
するように記載されています（**図9.1**）[注9.1]。

Import

In Terraform v1.5.0 and later, use an `import` block to import SQS Queues using the queue
`url` . For example:

```
import {
  to = aws_sqs_queue.public_queue
  id = "https://queue.amazonaws.com/80398EXAMPLE/MyQueue"
}
```

Using `terraform import` , import SQS Queues using the queue `url` . For example:

```
% terraform import aws_sqs_queue.public_queue https://queue.amazonaw   0.
```

図9.1　aws_sqs_queue の import に関するドキュメント

　terraform importのコマンドを実行すると、次のようなメッセージが表示されます。この
メッセージは、リソースのインポートが成功したことを示しています。

```
> AWS_PROFILE=admin terraform import aws_sqs_queue.import_test \
  https://sqs.ap-northeast-1.amazonaws.com/123456789012/import-test

aws_sqs_queue.import_test: Importing from ID "https://sqs.ap-northeast-1.amazonaws.com/123456789012/import-
test"...
aws_sqs_queue.import_test: Import prepared!
  Prepared aws_sqs_queue for import
aws_sqs_queue.import_test: Refreshing state... [id=https://sqs.ap-northeast-1.amazonaws.com/123456789012/
import-test]

Import successful!

The resources that were imported are shown above. These resources are now in
your Terraform state and will henceforth be managed by Terraform
```

注9.1　https://registry.terraform.io/providers/hashicorp/aws/latest/docs/resources/sqs_queue#import

　インポートしたいリソースが複数ある場合には、リソースごとにそれぞれ`terraform import`コマンドを実行します。

　この操作によって、`tfstate`ファイルにインポートしたリソースの情報（Terraformにおけるリソースのアドレスと物理リソースの関連付けも含む）が書き込まれます。

◉ リソースがインポートされたことの確認

　`terraform state list`コマンドを使って、Terraformの管理下にあるリソースの一覧を出力します。

```
> AWS_PROFILE=admin terraform state list

aws_sqs_queue.import_test
```

　このように、`aws_sqs_queue.import_test`のリソースが、Terraformによって管理されているリソースになっていることが確認できます。

　次に、`terraform state show`コマンドで、そのリソースの詳細な属性を表示させてみましょう。

リスト 9.2　インポートしたリソースの`terraform state show`による出力

```
> AWS_PROFILE=admin terraform state show aws_sqs_queue.import_test

# aws_sqs_queue.import_test:
resource "aws_sqs_queue" "import_test" {
    arn                               = "arn:aws:sqs:ap-northeast-1:123456789012:import-test"
    content_based_deduplication       = false
    delay_seconds                     = 0
    fifo_queue                        = false
    id                                = "https://sqs.ap-northeast-1.amazonaws.com/123456789012/import-test"
    kms_data_key_reuse_period_seconds = 300
    max_message_size                  = 262144
    message_retention_seconds         = 345600
    name                              = "import-test"
    receive_wait_time_seconds         = 0
    sqs_managed_sse_enabled           = true
    tags                              = {}
    tags_all                          = {}
    url                               = "https://sqs.ap-northeast-1.amazonaws.com/123456789012/import-test"
    visibility_timeout_seconds        = 10
}
```

　このコマンドは、`tfstate`ファイルの情報を、コンフィグファイルのフォーマットに整形して表示するものです。SQSキューのさまざまな属性の情報が取り込まれていることが確認でき

ます。

○ インポートしたリソースの情報のコンフィグファイルへの転記と微修正

この段階のコンフィグファイルには、**リスト 9.1** のように「箱」が記載されているだけです。**リスト 9.2** が示すリソース状態をコンフィグファイルに記述し、terraform planで差分が検出されないようにするため、**リスト 9.2** の出力を、main.tfにそのまま転記します。

転記したコンフィグファイルがリソースの状態を記述しているかを確認するために、terraform planを実行します。しかし、次のようなエラーが表示されます。

```
> AWS_PROFILE=admin terraform plan
|
|  Error: Value for unconfigurable attribute
|
|    with aws_sqs_queue.import_test,
|    on main.tf line 3, in resource "aws_sqs_queue" "import_test":
|     3:    arn                           = "arn:aws:sqs:ap-northeast-1:123456789012:import-test"
|
|  Can't configure a value for "arn": its value will be decided automatically based on the result of
applying this configuration.
|
|
|  Error: Invalid or unknown key
|
|    with aws_sqs_queue.import_test,
|    on main.tf line 7, in resource "aws_sqs_queue" "import_test":
|     7:    id                            = "https://sqs.ap-northeast-1.amazonaws.com/123456789012/
import-test"
|
|
|
|  Error: Value for unconfigurable attribute
|
|    with aws_sqs_queue.import_test,
|    on main.tf line 16, in resource "aws_sqs_queue" "import_test":
|    16:    url                           = "https://sqs.ap-northeast-1.amazonaws.com/123456789012/
import-test"
|
|  Can't configure a value for "url": its value will be decided automatically based on the result of
applying this configuration.
```

このエラーは、引数arn、id、urlをコンフィグファイルで指定できないにもかかわらず、指定がされているために発生しているエラーです。エラーを解消するために、これらの属性をmain.tfから削除します。すると、main.tfは、最終的には次のようなコンフィグファイルになります。

リスト 9.3　env/dev/import_sqs/main.tf（転記してエラーを解消したあとのもの）

```
1  resource "aws_sqs_queue" "import_test" {
2    content_based_deduplication     = false
3    delay_seconds                   = 0
4    fifo_queue                      = false
5    kms_data_key_reuse_period_seconds = 300
6    max_message_size                = 262144
7    message_retention_seconds       = 345600
8    name                            = "import-test"
9    receive_wait_time_seconds       = 0
10   sqs_managed_sse_enabled         = true
11   tags                            = {}
12   tags_all                        = {}
13   visibility_timeout_seconds      = 10
14 }
```

◯ **コンフィグファイルが最新のリソースの状態を記述していることの確認**

このコンフィグファイルを使って terraform plan を実行すると、"No changes" が表示されます。コードと実際のリソースの間に差分がない、つまり、現在のリソースの状態をコンフィグファイルにインポートできたことを示しています。

◯ **terraform import コマンドによるインポートの一連の流れ**

これまでの一連の流れをまとめると次のようになります。

- 取り込みたいリソースの「空の箱」を用意する（**リスト 9.1**）
- terraform import コマンドを実行する
- terraform state show コマンドでインポートしたリソースの属性を表示させ、それを「空の箱」のコンフィグファイルに転記する
- terraform plan を実行して、エラーとなった引数の記述をコンフィグファイルから削除する
- terraform plan で "No changes" が表示されることを確認する

この一連の操作では、AWS 上のリソースに変更を加える可能性がある操作をいっさいしていません。既存のリソースを修正することなく、安全に IaC の管理下に置くことが可能です。

9.3.3 importブロックによるインポート

Terraform 1.5から、コンフィグファイルに import ブロックを記述し、そのコードを terraform apply することで既存リソースをインポートできるようになりました[注9.2]。

terraform import コマンドを使う場合には、インポートしたい個々のリソースについて「箱」を作成すること、リソースごとにコマンドを実行すること、インポートしたリソースの状態からコンフィグファイルを転記することが必要でした。それに対して、import ブロックを用いる方法では、複数のリソースを一括でインポートできること、コンフィグファイルを自動生成してくれることが大きな利点です。

import ブロックを使う方法でインポートをしてみましょう。

○ ルートモジュールの作成

先の例と同様に、インポート先のルートモジュール（import_sqs_by_block）を作成します。

```
> sh tools/tf_init.sh dev import_sqs_by_block
> cd env/dev/import_sqs_by_block
> AWS_PROFILE=admin terraform init
```

terraform import コマンドを使う場合と同様、providers.tf の default_tags の設定をコメントアウトしておきます。

○ importブロックを記述したコンフィグファイルの作成

ルートモジュールの import.tf に、次のような import ブロックを記述します。

リスト 9.4　env/dev/import_sqs_by_block/import.tf

```
1  import {
2    to = aws_sqs_queue.import_test
3    id = "https://sqs.ap-northeast-1.amazonaws.com/123456789012/import-test"
4  }
```

import ブロックは、ラベルが0個のブロックです。引数の to と id は、それぞれ、先述の terraform import コマンドの第1、第2引数に対応しています。terraform import コマンドを使うときには「箱」をあらかじめ作っておく必要がありましたが、import ブロックを使う場合にはその必要はありません。

注9.2　https://developer.hashicorp.com/terraform/language/import

● コンフィグファイルの自動生成

　terraform importコマンドを使った方法では、このコマンドでインポートの実行をしたのち、terraform state showの出力をコンフィグファイルに転記して、微修正をしていました。

　それに対し、importブロックを使っているときには、terraform planの実行によって、コンフィグファイルを自動生成できてしまいます。そのために、terraform planコマンドを、次のように実行します。

```
> AWS_PROFILE=admin terraform plan -generate-config-out=out.tf
```

　-generate-config-outというオプションでインポートしたリソースのコンフィグファイルの出力先を指定します。なお、-generate-config-outに存在しているファイルを指定するとエラーになりますので、存在しないファイルの名前を指定します。

　このコマンドを実行したときの出力は次のようになります。

```
> AWS_PROFILE=admin terraform plan -generate-config-out=out.tf

aws_sqs_queue.import_test: Preparing import... [id=https://sqs.ap-northeast-1.amazonaws.com/123456789012/
import-test]
aws_sqs_queue.import_test: Refreshing state... [id=https://sqs.ap-northeast-1.amazonaws.com/123456789012/
import-test]

Terraform will perform the following actions:

  # aws_sqs_queue.import_test will be imported
  # (config will be generated)
    resource "aws_sqs_queue" "import_test" {
        arn                                = "arn:aws:sqs:ap-northeast-1:123456789012:import-test"
        content_based_deduplication        = false
        delay_seconds                      = 0
        fifo_queue                         = false
        id                                 = "https://sqs.ap-northeast-1.amazonaws.com/123456789012/import-
test"
        kms_data_key_reuse_period_seconds  = 300
        max_message_size                   = 262144
        message_retention_seconds          = 345600
        name                               = "import-test"
        receive_wait_time_seconds          = 0
        sqs_managed_sse_enabled            = true
        tags                               = {}
        tags_all                           = {}
        url                                = "https://sqs.ap-northeast-1.amazonaws.com/123456789012/import-
test"
        visibility_timeout_seconds         = 10
    }
```

```
Plan: 1 to import, 0 to add, 0 to change, 0 to destroy.
|
| Warning: Config generation is experimental
|
| Generating configuration during import is currently experimental, and the generated configuration format
may change in future
| versions.
|



Terraform has generated configuration and written it to out.tf. Please review the configuration and edit it
 as necessary before adding
it to version control.

Note: You didn't use the -out option to save this plan, so Terraform can't guarantee to take exactly these
actions if you run
"terraform apply" now.
```

このコマンドの実行によって、 -generate-config-out オプションに指定した out.tf に Terraformのコンフィグファイルとして、そのまま使えるファイルが次のように出力されます。

リスト 9.5　env/dev/import_sqs_by_block/out.tf（terraform plan によるコンフィグファイルの出力）

```
1  # __generated__ by Terraform
2  # Please review these resources and move them into your main configuration files.
3
4  # __generated__ by Terraform from "https://sqs.ap-northeast-1.amazonaws.com/123456789012/import-test"
5  resource "aws_sqs_queue" "import_test" {
6    content_based_deduplication        = false
7    deduplication_scope                = null
8    delay_seconds                      = 0
9    fifo_queue                         = false
10   fifo_throughput_limit              = null
11   kms_data_key_reuse_period_seconds  = 300
12   kms_master_key_id                  = null
13   max_message_size                   = 262144
14   message_retention_seconds          = 345600
15   name                               = "import-test"
16   name_prefix                        = null
17   policy                             = null
18   receive_wait_time_seconds          = 0
19   redrive_allow_policy               = null
20   redrive_policy                     = null
21   sqs_managed_sse_enabled            = true
22   tags                               = {}
23   tags_all                           = {}
```

```
24    visibility_timeout_seconds          = 10
25  }
```

　terraform import コマンドを使ったときには手動で取り除いた arn、id、url の引数が、上の
コンフィグからは取り除かれています[注9.3]。

○ terraform apply コマンドによるインポートの実行

　次に、terraform apply を実行します。存在している .tf が拡張子のファイルは、import.tf
と out.tf であり、これらが処理の対象となります。このときの terraform apply は、import ブ
ロックに記述されたリソースが tfstate ファイルになければ、インポートの処理を実行します。

　このとき、リソースを操作することはありません。それは、terraform apply で表示される
実行計画でも確認できます。

```
> AWS_PROFILE=admin terraform apply
aws_sqs_queue.import_test: Preparing import... [id=https://sqs.ap-northeast-1.amazonaws.com/123456789012/
import-test]
aws_sqs_queue.import_test: Refreshing state... [id=https://sqs.ap-northeast-1.amazonaws.com/123456789012/
import-test]

Terraform will perform the following actions:

  # aws_sqs_queue.import_test will be imported
    resource "aws_sqs_queue" "import_test" {
        arn                              = "arn:aws:sqs:ap-northeast-1:123456789012:import-test"
        content_based_deduplication      = false
        delay_seconds                    = 0
        fifo_queue                       = false
        id                               = "https://sqs.ap-northeast-1.amazonaws.com/1234567890/import-
test"
        kms_data_key_reuse_period_seconds = 300
        max_message_size                 = 262144
        message_retention_seconds        = 345600
        name                             = "import-test"
        receive_wait_time_seconds        = 0
        sqs_managed_sse_enabled          = true
        tags                             = {}
        tags_all                         = {}
        url                              = "https://sqs.ap-northeast-1.amazonaws.com/123456789012/import-
test"
        visibility_timeout_seconds       = 10
    }
```

注9.3　出力にもあるように、本書で検証している Terraform v1.9.8 では、コード出力は experimental（実験的機能）になっていま
　　　す。リソースによっては、手動で取り除く必要がある属性が残っている場合もあります。

```
Plan: 1 to import, 0 to add, 0 to change, 0 to destroy.

Do you want to perform these actions?
 Terraform will perform the actions described above.
 Only 'yes' will be accepted to approve.

 Enter a value:
```

一見、通常の`terraform apply`による出力と同じように見えます。しかし、下のほうにある

```
Plan: 1 to import, 0 to add, 0 to change, 0 to destroy.
```

で`1 to import`となっているのが通常の`terraform apply`と異なるところで、インポートを実行することを示しています。そして、`0 to add, 0 to change, 0 to destroy`となっていることから、AWSのリソースの操作はしないことがわかります。`import`ブロックを使うこの方法でも、`terraform import`コマンドを使う場合と同様、AWSのリソースを操作することなく、IaCへのインポートができます。

Terraformでインポートを行う場合には、リソースの操作をすることがないということが、筆者にとっては大きな安心材料になっています。また、リソースのパラメータは自動的に列挙してくれるので、自分が認識していなかった設定も正しくインポートされます。

なお、`out.tf`の内容は、必要に応じて`main.tf`などのコンフィグファイルに移動させたほうがわかりやすいでしょう。以下の説明では、`out.tf`のリソースの記述は、`main.tf`に移動されたものとします。

また、インポート操作の実行後は、`import.tf`のファイルは削除します[注9.4]。

○ `import`ブロックを用いたインポートの一連の流れ

これまでの一連の流れをまとめると次のようになります。

- `import`ブロックを記述したコンフィグファイルを作成する（**リスト 9.4**）
- `terraform plan -generate-config-out=out.tf`コマンドを実行する
- `out.tf`に出力されたコンフィグファイルを確認し、必要に応じて微修正する
- `terraform plan`で意図したリソースがインポートされる計画となっていること、リソース

注9.4 `import`ブロックの`to`にあるリソースが`tfstate`ファイルに記載されている場合には、`import`ブロックを含むファイルを残しておいても影響はありません。しかし、このあとで実行するようにリソースのアドレスを変更すると、`import.tf`に記述したリソースが再びインポートの対象とみなされてしまいます。混乱を避けるために削除しておくのが無難であると考えています。

の操作がないことを確認する

●terraform applyを実行して、インポートを実行する

importブロックを使った場合にも、AWS上のリソースに変更を加える可能性がある操作がいっさいありません。

▌9.3.4 ⋮ インポートしたリソースの複数の環境へのデプロイ

これまでの操作で、ルートモジュールへのインポートはできるようになりました。一方、複数の環境に同じ属性のリソースをデプロイするときには、子モジュールを作成して、その子モジュールをルートモジュールから呼び出すのが良いことを説明しました（**4.8節**参照）。

ルートモジュールにインポートしたリソースを他の環境にもデプロイしたいときには、このルートモジュールを子モジュールとして使えるように微修正し、ルートモジュールでは、この子モジュールを呼び出すように変更します。

なお、ここで紹介する手法は、インポートのときに限らず、ルートモジュールから子モジュールに変換するときに一般的に使えるものです。

◯ 子モジュールの作成
次のコマンドで、import_sqsという子モジュールを作成します。

```
> sh tools/tf_init.sh usecases import_sqs
```

◯ ルートモジュールのコンフィグファイルの子モジュールへの移動
以下の説明では、terraform importコマンドによる方法で用いたimport_sqsを使いますが、importブロックによる方法で用いたルートモジュールimport_sqs_by_blockでも、操作は同じです。

ルートモジュールenv/dev/import_sqsにあるmain.tfを、子モジュールのディレクトリusecases/import_sqsの下に移動します。

```
> mv env/dev/import_sqs/main.tf usecases/import_sqs/
```

その際に、いくつかの引数をパラメータ化できますが、ここでは簡単にするために、それを

せずに進めます。

● ルートモジュールからの子モジュールの呼び出し

ルートモジュールのmain.tfでは、その子モジュールを呼び出すように、記述を修正します。

リスト9.6 env/dev/import_sqs/main.tf（子モジュールの呼び出しに修正）

```
1  module "sqs" {
2    source = "../../../usecases/import_sqs"
3  }
```

● リソースのアドレスの変更

ここまでの修正をして、terraform planを実行すると、次のような結果が得られます。

```
Terraform will perform the following actions:

  # aws_sqs_queue.import_test will be destroyed
  # (because aws_sqs_queue.import_test is not in configuration)
  - resource "aws_sqs_queue" "import_test" {
    （中略）
    }

  # module.sqs.aws_sqs_queue.import_test will be created
  + resource "aws_sqs_queue" "import_test" {
    （中略）
    }

Plan: 1 to add, 0 to change, 1 to destroy.
```

aws_sqs_queue.import_test のリソースが削除されて、module.sqs.aws_sqs_queue.import_test が新たに作成される、という実行計画になっています。これは、ルートモジュールに記述していた aws_sqs_queue.import_test をモジュール module.sqs を通じて記述するように変更したため、コンフィグファイルに記述したリソースのアドレス（module.sqs.aws_sqs_queue.import_test）が、tfstate ファイルに記述されているこれまでのリソースのアドレス（aws_sqs_queue.import_test）と一致しなくなってしまったためです。その結果、Terraformには、管理下にあるはずの aws_sqs_queue.import_test がコンフィグファイルから消え、module.sqs.aws_sqs_queue.import_test が新たに追加されたように見えています。

リソースのアドレスを aws_sqs_queue.import_test から、module.sqs.aws_sqs_queue.impor t_testに変更すれば、コンフィグファイルの記述と一致するようになります。その変更をするためには、terraform state mvコマンドを使います。

```
> AWS_PROFILE=admin terraform state mv \
    aws_sqs_queue.import_test \
    module.sqs.aws_sqs_queue.import_test
```

これは、第1引数のリソースのアドレスを、第2引数のアドレスに変更することを指示しているものです。

これを実行したのちに、terraform state listを実行すると、管理下にあるリソースのアドレスが変更されていることを確認できます。

```
> AWS_PROFILE=admin terraform state list

module.sqs.aws_sqs_queue.import_test
```

そして、terraform planを実行すると、今度はコンフィグファイルとリソースの状態に差がないことを示す"No changes"が得られます。これで、リソースの変更を伴わずに、ルートモジュールを子モジュールに変換して、ルートモジュールからその子モジュールを呼び出すように修正できました。

○ リソースのアドレスを変更するリソースが大量にある場合

この例では、リソースのアドレスの変更は1つだけでしたが、場合によっては、大量のアドレスの変更が必要である場合があります。

このような場合には、次のようなスクリプトで処理できます。

```
1  #!/bin/sh
2
3  set -evx
4
5  export AWS_PROFILE=admin
6  TARGET_LIST=$(terraform state list)
7
8  for TARGET in ${TARGET_LIST}
9  do
10   terraform state mv "${TARGET}" "module.sqs.${TARGET}"
11 done
```

terraform state listで対象のリソースの一覧を取得しています（6行目）。そして、リスト

にあるリソースそれぞれについて、`terraform state mv`コマンドを実行しています（10行目）。

このスクリプトでは、管理下にあるすべてのリソースを処理対象にしています。一部のリソースのみを処理対象にする場合には、`terraform state list`（6行目）の出力をgrepでフィルタすることで、処理対象のリソースを絞り込めます。

9.4 | CDKにおけるインポート

CloudFormationには既存リソースのインポートをする機能が備わっています[注9.5]。CDKによる既存のリソースのインポート機能は、このCloudFormationのインポート機能を使ったものです。

実際にSQSキューを題材にCloudFormationのインポートを使ってみましょう。

9.4.1 ┊ IaCジェネレーターによる既存リソースのテンプレートの作成

CloudFormationのインポート機能を使うためには、既存のリソースを記述したテンプレート（またはそのテンプレートを生成するCDKのコード）をあらかじめ用意する必要があります。以前は、AWSマネジメントコンソールや、AWS CLIから得られるリソースの情報からテンプレートを作成しました。2024年2月に、AWSから「IaCジェネレーター」という機能がリリースされ、CloudFormationで管理されていないリソースのテンプレートの作成が容易になりました。

IaCジェネレーターを活用して、既存リソースのインポートをしてみましょう。

● スキャンの実行

AWSマネジメントコンソールのCloudFormationの画面の左メニューにある「IaCジェネレーター」をクリックします。そうすると**図9.2**のような画面が表示されます。

注9.5 https://docs.aws.amazon.com/ja_jp/AWSCloudFormation/latest/UserGuide/resource-import-existing-stack.html

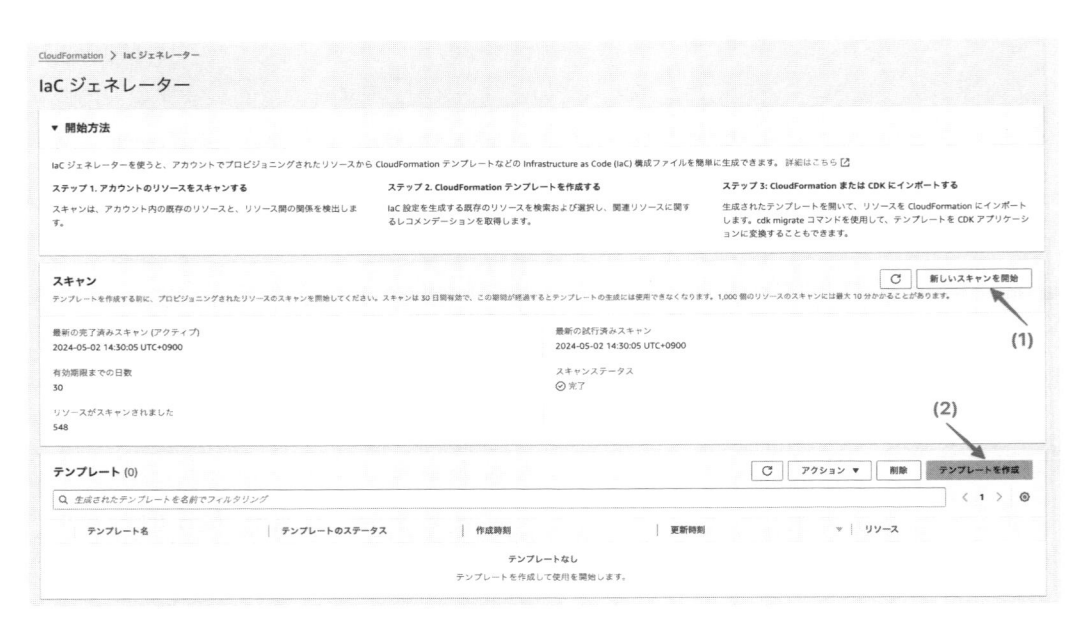

図9.2　AWSマネジメントコンソールのIaC ジェネレーターの画面

この画面で、まず、「新しいスキャンを開始」ボタン（**図9.2** (1)）を押して、リソースのスキャンを実施します。リソースが多いと時間がかかりますが、「スキャンステータス」が「完了」になるまで待ちます。

○ テンプレートの作成

「スキャンステータス」が「完了」になったら、「テンプレートを作成」のボタン（**図9.2** (2)）を押します。テンプレート名に適当な名前（たとえばsqs-import-test）を付けて、「次へ」を押します。

次の「スキャンしたリソースを追加」の画面で、インポートしたいリソースを追加します。リソースタイプ（今回の例ではAWS::SQS::Queue）による絞り込みが便利です。絞り込んだ中から、import-testという名前がリソース識別子に含まれているリソースを探し、チェックを付けたら、「次へ」のボタンを押します。

次の「関連リソースの追加」の画面では、今回は何も追加対象が表示されていないので、そのままにして「次へ」のボタンを押します。もし、追加対象が表示されていたら、追加するのを基本とし、追加したときに不都合がないかを確認してください。

最後の「確認して作成」の画面で「テンプレートを作成」ボタンを押します。少し待つと選択したリソースのCloudFormationのテンプレートが作成されます。

リスト 9.7　IaCジェネレーターが作成したCloudFormationのテンプレート

```
1  ---
2  Metadata:
3    TemplateId: "arn:aws:cloudformation:ap-northeast-1:123456789012:generatedTemplate/8c91348c-6500-4805-aac3
   -9fdd0cca089e"
4  Resources:
5    SQSQueue00importtest00gNyN8:
6      UpdateReplacePolicy: "Retain"
7      Type: "AWS::SQS::Queue"
8      DeletionPolicy: "Retain"
9      Properties:
10       SqsManagedSseEnabled: true
11       ReceiveMessageWaitTimeSeconds: 0
12       DelaySeconds: 0
13       MessageRetentionPeriod: 345600
14       MaximumMessageSize: 262144
15       VisibilityTimeout: 10
16       QueueName: "import-test"
```

　このテンプレートには、VisibilityTimeoutのようなデフォルトから変更された属性だけでなく、デフォルト値が使われている属性（値がNULLのものを除く）も含まれています。このように、リソースに指定できる属性が網羅されていることが、インポートの操作では非常に重要です（344ページのコラム「IaCジェネレータ登場以前のcdk importを用いた方法の問題点」参照）。

▌9.4.2 ⋮ cdk migrateによる既存リソースのスタックへのインポート

　次に、cdk migrateコマンド[注9.6]を使って、このテンプレートを出力するCDKのコードを作成しましょう。

● IaCジェネレーターが作成したテンプレートをファイルに保存

　まず、**リスト 9.7**のCloudFormationのテンプレートをコピーして、ローカルに適当なファイル名（sqs-import-test.yamlとしましょう）で保存します。コピーするときには、Metadataの部分も忘れずにコピーします。

● cdk migrateによるテンプレートのCDKコードへの変換

　次に、cdk migrateを用いて、CloudFormationのテンプレートを、CDKのコードに変換します。保存したファイルと同じディレクトリで、次のコマンドを実行します。

注9.6　https://docs.aws.amazon.com/ja_jp/cdk/v2/guide/ref-cli-cdk-migrate.html

```
> AWS_PROFILE=admin cdk migrate --stack-name sqs-import-test \
    --from-path ./sqs-import-test.yaml -l typescript
```

　--stack-nameに指定した文字列は、cdk migrateによって新たに作成されるプロジェクト名
に使われ、コードのファイル名、スタック名などにも使われます。これらは、コードの編集を
するときに変更可能です。このコマンドを実行すると、実行したディレクトリに--stack-name
で指定した名前と同じディレクトリが作成され、その中にCDKのプロジェクトが作成され、
ファイル類が配置されます。

　実際に、 sqs-import-test/bin には sqs-import-test.ts が、 sqs-import-test/lib には
sqs-import-test-stack.tsが作成され、内容はそれぞれ次のようになっています。

リスト 9.8　**sqs-import-test/bin/sqs-import-test.ts**

```
1  #!/usr/bin/env node
2  import 'source-map-support/register';
3  import * as cdk from 'aws-cdk-lib';
4  import { SqsImportTestStack } from '../lib/sqs-import-test-stack';
5
6  const app = new cdk.App();
7  new SqsImportTestStack(app, 'sqs-import-test', {
8    /* If you don't specify 'env', this stack will be environment-agnostic.
9     * Account/Region-dependent features and context lookups will not work,
10    * but a single synthesized template can be deployed anywhere. */
11
12   /* Uncomment the next line to specialize this stack for the AWS Account
13    * and Region that are implied by the current CLI configuration. */
14   // env: { account: process.env.CDK_DEFAULT_ACCOUNT, region: process.env.CDK_DEFAULT_REGION },
15
16   /* Uncomment the next line if you know exactly what Account and Region you
17    * want to deploy the stack to. */
18   // env: { account: '123456789012', region: 'us-east-1' },
19
20   /* For more information, see https://docs.aws.amazon.com/cdk/latest/guide/environments.html */
21 });
```

リスト 9.9　**sqs-import-test/lib/sqs-import-test-stack.ts**

```
1  import * as cdk from 'aws-cdk-lib';
2  import * as sqs from 'aws-cdk-lib/aws-sqs';
3
4  export interface SqsImportTestStackProps extends cdk.StackProps {
5  }
6
```

```
7  export class SqsImportTestStack extends cdk.Stack {
8    public constructor(scope: cdk.App, id: string, props: SqsImportTestStackProps = {}) {
9      super(scope, id, props);
10
11     // Resources
12     const sqsQueue00importtest00gNyN8 = new sqs.CfnQueue(this, 'SQSQueue00importtest00gNyN8', {
13       sqsManagedSseEnabled: true,
14       receiveMessageWaitTimeSeconds: 0,
15       delaySeconds: 0,
16       messageRetentionPeriod: 345600,
17       maximumMessageSize: 262144,
18       visibilityTimeout: 10,
19       queueName: 'import-test',
20     });
21     sqsQueue00importtest00gNyN8.cfnOptions.deletionPolicy = cdk.CfnDeletionPolicy.RETAIN;
22   }
23 }
```

　まさに、CDKのコードそのものが生成されています。**リスト 9.9** のコードでは、L1 コンストラクタを使って CloudFormation のテンプレートを CDK のコードで記述しています。そして、**リスト 9.8** で、スタックのコンストラクタ SqsImportTestStack を呼び出しています。このコンストラクタの第2引数に指定した文字列がスタック名として使われることは、インポートを実行した場合も同じです。スタックを作成してしまうと、スタックの名前は変更できません。インポートしたスタックの CDK コードを使って、他の環境にもリソースをデプロイする予定がある場合には、**5.8 節** で説明したように、スタックのコンストラクタの第2引数に環境を識別できる文字列を入れたり、Stage コンストラクタを使ったりして、あらかじめ複数環境に拡張できるようにできるようにしておくのが良いでしょう。

○ migrate.json

　cdk migrate を実行したときの CDK プロジェクトディレクトリに特徴的なのは、migrate.json というファイルが生成され、このファイルにインポートをするリソースが記録されていることです。

```
{
  "//": "This file is generated by cdk migrate. It will be automatically deleted after the first successful
deployment of this app to the environment of the original resources.",
  "Source": "arn:aws:cloudformation:ap-northeast-1:123456789012:generatedTemplate/8c91348c-6500-4805-aac3-9
fdd0cca089e",
  "Resources": [
    {
      "ResourceType": "AWS::SQS::Queue",
      "LogicalResourceId": "SQSQueue00importtest00gNyN8",
```

```
    "ResourceIdentifier": {
      "QueueUrl": "https://sqs.ap-northeast-1.amazonaws.com/123456789012/import-test"
    }
  }
 ]
}
```

　注目すべきは、このファイルにはCloudFormationの論理リソースID（`LogicalResourceId`）と、リソースの識別子（`ResourceIdentifier`）の対応が格納されていることです。IaCジェネレーターで作成したCloudFormationのテンプレートは、実際のリソースの属性を網羅していますが、テンプレート本体からは実際のリソースとの対応の情報は失われています（テンプレートは求めるリソースの状態を宣言するだけで、実際のリソースとの対応には関知していません）。しかし、IaCジェネレーターが作成したテンプレート（**リスト9.7**）の中にある`TemplateId`からテンプレートを作成したときに指定したリソースの情報を取得し、その対応をこのファイルに出力しているのです。テンプレートに記述されたリソースと実際のリソースとの対応処理を自動的にやってくれるのも、IaCジェネレーターや`cdk migrate`を用いる利点の1つと言えます。

◯ migrate.jsonの確認
　`cdk migrate` に指定する CloudFormation のテンプレートに `TemplateId` がない場合、`migrate.json` は次のようになり、CloudFormation の論理リソースID とリソースの識別子の対応は格納されていません。

```
{
  "//": "This file is generated by cdk migrate. It will be automatically deleted after the first successful
 deployment of this app to the environment of the original resources.",
  "Source": "localfile"
}
```

　`migrate.json`がこのような状態のときに`cdk deploy`を実行すると、インポートをするモードにはならず、すでに存在するリソースと同じリソースを作成しようとしてしまいます。今回のSQSキューの題材では、既存のSQSキューと同じ名前のものを作ろうとして失敗してしまいます。
　`cdk deploy`を実行する前に、`migrate.json`の内容を確認することを推奨します。

◯ cdk synthでCloudFormationのテンプレートを確認する
　`sqs-import-test`のディレクトリで、`cdk synth`を実行すると、**リスト9.7**と同じリソース

の属性を記述したCloudFormationのテンプレートが作成されます。

```
> cdk synth

Resources:
  SQSQueue00importtest00gNyN8:
    Type: AWS::SQS::Queue
    Properties:
      DelaySeconds: 0
      MaximumMessageSize: 262144
      MessageRetentionPeriod: 345600
      QueueName: import-test
      ReceiveMessageWaitTimeSeconds: 0
      SqsManagedSseEnabled: true
      VisibilityTimeout: 10
    DeletionPolicy: Retain
    Metadata:
      aws:cdk:path: sqs-import-test/SQSQueue00importtest00gNyN8

（以下略）
```

　もし、cdk synthでエラーが発生した場合には、cdk migrateで変換したコードを修正して、エラーを除去します。

● cdk deployを実行してリソースをインポートする

　migrate.jsonが存在する状態でcdk deployコマンドを実行すると、CloudFormationのインポートの処理が実行されます。このケースでは、sqs-import-testというスタック名でリソースがインポートされます。

```
> AWS_PROFILE=admin cdk deploy
```

　cdk deployコマンドの実行が完了すると、AWSマネジメントコンソールのCloudFormationのスタック一覧にsqs-import-test というスタックが新たに追加され、SQS キューがインポートされていることを確認できます。また、migrate.jsonは削除され[注9.7]、以後は通常のcdk deployの挙動となります。もし、何らかの原因でmigrate.jsonが残っていると、その後のcdk deployはインポートをするモードになってしまい、通常のデプロイができなくなることがあります。その場合にはmigrate.jsonを手動で削除してください。

注9.7　https://github.com/aws/aws-cdk/blob/491434e19ea4566ef90ff137efe62e694bb03cca/packages/aws-cdk/lib/cdk-toolkit.ts#L1006

○ **インポート結果の検証**

　この状態で`cdk diff`を実行すると、"There were no differences"となり、CDKのコードと
スタックとのテンプレートの間に差分がないことが確認できます。

　さらに、スタックのアクションから「ドリフトの検出」を実行すると、ドリフトがない状態、
すなわちテンプレートと実際のリソースの状態が一致していることが確認できます。IaCジェ
ネレーターが作成するテンプレートでは、指定可能な属性が網羅されているのでした。そのた
め、ドリフトが検出されなかったことは、指定可能な属性がすべて、正しくインポートできた
ことを示しています。

　これらの検証から、手元のCDKのコードから生成されるテンプレートは、スタックに保持
されているものと相違ないこと、スタックに保持されているテンプレートが記述するリソース
と実際のリソースの間に差分がないことが確認できます。

9.4.3 ┊ 既存のリソースをインポートする手順のまとめ

　ここまでの手順をまとめます。

1. IaCジェネレーターを使って、インポートしたいリソースのテンプレートを作成する
2. 1で作成したテンプレートをローカルにダウンロードして、そのテンプレートを使って
`cdk migrate`を実行する

　IaCジェネレーターおよび`cdk migrate`のおかげで、簡便にリソースのIaC化（CDK化）が
できます。

COLUMN

IaCジェネレーター登場以前の`cdk import`を用いた方法の問題点

　これまで、IaCジェネレーターや`cdk migrate`を用いて、既存のリソースをインポートする
方法を解説してきました。これらのツールが登場する前のCloudFormationやCDKを用いた
既存リソースのインポートには、いろいろ注意すべきところがありました。

　IaCジェネレーターや`cdk migrate`が登場する以前は、インポートしたリソースのCDKの
コードを自ら作成する必要がありました。そして、そのコードを入力として`cdk import`コ
マンドを実行することで、CloudFormationのインポート処理を実行していました。

　このインポートの処理の中で、提示されるテンプレート上のリソースの論理IDに対応する

リソースの物理IDを対話的に入力して、その関連付け情報をスタックに格納します。このとき、実際のリソースの状態は関知していません。テンプレートに記述したリソースの属性と、実際のリソースの属性の間に齟齬があったとしても、インポートの処理は完了します。

　そのあとに、テンプレートに記述したリソースの属性と実際のリソースの属性の間に差異がないことを、ドリフトの検出によってチェックします。もし、ドリフトが検出された属性がある場合には、テンプレートを修正してスタックを更新する必要があります。注意すべきは、スタックの更新によって、リソースの操作が行われる可能性があることです。変更セットに列挙されている変更が、リソースの属性を実質的に変化させるものではないことを確認して、注意深くスタックの更新をする必要があります。インポートの操作は本来、リソースの操作はしないことが期待されるところですが、リソースの操作が行われる可能性があるスタック更新の必要性が生じることがあるのが、この操作の問題点の1つです。

　もう1つの問題点は、**8.1 節**で説明したように、CloudFormationのドリフトの検出は、テンプレートに記述された属性のみに限られることに起因します。たとえば、次のような状況を考えます。既存のリソースの可視性タイムアウトが、デフォルトの30秒から60秒に変更されているとします。しかし、そのことを知らずに、cdk importに用いるCDKのコードには、可視性タイムアウトのことを記述しなかったとしましょう。CDKのコードから生成されるテンプレートには、可視性タイムアウトの記述はありません。

　この状態でcdk importを実行すると、インポート処理は成功します。ドリフトの検出はなく（テンプレートに記述がない可視性タイムアウトはドリフト検出の対象にはならない）、正しくインポートができたと考えるでしょう。しかし、テンプレートには可視性タイムアウトが60秒であるという情報はありません。インポートが正しくできたと考えたCDKのコードを他の環境へのデプロイに使うと、可視性タイムアウトが30秒のリソースができてしまうのです。同一のコードから同一のリソースをデプロイするというIaCの目的が達成できていません。このようなことを起こさないために、cdk importに用いるコードには、指定可能な属性を網羅して記述する必要があります。

　一方、IaCジェネレーターが作成するテンプレートは、指定可能な属性を網羅的に出力します。IaCジェネレーターは、従来のインポートの問題を解消できる、画期的なサービスであると感じています。

9.5 | CloudFormationからCDKへの移行

　`cdk migrate`を使ってIaCで管理されていないリソースをインポートする方法を紹介しましたが、`cdk migrate`はYAMLなどで書かれたCloudFormationのテンプレートをCDKのコードに変換する機能も持っています。

　YAMLやJSONで書かれたCloudFormationのテンプレートは可読性が必ずしも良くなく、また、組み込み関数を使うときには複雑な記述法が必要になることがあります。さらに、手元のテンプレートがどのスタックを作るのに使われたかの情報はテンプレートには含まれておらず、テンプレートとスタックの対応をきちんと管理していないと、テンプレートを修正してスタックを更新したいときに、テンプレートに対応するスタックを一覧から探し出すということをしなければいけなくなります。

　一方、CDKのコードは、プログラミング言語で記述されていて可読性が良いことが多く、また、テンプレートとスタックの対応も保持してくれます。このようにCloudFormationのテンプレートに比べてCDKのコードには多くの利点があり（そのため、本書でもCloudFormationのテンプレートの書き方は取り上げませんでした）、既存のCloudFormationのテンプレートをCDKに変換することによって、その利点を享受できます。

　たとえば、既存のCloudFormationのテンプレートが、`sqs.yaml`の次の内容であるとしましょう。

リスト 9.10　CDKのコードに変換したいCloudFormationのテンプレート

```
1  Parameters:
2    Stage:
3      Type: String
4      Default: dev
5
6  Resources:
7    Queue:
8      Type: AWS::SQS::Queue
9      Properties:
10       QueueName: !Sub "${Stage}-my-queue"
11       Tags:
12         - Key: Name
13           Value: !Sub "${Stage}-my-queue"
14         - Key: Environment
15           Value: !Ref Stage
```

そして、このテンプレートを用いて、sqs-stackというスタック名でスタックを作成したとしましょう。

このときに、sqs.yamlが存在するディレクトリで次のコマンドを実行します。

```
> cdk migrate --from-path ./sqs.yaml --stack-name sqs-stack
```

すると、sqs-stackというディレクトリができて、その中にCDKプロジェクトが作成されています。その中のlib/sqs-stack-stack.tsには、次のようなファイルが生成されています。

リスト9.11　CloudFormationのテンプレートから変換されたCDKのコード

```typescript
import * as cdk from 'aws-cdk-lib';
import * as sqs from 'aws-cdk-lib/aws-sqs';

export interface SqsStackStackProps extends cdk.StackProps {
  /**
   * @default 'dev'
   */
  readonly stage?: string;
}

export class SqsStackStack extends cdk.Stack {
  public constructor(scope: cdk.App, id: string, props: SqsStackStackProps = {}) {
    super(scope, id, props);

    // Applying default props
    props = {
      ...props,
      stage: props.stage ?? 'dev',
    };

    // Resources
    const queue = new sqs.CfnQueue(this, 'Queue', {
      queueName: `${props.stage!}-my-queue`,
      tags: [
        {
          key: 'Name',
          value: `${props.stage!}-my-queue`,
        },
        {
          key: 'Environment',
          value: props.stage!,
        },
      ],
    });
  }
}
```

　これを見ると、テンプレートのParametersはスタックのコンストラクタのpropsの属性に変換されていること（4–9行目）、コンストラクタの中でパラメータstageが設定されていない場合のデフォルトの設定の値が行われていること（16–19行目）、テンプレートのAWS::SQS::Queueのリソースは L1 コンストラクタsqs.CfnQueueに変換されていること（22–33行目）がわかります。また、組み込み関数!Subによる代入は、TypeScriptのテンプレートリテラルに置き換えられており、読みやすくなっています。

　また、bin/sqs-stack.ts（省略）にはスタック名がsqs-stackとなるようにスタックのコンストラクタが呼び出されています。既存のスタックと同じ名前ですので、既存のスタックとの間の差分をcdk diffで取得できます。この差分には、CDKのメタデータの追加などの差分はでますが、リソースに関係ある部分では、次の差分が表示されます。

```
> AWS_PROFILE=admin cdk diff

（中略）

Resources
[~] AWS::SQS::Queue Queue Queue
 └─ [~] Tags
     └─ @@ -1,14 +1,10 @@
        [ ] [
        [ ]   {
        [-]     "Key": "Name",
        [-]     "Value": {
        [-]       "Fn::Sub": "${Stage}-my-queue"
        [-]     }
        [+]     "Key": "Environment",
        [+]     "Value": "dev"
        [ ]   },
        [ ]   {
        [-]     "Key": "Environment",
        [-]     "Value": {
        [-]       "Ref": "Stage"
        [-]     }
        [+]     "Key": "Name",
        [+]     "Value": "dev-my-queue"
        [ ]   }
        [ ] ]
（略）
```

　これをよく見ると、**Tags**の順序の違いと**Fn::Sub**の解決がされているか否かだけの違いであり、解決されれば値は変わらないので、実質には何も差分がないことがわかります。このように、組み込み関数の使用部分で、解決前のテンプレートの記述と、解決済みの値が比較されることによる差分が生じることがあります[注9.8]。これは、**8.3.2項**で紹介した「**cdk diff**の差分はあるが、リソースの変更がない場合」の具体例になっています。

　スタックのテンプレートを、CDKから生成したテンプレートに更新するためには、スタックの更新の操作が必要になります。そのために、次のコマンドを実行して、変更セットを作成します。このとき、組み込み関数の使用部分は解決されます。

```
> AWS_PROFILE=admin cdk deploy --method prepare-change-set
```

　作成された変更セットをAWSマネジメントコンソールから確認してみると、CDKのメタデータの追加以外はリソースの記述には差分がないことが確認できます。

　変更セットでリソースの変更がないことを確認してから、その変更セットを実行すれば、テンプレートのみの更新が行われます。このときにリソースの変更は行われません。このようにして、CloudFormationのテンプレートから、CDKのコードでの記述に乗り換えられます。

9.6 ｜ まとめ

　この章では、既存のリソースをIaCの管理下に置くインポートについて解説しました。初めて作成するリソースを、いきなりIaCで記述することには抵抗感がある場合もあるでしょう。この機能があることで、最初からIaCでリソースを書かなければいけないというプレッシャーを感じることなく、AWSのサービスの利用を進められます。

　Terraformの操作の中では、ルートモジュールに記述したリソースを子モジュールに移動する方法も、関連して説明しました。ルートモジュールに記述したリソースを子モジュールに簡

注9.8　実はQueueNameのFn::Subは解決されたあとに比較がされており、差分が出ていません。このように、組み込み関数の使用部分が解決されてから差分が作成される場合と、解決前に差分が作成される場合があるようです。このケースのTagsを1つにすると、筆者の検証では、Tagsの部分も組み込み関数の使用部分が解決されてから差分の作成がされて、リソースには差分がないという結果になりました。

単に移動することができるため、最初から子モジュールとして記述しなくても、あとから子モジュールに移動して複数の環境へのデプロイができます。

　また、CloudFormationのテンプレートをCDKのコードに変換する方法も解説しました。

　IaCを活用するうえで、これらの機能は非常に便利ですので、使ってみてください。

第 **10** 章

Lambda関数のデプロイ

||||||||||||||||||||||||||

この章では、Lambda関数のデプロイを取り上げます。
Lambda関数のデプロイは、Lambda関数のコードをZIPファイル
やコンテナイメージに格納したアセットの作成が必要になるという
点で、他のリソースとは違う部分があります。
アセットをIaC外のプロセスが作成する場合と、IaCがアセットの
作成をカバーする場合それぞれについて、TerraformおよびCDKの
コードの記述方法を解説します。

発展編

10.1 Lambda関数のデプロイ

10.1.1 Lambda関数とは

Lambda関数は、AWSが提供するサーバレスサービスの代表的なものです。イベントを待ち受け、イベントを受け取るたびに、ユーザーが実装した処理を実行します。ユーザーが計算機資源を準備せずに実行できること、使用量（実行回数、実行時間、メモリ確保量）に応じた料金のみを支払えば良いことが、大きな特徴です。

○ Lambda関数のランタイム

Lambda関数のサービスを利用する際には、入力イベントをユーザーが記述した関数のコードに中継する役割を担うランタイムをいくつかの選択肢の中から選びます。Python、Node.jsなどのプログラミング言語のランタイムが提供されており、ユーザーは中継されるイベントの処理を、選択したランタイムのプログラミング言語で実装します。このイベント処理のためのコードを、以下では「Lambda関数のコード」と呼ぶことにします。Lambda関数のコードは通常、関数やメソッドです。そのため、それらは単独でアプリケーションとして動作するものではなく、AWS側のランタイムから呼び出されることで動作します。

一方、ランタイムが担うイベントの中継機能を、ユーザーが作成するコードに含めることもできます。その場合には、ユーザーのLambda関数のコードを、アプリケーションとして単独で動作させることが可能です。Go言語やRustなどでLambda関数を記述する場合には、ランタイムの実装を提供するライブラリを使って、ユーザーが作成するコードにランタイムの機能を実装します。

10.1.2 Lambda関数のデプロイに必要な2つのプロセス

作成したLambda関数のコードを、Lambda関数として使用可能な状態にすることを、以下では「Lambda関数のデプロイ」と呼ぶことにします。Lambda関数をデプロイするためには、次の2つのプロセスを実行する必要があります。

アセット作成・配置プロセス Lambda関数のコードを、Lambda関数のランタイムから呼

び出せるように変換（トランスパイルやコンパイル）する（ビルド）。そして、実行に必要なファイル類（外部パッケージも含む）をZIPファイルにアーカイブするか、コンテナイメージに格納して、S3やECRにアップロードする。このZIPファイルやコンテナイメージは「アセット」と呼ばれる

Lambda関数作成・更新プロセス　アセットの場所（S3バケット名とオブジェクトキー、またはECRリポジトリとタグ名）を入力として、Lambda関数を作成・更新するアクション（`CreateFunction`や`UpdateFunction`）を実行する

Lambda関数のデプロイが他のリソースのデプロイと比べて異質なのは、アクションの実行だけでなく、その前段にアセットを作成して配置するプロセスが必要なことです。

これまでに説明してきたIaCのプロセス（TerraformやCloudFormationのテンプレートによるスタックの操作）は、「Lambda関数作成・更新プロセス」に相当するプロセスを実行するものです。一方で、Lambda関数については、2つのプロセス両方をカバーするツールが、いくつか開発されています。

CloudFormationでは、AWS CLIに`aws cloudformation package`[注10.1] というコマンドがあります。このコマンドは、ローカルのディレクトリのLambda関数のコードをZIPファイルにアーカイブしてS3バケット上に配置し（「アセット作成・配置プロセス」）、S3バケットやキーの情報を反映させたCloudFormationのテンプレートを作成します。そのテンプレートを使ってスタックの作成・更新をすることで、Lambda関数を作成・更新するアクションが実行され（「Lambda関数作成・更新プロセス」）、Lambda関数がデプロイされます。このように、「Lambda関数作成・更新プロセス」だけでなく、「アセット作成・配置プロセス」も1つのツールで完結させられます。

CDKも、これまでに説明してきた「Lambda関数作成・更新プロセス」に加え、アセットの作成・配置をする「アセット作成・配置プロセス」の機能が実装されています。

その他、AWS SAM (Serverless Application Model)[注10.2]、Serverless Framework[注10.3] も2つのプロセスをカバーしています。

一方、Terraformはあくまでも IaCツールであり、標準機能では、アセットを作成・配置する機能が提供されていません。

注10.1　https://awscli.amazonaws.com/v2/documentation/api/2.0.33/reference/cloudformation/package.html
注10.2　https://docs.aws.amazon.com/ja_jp/serverless-application-model/latest/developerguide/what-is-sam.html
注10.3　https://www.serverless.com/

10.1.3 ┊ Lambda関数のデプロイの戦略

　Lambda関数のデプロイに2つのプロセスが必要であることをふまえ、デプロイの戦略として、次の2つのものが考えられます。

アセット分離戦略　「アセット作成・配置プロセス」はLambda関数を開発する側の責務とし、アセットがすでに配置されていることを前提に、「Lambda関数作成・更新プロセス」のみをIaCツールで扱う

アセット統合戦略　「アセット作成・配置プロセス」と「Lambda関数作成・更新プロセス」の両方をIaCツールで扱う

　「アセット統合戦略」のように、1つのツールで2つのプロセスを完結させられるのは一見便利です。しかし、いくつか考慮すべきことがあります。

　開発したアプリケーションをECSで稼働させる場合、コンテナレジストリにコンテナイメージがプッシュされていることを前提に、IaCが管理するタスク定義にはコンテナイメージの場所を記述します。このとき、コンテナイメージの作成・配置をIaCツールが行うのではなく、別のプロセスが行うのが一般的でしょう。同じように、Lambda関数のデプロイにおいても、アセットの作成と配置は別のプロセスが実行して、配置されたアセットをIaCによって処理をするという方法が「アセット分離戦略」です。

　この方式のメリットの1つは、Lambda関数として呼び出せる状態にビルドして所定の場所に配置することと、それをインフラ上で動作させるように処理することの責任分界点が明確になることです。インフラ側では、Lambda関数のビルドの方法について、関知する必要がありません。一方、「アセット統合戦略」では、アプリケーションのビルドの方法を、IaCのコードにインプットする必要が生じます。

　また、IaCの操作の中でビルドが実行されることはないので、IaCの操作に関わる時間を短縮できるのも、「アセット分離戦略」のメリットの1つです。「アセット統合戦略」を採用して、CDKで「アセット作成・配置プロセス」を実行しようとする場合、後述のように、合成操作の実行のたびにアセットの作成処理が実行されます。つまり、`cdk diff`や`cdk deploy`などのコマンドを実行するたびに、ビルドが実行されます。単一ファイルをそのままZIPファイルに格納するLambda関数であれば、アセットであるZIPファイルの作成は短時間でできるので、問題になることはないでしょう。一方、TypeScriptのようにトランスパイルが必要な言語や、Go言語やRustのようにコンパイルが必要な言語でLambda関数を記述した場合、ビルドに時間がかかることがあります。そのような場合に、IaCの操作のたびに毎回コンパイルを実行す

ることは、CDKの処理時間が長くなることにつながり、利便性を損なう恐れがあります[注10.4]。

これらの特徴をふまえながら、「アセット分離戦略」と「アセット統合戦略」のどちらを採用するのかを決める必要があります。

10.1.4 ⋮ Lambda関数をデプロイするトリガー

これまでにも見たように、IaCでは、コードの修正によって生じた差分を解消するように、リソースの変更操作が実行されます。このことは、IaCを用いたLambda関数のデプロイにおいても同様です。Lambda関数の実行時間、メモリ量などの属性の変更操作はこれまでのリソースと同じですが、Lambda関数のコードに変更が発生したときに、IaCによってその変化を反映させる（Lambda関数を更新する）にはどうしたら良いでしょうか。

「Lambda関数作成・更新プロセス」におけるLambda関数のIaCによるデプロイでは、「アセット作成・配置プロセス」で作成されるアセットが入力になります。Lambda関数のコードに変更が発生すれば、そのコードから作成されたアセットにも変更が生じます。アセットの変化によってIaCのコードに変更が生じるようにすれば、Lambda関数のコードの変更をトリガーに、IaCのリソースの記述に差分を発生させられます。そして、IaCのデプロイ操作で、その差分を解消するようにリソースの操作が実行される結果、Lambda関数が更新されます。

10.1.5 ⋮ ZIPファイルのアセットが満たす要件

Lambda関数のアセットの形態として、ZIPファイルとコンテナイメージがあります。本書では紙面の都合もあり、ZIPファイルのアセットを用いる方法を取り上げ、コンテナイメージによる方法は割愛します。

● ZIPファイルのディレクトリ構成

Lambda関数のアセットとなるZIPファイルには、Lambda関数のランタイムからの呼び出しができる関数やメソッドが記述されたコード（PythonやNode.jsをランタイムに使う場合）、またはランタイムの実装もされて単独で実行可能なモジュール（Go言語やRustなどでコンパイルされたもの）がアーカイブされる必要があります。

これらのファイルは、ZIPファイルの最上位のディレクトリに配置されるように、ZIPアーカイブを作成します。

注10.4　ビルドにDockerを用いて、そのキャッシュを使ってビルド時間を短縮することは可能です。

● アーカイブするファイルの名前

アーカイブの最上位のディレクトリに配置するファイルの名前は、ランタイムの仕様に依存します。たとえば、Pythonのランタイムに使う場合には、ファイル名は拡張子が.pyであれば任意です。また、ランタイムから呼び出されるPythonの関数名も任意です。ファイル名（ファイル名を除く）とランタイムから呼び出される関数名は、IaCでLambda関数のリソースを記述する際に、handlerという属性に指定します。一方、Go言語やRustなどでLambda関数を実装して、ランタイムの実装が含まれているモジュールをZIPファイルにアーカイブするときには、ランタイムにはOSのみが含まれたもの（provided.al2023 または provided.al2）を使用し、モジュールのファイル名はbootstrapとします。

● Lambda関数のコードが不変であればアセットも不変

Lambda関数のコード変更に伴うアセットの変更を、IaCによるLambda関数のデプロイのトリガーにする場合、Lambda関数のコードの変更がないときにはデプロイがトリガーされないように、同じLambda関数のコードからは同一のZIPファイル（つまりバイト列が同一）がアセットとして作成されることが必要です。

しかし、一般のZIPファイル作成ツールが、この要件を満たすとは限りません。ZIPファイルには、ファイルの内容を圧縮したバイト列の他に、タイムスタンプなど作成のたびに変化する可能性があるメタデータも含まれています。また、アーカイブ内に複数のファイルが格納される場合、その格納の順序は不定で、その結果、作成されるZIPファイルのバイト列が変わってしまいます。つまり、同じLambda関数のコードをアーカイブしても、毎回、同じバイト列のZIPファイルが作成されるとは限らないのです。

そこで、格納するファイルの内容が同一であれば、同じバイト列のZIPファイルを作成できるツールを使うことにします。ここでは、そのようなツールの1つとして、Timo Reymann氏が開発している deterministic-zip[注10.5] を使います。このツールは、メタデータを含まず、複数のファイルを並び替えたうえでZIPファイルを作成します。

以下で使用するため、ドキュメントにしたがって、インストールしてください。

deterministic-zip は、zipコマンドと同じように使えます。たとえば、カレントディレクトリのファイルを example.zip というZIPファイルにアーカイブするためには、次のコマンドを実行します。

```
> deterministic-zip -r example.zip .
```

注10.5　https://github.com/timo-reymann/deterministic-zip

10.2 題材

以下では、「アセット分離戦略」、「アセット統合戦略」それぞれについて、Terraform や CDK を用いた Lambda 関数のデプロイについて解説します。

10.2.1 本章で用いる Lambda 関数のコード

受け取ったイベントを出力するという、簡単な Lambda 関数を取り上げます。同じ機能を持つ Lambda 関数を、ビルドの必要がない Python と、ビルド（コンパイル）が必要となる Go 言語で用意しました。それぞれの名前を print_event_py、print_event_go とします。

● Python で記述したコード

リスト 10.1 は、Python で記述した Lambda 関数のコードです。

リスト 10.1　lambda/print_event_py/src/main.py

```
1  import json
2
3  def handler(event, context):
4    print(json.dumps(event))
```

このコードはコンパイルなどの変換を必要とせず、そのままの形で ZIP ファイルにアーカイブすることで、アセットの作成ができます。

● Go 言語で記述したコード

リスト 10.2 は、Go 言語で記述した Lambda 関数のコードです。

リスト 10.2　lambda/print_event_go/src/main.go

```
1  package main
2
3  import (
4    "context"
5    "fmt"
6    "github.com/aws/aws-lambda-go/lambda"
7    "encoding/json"
```

```
 8  )
 9
10  func HandleRequest(ctx context.Context, event *any) (error) {
11      jsonStr, err := json.Marshal(event)
12      if err != nil {
13          return err
14      }
15      fmt.Println(string(jsonStr))
16      return nil
17  }
18
19  func main() {
20      lambda.Start(HandleRequest)
21  }
```

このコードをLambda関数として使えるようにするためには、コンパイルの操作が必要です。その方法については、**10.7.2項**を参照してください。

● ディレクトリ構成

本章では、次のようなディレクトリ構成を前提とします。本文にはいくつかのファイルが登場しますが、ファイルの配置場所については、必要に応じてこのツリーを参照してください。

```
├──── cdk
│     ├──── lambda_print_event_go
│     └──── lambda_print_event_py
├──── lambda
│     ├──── print_event_go
│     │     ├──── Dockerfile.build
│     │     └──── src
│     │           └──── main.go
│     └──── print_event_py
│           └──── src
│                 └──── main.py
├──── scripts
│     ├──── upload_asset.sh
│     └──── create_asset_zip.sh
└──── terraform
      ├──── env
      │     └──── dev
      │           ├──── lambda_print_event_go
      │           └──── lambda_print_event_py
      ├──── usecases
      │     ├──── lambda_print_event_go
      │     └──── lambda_print_event_py
      └──── tools
            └──── tf_init.sh
```

10.3 | アセット分離戦略におけるアセット

10.3.1 | アセットの配置

「アセット分離戦略」では、アセットが配置されていることを前提に、IaCのコードでLambda関数のリソースを記述します。ただし、**10.1.5項**で説明したように、アセットのZIPファイルは、deterministic-zipを使って作成するようにしてください。

アセット（ZIPファイル）はS3バケットにオブジェクトとして配置され、その特定には、バケット名とオブジェクトキーが必要です。Lambda関数のリソースを記述するIaCのコードで、そのバケット名とオブジェクトキーを指定すれば、Lambda関数のデプロイはできます。

一方、**10.1.4項**では、アセットの変化をIaCが検知して、Lambda関数のデプロイをトリガーできると便利であることを説明しました。それを実現するためのアセットの配置を考えます。

● アセットのオブジェクトキー：sha256ハッシュの活用

アセットの変化は、そのファイルのsha256ハッシュの変化を見ることで検知できます。次のシェルコマンドを実行することで、指定したファイルのsha256ハッシュを取得できます。

```
> sha256sum [入力ファイル名] | cut -d ' ' -f 1
```

そのsha256ハッシュをIaCのコードに反映させる1つの方法として、sha256ハッシュに拡張子の.zipを付与したものを、アセットのオブジェクトキーとします。アセットのオブジェクトキーは、IaCのコードにあるLambda関数のリソース記述で使われています。そのため、アセットが変化して、それに連動してアセットのオブジェクトキーが変化すれば、IaCのコードも変化することになります。

具体的な手順としては、次のようになるでしょう。

1. アセットを作成したのち、そのファイルのsha256ハッシュを取得する
2. そのsha256ハッシュに拡張子.zipを付与したものをオブジェクトキーとして、そのアセットのファイルをS3にアップロードする

3. そのオブジェクトキーの文字列を、IaCのコードの当該部分に転記する。オブジェクトキーが変化すれば、IaCのその差分によって、Lambda関数のデプロイをトリガーできる

しかし、sha256ハッシュから決定されたオブジェクトキーをIaCのコードに手動で転記するというのは、いささか面倒であり、転記を忘れてしまうというミスも起きがちです。その転記をしないで済ませるための手段が、次で説明するSSMパラメータストアを活用することです。

なお、sha256ハッシュをアセットのオブジェクトキーに用いると、過去のアセットを上書きしてしまうことがありません。そのため、過去のバージョンのアセットが上書きされずに保持されており、過去のバージョンにロールバックすることが容易です。

○ アセットのオブジェクトキーのIaCでの取得：SSMパラメータストアの活用

Lambdaのコードの更新に伴うアセットのオブジェクトキーの更新を、自動的にIaCのコードに反映させたいところです。そのために、S3に新しいアセットをアップロードするときには、Lambda関数ごとに用意したSSMパラメータストアに、オブジェクトキーを格納することをルールとします。

IaCのコードでは、アセットのオブジェクトキーをSSMパラメータストアから取得して設定するように、記述しておきます（具体的な記述方法は**リスト10.5**、**リスト10.8**）。新しいアセットがS3にアップロードされ、SSMパラメータストアに格納されたオブジェクトキーも更新されれば、IaCのコードに記述されたオブジェクトキーも更新されます。それによって、IaCのリソースの記述が変化し、Lambda関数のデプロイをトリガーできます。

○ アセットをアップロードするスクリプト

ローカルに作成したアセットをS3にアップロードすること、そのオブジェクトキーをSSMパラメータストアに格納することを実行するためのシェルスクリプトが、**リスト10.3**です。アセットの配置にこのスクリプトを使うことで、ここまでに説明してきた要件を満たすアセットの配置が実現できます。

このスクリプトを scripts/upload_asset.sh に配置しましょう。

リスト10.3　scripts/upload_asset.sh（アセットをS3にアップロードするスクリプト）

```
1  #!/bin/sh
2
3  set -e
4
5  # Lambda関数の名前
6  LAMBDA_NAME=${1:?}
7  ZIPFILE_INPUT=${2:?}
8  STAGE=${3:-dev}
9
10 # アセットをアップロードするS3バケット。適宜変更してください
11 BUCKET="${STAGE}-lambda-deploy-123456789012-apne1"
12
13 SHA256HASH=$(sha256sum "${ZIPFILE_INPUT}" | cut -d ' ' -f 1)
14
15 ZIPFILE_BASENAME="${SHA256HASH}.zip"
16 set +e
17 # オブジェクトが存在しているか確認
18 aws s3api head-object --bucket "${BUCKET}" --key "${LAMBDA_NAME}/${ZIPFILE_BASENAME}" > /dev/null 2>&1
19 RC=$?
20 set -e
21 if [ ${RC} -eq 0 ]; then
22   # aws s3api head-objectに成功した場合（リターンコードRCが0）は、すでにオブジェクトが存在している
23   echo "The object s3://${BUCKET}/${LAMBDA_NAME}/${ZIPFILE_BASENAME} already exists."
24   echo "Failed to upload the zip file to S3."
25   exit 1
26 elif [ ${RC} -ne 254 ]; then
27   # オブジェクト不存在の場合はリターンコードRCが254になる
28   # それ以外の場合のエラー処理を記述
29   echo "Failed to check the existence of the object s3://${BUCKET}/${LAMBDA_NAME}/${ZIPFILE_BASENAME}."
30   exit 1
31 fi
32
33 aws s3 cp "${ZIPFILE_INPUT}" "s3://${BUCKET}/${LAMBDA_NAME}/${ZIPFILE_BASENAME}"
34
35 # SSMパラメータストアにSHA256ハッシュを登録
36 aws ssm put-parameter --name "/lambda_zip/${STAGE}/${LAMBDA_NAME}" --value "${SHA256HASH}" --type String --overwrite
37
38 exit 0
```

10

　このスクリプトは、Lambda関数の名前（オブジェクトキーやSSMパラメータストアの名前に使われます）、用意したアセットのZIPファイルの名前、ステージ名を引数にとります（6–8行目）。

　アセットをアップロードするS3バケット名は11行目で指定しており、ステージ名に基づいて決定するようにしています。バケット名は、みなさんの環境に合わせて設定してください。ここで指定するバケットは、AWSマネジメントコンソールやAWS CLIなどを使ってあらかじ

め作成しておきます。AWS CLIを用いる場合には、次のコマンドを実行します。

```
> AWS_PROFILE=admin aws s3 mb s3://dev-lambda-deploy-123456789012-apne1 \
    --region ap-northeast-1
```

○ アセットの配置の実行

このスクリプトを実行して、アセットをS3にアップロードします。

```
> (cd lambda/print_event_py/src; deterministic-zip -r /tmp/lambda.zip .)
> AWS_PROFILE=admin sh scripts/upload_asset.sh print_event_py /tmp/lambda.zip dev
```

このコマンドの実行によって、S3バケットにアセットがアップロードされるとともに、SSM
パラメータストアにオブジェクトキーが格納されます。

10.4 ┆ Terraformを用いたアセット分離戦略によるLambda関数のデプロイ

ここまでで、Lambda関数のアセット（ZIPファイル）がS3に配置されました。そして、
SSMパラメータストアに、直近でS3バケットにアップロードしたZIPファイルのsha256ハッ
シュが格納されています。

TerraformでLambda関数を記述するリソースは`aws_lambda_function`[注10.6]です。S3にアッ
プロードされたアセットからLambda関数をデプロイするために、このリソースを使います。

ここでは、**リスト10.1**のPythonで記述されたLambda関数をデプロイする想定で解説し
ます。ZIPファイルのアセットがS3にアップロードされていれば、言語に依存する一部の引数
（`runtime`や`handler`）以外は、同じように記述できます。

注10.6　https://registry.terraform.io/providers/hashicorp/aws/latest/docs/resources/lambda_function

10.4.1 ┊ 子モジュールへのリソースの記述

まず、各環境から呼び出す子モジュールを作成しましょう。**リスト4.17**のtf_init.shで、lambda_print_event_pyというusecasesの子モジュールを作成します。

```
> sh tools/tf_init.sh usecases lambda_print_event_py
```

このコマンドの実行によって、usecases/lambda_print_event_py の中に作成された variables.tf に、stage という入力パラメータを定義します。

リスト10.4　usecases/lambda_print_event_py/variables.tf

```
1 variable "stage" {
2   type = string
3 }
```

次に、同じディレクトリのmain.tfに次のようなコードを記述します[注10.7]。

リスト10.5　usecases/lambda_print_event_py/main.tf

```
1  locals {
2    // アセットをアップロードしたS3バケット
3    lambda_bucket      = "${var.stage}-lambda-deploy-123456789012-apne1"
4    lambda_name        = "print_event_py"
5    ssm_parameter_name = "/lambda_zip/${var.stage}/${local.lambda_name}"
6  }
7
8  // SSM パラメータストアの値を取得
9  data "aws_ssm_parameter" "sha256" {
10   name = local.ssm_parameter_name
11 }
12
13 // IAMロールの信頼関係ポリシーを記述
14 // AWSのサービスlambda.amazonaws.comにIAMロールの引き受けを許可する
15 data "aws_iam_policy_document" "assume_role_lambda" {
16   statement {
17     actions = ["sts:AssumeRole"]
18     effect  = "Allow"
19     principals {
20       type        = "Service"
21       identifiers = ["lambda.amazonaws.com"]
```

10

注10.7　説明の便宜上、すべての記述を1つのファイルにまとめていますが、これまでに説明したように、必要に応じて複数のファイルに分割したほうがコードの管理がしやすいでしょう。

```
22        }
23      }
24    }
25    // IAMポリシー(AWSLambdaBasicExecutionRole)の情報を取得
26    data "aws_iam_policy" "lambda_basic_execution" {
27      name = "AWSLambdaBasicExecutionRole"
28    }
29
30    // Lambda関数にアタッチするIAMロールを記述
31    resource "aws_iam_role" "lambda_role" {
32      name               = "${var.stage}-${local.lambda_name}-lambda-role"
33      assume_role_policy = data.aws_iam_policy_document.assume_role_lambda.json
34    }
35
33    resource "aws_iam_role_policy_attachments_exclusive" "lambda_role_policy" {
37      policy_arns = [data.aws_iam_policy.lambda_basic_execution.arn]
38      role_name   = aws_iam_role.lambda_role.name
39    }
40
41    // Lambda関数本体を記述
42    resource "aws_lambda_function" "print_event" {
43      function_name = "${var.stage}-${local.lambda_name}-tf"
44      s3_bucket     = local.lambda_bucket
45      // SSMパラメータストアから取得したsha256ハッシュによってオブジェクトキーを指定する
46      s3_key = nonsensitive("${local.lambda_name}/${data.aws_ssm_parameter.sha256.value}.zip")
47      runtime = "python3.12"
48      // runtimeがPythonの場合には、[ファイル名(拡張子を除く)].[関数名]を指定する
49      handler       = "main.handler"
50      architectures = ["arm64"]
51      timeout       = 30
52      role          = aws_iam_role.lambda_role.arn
53    }
```

○ SSMパラメータストアに格納されたオブジェクトキーの参照

　このコードでは、データソース aws_ssm_parameter を使って SSM パラメータストアの値を参照し（9–11行目）、それをリソース aws_lambda_function の引数 s3_key の指定に使っています（46行目）。SSM パラメータストアへの値の照会は、terraform plan や terraform apply を実行するたびに行われます。もし、新しい ZIP ファイルが S3 にアップロードされて、SSM パラメータストアの値が変化していれば、aws_lambda_function の引数 s3_key が変化し、それが最新のリソース状態との差分として検知されます。そして、terraform apply コマンドによって、新しい SSM パラメータストアに格納されたオブジェクトキーのアセットを使って、Lambda関数が更新されることになります。

　なお、s3_key の値に nonsensitive() という関数を使っています。データソース

aws_ssm_parameterで参照した値は常に機密情報（sensitive）として扱われ、terraform plan などで差分を表示するときに、差分があることは表示されるものの、具体的な値は表示されません。このケースでは、このSSMパラメータストアの値に機密性はなく、terraform planなどで表示される差分では変更前後のs3_keyの値が表示されたほうが、その差分を確認しやすいです。そのため、nonsensitive()という関数を使って、値の非機密化をしています。

● IAMロール

31–34行目に、IAMロールを記述しています。これは、AWS Lambdaのサービスが、Lambda関数を実行するときに引き受けるIAMロールになります。記述の方法は**第7章**で取り上げたECSサービスの場合と大きく変わりません。AWSのマネージドポリシー AWSLambdaBasicExecutionRole（26–28行目）は、ほとんどのLambda関数が必要とするアクションの許可が記述されています。このコンフィグファイルのIAMロールにおいても、このマネージドポリシーをIAMロールにアタッチしています（36–39行目）。

● aws_lambda_functionのhandlerの指定

aws_lambda_functionのhandler（49行目）には、ランタイムが呼び出す関数・メソッドの名前や、アセットのZIPファイルの中で、その関数・メソッドが格納されているファイルの名前を指定します。

handlerの指定方法は、使用するランタイムに依存します。Pythonのランタイムを使う場合には、handlerに[ファイル名（拡張子を除く）].[関数名]を指定します。

ランタイムにOS-onlyのprovided.al2023やprovided.al2を用いる場合（つまり、Go言語やRustなどでランタイムの機能も含めてLambda関数を記述した場合）には、アセットにはbootstrapという名前で実行モジュールを格納し、handlerの引数にもbootstrapを指定します。

▎10.4.2 ⋮ ルートモジュールの作成とリソースのデプロイ

usecases の子モジュールの作成ができたら、それを呼び出すdev環境のルートモジュールを作成します。

```
> sh tools/tf_init.sh dev lambda_print_event_py
> cd env/dev/lambda_print_event_py
> AWS_PROFILE=admin terraform init
```

そして、env/dev/lambda_print_event_pyの中のmain.tfに、子モジュールを呼び出す次の記述をします。

リスト 10.6　env/dev/lambda_print_event_py/main.tf

```
1  module "lambda_print_event_py" {
2    source = "../../../usecases/lambda_print_event_py"
3    stage  = "dev"
4  }
```

○ Lambda関数の初回のデプロイ

初回のデプロイは、通常どおり、次の流れで実行できます。

```
> cd env/dev/lambda_print_event_py
> AWS_PROFILE=admin terraform init
> AWS_PROFILE=admin terraform plan
> AWS_PROFILE=admin terraform apply
```

これらのコマンドを実行するときに、s3_keyの値には、SSMパラメータストアに格納されているsha256ハッシュが入っていることが確認できます。

```
  # module.lambda_print_event_py.aws_lambda_function.print_event will be created
  + resource "aws_lambda_function" "print_event" {
      (中略)
      + s3_bucket                    = "dev-lambda-deploy-123456789012-apne1"
      + s3_key                       = "print_event_py/4
bf0c520e98e1aa1fbb85c2a077edca93dd7efe7a5953a6968087456c9d4c0b5.zip"
      (中略)
    }
```

10.4.3 ⋮ Lambda関数のコードを更新したときのデプロイ

Lambda関数のコードに何らかの更新を加えた場合には、新しいアセットを作成してS3バケットにアップロードする必要があります。ここでは、**リスト 10.1**のコードの冒頭に空行を追加するというコードの変更を行い、新しいアセットを作成します。そして、**リスト 10.3**のシェルスクリプトを使って、そのアセットをS3に配置します。

この状態で、Terraformのルートモジュールのディレクトリで、terraform planを実行して

みます。

```
> cd env/dev/lambda_print_event_py
> AWS_PROFILE=admin terraform plan

(中略)

Terraform used the selected providers to generate the following execution plan. Resource actions are
indicated with the following
symbols:
  ~ update in-place

Terraform will perform the following actions:

  # module.lambda_print_event_py.aws_lambda_function.print_event will be updated in-place
  ~ resource "aws_lambda_function" "print_event" {
      id                          = "dev-print_event_py-tf"
    ~ last_modified               = "2024-07-23T02:45:56.933+0000" -> (known after apply)
    ~ s3_key                      = "print_event_py/4
bf0c520e98e1aa1fbb85c2a077edca93dd7efe7a5953a6968087456c9d4c0b5.zip" -> "print_event_py/297859
a4dd1d50bd7469ed990484dce013d06bbbb346d1d88c9df2a9581a118f.zip"
      tags                        = {}
      # (28 unchanged attributes hidden)

      # (3 unchanged blocks hidden)
  }

Plan: 0 to add, 1 to change, 0 to destroy.
```

　このように、ZIPファイルの名前が変わることでs3_keyに差分が生じています。terraform applyを実行することで、新しいZIPファイルのアセットによってLambda関数が更新されます。

COLUMN

ZIPファイルのオブジェクトキーを固定する方法

　これまでに紹介した方法では、S3にアップロードするZIPファイルのオブジェクトキーの更新をトリガーに、Lambda関数の更新が行われました。

　一方、ZIPファイルのオブジェクトキーは固定してS3へのアップロードの際には上書きし、ZIPファイルの内容に変化があったときにLambda関数の更新をするというフローにすることもできます。

　このようなフローにする場合には、次のようにします。ZIPファイル（たとえばlambda.zip）のS3へのアップロードには、次のコマンドを使います。

```
> AWS_PROFILE=admin aws s3api put-object \
  --bucket dev-lambda-deploy-123456789012-apne1 \
  --key lambda_print_event_py/lambda.zip \
  --body lambda.zip \
  --checksum-algorithm sha256
```

　高レベルAPIと呼ばれる aws s3 cp コマンドではなく、低レベルAPIの aws s3api put-object を使っているのは、sha256ハッシュを参照できるようにするためです。上のコマンドの最後の行でそれを指定しています。

　このようにしてS3にアップロードしたZIPファイルを用いて、**リスト10.5** のコンフィグファイルのLambda関数本体に関係する部分を、次のようにします。

```
1  locals {
2    lambda_asset = {
3      bucket = "dev-lambda-deploy-123456789012-apne1"
4      key    = "lambda_print_event_py/lambda.zip"
5    }
6  }
7
8  data "aws_s3_object" "lambda_zip" {
9    bucket        = local.lambda_asset.bucket
10   key           = local.lambda_asset.key
11   checksum_mode = "ENABLED"
12 }
13
14 resource "aws_lambda_function" "print_event" {
15   function_name    = "${var.stage}-${local.lambda_name}-tf"
16   s3_bucket        = local.lambda_asset.bucket
17   s3_key           = local.lambda_asset.key
18   source_code_hash = data.aws_s3_object.lambda_zip.checksum_sha256
19   runtime          = "python3.12"
20   handler          = "main.handler"
21   architectures    = ["arm64"]
22   timeout          = 30
23   role             = aws_iam_role.lambda_role.arn
24 }
```

　ポイントは、データソース aws_s3_object を用いてS3オブジェクトのsha256ハッシュを取得し、それをリソース aws_lambda_function の source_code_hash に渡しているところです。S3オブジェクトが変更されて、そのsha256ハッシュが変わると、source_code_hash の値に差分が生じ、Lambda関数の更新が行われます。

　source_code_hash の引数はAWSアクションのリクエストパラメータには対応するものがなく、Terraformがリソースの状態を記述するモデルの属性の1つとして独自に導入しているも

のです。

　なお、CloudFormation のテンプレートには、このようなハッシュ値を指定できる属性がありません。Lambda関数の更新をトリガーするためには、S3のバケット名、オブジェクトキー、オブジェクトバージョンのいずれかに差分が生じる必要があります。本文ではそれを意識して、TerraformでもZIPファイルの内容とそのオブジェクトキーが連動する方法を紹介しました。この方法の利点の1つとして古いバージョンに戻すことが簡単にできることを挙げましたが、ZIPファイルのオブジェクトキーを固定してアップロードのたびに上書きする方法でも、S3バケットのバージョニングを有効にしておけば、古いZIPファイルに戻すことができるので同じ効果が得られます。

　ここで紹介したオブジェクトキーを固定しておく方法のほうが、デプロイ対象のZIPファイルのオブジェクトキーをSSMパラメータストアに格納しておく必要がなく、スマートかもしれません。

10.5　CDKを用いたアセット分離戦略によるLambda関数のデプロイ

10

　次に、Terraformで実行したものと同じLambda関数のデプロイを、CDKによって実行する方法を考えます。

　Terraformの場合と同様に、**リスト10.3**のスクリプトでS3バケットにアセットをアップロードし、そのオブジェクトキー（拡張子を除く）がSSMパラメータストアに格納されている状態を考えます。

　CDKのLambda関数のリソースのL2コンストラクタはLambdaFunction[注10.8] です。コンストラクタ LambdaFunction において、Lambda関数のコード関連の情報を設定する属性がcodeです。codeにはCode という抽象クラスを実装した具象クラスのインスタンスを指定します。その具象クラスのインスタンスを作成する静的メソッドとして、S3バケットにアップロードされたアセットを用いる Code.fromBucket()、ECRにプッシュされたコンテナイメージを用いる Code.fromEcrImage() などがあります。

注10.8　https://docs.aws.amazon.com/cdk/api/v2/docs/aws-cdk-lib.aws_events_targets.LambdaFunction.html

　Terraform と同様に、SSM パラメータストアからアセットのオブジェクトキーを取得して、それを Lambda 関数のアセットを設定する code 属性に反映させます。SSM パラメータストアから値を取得するには、AWS SDK を使います。

10.5.1 ┊ CDK プロジェクトの作成と AWS SDK パッケージのインストール

○ CDK プロジェクトの作成

lambda_print_event_py という CDK プロジェクトを作成します。

```
> mkdir lambda_print_event_py
> cd lambda_print_event_py
> cdk init -l typescript
```

○ AWS SDK のパッケージのインストール

　AWS SDK から SSM サービスを使うため、それに対応したパッケージをインストールします。併せて、認証関連のパッケージも利用するのでインストールしておきます。

　これらは、次のコマンドでインストールします。

```
> npm install @aws-sdk/client-ssm
```

10.5.2 ┊ AWS SDK を用いた SSM パラメータストアの値の取得

　lib/utils.ts に次の内容のコードを記述します。

リスト 10.7　lib/utils.ts

```
 1  import * as sdkssm from "@aws-sdk/client-ssm";
 2
 3  export const getParameterFromSSM = async (
 4    paramName: string,
 5  ) => {
 6    const client = new sdkssm.SSMClient();
 7    const command = new sdkssm.GetParameterCommand({
 8      Name: paramName,
 9    });
10    const response = await client.send(command);
11    if (!response.Parameter?.Value) {
```

```
12    throw new Error(`Parameter not found: ${paramName}`);
13   }
14   return response.Parameter.Value;
15 };
```

　このコードでは、SSMパラメータストアに格納されたアセットのオブジェクトキー（拡張子を除く）を取得する関数getLambdaZipFileNameFromSSM()を、AWS SDKのメソッドを使って定義しています。これは、Terraformで、データソースを用いて既存のリソースの情報を問い合わせている機能にちょうど対応します。

　AWS SDKのメソッドの使い方については、**リスト8.4**で解説しました。このケースでこれから実行したいアクションはSSMサービスのGetParameterというアクションですので、SSMサービスのクライアントを作成しています（6行目）。

10.5.3 ⋮ リソースのスタックへの記述

　lib/lambda_print_event_py-stack.tsに次のようなコードを記述します。

リスト10.8　lib/lambda_print_event_py-stack.ts

```
1  import * as cdk from "aws-cdk-lib";
2  import { Construct } from "constructs";
3  import * as lambda from "aws-cdk-lib/aws-lambda";
4  import * as s3 from "aws-cdk-lib/aws-s3";
5
6  export interface LambdaPrintEventPyStackProps extends cdk.StackProps {
7    stage: string;
8    lambdaZipFileName: string;
9  }
10
11 const lambdaName = "print_event_py";
12
13 const getLambdaBucket = (stage: string): string =>{
14   return `${stage}-lambda-deploy-123456789012-apne1`;
15 }
16
17 export const getSSMParameterName = (stage: string): string => {
18   return `/lambda_zip/${stage}/${lambdaName}`
19 }
20
21 // スタックのコンストラクタ
22 export class LambdaPrintEventPyStack extends cdk.Stack {
23   constructor(
24     scope: Construct,
25     id: string,
```

```
26    props: LambdaPrintEventPyStackProps
27  ) {
28    super(scope, id, props);
29
30    // アセットが配置されたS3バケットのインスタンスを静的メソッドで作成
31    const bucket = s3.Bucket.fromBucketName(
32      this,
33      "LambdaPrintEventPyBucket",
34      getLambdaBucket(props.stage)
35    );
36
37    const lambdaFunc = new lambda.Function(this, "LambdaPrintEventPy", {
38      functionName: `${props.stage}-${lambdaName}-cdk`,
39      code: lambda.Code.fromBucket(bucket, `${lambdaName}/${props.lambdaZipFileName}.zip`),
40      handler: "main.handler",
41      runtime: lambda.Runtime.PYTHON_3_12,
42      architecture: lambda.Architecture.ARM_64,
43    });
44  }
45 }
```

○ Lambda関数のコンストラクタ Function

Lambda関数のコンストラクタ Functionが**リスト 10.8** の37–43行目で呼び出されています。`handler`、`runtime`、`architecture`の指定内容はTerraformのコンフィグファイルと同じです。しかし、Terraformのときには値は単なる文字列であったのに対し、CDKの場合は列挙型によって定義されている型の値を指定します。列挙型になっていることで、エディタの補完機能で示される選択肢から選択ができるのが便利です。

○ IAM ロール

TerraformのコンフィグファイルにはあったIAMロールに関する記述がありません。コンストラクタ Functionの props にある role を指定しない場合、CDKは、必要なIAMポリシーをアタッチしたIAMロールを自動的に作成します。自動作成されるIAMロールの内容は、コードが完成して `cdk synth` コマンドを実行したときに、テンプレートを見て確認しておきましょう。

このように、明示的に記述しなくても、必要なリソースの記述を自動的に追加してくれるのが、CDKのL2コンストラクタを使うことの大きな利点の1つです。

自動的に作成されたIAMロールへの許可アクションの追加は、`lambdaFunc.role` に対して、**7.4.7 項**と同様の方法で可能です。

○ codeの属性

コンストラクタ Function の props にある code には、Code.fromBucket()[注10.9] という静的メソッドの返り値を指定しています（**リスト 10.8**の39行目）。この静的メソッドは、S3バケットに格納されたアセットのオブジェクトを入力にして、クラス Code を継承したクラス S3Code のインスタンスを返すメソッドです。

このメソッドの引数には、アセットを格納したS3バケットを表すインスタンスと、アセットのオブジェクトキーを指定しています。アセットのオブジェクトキーは、スタックの props の lambdaZipFileName を通じて渡すようにしています。この値が変われば、合成処理によって出力されるテンプレートと既存のスタックのテンプレートとの間に差分が生じます。その差分発生をトリガーにして、Lambda関数のデプロイが実行できます。

▌ 10.5.4 ⋮ 環境に依存するパラメータの記述

lib/environments.ts に次のコードを記述します。

リスト 10.9　lib/environments.ts

```
1  export type Stages = 'dev';
2
3  export interface EnvironmentProps {
4    account: string;
5  }
6
7  export const environmentProps: {[key in Stages]: EnvironmentProps} = {
8    'dev': {
9      account: '123456789012',
10   }
11 }
```

▌ 10.5.5 ⋮ SSMパラメータストアの値の取得とスタックの呼び出し

lib/lambda_print_event_py-stack.ts に記述したスタックのコンストラクタには、lambdaZipFileName という props を作りました。bin/lambda_print_event_py.ts では、この props に渡す値を**リスト 10.7** の getParameterFromSSM() を使って取得し、それをスタックのコンストラクタに渡します。

....

注10.9　https://docs.aws.amazon.com/cdk/api/v2/docs/aws-cdk-lib.aws_lambda.Code.html#static-fromwbrbucketbucket
　　　　-key-objectversion

リスト 10.10　bin/lambda_print_event_py.ts

```
1  import 'source-map-support/register';
2  import * as cdk from 'aws-cdk-lib';
3  import { LambdaPrintEventPyStack, getSSMParameterName } from '../lib/lambda_print_event_py-stack';
4  import { getParameterFromSSM } from "../lib/utils";
5  import { environmentProps, Stages } from '../lib/environments';
6
7  const stage = process.env.STAGE as Stages;
8  if (!stage) {
9    throw new Error('STAGE is not defined');
10 }
11
12 const environment = environmentProps[stage];
13 if (!environment) {
14   throw new Error(`Invalid stage: ${stage}`);
15 }
16
17 (async () => {
18   const app = new cdk.App();
19
20   // 非同期処理
21   const lambdaZipFileName = await getParameterFromSSM(
22     getSSMParameterName(stage),
23   );
24
25   const st = new cdk.Stage(app, stage, {
26     env: { account: environment.account, region: 'ap-northeast-1' },
27   });
28
29   new LambdaPrintEventPyStack(st, 'LambdaPrintEventPyStack', {
30     stage,
31     lambdaZipFileName,
32   });
33 })();
```

記述方法は、**リスト 8.5** と同様です。

10.5.6 ┆ Lambda関数のデプロイ

あとは、通常どおり、`cdk deploy`コマンドを実行することで、Lambda関数がデプロイできます。

また、Lambda関数のアセットが更新されてSSMパラメータストアの値が変化した場合には、それによってテンプレートに差分が生じ、Lambda関数を更新するためのデプロイが実行されます。

StringParameter.valueFromLookup()

SSMパラメータストアの値の取得にAWS SDKを用いる方法を紹介しました。CDKにも、合成処理が行われるときに、SSMパラメータストアの値を取得するメソッド`StringParameter.valueFromLookup()`（aws-ssmモジュール）[注10.A] が用意されています。

　このメソッドを使うと、非同期処理のコードが現れることもないので、コードがすっきりします。しかし、1つ問題点があります。**8.4.2項**でも解説したように、`fromLookup`が名前に含まれるメソッドは、問い合わせをするAWSアクションを通じてリソースの情報を取得して、その情報を`cdk.context.json`に書き込みます。そして、`cdk.context.json`に目的の値がある場合には、AWSアクションを呼び出すことなく、`cdk.context.json`に書き込まれた値を使い回します。

　Lambda関数のデプロイにおけるSSMパラメータストアのユースケースでは、Lambda関数の更新によってSSMパラメータストアの値が更新され、それによってアセットのZIPファイルの名前が変化して、Lambda関数のデプロイが`cdk deploy`で実行できるというものでした。つまり、SSMパラメータストアに格納された値の変化が重要です。しかし、`StringParameter.valueFromLookup()`のメソッドを使う場合、`cdk.context.json`の内容のリセットを実施し忘れてしまうと、SSMパラメータストアに格納された値の変化をとらえられないことになります。

　毎回`cdk.context.json`の内容をリセットする処理を実行すれば良いでしょうが、それよりはAWS SDKを使うことで合成処理を実行したときに確実に最新の値が取得できることが保証されるほうが良いと考え、この方法を紹介しました。

注10.A　https://docs.aws.amazon.com/cdk/api/v2/docs/aws-cdk-lib.aws_ssm-readme.html#lookup-existing-parameters

10

10.6 ┊ アセット統合戦略による Lambda関数のデプロイ

　これまでは、IaCの外でアセットが作成されて、S3にアップロードされたZIPファイルのア

セットを利用するときのIaCのコードの書き方を紹介しました。ここからは、IaCでアセットの作成も担う方法を紹介します。

CDKにはアセットを作成する機能があらかじめ備わっています。これまで、cdk synthは CDKのコードからCloudFormationのテンプレートを作成する操作であると説明してきました。実は、それに加え、Lambda関数などのアセットの作成も行っています。多くのcdkコマンドの実行の際にはcdk synth相当の処理が実行されます。その処理によって、デフォルトではcdk.outというディレクトリの中に、アセンブリとしてCloudFormationのテンプレートとともに、Lambda関数のアセットも作成されています。

一方、Terraformではアセットを作成する機能が標準ではありません。しかし、いくつかの機能を組み合わせることで、CDKと同様のアセットの作成を実現できます。

10.7 CDKを用いたアセット統合戦略によるLambda関数のデプロイ

すでに説明したように、CDKにはLambda関数などのアセットを作成する機能があらかじめ備わっています。そのため、「アセット統合戦略」については、CDKから説明することにしましょう。

ここでは、ビルドが必要となるGo言語で記述されたLambda関数（**リスト 10.2**）を、「アセット統合戦略」の下、CDKを使ってデプロイします。

10.7.1 codeに指定するインスタンスを作成する静的メソッドの選択

「アセット分離戦略」を採用したときには、コンストラクタ Function の属性 code に、クラス Code を継承したクラスのインスタンスを返す静的メソッド Code.fromBucket() から作成したインスタンスを指定しました。Code クラスには、その他に、**表 10.1** に示すような静的メソッドがあります[注10.10]。

注10.10 https://docs.aws.amazon.com/cdk/api/v2/docs/aws-cdk-lib.aws_lambda.Code.html

表10.1　Code クラスの静的メソッド

戦略	静的メソッド	機能
「アセット分離戦略」	`fromBucket()`	S3バケットのアセットをインスタンス化
	`fromEcrImage()`	ECR リポジトリイメージをインスタンス化
「アセット統合戦略」	`fromAsset()`	指定したファイルやディレクトリをZIP ファイルにアーカイブ。それをS3 に配置してインスタンス化
	`fromDockerBuild()`	コンテナイメージの作成過程でビルドを実行して、その成果物をZIP ファイルにアーカイブ。それをS3 に配置してインスタンス化

`fromAsset()`は、Pythonで記述された**リスト 10.1**のLambda関数のように、ローカルのファイルをZIPファイルにまとめれば良いだけのときに使えます。

一方、Go言語で記述された**リスト 10.2**のLambda関数のように、ビルドが必要なときに便利なのが`fromDockerBuild()`です。この静的メソッドは、ビルドをコンテナイメージの作成過程で実行することが大きな特徴です。コンテナを用いることで、いつでもどこでも同じ環境でビルドを実行できます。このことは、コードが同じであればアセットの変化もない、ということを実現するためにも有効です。

以下では、Go言語で記述された**リスト 10.2**のデプロイを、`fromDockerBuild()`を使って実行します。

10.7.2 ┊ ビルドをするためのDockerfileの作成

静的メソッド`fromDockerBuild()`を使うためには、コンテナイメージの作成過程でLambda関数のビルドを実行するときに使うDockerfileを作成する必要があります。

次のDockerfileを作成して、`lambda/print_event_go`のディレクトリに`Dockerfile.build`という名前で配置します。デフォルトの`Dockerfile`から名前を変えているのは、ビルド用のDockerfileであることがわかるようにするためです。

リスト 10.11　`lambda/print_event_go/Dockerfile.build`（Go 言語で記述されたコードをビルドするための Dockerfile）

```
1  FROM golang:1.22.3-bookworm as build
2  ARG ARCH=arm64
3
4  COPY src /go/src
5  WORKDIR /go/src
6  RUN go mod init print_event_go
7  RUN go mod tidy
```

```
 8  RUN mkdir /asset && \
 9      GOOS=linux GOARCH=${ARCH} go build -tags lambda.norpc -buildvcs=false \
10          -o /asset/bootstrap
```

　通常のGo言語の開発では、ローカルにGo言語のコンパイル環境を用意し、ローカルで`go m od init`や`go mod tidy`を実行して、`go.mod`や`go.sum`のファイルを作成します。そして、コンテナイメージでGo言語のコンパイルを実行する際には、ソースコードの`.go`ファイルとともに`go.mod`と`go.sum`のファイルをコピーします。しかし、ここでは、ローカルにGo言語の環境がなくても動作するように、コンテナイメージの中で`go mod init`や`go mod tidy`を実行するようにしています（6–7行目）。

　コンパイルは`go build`によって実行しますが[注10.11]、`-buildvcs=false`を付与することで、同じソースコードからは常に同じコンパイル済みバイナリが作成される（コンパイル時のタイムスタンプの情報などを含まない）ようにしています。そして、コンパイル済みのバイナリ`bootstrap`は`/asset`以下に配置しています（9行目）。

　CDKの静的メソッド`fromDockerBuild()`は、この`Dockerfile`によってコンテナイメージを作成し、`/asset`以下のファイルをコンテナイメージから取り出し、ZIPファイルにアーカイブしてS3に配置します。

10.7.3 ┊ スタックへのリソースの記述

　CDKプロジェクト`lambda_print_event_go`を作成して、CDKのコードを作成します。

```
> mkdir lambda_print_event_go
> cd lambda_print_event_go
> cdk init -l typescript
```

　CDKプロジェクトのディレクトリに作成された`lib/lambda_print_event_go-stack.ts`を次の内容にします。

リスト 10.12　`lib/lambda_print_event_go-stack.ts`

```
1  import * as cdk from 'aws-cdk-lib';
2  import { Construct } from 'constructs';
3  import * as lambda from 'aws-cdk-lib/aws-lambda';
```

....

注10.11　ビルドのコマンドについて：https://docs.aws.amazon.com/ja_jp/lambda/latest/dg/golang-package.html#golang-package-mac-linux

```
4
5   const lambdaName = 'lambda_print_event_go'
6
7   export interface LambdaPrintEventGoStackProps extends cdk.StackProps {
8     stage: string;
9   }
10
11  export class LambdaPrintEventGoStack extends cdk.Stack {
12    constructor(scope: Construct, id: string, props: LambdaPrintEventGoStackProps) {
13      super(scope, id, props);
14
15      new lambda.Function(this, "LambdaPrintEventZip", {
16        functionName: `${props.stage}-${lambdaName}-cdk`,
17        code: lambda.Code.fromDockerBuild("../../lambda/print_event_go", {
18          file: "Dockerfile.build",
19        }),
20        handler: "bootstrap",
21        runtime: lambda.Runtime.PROVIDED_AL2023,
22        architecture: lambda.Architecture.ARM_64,
23      });
24    }
25  }
```

○ codeの属性

「アセット分離戦略」を使ってLambda関数をデプロイしたコード（**リスト 10.8**）と比べると、codeの引数がCode.fromDockerBuild()の返り値に変わっています（17–19行目）。この静的メソッドの第1引数にはDockerfileが存在するパスを、第2引数にはfileという属性の値にDockerfileのファイル名を指定したオブジェクトを渡します（ビルド用のDockerfileをDockerfile.buildとデフォルトのDockerfileから変更しているためにファイル名の指定が必要になります）。

また、handlerにはbootstrapを（20行目）、runtimeにはRuntime.PROVIDED_AL2023を指定しています（21行目）。

10.7.4 ┊ 環境に依存するパラメータの記述

lib/environments.tsにdev環境のパラメータを記述します。

リスト 10.13　`lib/environments.ts`

```typescript
1  export type Stages = 'dev';
2
3  export interface EnvironmentProps {
4    account: string;
5  }
6
7  export const environmentProps: {[key in Stages]: EnvironmentProps} = {
8    'dev': {
9      account: '123456789012'
10   }
11 }
```

10.7.5　スタックコンストラクタの呼び出し

　リスト 10.12 で記述されたスタックのコンストラクタを呼び出すメインファイル `bin/lambda_print_event_go.ts`は、次のように記述します。

リスト 10.14　`bin/lambda_print_event_go.ts`

```typescript
1  import 'source-map-support/register';
2  import * as cdk from 'aws-cdk-lib';
3  import { LambdaPrintEventGoStack } from '../lib/lambda_print_event_go-stack';
4  import { environmentProps, Stages} from "../lib/environments";
5
6  const stage = process.env.STAGE as Stages;
7  if (!stage) {
8    throw new Error('STAGE is not defined');
9  }
10
11 const environment = environmentProps[stage];
12 if (!environment) {
13   throw new Error(`Invalid stage: ${stage}`);
14 }
15
16 const app = new cdk.App();
17 const st = new cdk.Stage(app, stage, {
18   env: {account: environment.account, region: 'ap-northeast-1'},
19 })
20 new LambdaPrintEventGoStack(st, 'LambdaPrintEventGoStack', {
21   stage
22 });
```

10.7.6 ┊ CDKの合成処理を実行したときの挙動

　これらのコードを用いて`cdk synth`を実行すると、実行経過の冒頭に`docker build`を実行したときと同じログが表示されます。つまり、`cdk synth`によって、`docker build`が実行されています。そして、`cdk.out`のディレクトリには、`asset.`で始まるディレクトリができており、その中にコンテナイメージ上でコンパイルをした実行モジュール`bootstrap`が入っています。このように、`cdk synth`は、CloudFormationのテンプレートを作るとともに、必要なアセットを作成しています。

　作成されるCloudFormationのテンプレートでは、リソースタイプ`AWS::Lambda::Function`の属性`Code.S3Key`に、アセットのハッシュ値を使ったオブジェクトキーが指定されています。

```
1    Code:
2      S3Bucket:
3        Fn::Sub: cdk-hnb659fds-assets-${AWS::AccountId}-${AWS::Region}
4      S3Key: 68a3b2f871aacc97b6f2ccea399ead430ae28f4c20bdeb714c777fb0596d24c8.zip
```

10.7.7 ┊ cdk deployを実行したときのアセットの扱い

　`cdk deploy`を実行する際には、`cdk.out`の`asset.`で始まるディレクトリの中のファイルをZIPファイルにアーカイブして、CloudFormationのテンプレートに記述されているS3バケットのオブジェクトキーにこのZIPファイルをアップロードします

　`cdk deploy`に`--verbose`オプションを指定して実行したときに出力されるログには、CloudFormationのテンプレートやアセットをS3にアップロードしていることが出力され[注10.12]、その様子がわかります。

> **COLUMN**
> ### CDKでアセットの作成をするときのスナップショットテスト
>
> 　`fromDockerBuild()`を用いてアセットの作成をCDKのプロセスの中で実行する場合、synthの操作のたびに、アセットを作成するためのコンテナイメージのビルドが実行されます。
> 　スナップショットテストの主眼は、Lambda関数本体のコードではなくそれをデプロイする

注10.12　CDKでは、テンプレートやアセットをS3にアップロードする操作のことを"publish"と呼んでいます。

ためのコードの記述のテストであると考えれば、スナップショットテストのときにはアセットのビルドは必要ありません。

　スナップショットテストにおいて、アセットの作成をしないようにするためには、通常のスナップショットテストのコード冒頭の`import`のあとに、次のコードを追加します。これは、テストの実行時に、コンテナイメージのビルドを実行している`fromDockerBuild()`をモックに置き換えるものです。

```
 1  import { CodeConfig } from 'aws-cdk-lib/aws-lambda';
 2
 3  jest.mock('aws-cdk-lib/aws-lambda', () => {
 4    const originalModule = jest.requireActual<typeof import("aws-cdk-lib/aws-lambda")>('aws-cdk-lib/aws-
      lambda');
 5    originalModule.Code.fromDockerBuild = (path: string): any => ({
 6      path,
 7      isInline: false,
 8      bind: (): CodeConfig => {
 9        return {
10          s3Location: {
11            bucketName: 'bucketName',
12            objectKey: 'objectKey',
13          },
14        };
15      },
16      bindToResource: () => { },
17    });
18    return originalModule;
19  });
```

　これを追加すると、スナップショットテストの際にアセットの作成をスキップして、アセットのS3バケットやオブジェクトキーはダミー値に置き換えられます。

10.7.8 ⋮ Node.jsをランライムに使うLambda関数のデプロイ

　ここでは、コンテナイメージ上でのビルドの手順を記述したDockerfileを用意して、コンテナイメージ上でビルドをする方法を紹介しました。CDKの`aws-lambda-nodejs`[注10.13] というパッケージは、`NodejsFunction`というコンストラクタを提供しています。このコンストラクタを使うと、JavaScriptやTypeScriptで記述したLambda関数のコードの`esbuild`を用いたビルドの操作を、ユーザーがビルドの手順を指定しなくても実行できる機能が提供されます。こ

注10.13 https://docs.aws.amazon.com/cdk/api/v2/docs/aws-cdk-lib.aws_lambda_nodejs-readme.html

れは、CDKのパッケージがDockerfileを提供してくれているためです[注10.14]。詳しくはドキュメントをご覧ください。

10.8 Terraformを用いたアセット統合戦略によるLambda関数のデプロイ

すでに説明したように、TerraformのAWSプロバイダの標準機能には、CDKのようなアセットを作成する機能はありません。ここでは、CDKのfromAsset()やfromDockerBuild()と同様の挙動をする仕組みをTerraformで作ります。

10.8.1 ビルドの実行とアセットの作成

標準のTerraformにはアセットを作成する機能はありませんが、ローカルのコマンドやユーザーが作成したスクリプトを実行できる仕組みがあります。Lambda関数のビルドを実行するスクリプトを作成しておけば、それをTerraformの中で実行することで、Terraformからアセットを作成する機能を実現できます。まずは、CDKのfromAsset()やfromDockerbuild()と同様のプロセスによって、アセットを作成するシェルスクリプトを作成します。

リスト10.15のシェルスクリプトは、Lambda関数のコードからZIPファイルのアセットを作成するものです。このスクリプトをscripts/create_asset_zip.shに配置します。

リスト10.15 scripts/create_asset_zip.sh（アセットを作成するシェルスクリプト）

```
1  #!/bin/sh
2
3  set -e
4
5  # jqを用いて標準入力から受け取ったJSONから変数を取り出す
6  eval "$(jq -r '@sh "LAMBDA_LOCAL_CODE_DIR=\(.lambda_local_code_dir) LAMBDA_NAME=\(.lambda_name) METHOD=\(.
   method) DOCKERFILE=\(.dockerfile)"')"
7
8  PLATFORM="linux/arm64"
9  OUTPUT_DIR=$(cd "$(dirname $0)" && pwd)/tf.out
```

注10.14 https://github.com/aws/aws-cdk/blob/65422077123fa5870106e29594b8f0392484da3f/packages/aws-cdk-lib
/aws-lambda-nodejs/lib/Dockerfile

```
10  TMP_ZIP_FILE="${OUTPUT_DIR}/${LAMBDA_NAME}.zip"
11
12  mkdir -p "${OUTPUT_DIR}/asset"
13  rm -rf "${OUTPUT_DIR}/asset/*"
14  rm -f "${TMP_ZIP_FILE}"
15
16  cd "${LAMBDA_LOCAL_CODE_DIR}" || exit 1
17
18  rm -rf "${OUTPUT_DIR}/asset"
19
20  # $OUTPUT_DIR/asset にアセットが作成される
21  case "${METHOD}" in
22    "LOCAL")
23      mkdir -p "${OUTPUT_DIR}/asset"
24      # LAMBDA_LOCAL_CODE_DIR の中身をコピー
25      cp -r . "${OUTPUT_DIR}/asset"
26      ;;
27    "DOCKER")
28      IMAGE=${LAMBDA_NAME}
29      # コンテナイメージをビルド
30      docker build -t "${IMAGE}" --platform "${PLATFORM:-linux/arm64}" -f "${DOCKERFILE}" .
31      # コンテナを作成
32      CONTAINER_ID=$(docker create "${IMAGE}")
33      # コンテナからアセットをコピー
34      docker cp "${CONTAINER_ID}:/asset" "${OUTPUT_DIR}"
35      # コンテナを削除
36      docker rm -v "${CONTAINER_ID}" > /dev/null
37      ;;
38    *)
39      echo "METHOD must be either DOCKER or LOCAL"
40      exit 1
41      ;;
42  esac
43
44  # 作成されたアセットをdeterministic-zipでZIPファイルにアーカイブ
45  (cd "${OUTPUT_DIR}/asset" && deterministic-zip -q -r "${TMP_ZIP_FILE}" .)
46
47  # 作成されたZIPファイルのsha256ハッシュを計算し、ファイル名を変更
48  SHA256HASH=$(sha256sum "${TMP_ZIP_FILE}" | cut -d ' ' -f 1)
49  ASSET_ZIPFILE="${OUTPUT_DIR}/${LAMBDA_NAME}/${SHA256HASH}.zip"
50  mkdir -p "$(dirname "${ASSET_ZIPFILE}")"
51  mv "${TMP_ZIP_FILE}" "${ASSET_ZIPFILE}"
52
53  jq -n --arg zipfile "${ASSET_ZIPFILE}" '{"zipfile":$zipfile}'
54
55  exit 0
```

○ 標準入力からの入力と標準出力への出力

このスクリプトは、入力、出力ともにJSONを使っています（6行目、53行目）。そのために jq を使った JSON のパースや作成があり、その部分がやや複雑に思われるかもしれません。このような仕様になっているのは、後に紹介する Terraform のデータソース external での使用を念頭に置いているためです。

このスクリプトを実行する際には、入力データとして次のような JSON を用意して、それを標準入力から入力します。

```
{
  "lambda_local_code_dir": "[Lambda関数のコードは置かれたパス]",
  "lambda_name": "[]Lambda関数の名前]",
  "method": "DOCKER", # または "LOCAL"
  "dockerfile": "Dockerfile.build"
}
```

また、このスクリプトは、次のような JSON を標準出力に出力します。

```
{
  "zipfile": "[ZIPファイルのパス]"
}
```

この JSON の中の zipfile というキーに、作成したアセット（ZIP ファイル）のファイル名が出力されます。

○ アセットのZIPファイルの作成

入力データの method を DOCKER とすると、lambda_local_code_dir のディレクトリに移動したうえで（16行目）、docker コマンドによるコンテナイメージの作成を行います（30行目）。このときの Dockerfile.build は、CDK の fromDockerBuild() と同じように、/asset 以下に成果物が格納されることを前提としています。そのため、Go 言語で記述された**リスト 10.2** の Lambda 関数のコードをビルドするときには、CDK で用いた**リスト 10.11** の Dockerfile.build がそのまま使えます。コンテナイメージの/asset に出力された成果物は、tf.out/asset にコピーされます（34行目）。

一方、入力データの method を LOCAL とすると、lambda_local_code_dir で指定したディレクトリにあるファイルをそのまま、tf.out/asset にコピーします（25行目）。

tf.out/asset に格納されたファイルを ZIP ファイルにアーカイブして、アセットを作成します（45行目）。ZIP ファイルの名前は、アセット分離戦略でも用いたように、ZIP ファイルの

sha256ハッシュに拡張子.zipを付与したものにしています。このZIPファイルは、`tf.out`以下にLambda関数ごとのディレクトリが作成されて、そこに格納されます（49行目）。

10.8.2 ⋮ 子モジュールの作成と設定

Terraform の中で Lambda 関数のビルドおよびアセットの作成を行うには、`create_asset_zip.sh`をTerraformの処理プロセスの中で実行するように、コンフィグファイルを記述します。

ここでは、Go言語で記述されたビルドが必要なLambda関数（**リスト 10.2**）をデプロイすることを考えます。

● 子モジュールの作成
まずは、ルートモジュールから呼び出す子モジュールを、`lambda_print_event_go`という名前で作成します。

```
> sh ./tools/tf_init.sh usecases lambda_print_event_go
```

そして、子モジュールのディレクトリに作成された`variables.tf`に、環境を示す`stage`をパラメータとして定義します。

リスト 10.16　usecases/lambda_print_event_go/variables.tf

```
1  variable "stage" {
2    type = string
3  }
```

● externalプロバイダを使うための設定
このケースでは、後述のように、externalプロバイダ[注10.15] を使用します。そのために、次の設定を`usecases/lambda_print_event_go/terraform.tf`にある`required_providers`のブロックに追加します。

注10.15 https://registry.terraform.io/providers/hashicorp/external/latest/docs

```
external = {
  source  = "hashicorp/external"
  version = "2.3.3"
}
```

10.8.3 ⋮ リソースの記述

`main.tf`には、次のコンフィグを記述します。

リスト 10.17　usecases/lambda_print_event_go/main.tf

```
1  locals {
2    lambda_name   = "lambda_print_event_go"
3    lambda_bucket = "${var.stage}-lambda-deploy-123456789012-apne1"
4    # path.moduleはこのモジュールのディレクトリを示す。このディレクトリからの相対パスで指定する
5    lambda_local_code_dir = abspath("${path.module}/../../../lambda/print_event_go")
6  }
7
8  # create_asset_zip.shを、externalプロバイダが提供するデータソースexternalを使って実行する
9  # データソースなので、実行計画を作成するときに毎回実行される
10 data "external" "create_asset_zip" {
11   # create_asset_zip.shのパスをこのモジュールのパス(path.module)からの相対パスで指定する
12   program = ["sh", "${path.module}/../../../scripts/create_asset_zip.sh"]
13   query = {
14     lambda_local_code_dir = local.lambda_local_code_dir
15     lambda_name           = local.lambda_name
16     # コンテナイメージのビルドの中でGo言語のコードをコンパイルするためDOCKERを指定
17     method     = "DOCKER"
18     dockerfile = "${local.lambda_local_code_dir}/Dockerfile.build"
19   }
20 }
21
22 # ZIPファイルの名前が変更されたら、ZIPファイルをS3にアップロードする
23 # リソースなので、terraform applyのときにのみ実行される
24 resource "terraform_data" "upload_zip_s3" {
25   provisioner "local-exec" {
26     command = "aws s3 cp ${data.external.create_asset_zip.result.zipfile} s3://${local.lambda_bucket}/${
   local.lambda_name}/"
27   }
28   triggers_replace = [
29     basename(data.external.create_asset_zip.result.zipfile),
30   ]
31 }
32
33 data "aws_iam_policy_document" "assume_role_lambda" {
34   statement {
```

10

```
35      actions = ["sts:AssumeRole"]
36      effect  = "Allow"
37      principals {
38        type        = "Service"
39        identifiers = ["lambda.amazonaws.com"]
40      }
41    }
42  }
43
44  data "aws_iam_policy" "lambda_basic_execution" {
45    name = "AWSLambdaBasicExecutionRole"
46  }
47
48  resource "aws_iam_role" "lambda" {
49    assume_role_policy = data.aws_iam_policy_document.assume_role_lambda.json
50    name               = "${var.stage}-${local.lambda_name}-lambda-role"
51  }
52
53  resource "aws_iam_role_policy_attachments_exclusive" "lambda_managed_policy" {
54    policy_arns = [data.aws_iam_policy.lambda_basic_execution.arn]
55    role_name   = aws_iam_role.lambda.name
56  }
57
58  resource "aws_lambda_function" "print_event" {
59    function_name = "${var.stage}-${local.lambda_name}-tf"
60    s3_bucket     = local.lambda_bucket
61    # データソースexternalで作成したZIPファイルを指定する
62    s3_key = "${local.lambda_name}/${basename(data.external.create_asset_zip.result.zipfile)}"
63    # Go言語で記述されたコードを使用する場合は、provided.al2023を指定する
64    runtime = "provided.al2023"
65    # Go言語で記述されたコードを使用する場合は、bootstrapを指定する
66    handler       = "bootstrap"
67    memory_size   = 128
68    timeout       = 30
69    role          = aws_iam_role.lambda.arn
70    architectures = ["arm64"]
71    depends_on    = [terraform_data.upload_zip_s3]
72  }
```

以下では、このコードについて解説します。

● データソース external によるアセット作成コマンドの実行

アセットを作成する create_asset_zip.sh（**リスト 10.15**）の実行に、データソース external[注10.16] を使っています（**リスト 10.17** の 10–20行目）。このデータソースは、引数 program で指定されたプログラムを、ローカルで実行します。そのときに、query で指定され

注10.16 https://registry.terraform.io/providers/hashicorp/external/latest/docs/data-sources/external

たマップ型のデータをJSONに変換して、プログラムの標準入力に入力します（13–19行目）。また、このデータソースは、プログラムから標準出力に出力されたものをすべて受け取ります。その出力をJSONとして解釈して`data.external.create_asset_zip.result.[キー名]`と記述することで、出力の内容を参照できます（26、29、62行目）。

`data.external.make_zip`はデータソースですので、現在の状態を問い合わせる操作（`terraform plan`、`terraform refresh`、`terraform apply`など）の実行時には、外部プログラムが実行されます。つまり、これらのコマンドを実行したときには毎回、コンテナイメージの中でのコンパイルが実行されますが、Lambda関数のコードに変更がなければ、Dockerのキャッシュが使われて短時間の処理で済むようにできます[注10.17]。

COLUMN

Terraformのログレベルの指定とデバッグへの活用

`terraform plan`などのコマンドを実行する際に、次のように環境変数`TF_LOG`を指定して実行すれば、外部プログラムの標準出力の内容も含めて、実行しているプロセスの詳細な情報が得られます[注10.A]。

```
> TF_LOG=TRACE AWS_PROFILE=admin terraform plan
```

このようにして出力されるログは、エラーの原因探索とデバッグに役立つことが多いです。また、AWSアクションのリクエストやレスポンスも表示されるので、TerraformとAWSとのやりとりを観察できます。

データソース`external`から実行する外部プログラムは、JSON以外のものを標準出力に出力しないようにする必要があります。データソースは、標準出力にJSONが出力されることを期待しているので、それ以外のものが混在してJSONのフォーマットから逸脱していると、外部プログラム実行がエラーとなってしまいます。しかし、標準の出力からは、エラーの原因がまったくつかめません。そのようなときには、`TF_LOG`を指定して、詳細なプロセスの情報を出力してみると、JSON以外のものが混在していることを把握できることがあります。

注10.A `TF_LOG`に指定できるログレベルは複数あります。https://developer.hashicorp.com/terraform/internals/debugging

---

注10.17 このコンパイルの処理に時間がかかるようであれば、アセットを事前に用意する方法にしたほうが良いと考えます。

● リソース terraform_data を用いたアセットのS3への配置

24–31 行目では、terraform_data[注10.18] というリソースを活用して、作成したアセットを
S3にアップロードするコマンドを実行しています。

　Terraform の一般の resource ブロックには、provisioner というブロックを記述できま
す[注10.19]。そのリソースの作成（置換を含む）が成功したときに、このブロックに指定したコ
マンドを実行できます[注10.20]。このブロックはラベルを1つ持ち、ローカルでのコマンドの実行
（"local-exec"）、またはリモートでのコマンド実行（"remote-exec"）を指定します。

　一方、terraform_data のリソースは、AWS の実際のリソースとは関係がない Terraform 上
での仮想的なリソースです[注10.21]。terraform_data リソースの provisioner ブロックに、実行し
たいコマンドを指定しておけば、このリソースの作成や置換のイベントが発生したときに、指
定したコマンドが実行されます。

　この仮想的なリソースの置換は、該当のリソースの triggers_replace という引数に指定した
値が変化したときに発生します。つまり、terraform apply による初回のリソースの作成時と、
triggers_replace に指定した値が変化してリソースの置換が発生するときに、provisioner に
指定したコマンドが実行されることになります。

　terraform_data は Terraform のリソースの1つですので、リソースの問い合わせのみを行う
terraform plan の実行時には、このコマンドは実行されません。このコマンドが実行される
のは、terraform apply によってリソースの操作が実行されるときにのみです。このことは、
terraform plan によって外部プログラムが毎回実行されていたデータソース external との違
いの1つです。

　リスト 10.17 では、データソース data.external.create_asset_zip の出力である zipfile
が変化したときに（29行目）、aws s3 cp .... というコマンドが実行されます（26行目）。つ
まり、Lambda関数のコードが変更されて、ビルドされた実行モジュールがアーカイブされた ZIP
ファイルの名前（ZIP ファイルの sha256 ハッシュを含んでいる）が変わると、terraform apply
の実行時にその ZIP ファイルがS3にアップロードされることになります。

● IAM ロールの記述

　IAM ロールの記述は、「アセット分離戦略」の場合のコンフィグファイル（**リスト 10.5**）と

注10.18　https://developer.hashicorp.com/terraform/language/resources/terraform-data

注10.19　https://developer.hashicorp.com/terraform/language/resources/provisioners/syntax

注10.20　Terraform のドキュメントでは、provisioner の仕様を "last resort"（最後の手段）としており、使用を推奨してはいません。
　　　　　乱用はせずに必要なときに限って使うようにしましょう。

注10.21　以前は、null プロバイダの null_resource というリソースで提供されていましたが、現在は Terraform 本体が提供する数少な
　　　　　いリソースの1つになっています。

同じです。

○ リソース aws_lambda_function

58–72行目では、aws_lambda_functionを使って、Lambda関数のリソースを記述しています。データソースexternalを通じて実行したcreate_asset_zip.shの出力として得られたZIPファイルのオブジェクトキーを、s3_keyの引数に指定しています（62行目）。create_asset_zip.shで作成されるアセットが更新され、アセットの名前に変化が生じれば、それをトリガーにLambda関数の更新ができます。

10.8.4 ⋮ ルートモジュールの作成

最後に、ルートモジュールを作成して、子モジュールを呼び出します。

```
> sh ./tools/tf_init.sh dev lambda_print_event_go
> cd env/dev/lambda_print_event_go
> AWS_PROFILE=admin terraform init
```

10

main.tfに次の記述をします。

```
1  module "lambda_print_event_go" {
2    source = "../../../usecases/lambda_print_event_go"
3    stage  = "dev"
4  }
```

あとは、通常どおり、terraform plan、terraform applyによってLambda関数をデプロイします。

10.9 ｜ まとめ

この章では、Lambda関数のデプロイがテーマでした。

アセットの作成をIaC外で実行するのか、それともIaCのプロセスの中で実行するのかとい

う観点で、2つの戦略を取り上げました。CDKにはアセットの作成を実行する機能が内包されており、アセットの作成機能が標準では実装されていないTerraformでも、CDKと同様のことが実現できることを示しました。このように、アセットの作成とAWSアクションの実行によるリソースの作成・更新の両方が1つのツールで完結するのは魅力的です。

　一方、Lambda関数の開発とそのデプロイの責任を分けている場合や、ビルド（コンパイルなど）に時間がかかる場合には、ビルドとアセットの作成・配置をIaCの役割にはせず、アセットが配置されていることを前提に、IaCはアクションを通じたリソースの作成・更新のみを担うというのも便利な場合があります。

　Lambda関数の特性（ビルド時間の長さなど）やプロジェクト体制などをふまえて、上手に使い分けをしてください。

第 **11** 章

IaCにおける
Lambda関数の活用

||||||||||||||||||||||||||||

CloudFormation（CDK）の機能の1つに、カスタムリソースと呼ばれるものがあります。カスタムリソースの作成・更新・削除の際にLambda関数が実行され、Lambda関数によってCloudFormationがカバーしていないリソースの操作や、ユーザーのデータの操作などが実現できます。CDKの一部のL2コンストラクタでも、カスタムリソースが活用されています。

Terraformでも、CloudFormationのカスタムリソースのように、リソースの作成・更新・削除にLambda関数を実行する機能があります。

本章では、これらの機能について解説します。Lambda関数を活用することで、IaCツールの活用の幅を広げられます。

発展編

11.1 CloudFormation（CDK）で Lambda関数を活用する仕組み

CloudFormation（CDK）のリソースの1つにカスタムリソース[注11.1]と呼ばれるものがあります。このカスタムリソースをスタックの中で作成すると、そのリソースの作成、更新、削除が実行されるときに、Lambda関数を実行できます。このLambda関数によって、標準のCloudFormationには備わっていないリソースの操作や、ストレージなどに格納するユーザーデータの操作などを実装することができます。

■ 11.1.1　カスタムリソースの使用例

● データストアやストレージなどにユーザーのデータを書き込む

　一般に、AWSアクションによるリソースの操作では、データストアやストレージに格納するユーザーデータの操作はできません。一方、カスタムリソースを使うことで、データベースのユーザー作成や、データの投入といった、ユーザーデータの操作ができるようになります。また、このカスタムリソースを削除すれば、作成したユーザーやデータを削除するようにできます。

● CloudFormationでは実現できない機能を追加する

　CDKのL2コンストラクタでもカスタムリソースは活用されており、CloudFormationでは対応できないことを、拡張として実装しています。

　たとえば、CDKのS3バケットのL2コンストラクタ`Bucket`には`autoDeleteObjects`[注11.2]という属性を指定できます。これを`true`に設定してバケットを作成すると、スタックの操作（更新や削除）によってS3バケットが削除される際には、S3バケットの削除の前に、S3バケットにあるオブジェクトをすべて自動で削除してくれます。この機能は、コンストラクタ`Bucket`を呼び出すときに作成されるカスタムリソース[注11.3][注11.4]によって実現されています。

注11.1　https://docs.aws.amazon.com/ja_jp/AWSCloudFormation/latest/UserGuide/template-custom-resources.html
注11.2　https://docs.aws.amazon.com/cdk/api/v2/docs/aws-cdk-lib.aws_s3.Bucket.html#autodeleteobjects
注11.3　カスタムリソース：https://github.com/aws/aws-cdk/blob/03a5ecdfce0a17dd15097806571db237aaa667c0/packages/aws-cdk-lib/aws-s3/lib/bucket.ts#L2468-L2515
注11.4　Lambda関数：https://github.com/aws/aws-cdk/blob/03a5ecdfce0a17dd15097806571db237aaa667c0/packages/%40aws-cdk/custom-resource-handlers/lib/aws-s3/auto-delete-objects-handler/index.ts

　このような機能は、CloudFormation の `AWS::S3::Bucket` のリソースタイプや、CDK の L1 コンストラクタ `CfnBucket` にはありません。そのため、CloudFormation で記述した S3 バケットを、スタックの操作を通じて削除するときには、あらかじめ手動でS3バケットにあるオブジェクトをすべて削除しておく必要があり、少々手間がかかります。コンストラクタ `Bucket` を使えば、カスタムリソースのおかげで、この手間を省けます。

11.2 ｜ CloudFormationの カスタムリソースの記述方法

■ 11.2.1 ｜ CloudFormation のテンプレートによるカスタムリソースの記述

　次の CloudFormation のテンプレートは、カスタムリソースを `Resources` セクションに記述する例です[注11.5]。

リスト 11.1　CloudFormationテンプレートにおけるカスタムリソースの記述例

```
1  Resources:
2    CustomResource:
3      Type: AWS::CloudFormation::CustomResource
4      Properties:
5        ServiceToken: arn:aws:lambda:ap-northeast-1:123456789012:function:print_event
6        ServiceTimeout: 10
7        Greeting: Hello
```

● Type
　この属性には、カスタムリソースのリソースタイプ `AWS::CloudFormation::CustomResource` を指定します（3行目）。

注11.5　本書では、CloudFormation のテンプレートを直接作成するということは推奨していません。しかし、カスタムリソースの仕組みを説明するために、ここでは CloudFormation のテンプレートを用いて説明します。これまでと同様、CloudFormation のテンプレートは解釈ができるようになれば十分で、書けるようになる必要はありません。のちほど、同等の CloudFormation テンプレートを得るための CDK のコードについて解説します。

○ Properties

　ここに指定した属性のキーと値は、Lambda 関数に渡されるイベントの中に格納されます
（**11.3 節**）。その中で、`ServiceToken` と `ServiceTimeout` は、Lambda 関数に渡されるイベント
に含まれるとともに、CloudFormation の動作をコントロールする属性です。

`ServiceToken`　このカスタムリソースが作成・更新・削除されるときに実行する Lambda 関
　　数の ARN を指定する（5行目）
`ServiceTimeout`　この属性には、カスタムリソースの操作のタイムアウトを指定する（6行
　　目）。あとで説明するように、CloudFormation は実行する Lambda 関数から成功または
　　失敗の通知をそのタイムアウト（デフォルトは60分）が経過するまで待つ。Lambda 関
　　数がその通知をする前に異常終了してしまった場合には、そのタイムアウトが経過するま
　　でスタックの操作（作成・更新・削除）が失敗とならず、スタックの操作が何もできなく
　　なる[注11.6]。よって、このタイムアウトには、Lambda 関数の実行時間より少し長い時間を
　　指定しておくのが便利

　Properties には、この2つの属性に加えて任意のキーの属性を記述可能で、Lambda 関数に
イベントを通じて渡すことができます。**リスト 11.1** では、7行目の `Greeting` がそれに対応し
ます。

11.2.2 ⋮ CDK のコードによるカスタムリソースの記述

　リスト 11.1 と同等のテンプレートを CDK のコードから生成するためには、スタックのコン
ストラクタの記述を、たとえば次のようにします。

リスト 11.2　CDK のコードにおけるカスタムリソースの記述例

```
1  import * as cdk from 'aws-cdk-lib';
2  import { Construct } from 'constructs';
3  import * as cfn from 'aws-cdk-lib/aws-cloudformation';
4
5  export class CustomResourceStack extends cdk.Stack {
6    constructor(scope: Construct, id: string, props?: cdk.StackProps) {
7      super(scope, id, props);
8
9      const cr = new cdk.CustomResource(this, 'CustomResource', {
```

注11.6　スタックの削除は可能ですが、削除の際に実行されるカスタムリソースの Lambda 関数が異常終了してしまえば、削除の操作
　　　も同様に待ち状態になってしまいます。

```
10      serviceToken: "arn:aws:lambda:ap-northeast-1:123456789012:function:print_event",
11      properties: {
12        Greeting: 'Hello',
13      }
14    });
15    (cr.node.defaultChild as cfn.CfnCustomResource).serviceTimeout = 15;
16  }
17 }
```

　このコードでは、カスタムリソースを、L2コンストラクタ CustomResource[注11.7] を使って記述しています（9–14行目）。このコンストラクタの props にある properties には、Lambda関数に渡す属性を指定します。**リスト 11.1** の CloudFormation テンプレートでは、ServiceToken と Lambda関数の入力に渡す属性の両方を Properties に記述していました。しかし、このコンストラクタでは、それらが分離されてわかりやすくなっています。

　ServiceTimeout は CloudFormation の属性には追加されていますが、コンストラクタ CustomResource からは指定できるようになっていないため、エスケープハッチ（**5.11 節**参照）を使って指定しています（15行目）[注11.8]。

11.3 カスタムリソースの最初の実践： Lambdaに渡されるイベントの記録

　一般に、Lambda関数を作るときには、Lambda関数に入力されるイベントの内容を正しく把握する必要があります。カスタムリソースの最初の例として、**第 10 章**の Lambda関数のデプロイでも題材にした print_event_py を、ここでも使うことにします。

11.3.1　カスタムリソースから起動される Lambda関数のコード

　Lambda関数のコードは、**リスト 10.1** とほぼ同じものが使えます。一方で、カスタムリソースの中で使う Lambda関数には、特有の要件があります。それは、実行の成功や失敗を、

注11.7　https://docs.aws.amazon.com/cdk/api/v2/docs/aws-cdk-lib.CustomResource.html

注11.8　本書が検証対象としている CDK バージョン 2.162.1 では、コンストラクタ cdk.CustomResource の props には serviceTimeout がなかったためエスケープハッチを使っていますが、2025 年 1 月にリリースされた 2.174.0 において serviceTimeout が props に追加されました。

受け取ったイベントの中で指定された URL に通知をする必要があることです。

それをふまえて、**リスト 10.1** のコードを次のように修正します。

リスト 11.3　カスタムリソースで用いる Lambda 関数のコード

```
1  import json
2  import cfnresponse
3
4  def lambda_handler(event, context):
5      try:
6          print(json.dumps(event))
7          cfnresponse.send(event, context, cfnresponse.SUCCESS, {}, "CustomResourcePhysicalID")
8      except Exception as e:
9          print(e)
10         cfnresponse.send(event, context, cfnresponse.FAILED, {}, "CustomResourcePhysicalID")
```

○ cfnresponse モジュール

このコードでは、cfnresponse というモジュールをインポートしています（2行目）。このモジュールが、実行の成功や失敗を、受け取ったイベントの中で指定された URL に通知する役割を担っており、そのコードは AWS ドキュメント[注11.9] に掲載されています。

cfnresponse モジュールは、pip コマンドでインストールできます。**11.2 節**で説明するように、このモジュールは Lambda 関数のアセットに含める必要はありませんが、編集の際にエディタの補完機能を使うためにはインストールしておくと便利です。

```
> pip install cfnresponse
```

7行目と10行目では、cfnresponse.send() というメソッドを使って、例外が発生せずに処理できたときには SUCCESS（成功）、例外が発生したときには FAILED（失敗）という情報を送信しています。

cfnresponse.send() の5番めの引数には、このカスタムリソースの物理 ID を指定します。物理 ID には任意の文字列を指定することができます。**11.4 節**で紹介するように、このカスタムリソースを更新したときに物理 ID が変化するか否かによって、Lambda 関数を実行したときの挙動が変わります。

注11.9　https://docs.aws.amazon.com/ja_jp/AWSCloudFormation/latest/UserGuide/cfn-lambda-function-code-cfnresponsemodule.html

▌11.3.2 ⋮ カスタムリソースを記述するCDKのコード

では、このLambda関数を使ったカスタムリソースをCDKのコードで記述してみます。

⦿ CDKプロジェクトの作成

CDKプロジェクトを作成します。

```
> mkdir custom_resource_print_event
> cd custom_resource_print_event
> cdk init -l typescript
```

⦿ Lambda関数のコードの配置

binやlibと同じ階層にlambdaというディレクトリを作成し、その中のprint_event/main.pyに**リスト11.3**のコードを配置します。

⦿ スタックのコンストラクタへのリソースの記述

lib/custom_resource_print_event-stack.tsを次のように記述します。

リスト11.4 `lib/custom_resource_print_event-stack.ts`

```
1  import * as cdk from "aws-cdk-lib";
2  import { Construct } from "constructs";
3  import * as cfn from "aws-cdk-lib/aws-cloudformation";
4  import * as lambda from "aws-cdk-lib/aws-lambda";
5  import * as fs from "node:fs";
6
7  export class CustomResourcePrintEventStack extends cdk.Stack {
8    constructor(scope: Construct, id: string, props?: cdk.StackProps) {
9      super(scope, id, props);
10
11     const code = fs.readFileSync("lambda/print_event/main.py", "utf-8");
12
13     const func = new lambda.Function(this, "PrintEventLambda", {
14       functionName: "PrintEventLambda",
15       runtime: lambda.Runtime.PYTHON_3_12,
16       handler: "index.lambda_handler",
17       code: lambda.Code.fromInline(code),
18       architecture: lambda.Architecture.ARM_64,
19       timeout: cdk.Duration.seconds(10),
20     });
21
22     const cr = new cdk.CustomResource(this, "PrintEventCustomResource", {
23       serviceToken: func.functionArn,
```

11

```
24      properties: {
25        Greeting: "Hello",
26      },
27    });
28    (cr.node.defaultChild as cfn.CfnCustomResource).serviceTimeout = 15;
29  }
30 }
```

　Lambda 関数のデプロイについては、**第 10 章**で説明しました。しかし、ここでは、別の方法を用いています。ローカルにある Lambda 関数のコードをメモリ上に読み出し（11 行目）、その内容を静的メソッド Code.fromInline() に渡しています（17 行目）。コンストラクタ Function の props にある code には、この静的メソッドの返り値を指定しています。Code.fromInline() を使って code を指定したときには、handler は index.lambda_handler とします。

　第 10 章で取り上げた Lambda 関数のデプロイ方法も、もちろん使えます。その中で、Code.fromInline() を使う利点としては、**リスト 11.3** でも使用している cfnresponse のモジュールをユーザーが用意しなくても、自動的に使えるようになる点です[注11.10]。もし、アセットを S3 にアップロードして Lambda 関数をデプロイする場合には、cfnresponse モジュールを Lambda 関数のコードに含める必要があります。

　また、Lambda 関数の IAM ロールの指定は省略して、CDK による自動作成に任せてあります。その結果、AWSLambdaBasicExecutionRole の IAM ポリシーがアタッチされた IAM ロールが自動作成されます。

● スタックのコンストラクタの呼び出し

　スタックのコンストラクタを呼び出すコード bin/custom_resource_print_event.ts は、そのまま使います。

■ 11.3.3 ┊ カスタムリソースの操作時に Lambda 関数に渡されるイベント

● カスタムリソースが作成されるとき

　それでは、cdk deploy コマンドでスタックを作成して、カスタムリソースが作成されるときの挙動を見てみましょう。

　このスタックによって、PrintEventLambda という名前の Lambda 関数が作成されます。続い

注11.10　fromInline() を使うと、生成される CloudFormation のテンプレートでは、AWS::Lambda::Function の Code.ZipFile という属性にインラインでコードが記述されます。このように Code.ZipFile にコードをインラインで指定した場合には、cfnresponse が自動的に含まれるようになります。

て、カスタムリソースが作成され、そのときにこのLambda関数が実行されます。その実行ログは、CloudWatch Logsの/aws/Lambda/PrintEventLambdaというロググループに出力されますので、AWSマネジメントコンソールからそのログを確認することができます。

リスト11.5　カスタムリソースを作成したときに実行されたLambda関数のログ

```
1  {
2      "RequestType": "Create",
3      "ServiceToken": "arn:aws:lambda:ap-northeast-1:123456789012:function:PrintEventLambda",
4      "ServiceTimeout": "15",
5      "ResponseURL": "https://（略）",
6      "StackId": "arn:aws:cloudformation:ap-northeast-1:123456789012:stack/CustomResourcePrintEventStack/
   （略）",
7      "RequestId": "5dc758d8-16f1-4828-9fb0-175c2d302380",
8      "LogicalResourceId": "PrintEventCustomResource",
9      "ResourceType": "AWS::CloudFormation::CustomResource",
10     "ResourceProperties": {
11         "ServiceToken": "arn:aws:lambda:ap-northeast-1:123456789012:function:PrintEventLambda",
12         "Greeting": "Hello",
13         "ServiceTimeout": "15"
14     }
15 }
16 （中略）
17 {
18     "Status": "SUCCESS",
19     "Reason": "See the details in CloudWatch Log Stream: （略）",
20     "PhysicalResourceId": "CustomResourcePhysicalID",
21     "StackId": "arn:aws:cloudformation:ap-northeast-1:123456789012:stack/CustomResourcePrintEventStack/
   （略）",
22     "RequestId": "5dc758d8-16f1-4828-9fb0-175c2d302380",
23     "LogicalResourceId": "PrintEventCustomResource",
24     "NoEcho": false,
25     "Data": {}
26 }
```

このログには、カスタムリソースから受け取ったイベント（前半）と、cfnresponse.send()によって送信されたメッセージの内容（後半）が記録されています。

このログの前半部分で、着目すべきポイントは次の点です。カスタムリソースから受け取ったイベントの仕様についてのAWSのドキュメント[注11.11]も必要に応じて、参照してください。

- このイベントでは、RequestTypeがCreateになっている（2行目）。これは、このカスタムリソースが作成されるときのイベントであることを示している
- LogicalResourceIdには、テンプレートに記述されているリソースの論理IDが出力されて

注11.11 https://docs.aws.amazon.com/ja_jp/AWSCloudFormation/latest/UserGuide/crpg-ref-requests.html

いる（8行目）

- ResourceProperties にはテンプレートの Properties に指定されたキーと値（ServiceToken や ServiceTimeout も含む）がそのまま出力される（10–14行目）

ログの後半にあるのが、cfnresponse.send() によって CloudFormation に送信されたメッセージの内容です。cfnresponse.send() は Lambda 関数が起動されたときの入力イベントの中にある ResponseURL に、カスタムリソースの操作によって起動された Lambda 関数から「成功」、または「失敗」の情報を送っています。送信の際の、そのペイロードの仕様[注11.12] や、cfnresponse.send() の実装例[注11.13] は AWS のドキュメントに記載されています。ログに記録されたこの情報は、そのペイロードの仕様に基づいたものになっています。

- Status には、SUCCESS（成功）または FAILED（失敗）の文字列が入る
- PhysicalResourceId は、Lambda 関数の cfnresponse.send() の最後の引数で指定した文字列に対応している（**リスト 11.3** の7行目）。この文字列がカスタムリソースの物理ID になる。このように、カスタムリソースの物理IDは、cfnresponse.send() によって割り当てられることに注意。カスタムリソース作成時には新規にIDを名付けるだけだが、カスタムリソース更新時には、既存の物理IDをそのまま使うか、新規に物理IDを割り当てるかによって挙動が変わる（**11.4 節**参照）

● カスタムリソースが更新されるとき

次に、カスタムリソースの属性を変更することでカスタムリソースが更新されるときに、Lambda 関数に渡されるイベントを確認しましょう。

リスト 11.4 の中で、カスタムリソースの Greeting というキーの属性を記述した7行目を、（たとえば）次のように変更します（末尾に!マークを3つ追加しています）。

```
7    Greeting: "Hello!!!"
```

このときの cdk diff は次のようになります。

注11.12　https://docs.aws.amazon.com/ja_jp/AWSCloudFormation/latest/UserGuide/crpg-ref-responses.html
注11.13　https://docs.aws.amazon.com/ja_jp/AWSCloudFormation/latest/UserGuide/cfn-lambda-function-code-cfnresponsemodule.html#cfn-lambda-function-code-cfnresponsemodule-examples

```
> AWS_PROFILE=admin cdk diff
Stack CustomResourcePrintEventStack
（中略）
Resources
[~] AWS::CloudFormation::CustomResource PrintEventCustomResource PrintEventCustomResource may be replaced
 └─ [~] Greeting (may cause replacement)
     ├─ [-] Hello
     └─ [+] Hello!!!
（略）
```

Propertiesの中のGreetingという項目がHelloからHello!!!に変更される、という差分になっています。

この属性の変更を反映させるために、cdk deployを実行します。このときに実行されるLambda関数のログは次のようになります。

リスト11.6　カスタムリソースを更新したときに実行されたLambda関数のログ

```
1  {
2      "RequestType": "Update",
3      "ServiceToken": "arn:aws:lambda:ap-northeast-1:123456789012:function:PrintEventLambda",
4      "ServiceTimeout": "15",
5      "ResponseURL": "https://（略）",
6      "StackId": "arn:aws:cloudformation:ap-northeast-1:123456789012:stack/CustomResourcePrintEventStack/
   （略）",
7      "RequestId": "8a40f9aa-b2ad-4882-87af-f5f57f13f86e",
8      "LogicalResourceId": "PrintEventCustomResource",
9      "PhysicalResourceId": "CustomResourcePhysicalID",
10     "ResourceType": "AWS::CloudFormation::CustomResource",
11     "ResourceProperties": {
12         "ServiceToken": "arn:aws:lambda:ap-northeast-1:123456789012:function:PrintEventLambda",
13         "Greeting": "Hello!!!",
14         "ServiceTimeout": "15"
15     },
16     "OldResourceProperties": {
17         "ServiceToken": "arn:aws:lambda:ap-northeast-1:123456789012:function:PrintEventLambda",
18         "Greeting": "Hello",
19         "ServiceTimeout": "15"
20     }
21  }
22  （中略）
23  {
24     "Status": "SUCCESS",
25     "Reason": "See the details in CloudWatch Log Stream: （略）",
26     "PhysicalResourceId": "CustomResourcePhysicalID",
27     "StackId": "arn:aws:cloudformation:ap-northeast-1:123456789012:stack/CustomResourcePrintEventStack/
   （略）",
28     "RequestId": "8a40f9aa-b2ad-4882-87af-f5f57f13f86e",
29     "LogicalResourceId": "PrintEventCustomResource",
30     "NoEcho": false,
```

```
31    "Data": {}
32  }
```

　リソースを作成したときのイベント（**リスト11.5**）とリソースを更新したときのイベント（**リスト11.6**）を見比べると、次のような違いがあります。

- リソースを更新した際には、RequestTypeがUpdateになっている（2行目）
- ResourcePropertiesに加え（11–15行目）、OldResourcePropertiesというキーのオブジェクトが追加されている（16–20行目）。これらは、それぞれ、変更後、変更前のテンプレートに指定されたPropertiesの値を示している
- PhysicalResourceIdというキーと値が追加されている（9行目）。この値は、カスタムリソースを作成したときに、Lambda関数のcfnresponse.send()の最後の引数を通じて指定した物理IDで、**リスト11.3**のLambda関数のコードのcfnresponse.send()（7行目）では、CustomResourcePhysicalIDという固定の文字列を最後の引数に指定しており、更新によって物理IDは変化しないようになっている

● カスタムリソースが削除されるとき

　次に、**リスト11.4**でカスタムリソースを記述した部分（22–28行目）をコメントアウトします。cdk deployコマンドを実行して、スタックの更新をすると、このカスタムリソースは削除されます。

　スタックの更新を実行したときに実行されるLambda関数のログは次のようになります。

リスト11.7　カスタムリソースを削除したときに実行されたLambda関数のログ

```
1   {
2       "RequestType": "Delete",
3       "ServiceToken": "arn:aws:lambda:ap-northeast-1:123456789012:function:PrintEventLambda",
4       "ServiceTimeout": "15",
5       "ResponseURL": "https://（略）"
6       "StackId": "arn:aws:cloudformation:ap-northeast-1:123456789012:stack/CustomResourcePrintEventStack/
    （略）",
7       "RequestId": "ef79b0f2-33e2-4c73-889f-1e225c0bfc25",
8       "LogicalResourceId": "PrintEventCustomResource",
9       "PhysicalResourceId": "CustomResourcePhysicalID",
10      "ResourceType": "AWS::CloudFormation::CustomResource",
11      "ResourceProperties": {
12          "ServiceToken": "arn:aws:lambda:ap-northeast-1:123456789012:function:PrintEventLambda",
13          "Greeting": "Hello!!!",
14          "ServiceTimeout": "15"
15      }
```

```
16  }
17  （中略）
18  {
19    "Status": "SUCCESS",
20    "Reason": "See the details in CloudWatch Log Stream: （略）",
21    "PhysicalResourceId": "CustomResourcePhysicalID",
22    "StackId": "arn:aws:cloudformation:ap-northeast-1:123456789012:stack/CustomResourcePrintEventStack/
   （略）",
23    "RequestId": "ef79b0f2-33e2-4c73-889f-1e225c0bfc25",
24    "LogicalResourceId": "PrintEventCustomResource",
25    "NoEcho": false,
26    "Data": {}
27  }
```

このイベントの特徴として、次の点が挙げられます。

- リソースを削除した際には、RequestTypeがDeleteになっている（2行目）
- ResourcePropertiesには、削除前のリソースの属性の値が出力されている（11–15行目）
- PhysicalResourceIdには、削除前の物理リソースIDが出力されている（9行目）

ここまでの確認ができたら、cdk destroyを実行して、スタックを削除しておきましょう。また、**リスト11.4**のコードは以下でも使いますので、カスタムリソースを記述した部分（22–28行目）のコメントアウトを元に戻しておいてください。

11

COLUMN
カスタムリソースの出力

　リスト11.3で使われているcfnresponse.send()では、4番めの引数に{}を指定してあります。この4番めの引数はDataという変数名で、カスタムリソースの出力を指定するものです。CloudFormationのテンプレートではFn::GetAttという組み込み関数を使うことで、その出力値を他のリソースから参照できます注11.A。

　しかし、筆者はカスタムリソースの出力の利用はお勧めしません。カスタムリソースの出力を他のリソースの属性で参照している場合、カスタムリソースの出力が変わると、参照しているリソースの属性も変化して、リソースの更新が行われます。しかし、テンプレートの字面は同じですので、cdk diffでは変更が検知されません。これも、**8.3.2項**で取り上げた「cdk diffの差分はないが、リソースの変更がある場合」になりえます。変更セットを確認するとカスタムリソースの出力を参照している属性には{{changeSet:KNOWN_AFTER_APPLY}}と表示さ

れ、変更の可能性があることを示してくれますが、変更の有無や内容はカスタムリソースの出力しだいですので、確定した変更内容は事前には把握できません。

　事前に把握できないリソースの変更があるのは運用上好ましくありませんので、カスタムリソースの出力は使わないほうが良いと考えています。

....

注11.A　https://docs.aws.amazon.com/ja_jp/AWSCloudFormation/latest/UserGuide/crpg-ref-responses.html

11.4 ┆ カスタムリソースの更新と物理ID

　カスタムリソースでは、Lambda関数の中で呼び出される`cfnresponse.send()`を通じて、カスタムリソースの物理IDを指定することを説明しました。これまでの例では、カスタムリソースを更新するときに、物理IDは固定で変わらないようになっていましたが、以下では、リソース更新の際に物理IDが変化する場合の挙動について調べます。

　リスト 11.3 のLambda関数を次のように修正します。カスタムリソースの属性Greetingの値が変われば、物理IDも変化するようにします。

```
 1  import json
 2  import cfnresponse
 3
 4  def lambda_handler(event, context):
 5      try:
 6          print(json.dumps(event))
 7          physical_id = event["ResourceProperties"]["Greeting"]
 8          cfnresponse.send(event, context, cfnresponse.SUCCESS, {}, physical_id)
 9      except Exception as e:
10          print(e)
11          cfnresponse.send(event, context, cfnresponse.FAILED, {}, physical_id)
```

　7行目で、属性Greetingと同じ値を持つ物理IDを作成して、それを`cfnresponse.send()`の引数に指定するようにしています[注11.14]。

....

注11.14 属性に Greeting が指定されてない場合のエラーハンドリングをすべきですが、コードを簡単にするため、ここでは無視しています。

Lambda関数のコードを修正したら、`cdk deploy`を実行して、再度、スタックを作成します。
このスタック作成時に実行されたLambda関数のログから、`cfnresponse.send()`の送信内容の部分を確認すると、`PhysicalResourceId`が`Hello`になっており、意図した物理IDが設定されていることが確認できます（ログは略）。

11.4.1 ┊ カスタムリソースの更新と物理IDの変化に伴う処理

次に、**リスト11.2**にあるカスタムリソースの`Greeting`というキーの属性の値（12行目）を、`Hello!!!`に修正します。そして、`cdk deploy`の実行によって、スタックの更新をします。スタックの更新に伴い、カスタムリソースの`Greeting`の値とともに、物理IDが変わります。

スタックの更新に伴って実行されたLambda関数のログには、`RequestType`が`Update`であるイベントによる実行に続いて、`RequestType`が`Delete`であるイベント（`PhysicalResourceId`には、更新前の物理IDが渡されている）による実行もされます。

このように、カスタムリソースの更新に伴って物理IDが変わるときには、`Update`のイベントに引き続いて、変更前の物理IDが`PhysicalResourceId`にセットされた`Delete`のイベントが実行されます。その結果、既存のリソースが新しいリソースによって置換されます。リソースの置換が発生することが、更新に伴って物理IDが変化しない場合との挙動の違いになります。

カスタムリソースから起動されるLambda関数を作成するときには、このような挙動を考慮にいれておく必要があります。

11.4.2 ┊ カスタムリソースの作成が失敗した場合

カスタムリソースを作成する際に実行されたLambda関数の処理が失敗した場合、カスタムリソースの作成は失敗となり、ロールバックが実行されます。このロールバックの過程では、`RequestType`が`Delete`であるイベントによってLambda関数が実行されます。そのときに、`Delete`イベントに対するLambda関数内の処理をスキップする必要がある場合があります。

● ロールバック時の削除のスキップが必要な例

たとえば、カスタムリソースを作成したときにストレージにデータを配置し、カスタムリソースを削除するときにはそのデータを削除するようにLambda関数が実装されているとします。このLambda関数は、カスタムリソースが作成される際に、ストレージ上のデータの有無をチェックし、データがない場合にはデータを配置して正常終了します。しかし、同名のデータが存在する場合には、失敗するようになっているとしましょう。このカスタムリソースを作

成しようとしたときにすでにデータが存在していて失敗となった場合、ロールバックの過程で Delete のイベントを受け取った Lambda 関数が起動されます。もし、削除処理のスキップがない場合、この Lambda 関数はもともと存在していたデータを削除してしまうことになります。そのため、ロールバック時の削除処理はスキップさせることが必要となります。

◎ 削除イベントの判別

　削除処理をスキップするかを判断するために、Delete のイベントを受け取ったときに、それがカスタムリソースの作成の失敗によって発生したイベントであるか否かを判別できるようにしておきたいところです。

　カスタムリソースの作成に失敗したときに cfnresponse.send() で送信した物理 ID が、Delete のイベントの PhysicalResourceId にセットされます。そのため、カスタムリソースの作成に失敗したときに送信する物理 ID を特別な文字列にしておけば、その Delete のイベントが、カスタムリソースの作成の失敗に伴うものであるかを区別できるようになります。その実装例は、**11.5 節**で紹介します。

　なお、**11.6 節**で取り上げるカスタムリソースプロバイダを用いる場合には、カスタムリソース作成失敗時に、Delete イベントによる削除処理をスキップする仕組みが実装されています。

▌11.4.3 ⋮ カスタムリソースの更新が失敗した場合

　カスタムリソースの更新に失敗した場合、失敗しただけでは処理が終わらないことに注意が必要です。更新に失敗した場合、失敗前の状態に戻そうとするロールバック処理のために、カスタムリソースの Lambda 関数が再び実行されます。

　そして、失敗を通知する cfnresponse.send() の最後の引数に指定する物理 ID が、入力された Update のイベントにある PhysicalResourceId で示される既存のカスタムリソースの物理 ID と同じか否かによって、Lambda 関数に入力されるイベント種別が異なる値になり、挙動が変わります。

◎ パターン 1：送信する物理 ID が既存のカスタムリソースと同じ場合の挙動

　既存のカスタムリソースと同じ物理 ID を cfnresponse.send() で送信すると、リソースを新規に作成することなく属性を更新した（だから物理 ID は変化しない）と CloudFormation は解釈します。

　このとき、更新の処理を実行した Lambda 関数の実行完了（結果は失敗）に引き続き、後続の

処理として、更新前の`ResourceProperties`が指定された`Update`のイベントによって、Lambda関数が再度起動されます。つまり、元のカスタムリソースの状態に戻そうとする更新が実行されます。

● パターン2：送信する物理IDが既存のカスタムリソースと異なる場合の挙動

　既存のカスタムリソースの物理IDと異なる値を`cfnresponse.send()`で送信すると、既存の物理IDと異なる新しいIDを持つカスタムリソースを新規作成して置換しようとしたが、その作成に失敗した、と解釈されます。

　このとき、更新の処理を実行したLambda関数の実行完了（結果は失敗）に引き続き、`RequestType`が`Delete`、`PhysicalResourceId`が新しいIDであるイベントによってLambda関数が再度起動されます。つまり、新規に作成しようとしたリソースを削除しようとします。

● 挙動をふまえた留意点

　11.4.2項のカスタムリソースの作成が失敗した場合には、後続で実行される`Delete`イベントによるLambda関数に、削除処理をスキップする仕組みを実装するなどの必要がありました。同様に、カスタムリソースの更新に失敗した場合に実行される処理が、意図しない挙動を起こすことがないかを検討しておく必要があります。

　パターン2の場合は、置換のために作成しようとしたリソースの作成が失敗したもので、**11.4.2項**のカスタムリソースの作成に失敗したのと状況は同じであり、同じ実装で対応できるでしょう。

　一方、パターン1は**11.4.2項**にはなかった新しいパターンです。変更前の属性へ戻す更新操作によって、悪影響が生じないのかを検討しておく必要があります。

11.5 ｜ イベントタイプによって挙動が異なる Lambda関数の例

　ここまでで解説した、カスタムリソースの操作に伴う挙動に関する知見を使って、イベントタイプ（`Create`、`Update`、`Delete`）によって挙動が異なるLambda関数を作ってみます。

11.5.1 ┊ 仕様

　カスタムリソースの作成に併せて、S3 にオブジェクトを 1 つ作成する場合を考えます。

　カスタムリソースの属性には、S3 のバケット名、オブジェクトキー、オブジェクトの中身（バイト列）を指定します。オブジェクトの中身のみを変更した場合には、オブジェクトは置換せずに、上書きすることにします。一方、S3 バケットやオブジェクトキーが変更になる場合には、新しい S3 バケットやオブジェクトキーで指定されるオブジェクトを新規に作成して既存のものを削除する、つまりオブジェクトを置換することにします。

　このように、バケット名とオブジェクトキーの両方が変わらない場合には上書きして、そうではないときには置換をするためには、物理 ID を S3 バケット名とオブジェクトキーによって決まる文字列にすれば良いです。

　また、このカスタムリソースによって作成しようとする S3 オブジェクトがすでに存在する場合には、既存のものを上書きしないように、カスタムリソースの作成をエラーにさせます。

　なお、オブジェクトをアップロードするバケットは、すでに存在していることを前提とします。

11.5.2 ┊ Lambda 関数の実装

　リスト 11.4 の Lambda 関数では、RequestType の種別を問わずに同じ挙動をするようになっていました。しかし、RequestType によって挙動を変えるのが一般的です。

　少々長いですが、仕様を満たすような Lambda 関数を記述すると、たとえば次のようになります。

リスト 11.8　S3 バケットにオブジェクトを配置するカスタムリソースによって起動される Lambda 関数の
　　　　　　 コード

```
1   import cfnresponse
2   import boto3
3
4   FAILED_DUMMY_PHYSICAL_RESOURCE_ID = "FailedDummyPhysicalResourceId"
5
6
7   def check_object_exists(client, bucket, key):
8       output = client.list_objects_v2(Bucket=bucket, Prefix=key)
9       if "Contents" in output:
10          for obj in output["Contents"]:
11              if obj["Key"] == key:
12                  return True
13      return False
```

```
14
15  def extract_physical_id(event):
16      if "PhysicalResourceId" in event:
17          return event["PhysicalResourceId"]
18      else:
19          return None
20
21  def on_create(client, event):
22      try:
23          props = event["ResourceProperties"]
24          bucket, key, body = props["Bucket"], props["Key"], props["Body"]
25          if check_object_exists(client, bucket, key):
26              raise Exception(f"The object {key} already exists in the bucket {bucket}")
27          client.put_object(Bucket=bucket, Key=key, Body=body)
28          status = cfnresponse.SUCCESS
29          physical_id_to_return = f"{bucket}|{key}"
30      except Exception as e:
31          print(e)
32          status = cfnresponse.FAILED
33          physical_id_to_return = FAILED_DUMMY_PHYSICAL_RESOURCE_ID
34      finally:
35          return status, physical_id_to_return
36
37
38  def on_update(client, event):
39      try:
40          physical_id = extract_physical_id(event)
41          props = event["ResourceProperties"]
42          bucket, key, body = props["Bucket"], props["Key"], props["Body"]
43          physical_id_updated = f"{bucket}|{key}"
44          if physical_id is None:
45              physical_id = FAILED_DUMMY_PHYSICAL_RESOURCE_ID
46              raise Exception("PhysicalResourceId is not found in the event")
47          elif physical_id != physical_id_updated and check_object_exists(client, bucket, key):
48              physical_id = FAILED_DUMMY_PHYSICAL_RESOURCE_ID
49              raise Exception(f"The object {key} already exists in the bucket {bucket}")
50          client.put_object(Bucket=bucket, Key=key, Body=body)
51          status = cfnresponse.SUCCESS
52          physical_id_to_return = physical_id_updated
53      except Exception as e:
54          print(e)
55          status = cfnresponse.FAILED
56          physical_id_to_return = physical_id
57      finally:
58          return status, physical_id_to_return
59
60
61  def on_delete(client, event):
62      try:
63          physical_id = extract_physical_id(event)
64          if physical_id is None:
65              physical_id = FAILED_DUMMY_PHYSICAL_RESOURCE_ID
66              raise Exception("PhysicalResourceId is not found in the event")
```

11

```
67        elif physical_id != FAILED_DUMMY_PHYSICAL_RESOURCE_ID:
68            bucket, key = physical_id.split("|")
69            client.delete_object(Bucket=bucket, Key=key)
70        else:
71            print("Skipping deletion of failed resource")
72        status = cfnresponse.SUCCESS
73        physical_id_to_return = physical_id
74    except Exception as e:
75        print(e)
76        status = cfnresponse.FAILED
77        physical_id_to_return = physical_id
78    finally:
79        return status, physical_id_to_return
80
81
82 def lambda_handler(event, context):
83    action = event["RequestType"]
84    handlers = {"Create": on_create, "Update": on_update, "Delete": on_delete}
85    client = boto3.client("s3")
86    status, physical_id_to_return = handlers[action](client, event)
87    cfnresponse.send(event, context, status, {}, physical_id_to_return)
```

　3つの`RequesrType`(`Create`、`Update`、`Delete`)それぞれに対応した関数（`on_create`、`on_update`、`on_delete`)を作成して、各イベントを受け取ったときの処理を記述しています。これらの関数は、成功また失敗の情報（`status`）と物理ID（`physical_id`）を返します（35、58、79行目）。最後にこれらの値を`cfnresponse.send()`で送信しています（87行目）。

　このLambda関数のコードでは、PythonのAWS SDKであるBoto3[注11.15] を用いて、S3の`put_object`、`delete_object`の操作をしています。

　なお、このコードでは`cfnresponse`に加え、`boto3`のパッケージをインポートしていますが、Lambda関数のPythonのランタイムでは、`boto3`がデフォルトで使えるようになっているため、Lambda関数のアセットに含める必要はありません。

○ on_create

　イベントに格納されたカスタムリソースの属性から、作成するS3オブジェクトのバケット、オブジェクトキー、内容を特定して（23-24行目）、そのS3オブジェクトが存在しないことを確認します（25行目）。そして、`put_object`を使ってS3オブジェクトを作成しています。その物理IDはバケット名とオブジェクトキーを"|"で連結した文字列で与えています。

　作成しようとするS3オブジェクトがすでに存在する場合には、例外を発生させて（26行目）、エラー処理を行っています（30-33行目）。作成に失敗した場合の物理IDは

注11.15 https://boto3.amazonaws.com/v1/documentation/api/latest/index.html

FAILED_DUMMY_PHYSICAL_RESOURCE_ID としています。

○ on_delete

　更新の処理の前に、削除の処理を先に説明しておきましょう。

　削除の処理では、PhysicalResourceIdから削除対象リソースの物理IDを取得し（63行目）、その物理IDから削除対象のS3オブジェクトのバケット、オブジェクトキーを特定します（68行目）。そして、delete_objectによって、そのオブジェクトを削除しています（69行目）。

　すでに説明したように、カスタムリソースの作成に失敗した場合には、RequestType が Deleteであるイベントが入力となるLambda関数が実行されます。そのときに、物理IDが FAILED_DUMMY_PHYSICAL_RESOURCE_IDの場合には削除の処理をスキップするようにしています（67–71行目）。

○ on_update

　最後に更新の処理です。イベントに格納されたカスタムリソースの属性から、操作の対象となるS3オブジェクトのバケット、オブジェクトキー、内容を特定するのは、作成の場合と同じです（41–42行目）。

　更新前からS3オブジェクトのバケット、オブジェクトキーが変化する場合には、新規のS3オブジェクトを作成します。そのときに、作成（on_create）のときと同様に、新しいバケット、オブジェクトキーにすでにS3オブジェクトがないかの確認をしています（47–49行目）。もし、新しいバケット、オブジェクトキーにS3オブジェクトがすでに存在する場合には、physical_id に FAILED_DUMMY_PHYSICAL_RESOURCE_IDをセットして、例外を発生させています（48–49行目）。cfnresponse.send()で送信される物理IDをFAILED_DUMMY_PHYSICAL_RESOURCE_IDにしておくことによって、置換のための新規のリソース作成に失敗したときに実行されるDeleteのイベントによる処理をスキップできます。

　処理の成功時には、cfnresponse.send()でカスタムリソースの新しい物理ID（43、52行目）を送信しています。物理IDが変化するので、古い物理IDに対するDeleteイベントによってLambda関数が実行され、古いS3オブジェクトは削除されます。

　S3オブジェクトのバケット、オブジェクトキーが変化せずに、内容だけが変化する場合は、このカスタムリソースによってすでに作成済みのS3オブジェクトを上書きすることによって更新を行うので、存在確認の必要はありません。S3オブジェクトの上書き処理の成功時には、更新前と同じ物理IDをcfnresponse.send()で送信します。

　また、カスタムリソース更新の失敗時には、元の内容のS3オブジェクトに上書きして戻すために、失敗時にもcfnresponse.send()で更新前と同じ物理IDを送信します。

11.5.3 ⋮ カスタムリソースを記述するCDKのコード

○ CDKプロジェクトの作成

CDKプロジェクトを作成します。

```
> mkdir custom_resource_s3_object
> cd custome_resource_s3_object
> cdk init -l typescript
```

○ Lambda関数のコードの配置

bin と lib と同じ階層に lambda というディレクトリを作成して、その中の put_s3_object/main.py に**リスト11.8**のLambda関数のコードを配置します。

○ スタックのコンストラクタへのリソースの記述

lib/custom_resource_s3_object-stack.ts を次のようにします。なお、バケット名は[AWS アカウントID]-test-bucket としてあります。このバケットは、AWSマネジメントコンソール や AWS CLIによって、あらかじめ作成しておいてください。

リスト11.9　`lib/custom_resource_s3_object-stack.ts`

```typescript
1   import * as cdk from "aws-cdk-lib";
2   import { Construct } from "constructs";
3   import * as s3 from "aws-cdk-lib/aws-s3";
4   import * as lambda from "aws-cdk-lib/aws-lambda";
5   import * as cfn from "aws-cdk-lib/aws-cloudformation";
6   import * as fs from "node:fs";
7
8   export class CustomResourceS3ObjectStack extends cdk.Stack {
9     constructor(scope: Construct, id: string, props?: cdk.StackProps) {
10      super(scope, id, props);
11
12      const bucketName = `${cdk.Stack.of(this).account}-test-bucket`;
13      const bucket = s3.Bucket.fromBucketName(this, "Bucket", bucketName);
14
15      const code = fs.readFileSync(
16        "lambda/put_s3_object/main.py",
17        "utf-8"
18      );
19
20      const lambdaFunction = new lambda.Function(this, "Function", {
21        functionName: "CRPutS3Object",
22        runtime: lambda.Runtime.PYTHON_3_12,
23        handler: "index.lambda_handler",
```

```
24        code: lambda.Code.fromInline(code),
25        timeout: cdk.Duration.seconds(15),
26        architecture: lambda.Architecture.ARM_64,
27      });
28      bucket.grantRead(lambdaFunction);
29      bucket.grantPut(lambdaFunction);
30      bucket.grantDelete(lambdaFunction);
31
32      const customResource = new cdk.CustomResource(this, "CustomResource", {
33        serviceToken: lambdaFunction.functionArn,
34        properties: {
35          Bucket: bucket.bucketName,
36          Key: "test-key-cdk",
37          Body: "Hello, World!",
38        },
39      });
40      (customResource.node.defaultChild as cfn.CfnCustomResource).serviceTimeout = 30;
41    }
42  }
```

　28–30行目で、オブジェクトを配置するS3バケットのオブジェクトに対してListBucket、PutObject、DeleteObjectを許可するポリシーをLambda関数のIAMロールにアタッチしています[注11.16]。

　カスタムリソースの属性には、Bucket、Key、Bodyを設定しています。

○ スタックのコンストラクタの呼び出し

　スタックのコンストラクタを呼び出すコード bin/custom_resource_s3_object.ts は初期のままにしておきます。

▎11.5.4 ┊ スタックの作成、更新、削除に伴うS3オブジェクトの挙動

　このコードを使って、スタックの作成、更新、削除の操作をすると、次のことが確認できます。

- スタックの作成時のカスタムリソースの作成に併せて、指定したバケットにtest-keyというオブジェクトキーのS3オブジェクトが作成され、中身がHello, World!になっていること
- テンプレートのカスタムリソースの属性BodyをHello, World!!!に変更して、スタックの

注11.16　このgrant*を用いたポリシーの追加の結果、このLambda関数では使わないアクションの許可も付与されますが、対象リソースが限定されていることとCDKの記述の簡便さから許容できるとしました。

更新を実行すると、指定したバケットのtest-keyというオブジェクトキーのS3オブジェクトの中身がHello, World!!!に更新されること（このとき、RequestTypeがUpdateのイベントを受け取ったLambda関数のみが実行されること）

● テンプレートのカスタムリソースの属性Keyをtest-key2に変更して、スタックの更新を実行すると、指定したバケットにtest-key2というオブジェクトキーのS3オブジェクトが作成され、中身がHello, World!!!になっていること。また、既存のtest-keyというオブジェクトキーのS3オブジェクトが削除されていること（このとき、RequestTypeがUpdateのイベントを受け取ったLambda関数とDeleteのイベントを受け取ったLambdaが続いて実行されること）

● スタックの削除によってカスタムリソースを削除すると、指定したバケットに存在したtest-key2というS3オブジェクトが削除されること

　その他、カスタムリソースの属性に指定したバケット、オブジェクトキーにすでにS3オブジェクトが存在する場合には、カスタムリソースの作成や更新に失敗すること、そのときには削除の処理がスキップされることも確認できます。

11.6 カスタムリソースプロバイダの活用

　カスタムリソースで使うLambda関数を記述するCDKのコンストラクタに、aws-cdk-lib.custom_resourcesモジュールのProviderというものがあります。これは、CDKの「カスタムリソースプロバイダフレームワーク」を提供するコンストラクタであり、カスタムリソースで用いるLambda関数の実装を、より簡単にできる機能を提供しています。

　たとえば、これまでのLambda関数では、cfnresponse.send()をユーザーが呼び出すように実装する必要がありました。また、リソースの作成失敗に伴うロールバックの際に、リソースの削除処理を回避する実装も必要でした。「カスタムリソースプロバイダフレームワーク」を使えば、ユーザーによるこのような実装が不要になります。

11.6.1 ░ カスタムリソースプロバイダの実体

CDK のソースコードを見ると、カスタムリソースプロバイダの実体[注11.17] は、ユーザーの Lambda 関数を実行する Lambda 関数です。ユーザーのカスタムリソースの作成、更新、削除の操作が行われると、カスタムリソースプロバイダの Lambda 関数が起動され、その Lambda 関数がユーザーの Lambda 関数を実行しています。

カスタムリソースプロバイダの Lambda 関数は、ユーザーの Lambda 関数から返ってきた結果を編集して、`cfnresponse.send()` 相当の処理を行ってくれるなど、今まではユーザーの Lambda 関数が行っていた処理の一部を担ってくれます。

11.6.2 ░ カスタムリソースプロバイダを使う場合のユーザーの Lambda 関数

カスタムリソースプロバイダを使う場合には、ユーザーが作成する Lambda 関数に必要な実装が少し変わります。

● 成功や失敗の通知の実装が不要

リスト 11.8 では、処理の成功・失敗にかかわらず、`cfnresponse.send()` で実行の成否を通知する必要がありました。実行の途中で例外が発生して Lambda 関数が異常終了してしまうと、実行の可否の通知ができなくなってしまうため、例外処理の構文（`try – except – finally`）を使って例外の発生を捕捉して、Lambda 関数が異常終了しないように実装していました。

一方、カスタムリソースプロバイダを使う場合の Lambda 関数では、ユーザーによる `cfnresponse.send()` の実装が必要ありません。処理に成功したときには、物理 ID を示す `PhysicalResourceId` を含むオブジェクト（Python では `dict` 型の値）を返すようにします。それによって、成功の通知が自動的に送られます。また、処理中にエラーが発生したときには、例外を発生させて異常終了させます。そうすると、失敗が自動的に通知されます。

例外によって異常終了すれば失敗の通知が自動的にされるので、例外処理の構文が不要になり、コードがシンプルになります。

ただし、このような仕組みになることによる制約があります。それについては、**11.6.4 項**で触れます。

注11.17 https://github.com/aws/aws-cdk/tree/ed4e1526088a6efbd6ee1c78c5923aecef5d4447/packages/aws-cdk-lib
/custom-resources/lib/provider-framework

◎ カスタムリソースの作成に失敗したときの削除処理のスキップの実装が不要

　リスト **11.8** のコードでは、カスタムリソースの作成に失敗したことによる Delete イベント
の処理をスキップするように実装していました。カスタムリソースプロバイダを用いると、同
様の処理をカスタムリソースプロバイダがカバーしてくれるため、ユーザーの Lambda 関数に
このような実装が不要になります。

◎ カスタムリソースプロバイダで利用できるように修正した Lambda 関数のコード

　リスト **11.8** の Lambda 関数のコードを、カスタムリソースプロバイダから利用するように
修正すると、次のようになります。

リスト 11.10　リスト 11.8 の Lambda 関数のコードをカスタムリソースプロバイダから利用するように修
　　　　　　　正したもの

```python
import boto3


def check_object_exists(client, bucket, key):
    output = client.list_objects_v2(Bucket=bucket, Prefix=key)
    if "Contents" in output:
        for obj in output["Contents"]:
            if obj["Key"] == key:
                return True
    return False


def extract_physical_id(event):
    if "PhysicalResourceId" in event:
        return event["PhysicalResourceId"]
    else:
        return None


def on_create(client, event, context):
    props = event["ResourceProperties"]
    bucket, key, body = props["Bucket"], props["Key"], props["Body"]
    if check_object_exists(client, bucket, key):
        raise Exception(f"The object {key} already exists in the bucket {bucket}")
    client.put_object(Bucket=bucket, Key=key, Body=body)
    physical_id_to_return = f"{bucket}|{key}"
    return {"PhysicalResourceId": physical_id_to_return}


def on_update(client, event, context):
    physical_id = extract_physical_id(event)
    props = event["ResourceProperties"]
    bucket, key, body = props["Bucket"], props["Key"], props["Body"]
    physical_id_updated = f"{bucket}|{key}"
    if physical_id is None:
```

```
36      raise Exception("PhysicalResourceId is not found in the event")
37    elif physical_id != physical_id_updated and check_object_exists(client, bucket, key):
38      raise Exception(f"The object {key} already exists in the bucket {bucket}")
39    client.put_object(Bucket=bucket, Key=key, Body=body)
40    physical_id_to_return = physical_id_updated
41    return {"PhysicalResourceId": physical_id_to_return}
42
43
44 def on_delete(client, event, context):
45    physical_id = extract_physical_id(event)
46    if physical_id is None:
47      raise Exception("PhysicalResourceId is not found in the event")
48    bucket, key = physical_id.split("|")
49    client.delete_object(Bucket=bucket, Key=key)
50    physical_id_to_return = physical_id
51    return {"PhysicalResourceId": physical_id_to_return}
52
53
54 def lambda_handler(event, context):
55    action = event["RequestType"]
56    handlers = {"Create": on_create, "Update": on_update, "Delete": on_delete}
57    client = boto3.client("s3")
58    handlers[action](client, event, context)
```

　例外処理の構文や、カスタムリソース作成失敗時の削除処理のスキップの実装がなくなりました。処理のロジックのみとなり、少しスッキリしたコードになっています。

11.6.3 ┊ カスタムリソースプロバイダを使う場合のCDKのコード

　カスタムリソースプロバイダを使うように**リスト11.9**を修正します。**リスト11.9**の32–39行目を次のものに置き換えます[注11.18]。

リスト11.11　リスト11.9をカスタムリソースプロバイダを使うように修正

```
32    const crProvider = new cr.Provider(this, 'PutS3CustomResourceProvider', {
33      onEventHandler: lambdaFunction,
34    });
35
36    const customResource = new cdk.CustomResource(this, 'PutS3CustomResource', {
37      serviceToken: crProvider.serviceToken,
38      properties: {
39        Bucket: bucketName,
40        Key: 'test-key-cdk-cr-provider',
41        Body: 'Hello, World',
42      }
```

注11.18 Key の変更は、修正前のものと重複しないようにしただけで、本質的な意味はありません。

```
43      });
```

また、冒頭に次の import を追加してください。

```
import * as cr from 'aws-cdk-lib/custom-resources'
```

カスタムリソースプロバイダを使うためには、Lambda 関数のインスタンスを Provider コンストラクタの属性 onEventHandler に渡し（33 行目）、Provider のインスタンスの ServiceToken を CustomResource のコンストラクタに渡します（37 行目）。

◯ コンストラクタツリー

カスタムリソースプロバイダによって作成されるリソースは、cdk synth によって出力される CloudFormation のテンプレートを見れば把握できます。しかし、非常に長いテンプレートになるので、コンストラクタツリーから、記述されているリソースを把握することにしましょう（**図 11.1**）。

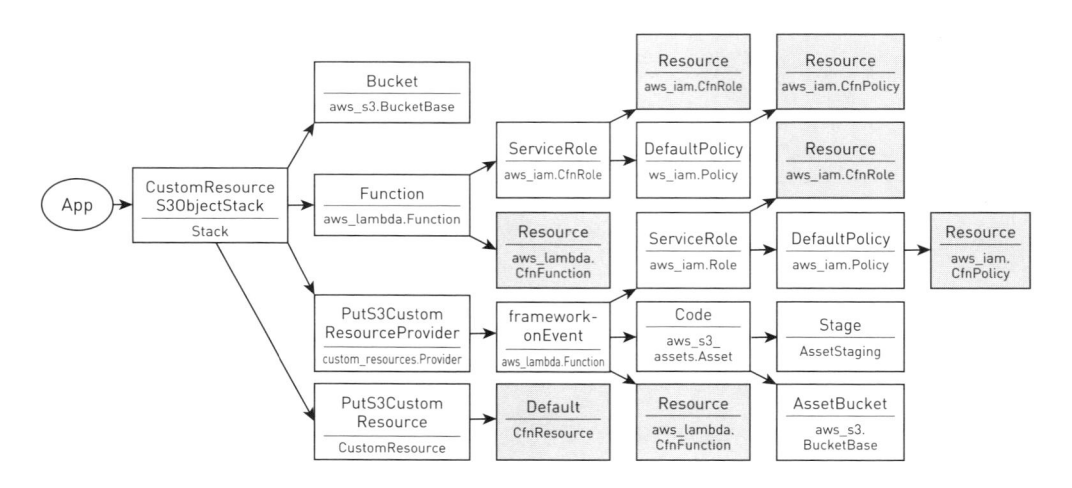

図11.1　カスタムリソースプロバイダを用いたときのコンストラクタツリー

CustomResourceS3ObjectStack の直下にある 4 つのコンストラクタが、**リスト 11.9**、**リスト 11.11** に記述された 4 つのコンストラクタに対応しています。カスタムリソースプロバイダに対応する custom_resources.Provider（論理 ID：PutS3CustomResourceProvider）の子には、aws_lambda.Function のコンストラクタ（論理 ID：framework-onEvent）があり、その

コンストラクタから`CfnFunction`（Lambda関数）とそれに付随する`CfnRole`（IAMロール）、`CfnPolicy`（IAMポリシー）のコンストラクタが呼び出されています。このように、カスタムリソースプロバイダの実体がLambda関数であるということが、このツリーからもわかります。

また、ユーザーのLambda関数に対応するコンストラクタ`aws_lambda.Function`（論理ID：`Function`）の子には、`CfnFunction`（Lambda関数）の他に、`aws_iam.Role`（論理ID：`ServiceRole`）のコンストラクタがあります。これが、CDKによって自動的に作成されたIAMロール（Lambdaのサービスが引き受ける）に対応しています。

11.6.4 ┊ カスタムリソースプロバイダを使う場合の制約事項

カスタムリソースプロバイダを使うことで実装が簡易になるなどのメリットがありましたが、一方で、ユーザーのLambda関数の中で`cfnresponse.send()`を使って情報を送信していたのに比べ、制約されることがあります。

リスト11.9から**リスト11.10**への書き換えからわかるように、カスタムリソースプロバイダを使う場合のコードは、失敗して例外を発生させたときに物理IDの情報を渡さなくなっています。**11.4.3項**で説明したように、カスタムリソースの更新の場合は、失敗時の`cfnresponse.send()`で送信する物理IDが、現在の物理IDと同じか否かによって挙動が変わります。しかし、カスタムリソースプロバイダを使う場合は、失敗時に送信する物理IDをユーザーが指定する余地がなくなっています。

カスタムリソースプロバイダでは、カスタムリソース更新の失敗時に送信される物理IDは現在（更新前）の物理IDに固定されています。したがって、物理IDが変化した場合での更新の失敗のときに実行される「置換のために新規に作成したリソースを削除する」という挙動をカバーしなくなっています。しかし、今回のユースケースでは、この削除動作はスキップしているので、この挙動をカバーしなくても問題ありません。また、更新前の属性でS3オブジェクトが上書きされて戻される処理が実行されるようになりますが、この処理はべき等（何回実行しても同じ結果になる）であるので、これも問題になりません。

このように、今回のユースケースではカスタムリソースプロバイダのこの制約が大きく影響することがなく、他の多くのケースでも同様であると考えています。もし、この制約によって実現できないことがある場合には、カスタムリソースプロバイダを使わずに、`cfnresponse.send()`をユーザーのLambda関数の中で送信する実装も検討してみてください。

AwsCustomResource

　これまでは、カスタムリソースの作成、更新、削除のイベントを受け取る Lambda 関数を作成して、その Lambda 関数にロジックを実装して、リソースの操作を実現していました。

　カスタムリソースの作成、更新、削除に伴う操作が、AWS SDK の 1 つの関数の実行でできる簡単なユースケースでは AwsCustomResource[注11.A] を活用できます。

　このコンストラクタを呼び出すと、カスタムリソースとそれによって実行される Lambda 関数が作られます。この Lambda 関数は、カスタムリソースの生成、更新、削除に伴って実行され、AWS SDK の関数を呼び出します[注11.B]。

　このように、カスタムリソースの生成、更新、削除に合わせて、1 つの AWS SDK の関数を呼び出せば良いような簡易なものである場合には、AwsCustomResource を使うことで、Lambda 関数を自分で作らずに、カスタムリソースを利用できます。

注11.A https://docs.aws.amazon.com/cdk/api/v2/docs/aws-cdk-lib.custom_resources.AwsCustomResource.html
注11.B https://github.com/aws/aws-cdk/blob/ed4e1526088a6efbd6ee1c78c5923aecef5d4447/packages/aws-cdk-lib/custom-resources/lib/aws-custom-resource/aws-custom-resource.ts#L519-L531

11.7　Terraformにおける Lambda関数の活用

　Terraform でも、CloudFormation のカスタムリソースのように、Lambda 関数を活用することができます。

　Terraform の AWS プロバイダのリソースの 1 つに aws_lambda_invocation[注11.19] という、Lambda 関数を実行するリソースがあります。デフォルトでは、このリソースが作成されるときにだけ Lambda 関数が実行されますが、lifecycle_scope = "CRUD"という引数を指定することで、リソースの作成時に加え、更新時や削除時にも Lambda 関数を実行することができます[注11.20]。Lambda 関数には、作成・更新・削除に対応した処理を実装します。これは、

注11.19 https://registry.terraform.io/providers/hashicorp/aws/latest/docs/resources/lambda_invocation
注11.20 https://github.com/hashicorp/terraform-provider-aws/pull/29367

CloudFormationのカスタムリソースで、RequestTypeの値（Create/Update/Delete）によっ
て、それぞれの値に対応する挙動をLambda関数に実装したのと同じです。

11.7.1　lambda_invocationの使い方

まず、CloudFormationのカスタムリソースのときと同様に、Lambda関数にどのようなイ
ベントが渡されるのかを見てみましょう。

● ルートモジュールの作成
最初にルートモジュールを作成します。ここではdev環境向けのlambda_invocationという
名前のルートモジュールを作成します。

```
> sh ./tools/tf_init.sh dev lambda_invocation
> cd env/dev/lambda_invocation
> AWS_PROFILE=admin terraform init
```

● イベントを出力するLambda関数
ディレクトリenvと同じ階層にlambdaというディレクトリを作成し、print_event/main.py
に次のLambda関数のコードを配置します。

リスト 11.12　lambda/print_event/main.py

```
1  import json
2
3  def lambda_handler(event, context):
4      print(json.dumps(event))
```

CloudFormationのカスタムリソースの導入の際に使った同様の機能のコード（**リス
ト 11.3**）に比べると、cfnresponse.send()の処理がなく、シンプルになっています。
CloudFormationのカスタムリソースでは、処理の成功または失敗をCloudFormationに
伝える必要がありましたが、Terraformのaws_lambda_invocationの場合は、Lambda関数の
正常終了またはエラー終了を監視しているため、別途、成功や失敗を伝える必要がありません。

● Lambda関数を記述するコンフィグファイル
このLambda関数を、実行に必要なIAMロールとともにデプロイするTerraformのコンフィ
グをmain.tfに記述します。

リスト 11.13　env/dev/lambda_invocation/main.tf

```
1  # Lambda関数のZIPアーカイブを作成する
2  data "archive_file" "print_event_lambda_zip" {
3      output_path = "./lambda_function.zip"
4      source_file = "../../../lambda/print_event/main.py"
5      type = "zip"
6  }
7
8  data "aws_iam_policy_document" "lambda_exec_assume_role_policy" {
9      statement {
10         actions = ["sts:AssumeRole"]
11         principals {
12             type        = "Service"
13             identifiers = ["lambda.amazonaws.com"]
14         }
15     }
16 }
17
18 data "aws_iam_policy" "lambda_basic_role" {
19     name = "AWSLambdaBasicExecutionRole"
20 }
21
22 resource "aws_iam_role" "lambda_exec" {
23   name               = "print_event_lambda_role"
24   assume_role_policy = data.aws_iam_policy_document.lambda_exec_assume_role_policy.json
25 }
26
27 resource "aws_iam_role_policy_attachments_exclusive" "lambda_basic_role" {
28   policy_arns = [data.aws_iam_policy.lambda_basic_role.arn]
29   role_name   = aws_iam_role.lambda_exec.name
30 }
31
32 resource "aws_lambda_function" "print_event" {
33     filename         = data.archive_file.print_event_lambda_zip.output_path
34     function_name    = "print_event_tf"
35     role             = aws_iam_role.lambda_exec.arn
36     handler          = "main.lambda_handler"
37     source_code_hash = filebase64sha256(data.archive_file.print_event_lambda_zip.output_path)
38     runtime          = "python3.12"
39     timeout          = 10
40 }
41
42 resource "aws_lambda_invocation" "print_event" {
43     function_name = aws_lambda_function.print_event.function_name
44     input = jsonencode({
45         resource_properties = {
46             greeting = "Hello, World!".
47         }
48     })
49     lifecycle_scope = "CRUD"
50 }
```

Lambda関数のデプロイについては**第10章**で取り上げました。ここでは、アセットの作成をIaCがカバーする戦略を使っていますが、**第10章**で説明しなかったもう1つの方法を使っています。アセットはS3に配置するのが基本ですが、アセットのZIPファイルが大きくなければ、ローカルにあるアセットをそのまま使うことができます。

このコンフィグファイルでは、archiveプロバイダのarchive_fileというデータソース[注11.21]を用いて、ローカルにあるLambda関数のコードをローカルでZIPファイルにアーカイブしています（2–6行目）。そして、そのZIPファイルをLambda関数のアセットのファイルとして、aws_lambda_functionの引数filenameに指定しています（33行目）。

○ aws_lambda_invocation

Lambda関数を実行するaws_lambda_invocationのパラメータには、Lambda関数名（function_name）とLambda関数への入力ペイロード（input）を指定します。このときに、CloudFormationのカスタムリソースと同等の挙動を得るためには、lifecycle_scope = "CRUD"を指定しておくことがポイントです（49行目）。

inputにはJSON形式で入力ペイロードを指定しますが、HCLまたはJSONで記述（混在しても良い）されたデータをJSON文字列に変換できるTerraformの組み込み関数jsonencodeを使っています（44–48行目）。

なお、入力ペイロードのJSONのスキーマには任意のものが指定できますが、CloudFormationのカスタムリソースの場合にResourcePropertiesというブロックの中に個別のパラメータを指定していたことを踏襲して、ここでも同じ構造にしています。その結果、Lambda関数のイベントの処理部分の記述が、CloudFormationのカスタムリソースで用いるLambda関数とほぼ同じになり便利です。

▌ 11.7.2 ⋮ Lambda関数に入力されるイベント

リスト11.13のTerraformのコンフィグファイルに対してterraform applyを実行して、aws_lambda_invocationのリソースの操作に伴って、Lambda関数に送信されるイベントを確認します。

○ aws_lambda_invocationリソースが作成されるとき

初回のterraform applyの実行によって、aws_lambda_invocationのリソースが作成されま

注11.21 https://registry.terraform.io/providers/hashicorp/archive/latest/docs/data-sources/file

す。そのときに実行される Lambda 関数のログ（CloudWatch Logs に出力）に次のような出力がされます。

リスト 11.14　`aws_lambda_invocation` のリソース作成時の Lambda 関数へのイベント

```
1  {
2      "resource_properties": {
3          "greeting": "Hello, World!"
4      },
5      "tf": {
6          "action": "create",
7          "prev_input": null
8      }
9  }
```

　自分でコードで指定した入力ペイロード（`resource_properties`）とともに、`tf` というキーのオブジェクトが追加され、そのオブジェクトの `action` という属性は `create` になっています。この `action` という属性が、CloudFormation のカスタムリソースの操作によって Lambda 関数に送信される `RequestType` に相当します。この値を使って、Lambda 関数の挙動をリソースの作成、更新、削除それぞれの場合で変えることができることは、CloudFormation のカスタムリソースと同じです。

　`prev_input` は、`create` の場合には `null` になっています。

● `aws_lambda_invocation` リソースが更新されるとき

　次に、`aws_lambda_invocation.print_event` の `input` にある `greeting` と言う属性を`Hello, World!!!`（末尾の `!` が 3 つ）に変更して、`terraform apply` を実行してみます。Lambda 関数のログには次のような出力がされます。

リスト 11.15　`aws_lambda_invocation` のリソース更新時の Lambda 関数へのイベント

```
1  {
2      "resource_properties": {
3          "greeting": "Hello, World!!!"
4      },
5      "tf": {
6          "action": "update",
7          "prev_input": {
8              "resource_properties": {
9                  "greeting": "Hello, World!"
10             }
11         }
12     }
13 }
```

更新時には、tfオブジェクトのactionがupdateになっています。また、prev_inputには、更新前の入力ペイロードが格納されています。つまり、更新時にはリソース更新前と更新後両方の入力ペイロードがLambda関数に送られています。

⭘ aws_lambda_invocationリソースが削除されるとき

最後に、aws_lambda_invocationのブロックをコメントアウトして、aws_lambda_invocationのリソースを削除します。そして、同様にterraform applyを実行して、Lambda関数のログを見ると、次のような出力を見ることができます。

リスト11.16 aws_lambda_invocationのリソース削除時のLambda関数へのイベント

```
1  {
2      "resource_properties": {
3          "greeting": "Hello, World!!!"
4      },
5      "tf": {
6          "action": "delete",
7          "prev_input": {
8              "resource_properties": {
9                  "greeting": "Hello, World!!!"
10             }
11         }
12     }
13 }
```

削除時には、tfオブジェクトのactionがdeleteになっています。また、prev_inputには、削除直前の入力ペイロードが格納されています。

11.7.3 ┊ aws_lambda_invocationで実行するLambda関数の例

CloudFormationのカスタムリソースのときにも取り上げた、リソースの作成とともにS3オブジェクトを作成する機能をaws_lambda_invocationを使って実装してみます。

CloudFormationのカスタムリソースの場合は、更新によって物理IDが変わったときの古いリソースに対する削除のイベントや、更新に失敗したときのロールバックをするための更新のイベントによって、再度、Lambda関数が自動的に実行されました。

Terraformのaws_lambda_invocationは、指定のLambda関数を1回実行するのみであり、更新によるリソースの置換や、更新の失敗を感知して、何らかの処理を自動的に行うということはありません。シンプルでわかりやすいことは利点ですが、CloudFormationのカスタムリソースと同等の挙動にしたい場合には、その挙動をLambda関数の中に自ら実装する必要があ

427

ります。

● ルートモジュールの作成

　ここではdev環境向けの`lambda_invocation_s3_object`という名前のルートモジュールを作成します。

```
> sh tools/tf_init.sh dev lambda_invocation_s3_object
> cd env/dev/lambda_invocation_s3_object
> AWS_PROFILE=admin terraform init
```

● Lambda関数のコード

　次のファイルを`lambda/put_s3_object/main.py`に配置します。

リスト 11.17　`lambda/put_s3_object/main.py`

```python
import boto3


class ObjectAlreadyExistsException(Exception):
    pass


def check_object_exists(client, bucket, key):
    output = client.list_objects_v2(Bucket=bucket, Prefix=key)
    if "Contents" in output:
        for obj in output["Contents"]:
            if obj["Key"] == key:
                return True
    return False


def on_create(client, event):
    props = event["resource_properties"]
    bucket, key, body = props["bucket"], props["key"], props["body"]
    if check_object_exists(client, bucket, key):
        raise Exception(f"The object {key} already exists in the bucket {bucket}")
    client.put_object(Bucket=bucket, Key=key, Body=body)
    return


def on_update(client, event):
    event_prev = event["tf"]["prev_input"]
    try:
        props = event["resource_properties"]
        props_prev = event_prev["resource_properties"]
        bucket, key, body = props["bucket"], props["key"], props["body"]
```

```
32      bucket_prev, key_prev, body_prev = props_prev["bucket"], props_prev["key"], props_prev["body"]
33      physical_id_updated = f"{bucket}|{key}"
34      physical_id_prev = f"{bucket_prev}|{key_prev}"
35      if physical_id_prev != physical_id_updated and check_object_exists(client, bucket, key):
36          raise ObjectAlreadyExistsException(f"The object {key} already exists in the bucket {bucket}")
37      client.put_object(Bucket=bucket, Key=key, Body=body)
38      if physical_id_prev != physical_id_updated:
39          client.delete_object(
40              Bucket=bucket_prev,
41              Key=key_prev,
42          )
43  except ObjectAlreadyExistsException as e:
44      print(e)
45      raise e
46  except Exception as e:
47      print(e)
48      if physical_id_prev == physical_id_updated:
49          # 更新前の属性に基づいて更新をロールバック
50          client.put_object(Bucket=bucket_prev, Key=key_prev, Body=body_prev)
51      raise e
52  return


def on_delete(client, event):
    props = event["resource_properties"]
    bucket, key = props["bucket"], props["key"]
    client.delete_object(Bucket=bucket, Key=key)
    return


def lambda_handler(event, context):
    action = event["tf"]["action"]
    handlers = {"create": on_create, "update": on_update, "delete": on_delete}
    client = boto3.client("s3")
    handlers[action](client, event)
```

すでに説明したように、CloudFormationのカスタムリソースでは必要だった、成功や失敗の通知処理は不要です。

作成、削除に対応するon_create、on_deleteは、イベントから属性情報を読み取って、処理対象のS3オブジェクトを特定して、作成、削除を行っているものです。構造は、CloudFormationのカスタムリソースのときとほぼ同じです。また、CloudFormationのカスタムリソースでは、カスタムリソースの作成に失敗したときに、引き続き削除のイベントによって実行されるLambda関数が削除処理をスキップするような処理を入れていました。しかし、Terraformのaws_lambda_invocationでリソースの作成にしてもロールバックの処理はなく、後続で自動的にLambdaが実行されることがないので、そのような考慮は不要です。

一方、更新に対応するon_updateでは、バケット名、オブジェクトキーからなる物理IDが更

新によって変化するときには、古いリソースを削除する処理を実装しています（38–42行目）。また、失敗したとき（例外が発生したとき）は、物理IDが変化する場合には何もせず、物理IDが変化しない場合には、更新前の属性情報を使ってS3オブジェクトを作成するというロールバック処理を実装しています（46–51行目）。これらは、CloudFormation のカスタムリソースを使う場合には、実装を必要としないものでした。

● リソースを記述するコンフィグファイル

この Lambda 関数とその関数を使った `aws_lambda_invocation` のリソースをデプロイする Terraform のコンフィグファイルは、**リスト 11.13** とほぼ同じように作成することができます。

リスト 11.18　env/dev/lambda_invocation_s3_object/main.tf

```
1  data "archive_file" "put_s3_object_lambda_zip" {
2    output_path = "./lambda_function.zip"
3    source_file = "../../../lambda/put_s3_object/main.py"
4    type        = "zip"
5  }
6
7  data "aws_iam_policy_document" "lambda_exec_assume_role_policy" {
8    statement {
9      actions = ["sts:AssumeRole"]
10     principals {
11       type        = "Service"
12       identifiers = ["lambda.amazonaws.com"]
13     }
14   }
15 }
16
17 data "aws_iam_policy" "lambda_basic_role" {
18   name = "AWSLambdaBasicExecutionRole"
19 }
20
21 data "aws_iam_policy_document" "put_s3_object_lambda_policy" {
22   statement {
23     actions = [
24       "s3:PutObject",
25       "s3:GetObject",
26       "s3:DeleteObject",
27       "s3:ListBucket"
28     ]
29     resources = [
30       "*"
31     ]
32   }
33 }
34
```

```
35  resource "aws_iam_role" "lambda_exec" {
36    name                = "put_s3_object_tf_lambda_role"
37    assume_role_policy = data.aws_iam_policy_document.lambda_exec_assume_role_policy.json
38  }
39
40  resource "aws_iam_role_policy_attachments_exclusive" "lambda_basic_role" {
41    policy_arns = [data.aws_iam_policy.lambda_basic_role.arn]
42    role_name   = aws_iam_role.lambda_exec.name
43  }
44
45  resource "aws_iam_role_policy" "lambda_inline_policy" {
46    name   = "put_s3_object_lambda_policy_tf"
47    policy = data.aws_iam_policy_document.put_s3_object_lambda_policy.json
48    role   = aws_iam_role.lambda_exec.name
49  }
50
51  resource "aws_lambda_function" "put_s3_object" {
52    filename         = data.archive_file.put_s3_object_lambda_zip.output_path
53    function_name    = "put_s3_object_tf"
54    role             = aws_iam_role.lambda_exec.arn
55    handler          = "main.lambda_handler"
56    source_code_hash = filebase64sha256(data.archive_file.put_s3_object_lambda_zip.output_path)
57    runtime          = "python3.12"
58    timeout          = 10
59  }
60
61  data "aws_caller_identity" "current" {}
62
63  resource "aws_lambda_invocation" "put_s3_object" {
64    function_name = aws_lambda_function.put_s3_object.function_name
65    input = jsonencode({
66      resource_properties = {
67        bucket = "${data.aws_caller_identity.current.account_id}-test-bucket"
68        key    = "test-key-tf"
69        body   = "Hello, World!"
70      }
71    })
72    lifecycle_scope = "CRUD"
73  }
```

　リスト 11.13 と異なるのは、Lambda 関数の中で実行される S3 のアクションに対する許可を IAM ロールのインラインポリシーによって与えていることです。インラインポリシーは、`aws_iam_policy_document` のデータソースを用いて作成し（21–33行目）、それを `aws_iam_role_policy` を使った IAM ロールにアタッチしています（45–49行目）。

　バケット名には、AWS アカウント ID を含めていますが、その問い合わせに `aws_caller_identity` のデータソースを用いています（61行目）。

　また、`aws_lambda_invocation` の `input` に、Lambda 関数がイベントを通じて受け取る属性を

設定しています（65-71行目）。

○ 動作確認

このコードを `terraform apply` によってデプロイすると、次のことを確認できます。

- 最初の `terraform apply` の実行時、指定したバケットに `test-key` というオブジェクトキーのS3オブジェクトが作成され、中身が `Hello, World!` になっていること
- `aws_lambda_invocation` の input にある body を `Hello, World!!!` に変更して、`terraform apply` を実行すると、指定したバケットの `test-key` というオブジェクトキーのS3オブジェクトの中身が `Hello, World!!!` に更新されること
- `aws_lambda_invocation` の input にある key を `test-key2` に変更して、`terraform apply` を実行すると、指定したバケットに `test-key2` というオブジェクトキーのS3オブジェクトが作成され、中身が `Hello, World!!!` になっていること。また、既存の `test-key` というオブジェクトキーのS3オブジェクトが削除されていること
- `terraform destroy` によってリソースを削除すると、指定したバケットに存在した `test-key2` というS3オブジェクトが削除されること

このように、CloudFormationカスタムリソースによるものと同等の挙動を得ることができます。

11.7.4 ┆ Lambda関数がエラーになったとき

ここまでは、CloudFormationのカスタムリソースによるものと同等の挙動を得ることができました。しかし、`aws_lambda_invocation` によって起動されたLambda関数が失敗したときの挙動に注意が必要です。

まず、**リスト11.18** のコードを `terraform apply` します。そして、`test-key2` というオブジェクトキーのS3オブジェクトを手動で作成したのちに、`aws_lambda_invocation` の input の key の値を `test-key2` に変更して、`terraform apply` をします。

Lambda関数の実装では、同じバケット、オブジェクトキーを持つS3オブジェクトがすでに存在している場合には、例外を発生させてエラー終了するようになっていました。確かに、その実装にしたがって、Lambda関数は異常終了します。ここまでは、実装のとおりです。

このあとに、`terraform plan` を実行します。Lambda関数の実行に失敗したので、`aws_lambda_invocation` の input の key を変更する実行計画が再び出力される、と期待した

いところですが、その期待に反して "No changes" の出力になってしまいます。これは、リソースの実行計画を作成するときの比較対象の状態が、Lambda関数が失敗したときのinputで更新されてしまっていることを示します。

これは、**8.2.2 項**のコラムで紹介した状況の実例です。terraform apply に失敗したときに、修正後のコンフィグファイルが記述する状態でtfstateファイルが更新されてしまうことがあることを紹介しました。そして、aws_lambda_invocation は、AWS上に実体があるリソースではなく、その属性の値をAWSアクションなどによって最新の情報にリフレッシュすることができません。そのため、コンフィグファイルに記述した属性値が反映されてしまっているtfstateファイルの属性値が、実行計画を作成するときの比較対象になってしまうのです。その結果、差分がないとの判断がされ、"No changes" になってしまいました。

このような場合には、エラーの原因を取り除いたうえで、次のようにterraform apply コマンドに-replaceのオプションを付与して実行することで、Lambda関数を強制実行することができます。

```
> AWS_PROFILE=admin terraform apply -replace=aws_lambda_invocation.put_s3_object
```

なお、オプションの-replaceが示すように、これはリソースを置換する操作です。そのため、actionがdeleteのイベントに続き、createのイベントによって、計2回のLambda関数が実行されます。

このようなリソースの置換をするのではなく、updateのイベントによるLambda関数の再実行を行いたい場合には、tfstateファイルをエディタで編集して、aws_lambda_invocationのinputを更新失敗の前の状態にします。スマートな方法とはいえませんが、IaCの管理下にあるリソースの情報が手元にあるからこそ、可能な方法と言えます。

Terraformのaws_lambda_invocationは、CloudFormationのカスタムリソース同様、応用はいろいろ考えられます。活用してみてください。

11.8 まとめ

本章では、IaCでLambda関数を活用するCloudFormation（CDK）のカスタムリソース

や、Terraform の `aws_lambda_invocation` リソースについて解説しました。これらを使うことで、CloudFormation（CDK）や Terraform ではカバーされていない機能の追加や、ユーザーのデータの宣言的な管理ができるようになります。

　CloudFormation（CDK）のカスタムリソースを利用するにあたっては、成功・失敗を通知するように Lambda 関数を実装する必要があること、その通知の際には物理 ID を指定する必要があり、その指定によって、リソースの置換・削除の挙動が変わることを説明しました。

　Terraform の `aws_lambda_invocation` というリソースを使うことで、CloudFormation（CDK）のカスタムリソース相当のことが実現できることを示しました。

索引

記号・数字

.aws/config ······································· 34
.terraform-version ファイル ···· 39, 117, 126
.terraform.lock.hcl ファイル ···· 85, 87, 123, 127
.terraform ディレクトリ ··············· 85, 123
3項演算子（Terraform） ······················ 105

A

ACM ··· 89
addContainer メソッド（CDK） ·············· 259
addEgressRule メソッド（CDK） ············ 267
addIngressRule メソッド（CDK） 267, 293
addListener メソッド（CDK） ·············· 258
addOverride メソッド（CDK） ···· →raw オーバーライド
addPropertyOverride メソッド（CDK） ··· → raw オーバーライド
addToPolicy メソッド（CDK） ·············· 269
ALB ······························ 231, 246, 258
alias（Terraform） ····························· 88
Amazon CloudFront ··············· →CloudFront
Amazon Elastic Container Registry ··· →ECR
Amazon Elastic Container Service ···· →ECS
Amazon ElastiCache ··············· →ElastiCache
Amazon Virtual Private Cloud ············· →VPC
AmazonLinuxImage クラス（CDK） ···· 293, 295
Application Load Balancer ·················· →ALB
ApplicationLoadBalancer コンストラクタ（CDK） ································· 258
ApplicationTargetGroup コンストラクタ（CDK） ································· 258
applyRemovalPolicy メソッド（CDK） ·· 312
archive_file データソース（Terraform） ······················· 423, 430
archive プロバイダ（Terraform） ········· 425
AWS CDK ··· →CDK
AWS Certificate Manager ··············· →ACM

AWS CLI ·· 22
──のインストール ······················· 22
AWS CloudFormation ····· →CloudFormation
AWS Organizations ·························· 25
AWS SDK ······································· 147
──による既存リソースの参照 ··········· 302
AWS Secrets Manager ·· →Secrets Manager
AWS SQS ····························· →SQS
AWS Systems Manager パラメータストア →SSM パラメータストア
aws-lambda-nodejs モジュール（CDK） 382
AWS::CloudFormation::CustomResource ····································· 395
AWS::SQS::Queue（CloudFormation） ·· 53
aws:cdk:path ······················ 153, 224
aws_availability_zones データソース（Terraform） ·························· 214
aws_caller_identity データソース（Terraform） ··················· 82, 430
aws_cloudwatch_log_group リソース（Terraform） ························· 247
aws_ecr_repository データソース（Terraform） ························· 247
aws_ecr_repository リソース（Terraform） ································· 238
aws_ecs_cluster_capacity_providers リソース（Terraform） ·············· 240
aws_ecs_cluster リソース（Terraform） 240
aws_ecs_service リソース（Terraform） ································· 248
aws_ecs_task_definition リソース（Terraform） ························· 247
aws_iam_policy_document データソース（Terraform） ····· 82, 117, 240, 242, 363, 387, 423, 430
aws_iam_policy データソース（Terraform） ···· 240, 363, 387, 423, 430
aws_iam_role_policy_attachments_exclusive リソース（Terraform） ····· 240, 363,

387, 423, 430
aws_iam_role_policy リソース
（Terraform） ……………… 240, 242, 430
aws_iam_role リソース（Terraform）‥ 240,
242, 363, 387, 423, 430
aws_lambda_function リソース
（Terraform） …… 363, 387, 391, 423, 430
　handler ………………………………… 365
　s3_key ………………………………… 364
　source_code_hash ………………… 368
aws_lambda_invocation リソース
（Terraform） ……………… 422, 423, 430
　Lambda 関数がエラーになった
　とき ………………………… 432-433
　Lambda 関数に入力されるイ
　ベント ……………………… 425-427
　Lambda 関数の例 ………… 428-430
　lifecycle_scope ………… 422, 425
aws_lb_listener リソース（Terraform） 246
aws_lb_target_group リソース
（Terraform） …………………………… 246
aws_lb リソース（Terraform） ……… 246
AWS_PROFILE（環境変数） ……… 36, 306
aws_provider_update.sh ……………… 127
aws_region データソース（Terraform）‥ 83,
247
aws_s3_object データソース
（Terraform） ………………………… 368
aws_secretsmanager_secret_version リ
ソース（Terraform） ………………… 239
aws_secretsmanager_secret リソース
（Terraform） ………………………… 239
aws_security_group リソース
（Terraform） ………………………… 244
aws_sqs_queues データソース
（Terraform） …………………………… 82
aws_sqs_queue データソース
（Terraform） …………………………… 81
aws_sqs_queue リソース（Terraform） 47,
77
aws_ssm_parameter データソース
（Terraform） ………………………… 240
aws_ssm_parameter リソース
（Terraform） ………………………… 238

aws_subnets データソース
（Terraform） ………………………… 243
aws_vpc_security_group_egress_rule リ
ソース（Terraform） ………………… 244
aws_vpc_security_group_ingress_rule リ
ソース（Terraform） ………………… 244
aws_vpc データソース（Terraform） …… 243
AWS アカウント ………… →スタック：デプロイ
aws コマンド
　cloudformation package …………… 353
　ecs update-service ………………… 252
　elbv2 describe-load-balancers …… 252
　s3 mb ………………………………… 362
　s3api put-object …………………… 367
　　--checksum-algorithm オプション ‥ 367
　ssm put-parameter ………………… 251
　sso login ……………………………… 35
AWS プロバイダ ……………………………… 8
AWS マネジメントコンソール ………………… 3

B

backend.tf ファイル（Terraform） ……… 117
backend ブロック（Terraform） ………… 90
bool 型（Terraform） …………………… 76
Boto3 ………………………………………… 412
Bucket クラス（CDK）
　静的メソッド
　　fromBucketName …………………… 371

C

can 関数（Terraform） ……………………… 94
CDK ………………………………………… 11-12
　——と CloudFormation との関係 ……… 11
　——の処理の流れ ……………………… 11
　——プロジェクト …………………… 57, 132
　インストール …………………………… 39-40
CDK for Terraform ……………………… 13
cdk.context.json ファイル …… 171, 295, 300,
375
cdk.json ファイル …………… 134, 145, 164
　app ……………………………………… 134
cdk.out ディレクトリ ………………… 135, 168
CDK_DEFAULT_ACCOUNT（環境変数） 161
CDK_DEFAULT_REGION（環境変数） ‥ 161

CDK_OUTDIR（環境変数） ………… 134, 142
CDKTF ……………… →CDK for Terraform
cdk コマンド …………………………… 158
　--app オプション ……………………… 135
　--profile オプション …………… 147, 306
　bootstrap ……………………… 40, 199
　　--show-template オプション ……… 199
　context
　　--clear オプション ………………… 172
　　--reset オプション ………………… 172
　deploy ………… 59, 69, 145-146, 170
　　--app オプション …………………… 146
　　--exclusively オプション ………… 184
　　--method prepare-change-set オプ
　　ション ……………………… 146, 296
　　--verbose オプション ……………… 381
　　――の実行プロセス ………… 291-296
　destroy ………………… 71, 233, 265
　diff ………… 68, 69, 135, 145, 170, 276
　　--app オプション …………………… 145
　　--no-change-set オプション · 146, 290
　　――の出力の作成プロセス ……… 290-291
　import ………………………………… 344
　init ………………… 57, 132, 133, 135
　　-l typescript オプション …………… 132
　ls ………………… 157, 165, 167, 169
　migrate ………………………… 339, 346
　　--stack-name オプション ………… 340
　synth ………… 58, 135, 141, 157
　実行に必要な許可ポリシー …………… 146
CDK のベストプラクティス
　スタックの分割 ………………………… 161
　リソースの名前について ……… 300, 317
cfn-lint …………………………………… 41
CfnOutput コンストラクタ（CDK） ……… 178
cfnresponse モジュール
　（CloudFormation） …………………… 398
CfnSubnet コンストラクタ（CDK） ……… 224
CI ……………… →継続的インテグレーション
cidrsubnet 関数（Terraform） ………… 215
CIDR ブロック ………………………… →VPC
CloudFormation ………………… 10-11
　――のテンプレート …………………… 142
　――のメタデータ …………………… 144

処理の流れ …………………………… 10
CloudFront ……………………………… 89
CloudTrail ……………………………… 14
　――のイベントソース ………………… 14
　――のイベント名 ……………………… 14
　――のルックアップ属性 ……………… 15
CloudWatch Logs …………………… 242
Cluster コンストラクタ（CDK） ………… 257
Code クラス（CDK） …………………… 373
　静的メソッド
　　fromAsset ………………………… 377
　　fromBucket ………… 371, 373, 377
　　fromDockerBuild ………………… 377
　　fromDockerBuild のモックへの置き
　　換え ………………………………… 382
　　fromEcrImage …………………… 377
　　fromInline ………………………… 400
configuration_aliases（Terraform） ……… →
　terraform ブロック
count（Terraform） …………… 106, 107
create_asset_zip.sh ………………… 383
create_before_destroy（Terraform） … 317
CustomResource コンストラクタ
　（CDK） ……………… 396, 399, 414, 419

D

data.tf ファイル（Terraform） ………… 117
data ブロック（Terraform） …… 75, 81, 117,
　299
default_tags（Terraform） …………… 89
defaultChild（CDK） ………………… 224
DeletionOverride メソッド（CDK） …… →raw
　オーバーライド
DeletionPolicy（CloudFormation） …… 312
describe …………… →スナップショットテスト
describe.each（CDK） · →スナップショット
　テスト
DescribeSubnetsCommand（AWS
　SDK） ……………………………… 302
deterministic-zip …………………… 356
dynamic ブロック（Terraform） ……… 109
　content ……………………………… 110
　for_each …………………………… 110
　value ………………………………… 110

E

each.key（Terraform） ┈┈┈┈┈ →for_each
each.value（Terraform） ┈┈┈┈ →for_each
EC2インスタンス ┈┈┈┈┈┈┈┈┈┈ 293
　　――の意図せぬ置換 ┈┈┈┈┈┈ 294
ECR ┈┈┈┈┈┈┈┈ 231, 240, 242
ECS ┈┈┈┈┈┈┈┈┈┈┈┈┈┈┈ 230
　　――Exec ┈┈┈┈┈┈┈┈┈┈ 242
　　――Fargate ┈┈┈┈┈┈┈┈┈ 230
　　――サービス ┈┈┈ 230, 248, 260
　　――タスク ┈┈┈┈┈┈┈┈┈┈ 230
　　――タスク実行ロール ┈┈┈ 240, 257, 266
　　――タスク定義 ┈┈┈ 230, 246, 259
　　――タスクロール ┈┈┈ 242, 257, 267
　　オートヒーリング ┈┈┈┈┈┈┈ 230
　　スケーリング ┈┈┈┈┈┈┈┈┈ 230
ElastiCache ┈┈┈┈┈┈┈┈┈┈┈ 298
env（CDK） →StackPropsインターフェース
Environment-agnostic（CDK） ┈→スタック
Environmentインターフェース（CDK） 165,
　　168
envディレクトリ（Terraform） ┈┈┈┈ 114
esbuild ┈┈┈┈┈┈┈┈┈┈┈┈┈ 382
externalデータソース（Terraform） ┈ 385,
　　387, 388, 389
　　出力データのJSON ┈┈┈┈┈┈ 385
　　入力データのJSON ┈┈┈┈┈┈ 385
externalプロバイダ（Terraform） ┈┈┈ 386

F

FargateServiceコンストラクタ（CDK） 260
FargateTaskDefinitionコンストラクタ
　　（CDK） ┈┈┈┈┈┈┈┈┈┈┈ 259
File Watches（IntelliJ IDEAのプラグ
　　イン） ┈┈┈┈┈┈┈┈┈┈┈┈ 41
findChild（CDK） ┈┈┈┈┈┈┈┈ 224
Flask ┈┈┈┈┈┈┈┈┈┈┈┈┈┈ 233
Fn::ImportValue（CloudFormation） ┈ 176,
　　177, 180, 182
Fn::Join ┈→組み込み関数（CloudFormation）
Fn::Select ┈┈┈┈┈┈┈┈┈ →組み込み関数
　　（CloudFormation）
Fn::Sub ┈→組み込み関数（CloudFormation）
Fn.importValue（CloudFormation） ┈┈ 178

for（Terraform） ┈┈┈┈┈┈┈┈┈ 111
for_each（dynamicブロック内、
　　Terraform） ┈┈┈┈┈┈ →dynamicブロック
for_each（Terraform） ┈┈┈┈┈┈ 108
　　each.key ┈┈┈┈┈┈┈┈ 108, 109
　　each.value ┈┈┈┈┈┈┈ 108, 109
fromAssetメソッド（CDK） ┈┈┈ →Codeクラ
　　ス：静的メソッド
fromBucketNameメソッド（CDK） ┈┈┈┈ →
　　Bucketクラス：静的メソッド
fromBucketメソッド（CDK） ┈┈→Codeクラ
　　ス：静的メソッド
fromDockerBuildメソッド（CDK） ┈→Code
　　クラス：静的メソッド
fromEcrImageメソッド（CDK） ┈┈→Codeク
　　ラス：静的メソッド
fromInlineメソッド（CDK） ┈┈┈ →Codeクラ
　　ス：静的メソッド
fromLookupメソッド（CDK） ┈┈┈ →Vpcクラ
　　ス：静的メソッド
fromRepositoryNameメソッド（CDK） ┈ →
　　Repositoryクラス：静的メソッド
fromSecretNameV2メソッド（CDK） ┈┈ →
　　Secretクラス：静的メソッド
Functionコンストラクタ（CDK） 371, 378,
　　399, 414
　　code属性 ┈┈┈┈┈┈┈┈┈┈┈ 373
　　role属性 ┈┈┈┈┈┈┈┈┈┈┈ 372

G

GetParameterCommandメソッド（AWS
　　SDK） ┈┈┈┈┈┈┈┈┈┈┈┈ 370
GitHub Actions ┈┈┈┈┈┈┈┈┈ 128
GitHub Copilot ┈┈┈┈┈┈┈┈┈┈ 40
goコマンド
　　build
　　　　-buildvcs=falseオプション ┈┈┈ 378
　　mod init ┈┈┈┈┈┈┈┈┈┈┈ 378
　　mod tidy ┈┈┈┈┈┈┈┈┈┈┈ 378
grantDeleteメソッド（CDK） ┈┈┈┈ 414
grantPutメソッド（CDK） ┈┈┈┈┈ 414
grantReadメソッド（CDK） ┈┈┈┈ 414
grantSendMessagesメソッド（CDK） ┈269

H

hcledit ……………………………… 42
HCL 言語 ………………………… 74

I

IaC ……………………………………… 5–7
　——のコンセプト ……………………… 6
IaC ジェネレータ …………………… 337
IaC ツール
　——のエラー調査 ……………… 13
　——の特徴と比較 …………… 17–20
IAM Identity Center ……………… 22
　——のアクセスポータル ……… 23
　——のアクセスポータルの URL …… 33
　——の許可セット ……………… 23
　——のグループ ………………… 32
　——のユーザーの作成 ………… 29
　——の有効化 …………………… 26
IAM ポリシー
　インラインポリシー …………… 242
　マネージドポリシー …………… 242
IAM ユーザー ……………………… 22
　——の AWS CLI への設定 …… 37
　——の作成 ……………………… 37
IAM ロール
　許可ポリシー …………………… 242
　信頼関係ポリシー ……………… 242
id (CDK) ……… →コンストラクタ:第 2 引数
ignore_changes (Terraform) →lifecycle ブロック
import ブロック (Terraform) …… 323, 329
Infrastructure as Code ……………… →IaC
InstanceType クラス (CDK) …………… 293
Instance コンストラクタ (CDK) ……… 293
IntelliJ IDEA …………………………… 41
it …………………… →スナップショットテスト

J

jest.config.js ファイル ……………… 185
jq …………………………………………… 385
jsonencode 関数 (Terraform) …… 247, 425

L

L1 コンストラクタ (CDK) →コンストラクタ

L2 コンストラクタ (CDK) →コンストラクタ
L3 コンストラクタ (CDK) →コンストラクタ
Lambda 関数 ………………………… 352
Lambda 関数作成・更新プロセス →Lambda 関数のデプロイ
Lambda 関数のアセット
　ZIP ファイルのディレクトリ構成 ……… 355
　ZIP ファイルの名前 ……………… 356
Lambda 関数のデプロイ ……………… 352
　——のトリガー ………………… 355
　Lambda 関数作成・更新プロセス ……… 352
　アセット作成・配置プロセス ……… 352
　アセット統合戦略 ………… 354, 375–376
　　CDK による ………………… 376–383
　アセット分離戦略 …………… 354, 359
lifecycle_scope (Terraform) …………… → aws_lambda_invocation リソース
lifecycle ブロック (Terraform) …… 75, 238
　ignore_changes ………………… 238
list 型 (Terraform) …………………… 76
local. (Terraform) ……………………… 106
locals.tf ファイル (Terraform) …… 117, 118
locals ブロック (Terraform) …… 105, 118
LogGroup コンストラクタ (CDK) ……… 259
LogicalResourceId (CloudFormation) →カスタムリソース

M

main.tf ファイル (Terraform) ………… 117
map 型 (Terraform) …………………… 76
migrate.json ファイル (CDK) ………… 341
modules ディレクトリ (Terraform) …… 114
module ブロック (Terraform) 75, 100, 117

N

name_prefix (Terraform) ……………… 317
NAT ゲートウェイ …………………… →VPC
No Changes (Terraform) ……………… 62
No interruption (CloudFormation) …… 298
Node.js ……………………………… 39, 134
NodejsFunction コンストラクタ (CDK) 382
nonsensitive 関数 (Terraform) ………… 364
npm …………………………………………… 39
npm install ……………………………… 133

npm test ················ 189
null（Terraform） ··········· 76
null_resource リソース（Terraform）···· 390
number 型（Terraform） ············ 76

O

object 型（Terraform） ··············· 76
OldResourceProperties
　（CloudFormation）···· →カスタムリソース
OpenTofu ························· 9
orphan（CDK） ················· 315
outputs.tf ファイル（Terraform） ····· 117
Outputs セクション
　（CloudFormation）··· 176, 177, 180, 181
output ブロック（Terraform） ···· 75, 95, 99

P

Parameters セクション
　（CloudFormation） ················· 144
PhysicalResourceId（CloudFormation）··→
　カスタムリソース
PRIVATE_ISOLATED（CDK） ·········· →VPC：
　SubnetType
PRIVATE_WITH_EGRESS（CDK） ··→VPC：
　SubnetType
props（CDK） ··············· 138, 150
provider.tf ファイル（Terraform） ········ 117
Provider コンストラクタ（CDK）· 416, 419
provider ブロック（Terraform） ····· 87, 102
provisioner ブロック（Terraform） ······ 390
PUBLIC（CDK） ··········· →VPC：SubnetType

Q

Queue コンストラクタ（CDK） 58, 138, 268

R

raw オーバーライド（CDK） ········ 175, 223
　addOverride ················ 175, 224
　addPropertyOverride ················ 224
　DeletionOverride ················ 175
readFileSync ················ 399, 414
Ref ········· →組み込み関数（CloudFormation）
regex 関数（Terraform） ··············· 94
removed ブロック（Terraform） ··· 309, 310

lifecycle ブロック ······························· 310
Repository クラス（CDK）
　静的メソッド
　　fromRepositoryName ·············· 256
Repository コンストラクタ（CDK） ······· 254
RequestType（CloudFormation）·→カスタ
　ムリソース
required_providers（Terraform） ············· →
　terraform ブロック
required_version（Terraform）　→terraform
　ブロック
ResourceProperties（CloudFormation）　→
　カスタムリソース
Resources セクション
　（CloudFormation） ························· 142
resource ブロック（Terraform） 75, 77, 117
Role コンストラクタ（CDK） ········· 266, 267

S

S3Code クラス（CDK） ··············· 373
Secrets Manager ···················· 231, 239, 240
Secret クラス（CDK）
　静的メソッド
　　fromSecretNameV2 ···················· 256
Secret コンストラクタ（CDK） ············· 254
SecurityGroup コンストラクタ（CDK） 267,
　293
set 型（Terraform） ·························· 76
sha256 ································ 359
sha256sum コマンド ························ 359
slice 関数（Terraform） ··············· 214
SQS ·································· 44
　AWS マネジメントコンソールからの
　　作成 ························· 45-46
　CDK による作成 ················ 57-61
　CloudFormation による作成 ·········· 53-56
　Terraform による作成 ············ 47-52
　可視性タイムアウト ·················· 44
　最大メッセージサイズ ················· 44
SSM パラメータストア· 144, 231, 240, 295,
　360
StackProps インターフェース（CDK） 156,
　160
　env ······························· 160

Stack クラス（CDK）……… 57, 136, 141
Stage コンストラクタ（CDK）…… 168-171, 174, 222
string 型（Terraform）……………… 76

T

Tags.of（CDK）………………… 173, 174
Template.fromStack（CDK）…… →スナップショットテスト
tenv（Terraform）………………… 38
　──による Terraform のインストール… 38
　──のインストール ………………… 38
　コマンド
　　tenv tf install ………………… 38
　　tenv tf list ……………………… 38
　　tenv tf use ……………………… 39
TENV_AUTO_INSTALL（環境変数）……… 39
Terraform ……………………… 8-10
　インストール ……………… 38-39
　コア ……………………………… 8
　処理の流れ ……………………… 8
　ログレベルの指定 …………… 389
Terraform Registry …………… 84, 211
terraform.tf ファイル ……… 117, 125, 127
terraform_data リソース（Terraform）387, 390
　trigger_replace ……………… 390
terraform_update.sh ……………… 126
terraform コマンド ……………… 122
　apply ……… 50, 64, 123-124, 289
　　-refresh-only オプション …… 284
　　-target オプション …………… 124
　destroy ……………… 71, 233, 253
　fmt ……………………………… 41
　get ……………………………… 216
　import ………………………… 323
　init ……… 47, 87, 100, 122-123, 127
　plan 48, 62, 63, 101, 123, 128, 275, 289
　　-generate-config-out オプション … 330
　　実行計画の作成プロセス …… 282
　state list ……………………… 309
　state mv ………………… 323, 336
　state rm ……………………… 309
terraform ブロック（Terraform）…… 85, 95

required_providers ブロック · 86, 95, 127
　configuration_aliases ……………… 103
　required_version ………… 86, 126
tf_init.sh ………………………… 118
TF_LOG（環境変数）…………… 389
TFENV_TERRAFORM_VERSION（環境変数）………………………… 39
tfstate ファイル（Terraform）· 52, 85, 286, 309
　──の格納先 …………………… 90
tfupdate ………………………… 42, 125
　-r オプション ………………… 126
　-v オプション ………………… 126
　provider ……………………… 127
　release latest ………… 126, 127
　terraform …………………… 126
this（CDK）……………………… 139
this（Terraform）………………… 99
toMatchSnapshot（CDK）…… →スナップショットテスト
toMatchSpecificSnapshot（CDK）→スナップショットテスト
toset（Terraform）………………… 109
tree.json ファイル（CDK）……… 152
triggers_replace（Terraform）…… →terraform_data リソース
tryGetContext メソッド（CDK）……… 164
ts-node ………………………… 134
tuple 型（Terraform）……………… 76

U

UpdateDistribution ……………… 297
upload_asset.sh ………………… 360
usecases ディレクトリ（Terraform）… 114

V

values 関数（Terraform）………… 247
var.（Terraform）………………… 94
variables.tf ファイル（Terraform）……… 117
variable ブロック（Terraform）·· 75, 92, 98
Visual Studio Code（VS Code）……… 41
VPC ……………………… 150, 208
　CIDR ブロック ………………… 209
　NAT ゲートウェイ ………… 209, 210

SubnetType（CDK）
　PRIVATE_ISOLATED ……………… 220, 223
　PRIVATE_WITH_EGRESS ……… 220
　PUBLIC …………………………… 220, 223
　インターネットゲートウェイ ……… 209
　サブネット …………………………… 209
　　——のカスタマイズ（CDK） ……… 223
　　CIDRブロック ……………………… 209
　　パブリック—— ………………… 209, 230
　　プライベート—— ………………… 209
　　プライベート—— ………………… 231
Vpcクラス（CDK）
　静的メソッド
　　fromLookup ………… 160, 256, 293, 300
　　fromVpcAttributes ………………… 301
Vpcコンストラクタ（CDK）　151, 160, 217

Z

ZIPファイルの作成 ……… →deterministic-zip

あ行

アクション …………………………………… 3
　——実行ログ ……………………………… 14
　——の一覧 ………………………………… 5
　——のエンドポイント …………………… 3
　——のリクエストパラメータ …………… 4
アセット ……………………………………… 12
アセット作成・配置プロセス　→Lambda関数
　のデプロイ
アセット統合戦略　→Lambda関数のデプロイ
アセット分離戦略　→Lambda関数のデプロイ
アセンブリ（CDK） ………………… 134, 142
　ステージごとの分離 …………………… 168
アドレス（Terraform） ……………… 80, 100
　——の変更 ……………………………… 335
　dataブロックの—— ……………………… 81
　resourceブロックの—— ………………… 80
　呼び出した子モジュールの—— ……… 102
イベント
　アクションの—— ……………………… 14
イベントソース ………………… →CloudTrail
イベント名 ……………………… →CloudTrail
インターネットゲートウェイ ……… →VPC
インポート（既存リソースの） ……… 322
　CDK ……………………………… 337-345
　Terraform ……………………… 323-337
　　importブロックによる ……… 329-334
　　terraform importコマンドに
　　よる ……………………………… 323-328
インラインポリシー ……………… →IAMポリシー
エクスポートの削除（CloudFormation）　184
エスケープハッチ（CDK） … 175, 223, 397

か行

カスタムリソース（CloudFormation） …394
　——の更新が失敗した場合 …………… 408
　——の作成が失敗した場合 …………… 407
　——の出力 ……………………………… 405
　——の使用例 ………………… 394-395
　——の物理ID ………………………… 398
　　——が変化する場合 ………………… 406
　CDKによる記述 …………………… 396-397
　CloudFormationのテンプレートによる
　　記述 ……………………………… 395-396
　Lambda関数に入力されるイ
　　ベント …………………………… 400-405
　Lambda関数の例 ……………… 397, 410
　LogicalResourceId …………………… 401
　OldResourceProperties …………… 404
　PhysicalResourceId …… 402, 404, 405
　RequestType …………… 401, 404, 405
　ResourceProperties …… 402, 404, 405
　イベント ………………………………… 397
　削除イベントの判別 …………………… 408
カスタムリソースプロバイダ（CDK） … 416
　CDKのコード …………………………… 419
　Lambda関数の実装 …………… 417-419
　Lambda関数の例 ……………………… 418
　制約事項 ………………………… 421-422
型（Terraform） ……………………………… 76
環境
　——ごとのスタックの定義（CDK）
　　静的に定義 ………………………… 165
　　動的に定義 ………………………… 166
　環境変数による指定（CDK） ……… 166
　複数の——へのデプロイ ……… 162-171
許可セット ……………… →IAM Identity Center
　——の作成 …………………………… 26

——割り当て ………………………… 30-32
管理者権限 ………………………… 26
読み取り専用権限 ………………… 31
組み込み関数（CloudFormation） ……… 143
組み込み関数（Terraform） ………… 94
クラウド …………………………………… 2
——とオンプレミス ………………… 2
継続的インテグレーション ……… 128, 289
合成（CDK） ……………… 11, 134, 145
子ノード ………………→コンストラクタツリー
コメントアウト（Terraform） ……… 76
子モジュール（Terraform） ………… 84
——の記述 ……………………… 92-96
——のディレクトリ構造 ………… 97
——の呼び出し …………………… 100
コンストラクタ（CDK） ………… 58, 136
——の関係 ……………………… 147
——の第1引数 ………… 139, 141, 148
——の第2引数 …… 139, 141, 143, 148
——の第3引数 ………… 139, 141, 149
——の引数 ……………… 139, 148-150
L1—— ………………… 137, 150
L2—— ………………… 137, 150
L3—— …………………………… 265
スタックの—— ……………… 140, 147
リソースの—— ……………… 140, 147
コンストラクタツリー（CDK） …… 147-148,
152
——におけるリソースのパス … 152
——の可視化 …………………… 153
Vpcコンストラクタの—— ……… 155
カスタムリソースプロバイダを使う場合の
—— ………………………… 420-421
子ノード ………………………… 152
ルートノード ……………… 152, 155
複数のスタックを作成した場合 … 159
コンフィグ・コンフィグファイル
（Terraform） …………………… 47

さ行
サーバーレスサービス ……………… 352
サブネット ……………………… →VPC
実行計画の作成プロセス ……… 282-289
修飾子 ……………→ブートストラップ

信頼関係ポリシー ………………… →IAM ロール
スタック ………………………………… 53
——間の依存関係（CDK） ……… 184
——間の参照（CDK） …… 176-185
——のイベント …………………… 55
——の更新 ………………………… 65
——の作成 ………………………… 53
——の出力 ………………………… 55
——の操作の失敗 ……………… 202
——のテンプレート ……………… 55
——のパラメータ ………………… 55
——の物理名（CDK） …………… 170
——の分割 ……………………… 161
——のリソース …………………… 55
——の論理名（CDK） …………… 170
Environment-agnostic（CDK） ……… 160
デプロイ
——先のAWSアカウント …… 159, 163
——先のリージョン ……………… 159
他のスタックからのインポート
（CDK） ………………………… 176
他のスタックへのエクスポート
（CDK） ………………………… 176
スタック（CDK）
複数の——の作成 ……………… 155-159
スナップショットテスト（CDK） … 185-198
describe …………………………… 189
describe.each …………………… 198
it ……………………………………… 189
Template.fromStack ……………… 189
toMatchSnapshot ………………… 189
toMatchSpecificSnapshot ……… 197
静的メソッド（CDK） ……………… 300
セキュリティグループ ……… 244, 258, 267
デフォルトの—— ………………… 210
宣言的な記述 …………………………… 6
即時関数（CDK） ………………… 305

た行
タグ ……………………………………… 47
——の付与（CDK） ………… 172-174
デフォルトの——（Terraform） ……… 89
置換（CloudFormation） ……………… 66
ドリフト（CloudFormation） …… 276, 344

———の検出 ················· 276
———の検出に対応したリソース ········· 279
———の検出の対象の属性 ········ 281, 288
ドリフト（Terraform） ················· 63, 275

な行

名前空間（Terraform） ··········· →プロバイダ
認証情報 ······························· 22
　IAM Identity Center の——— ········· 23
　IAM ユーザーの——— ················· 23
　一時的な——— ······················ 24
　永続的な——— ······················ 24
認証トークン（IAM Identity Center） ··· 35
　の有効期限 ·························· 36

は行

バックエンド（Terraform） ········· 90, 114
　———の設定変更 ··················· 122
パブリックサブネット ·············· →VPC
引数（Terraform） ···················· 75
ブートストラップ（CDK） ········· 40, 199
　———によって作成される IAM ロール ··· 199
　cdk bootstrap コマンド ····· →cdk コマンド
　修飾子 ···························· 201
プライベートサブネット ··········· →VPC
ブロック（Terraform） ················· 74
プロバイダ（Terraform） ················ 8
　———の名前空間 ··················· 87
　———のバージョンアップ ··········· 127
　———のバージョン変更 ············· 122
　———のローカル名 ············· 87, 88
プロファイル（AWS） ················· 33
変更セット（CloudFormation） ····· 66, 146,
　286, 290, 295, 298
　———によるリソースの操作計画の確認 ··· 296
　———の作成 ······················ 287
　———の実行 ························ 67
　———のプレビュー ·················· 66
　実際の状態は使われない ··········· 288
　比較対象となる属性 ··············· 288

ま行

マネージドポリシー ··········· →IAM ポリシー

モジュール（Terraform） ················· 83
　———のディレクトリ構造 ············· 112
　再利用可能な——— ················· 114

ら行

リージョン ··············· →スタック：デプロイ
リソース ····························· 3
　———の属性 ························ 3
　———の属性の可視化 ················ 7
　———の置換 ······················ 316
　　———の処理順序 ················· 316
　———のライフサイクル ············· 162
　IaC 管理下からの除外 ·············· 306
　　CDK ························ 312–315
　　Terraform ················· 309–311
リソースの削除
　CDK による——— ·················· 71
　CloudFormation による——— ········· 71
　Terraform による——— ·············· 71
リソースの属性の変更 ················· 62
　CDK による——— ················ 68–70
　CloudFormation による——— ······· 65–68
　Terraform による——— ············ 62–65
リソースの抽象化（CDK） ············· 150
リソースのモデル化（Terraform） ······· 283
リファレンス（CDK） ················· 137
リファレンス（CloudFormation） ······· 143
リファレンス（Terraform）
　data ブロックの——— ················ 82
　resource ブロックの——— ············ 78
リフレッシュ（Terraform） ········· 275, 286
ルートノード（CDK） ··· →コンストラクタツ
　リー
ルートモジュール（Terraform） ······ 47, 84,
　85–92
ルックアップ属性 ·············· →CloudTrail
ローカル名（Terraform） ·········· →プロバイダ
論理 ID（CloudFormation） ············· 142

わ行

ワークスペース（Terraform） ··········· 115

　本書では、IaC（Infrastructure as Code）のためのツールであるTerraform、CloudFormation・CDKを比較しながら、それらの使い方、利用するうえでの留意点などを解説してきました。

　筆者のAWS IaC利用歴はCloudFormationから始まり、その発展形であるCDKを使うようになりました。その後、職場が変わったときにTerraformを初めて触りました。最初は、HCLという見慣れないフォーマットの記述に戸惑いましたが、使い始めると記述の違いはすぐに慣れることができました。それよりも驚いたのは、Terraformでは手動変更を含めた差分抽出が可能で、コンフィグファイルに記述がない属性も差分比較の対象になるなど、IaCの機能の根幹部分で、CDK（CloudFormation）との間に大きな違いがあることでした。その中で、CDK（CloudFormation）、Terraformのそれぞれについての解説書はあるものの、それらを比較しながら横断的に解説する書籍はこれまでになかったように感じ、本書を執筆することにしました。

　紙面の都合もあり、それぞれのツールの使用例を多く載せることはできませんでしたが、それぞれのツールの特徴や違いを感じ取っていただくことができれば、本書の目的は達成されたと考えています。

　本文では、ほとんどの記述で、TerraformとCDK（CloudFormation）を並列に扱ってきました。そのため、読者のみなさんの中には、結局これらのIaCツールのどれを使うのが良いのか、と思われた方もいるかもしれません。最後に、それについて筆者の見解を述べます。

　リソースの記述が抽象化されていて、使用したいサービスについての知識が十分ではない段階でも、少ないコードの記述ですぐに使えるリソースを記述してデプロイできるという点では、CDKが優れていると言えます。Terraformでは（モジュールを使わない標準機能では）個々のリソースを記述する必要があり、CDKに比べるとAWSサービスについての知識が多く求められます。Terraformでもモジュールによって複数のリソースをまとめられますが、そのリソースの仕様を読み解くには、ある程度のAWSサービスへの知見が必要だろうと感じています。

　また、本書では、CloudFormationのテンプレートを直接記述するということを取り上げませんでした。しかし、テンプレートを配布し、その記述に従ってリソースを作成するという目的では、CloudFormationのテンプレートは優れています。ツールのインストールは必要なく、AWSの標準機能で実行できるためです。実際に、CloudFormationのテンプレートを配布することは、AWSはもとより、サードパーティーベンダーでも行われています。

　一方、IaCとしてのリソースの管理（差分抽出、リソースの属性の変更）の観点では、

445

Terraform のほうが直感的で留意点が少なく、また安全にリソースの操作ができるというメリットがあると考えています。Terraform では、terraform plan での差分検出の有無とterraform apply でのリソース変更の有無がずれることは（実行計画からリソース変更処理への変換にバグがない限りは）ありません。そのため、変更内容を正しく把握したうえでリソースの操作を行う terraform apply を実行できます。また、リソースの管理のプロセスとリソースの変更のプロセスが分離されており、リソース管理の操作（リソースの IaC の管理下へのインポートや除外）を実行するときにリソースの変更を伴うことは基本的にはありません。それに対して CDK では、cdk diff による差分検出の有無とリソース変更の有無が一致しないことがあることを示し、操作は煩雑にはなるものの変更セットの確認を推奨しました。また、リソースの管理の操作の際に、スタックの更新というリソースの操作が発生し得る操作が必要でした。

　加えて、Terraform では最新のリソース状態の情報を取得してそれを差分の比較対象にしますが、CDK（CloudFormation）では差分抽出の際に既存のリソースの状態については関知しません。CDK（CloudFormation）では、前回のスタックの作成・更新によって登録されたテンプレートの状態が最新のリソースの状態と一致しており、手動によるそれ以外のリソースの変更がないことを前提としています。しかし、実際の運用では、一時的に AWS マネジメントコンソールなどから手動でリソースを変更したりすることもあるでしょう。また、CDK（CloudFormation）で管理されていることを知らずに、または CDK（CloudFormation）で管理されているリソースを手動で変更することは想定されていないことを知らずに、誰かが手動でリソースを変更してしまうこともあるかもしれません。Terraform では通常の操作フローで実行される terraform plan によってそのような手動変更を検知できますので、定期的に terraform plan を実行することで、このようなドリフトを検知し、コンフィグファイルをリソースに合わせて修正する、または terraform apply を実行してリソースをコンフィグファイルが記述する状態にするというアクションにつなげることができます。一方、CDK（CloudFormation）では、ドリフトの検出の操作をしないとその変更が検知できません。また、CDK（CloudFormation）では、ドリフトの検出の際に比較対象となる属性がテンプレートに記述された属性のみであるため、テンプレートに記述されていない属性の変更は検知できません。つまり、手動操作が行われるとその操作による差分が検知できず、テンプレートにも反映できない場合が起こりえます。差分の検知ができないために、テンプレートをリソースに合わせて修正する、またはリソースをテンプレートが記述する状態に修正するというアクションにつなげることができません。そして、このテンプレートを使って別の環境にリソースをデプロイすると、手動操作の差分がそのまま環境間の差分になってしまいます。このような状況を回避するために、CDK（CloudFormation）を使う場合には、手動による操作をしない

ことを運用の中で徹底する必要があります。

　これらをふまえると、これからIaCを始めるときに、抽象化を活用した簡便なリソース作成を重視する場合にはCDK、デプロイ後のリソースの管理のしやすさを重視する場合にはTerraformが適していると言えるように思います。

　すでにいずれかのコードがある場合、一方から他方への変換は必ずしも容易ではありません。それぞれの特徴を理解しながら、うまく付き合うことが必要であると考えています。

　読者のみなさんが、IaCを使ってAWSリソースを管理する際に、本書が参考になれば幸いです。

著者プロフィール

原 旅人（はら たびと）

ソフトウェアエンジニア・クラウドエンジニア。1975年生まれ。松本市出身。スーパーコンピュータを使って天気予報をするためのソフトウェア（数値予報モデル）の開発に14年間従事し、その精度向上に貢献。その後、Webアプリケーションや高速検索用データベースの開発を手掛ける中でAWSの可能性に惹かれ、クラウド技術を活用した効率的なアプリケーション開発・運用に強い関心を持って注力し、開発期間の短縮や運用コストの削減を実現。著書に『コンセプトから理解するRust』（技術評論社）。

カバーデザイン	トップスタジオデザイン室(轟木 亜紀子)
本文設計	マップス　石田 昌治
組版	Green Cherry　山本 宗宏
編集	中田 瑛人

■お問い合わせについて

　本書の内容に関するご質問につきましては、下記の宛先までFAXまたは書面にてお送りいただくか、弊社ホームページの該当書籍コーナーからお願いいたします。お電話によるご質問、および本書に記載されている内容以外のご質問には、いっさいお答えできません。あらかじめご了承ください。

　また、ご質問の際には「書籍名」と「該当ページ番号」、「お客様のパソコンなどの動作環境」、「お名前とご連絡先」を明記してください。

お問い合わせ先
〒162-0846　東京都新宿区市谷左内町21-13
株式会社技術評論社　第5編集部
「[詳解]AWS Infrastructure as Code——使って比べるTerraform&AWS CDK」質問係
FAX:03-3513-6173

● 技術評論社Webサイト
https://gihyo.jp/book/2025/978-4-297-14724-2

　お送りいただきましたご質問には、できる限り迅速にお答えするよう努力しておりますが、ご質問の内容によってはお答えするまでに、お時間をいただくこともございます。回答の期日をご指定いただいても、ご希望にお応えできかねる場合もありますので、あらかじめご了承ください。

　なお、ご質問の際に記載いただいた個人情報は質問の返答以外の目的には使用いたしません。また、質問の返答後は速やかに破棄させていただきます。

[詳解] ＡＷＳ Infrastructure as Code
——使って比べるTerraform ＆ ＡＷＳ ＣＤＫ

2025年2月22日　　初版　第1刷発行

著　者	原 旅人
発行者	片岡 巌
発行所	株式会社技術評論社
	東京都新宿区市谷左内町21-13
	電話　03-3513-6150　販売促進部
	03-3513-6177　第5編集部
印刷／製本	昭和情報プロセス株式会社